AF544517

EUL
VERLAG

Reihe: Rechnungslegung und Wirtschaftsprüfung · Band 58

Herausgegeben von Prof. (em.) Dr. Dr. h. c. Jörg Baetge, Münster, Prof. Dr. Hans-Jürgen Kirsch, Münster, und Prof. Dr. Stefan Thiele, Wuppertal

Dr. Alois Panzer

Statusändernde Anteilsveräußerungen im IFRS-Konzernabschluss

Eine fallübergreifende Untersuchung der Regelungen zur Übergangskonsolidierung

Mit einem Geleitwort von Prof. Dr. Dr. h. c. Jörg Baetge, Westfälische Wilhelms-Universität Münster

Bibliografische Information der Deutschen Nationalbibliothek

Die Deutsche Nationalbibliothek verzeichnet diese Publikation in der Deutschen Nationalbibliografie; detaillierte bibliografische Daten sind im Internet über <http://dnb.d-nb.de> abrufbar.

Dissertation, Westfälische Wilhelms-Universität Münster, 2016

D 6

ISBN 978-3-8441-0473-8
1. Auflage August 2016

JOSEF EUL VERLAG GmbH
Brandsberg 6
53797 Lohmar
Tel.: 0 22 05 / 90 10 6-6
Fax: 0 22 05 / 90 10 6-88
E-Mail: info@eul-verlag.de
http://www.eul-verlag.de

Bei der Herstellung unserer Bücher möchten wir die Umwelt schonen. Dieses Buch ist daher auf säurefreiem, 100% chlorfrei gebleichtem, alterungsbeständigem Papier nach DIN 6738 gedruckt.

Geleitwort

Abhängig von der Beteiligungsintensität sind Unternehmensbeteiligungen im IFRS-Konzernabschluss entweder als Tochterunternehmen, gemeinschaftliche Vereinbarungen, assoziierte Unternehmen oder als einfache Finanzbeteiligungen zu klassifizieren und jeweils nach unterschiedlichen Bilanzierungsmethoden in den Konzernabschluss einzubeziehen. Vor allem Anteilszu- oder -verkäufe durch den Konzern führen häufig dazu, dass sich der konzernbilanzielle Status einer Beteiligung im Zeitablauf ändert. Sofern sich durch einen solchen Statuswechsel auch die konzernbilanzielle Einbezugsmethode ändert, stellt dies die Konzernabschlussersteller regelmäßig vor große Herausforderungen. Die vorliegende Dissertation beschäftigt sich mit der Bilanzierung von sog. statusändernden Anteilsveräußerungen im IFRS-Konzernabschluss. Die hierfür einschlägigen Vorschriften wurden mit der Finalisierung des sog. *Business Combinations*-Projekts im Jahr 2008 grundlegend geändert und mit der Veröffentlichung von IFRS 10, IFRS 11 und IAS 28 (amend. 2011) im Jahr 2011 in Teilen erneut überarbeitet. Die bilanzielle Abbildung einer statusändernden Anteilsveräußerung erfordert neben der Endkonsolidierung der veräußerten Anteile auch eine sog. Übergangskonsolidierung der zurückbehaltenen Anteile. Während bzgl. des Vorgehens bei der Endkonsolidierung keine nennenswerten Unterschiede zwischen den verschiedenen denkbaren Übergangsfällen bestehen, hängt die Methodik der Übergangskonsolidierung maßgeblich von der jeweils vor und nach dem Statuswechsel anzuwendenden Einbezugsmethode ab.

Die bestehenden Vorschriften zur Übergangskonsolidierung sehen abhängig vom Übergangsfall entweder eine anteilsproportionale Fortführung des bisherigen Beteiligungswertansatzes auf Basis der fortgeführten Konzernbuchwerte oder aber eine erfolgswirksame Neubewertung der Restbeteiligung zum Fair Value vor. Diese bilanzielle Ungleichbehandlung der verschiedenen Übergangsfälle kann indes nicht auf ein vom Standardsetter definiertes einheitliches Abbildungsziel zurückgeführt werden. So wird die für den Statuswechsel ausgehend von einem Tochterunternehmen vorgeschriebene Neubewertung damit gerechtfertigt, dass der Beherrschungsverlust eine fundamentale ökonomische Wesensänderung der Beteiligungsbeziehung nach sich ziehe, die am besten durch eine Fair Value-Bewertung abgebildet werden könne. Dagegen wird die beim Übergang von einem Gemeinschaftsunternehmen auf ein assoziiertes Unternehmen vorgeschriebene Wertfortführung – ohne Bezugnahme auf den ökonomischen Gehalt des

Statuswechsels – lediglich formal damit begründet, dass sich in diesem Fall die konzernbilanzielle Einbezugsmethode nicht ändere.

Der Verfasser verfolgt mit seiner Arbeit das Ziel, die bestehenden IFRS-Regelungen zur Übergangskonsolidierung für sämtliche Fallkonstellationen von statusändernden Anteilsveräußerungen vergleichend zu analysieren, soweit erforderlich zu konkretisieren und vor dem Hintergrund des vom Standardsetter im *Conceptual Framework* als allgemeingültig zugrunde gelegten Rechnungslegungszwecks, nämlich der Entscheidungsnützlichkeit, kritisch zu würdigen. In den Mittelpunkt seiner Betrachtung stellt er die Frage, ob und ggf. in welchen Übergangsfällen eine Neubewertung der anteilig zurückbehaltenen Restbeteiligung konzeptionell gegenüber einer Wertfortführung vorzugswürdig ist. Daneben möchte er für bestehende Regelungslücken eine zweck- und standardkonforme Bilanzierungssystematik erarbeiten. Aufbauend auf der *de lege lata*-Betrachtung entwickelt er darüber hinaus eine alternative Bilanzierungssystematik, durch die die fallübergreifende Konsistenz der Regeln und deren Entscheidungsnützlichkeit verbessert werden sollen. Im Schrifttum gibt es bislang keine Arbeit, die sich fallübergreifend mit den derzeit geltenden Vorschriften zur Bilanzierung statusändernder Anteilsveräußerungen im IFRS-Konzernabschluss auseinandersetzt. Mit der vorliegenden Arbeit möchte der Verfasser diese Lücke schließen.

Die Arbeit ist in sechs Abschnitte gegliedert. Im **ersten Abschnitt** werden die Problemstellung und die Untersuchungsziele der Arbeit sowie der Gang der Untersuchung erläutert. Im **zweiten Abschnitt** werden kurz und systematisch die für die Untersuchung relevanten konzeptionellen Grundlagen der IFRS-Konzernrechnungslegung gelegt, die wesentlicher Teil des Beurteilungsrahmens für die kritische Würdigung der IFRS-Regelungen zur Übergangskonsolidierung sind. Dabei konkretisiert der Verfasser zunächst den Zweck und die Adressaten der Rechnungslegung nach IFRS sowie die im *Conceptual Framework* definierten qualitativen Anforderungen an entscheidungsnützliche Finanzinformationen. Daran anschließend behandelt er die unterschiedlichen Formen von Beteiligungsbeziehungen und die für die Untersuchung relevanten konzeptionellen Gemeinsamkeiten und Unterschiede der verschiedenen konzernbilanziellen Einbezugsmethoden.

Im **dritten Abschnitt** ordnet der Verfasser zunächst den Bilanzierungssachverhalt einer statusändernden Anteilsveräußerung in das Spektrum möglicher Änderungen anteilsbasierter Unternehmensverbindungen ein. Zudem grenzt er den Untersuchungsgegenstand vom Anwendungsbereich des IFRS 5 *Non-current assets held for sale and discontinued operations* ab. Nach der Eingrenzung des Betrachtungsgegenstands legt er wesentliche sachverhaltsspezifische Grundlagen für die Bilanzierung statusändernder Anteilsveräußerungen. Dabei skizziert er sowohl die Zwecke als auch die methodischen Grundlagen der End- und Übergangskonsolidierung. Am Ende des Grundlagenteils erörtert er das konzernspezifische Kongruenzprinzip, wonach sämtliche Erfolgsbeiträge aus der End- und Übergangskonsolidierung zwingend erfolgswirksam erfasst werden müssen.

Im **vierten Abschnitt** analysiert und würdigt der Verfasser die bestehenden Regelungen der IFRS zur Bilanzierung statusändernder Anteilsveräußerungen. Nach einem knappen Überblick über die derzeitige Regelungslage in Abschnitt 41 behandelt er in **Abschnitt 42** zunächst die Bilanzierung von abwärtsgerichteten Statuswechseln ausgehend von einem Tochterunternehmen. Der Verfasser erläutert die einzelnen Schritte des Vorgehens und arbeitet dabei die wesentlichen Problemfelder bei der für diese Fälle zwingend vorzunehmenden Neubewertung heraus. Dabei erläutert und konkretisiert er das vom IASB als Rechtfertigung für die Neubewertungspflicht angeführte Konzept des „*significant economic event*“. Der Board unterstellt hiermit, dass sich durch die Beendigung der Beherrschung das Wesen der Beteiligung substanziell ändere und dies nur durch eine nach allen Seiten offene Neubewertung adäquat im Konzernabschluss erfasst werden könne. Der Verfasser stellt indes fest, dass der IASB nicht (näher) darauf eingeht, worin sich diese Wesensänderung konkret manifestiert und wie sich dadurch der Wert der Restbeteiligung verändert. Mit einer solchen offenbar auch nach oben völlig offenen Neubewertung wird den Bilanzierenden ein sehr großer Bewertungsspielraum eröffnet, der beim Verlust von Kontrollrechten in keiner Weise gerechtfertigt ist. Der Verfasser zeigt im Gegensatz dazu und in Übereinstimmung mit der einschlägigen Literatur zur Wertrelevanz von Kontrollrechten, dass sich ein Beherrschungsverlust wertmindernd auf den Beteiligungswert auswirkt, es sei denn, außerordentliche Wertzuwächse könnten bzw. müssten konkret geltend gemacht werden. Im Regelfall ist also im Konzernabschluss eine negative Wertanpassung erforderlich. Denn beim Erwerb von Mehrheitsbeteiligungen werden regelmäßig Kontrollprämien für erwartete Wertpotenziale bspw. aus Synergieeffekten oder aus Restrukturierungsmaßnahmen bezahlt, die in den Goodwill der Mehrheitsbeteiligung einfließen. Mit einem durch den Verkauf von Anteilen hingenommenen „Verzicht“ auf die alleinige Beherrschung gehen derartige Wertpotenziale verloren, was sich grundsätzlich auch im Konzernabschluss niederschlagen muss.

Entsprechend seiner grundlegenden Kritik am IASB zeigt der Verfasser, dass eine nach beiden Seiten offene Neubewertung der Restbeteiligung an der „früheren“ Tochter unter Berücksichtigung der für die Fair Value-Bewertung maßgeblichen Leitlinien des IFRS 13 nicht bzw. nur sehr eingeschränkt den wertmindernden Effekt aus der Verringerung des Einflusses auf das (Tochter-)Unternehmen im Konzernabschluss zeigen kann. Dies liegt vor allem daran, dass der Bewertungskalkül zur Ermittlung des Zeitwertes nach den Vorgaben des IFRS 13 sämtliche unmittelbar dem Bewertungsobjekt anhaftenden Charakteristika berücksichtigt, die auch in die hypothetische Preisfindung typischer Marktteilnehmer einfließt. Durch die Fair Value-Bewertung werden demzufolge auch stille Reserven bzw. Bestandteile des originären Goodwill aufgedeckt, die ökonomisch nicht durch den Statuswechsel bedingt sind und die folglich den wertmindernden Effekt aus der Verringerung der Einflussrechte verdecken könnten, was nicht akzeptabel wäre. Der Verfasser weist zudem darauf hin, dass eine Neubewertung in hohem Maße ermessensbehaftet ist. Denn unabhängig davon, ob der Fair Value auf der Basis von beobachtbaren Transaktionspreisen, Börsenkursen oder gängigen Unternehmensbewertungsverfahren ermittelt wird, schränken alle Bewertungsverfahren wegen der ihnen immanenten bilanzpolitischen Gestaltungsspielräume die Glaubwürdigkeit der Abschlussinformationen erheblich ein.

Darüber hinaus sieht der Verfasser auch die derzeitigen Regelungen zur Erfassung der Erfolgsbeiträge aus der Übergangskonsolidierung kritisch: So vor allem die Pflicht, den Neubewertungserfolg ergebniswirksam in der Konzern-GuV erfassen zu müssen. Denn es handelt sich dabei um eine nicht nachhaltige und zum Zeitpunkt des Statuswechsels noch nicht realisierte Erfolgsgröße. Im Übrigen erzwingt eine werterhöhende Neubewertung verbleibender Anteile faktisch auch eine vorzeitige Realisation bislang eliminierter Zwischenergebnisse aus sog. *downstream*-Lieferungen bzw. Leistungen vom Mutterunternehmen an das Tochterunternehmen. Da sich durch die zum Zeitpunkt des Statuswechsels erforderliche neuerliche Kapitalaufrechnung auch die konzernbilanziellen Wertansätze der auf die Restbeteiligung entfallenden anteiligen Vermögenswerte bzw. Schulden ändern, schränkt die Neubewertung implizit auch die periodenübergreifende Vergleichbarkeit der mit der Beteiligung im Zeitablauf erwirtschafteten Erfolgsbeiträge ein. Insgesamt kommt der Verfasser im Abschnitt 42 zu dem sehr nachvollziehbaren Schluss, dass die Neubewertung von Restbeteiligungen nach einer Anteilsveräußerung (mit Verlust der Kontrolle) zum Fair Value das Ziel verfehlt, den Abschlussadressaten nützliche Informationen über die Auswirkungen des Statuswechsels auf die wirtschaftliche Lage des Konzerns zu vermitteln.

In **Abschnitt 43** betrachtet der Verfasser statusändernde Anteilsveräußerungen ausgehend von nach der Equity-Methode bilanzierten Gemeinschafts- und assoziierten Unternehmen. Für den Übergang von einem Gemeinschaftsunternehmen auf ein assoziiertes Unternehmen sehen die Regelungen des IAS 28 vor, dass die nach einer Veräußerung verbleibenden Anteile weiterhin mit ihrem bisherigen Konzernbuchwert angesetzt werden. Der Verfasser bemängelt bei dieser Wertfortführung der verbleibenden Anteile aber zu Recht, dass diese Regelung vom IASB lediglich mit dem formalen Verweis auf die in diesem Fall gleichbleibende Bilanzierungsmethode „begründet" wird. Die Wertfortführung der verbleibenden Anteile ist aus Sicht des Verfassers vielmehr wegen der zuvor herausgestellten Nachteile einer Fair Value-Neubewertung zu befürworten. Allerdings ist mit der Wertfortführung auch der Nachteil verbunden, dass ein potenziell wertmindernder Effekt aus der Verringerung der Einflussintensität gänzlich unberücksichtigt bleibt.

Beim Übergang von einem Gemeinschafts- bzw. einem assoziierten Unternehmen auf eine einfache Finanzbeteiligung sind die zurückbehaltenen Anteile nach IFRS 9 dagegen GuV-wirksam zum Fair Value zu bewerten. Der Verfasser hält diese Regelung in diesem Fall für richtig, weil sich durch einen solchen Statuswechsel die Bewertungskonzeption grundlegend ändert. Der aus dem Wechsel der Bewertungskonzeption resultierende außerordentliche Ergebniseffekt kann nur durch eine gesonderte Neubewertung unmittelbar im Zeitpunkt des Statuswechsels von den regulären Erfolgsbeiträgen aus der nachfolgenden zeitwertbasierten Folgebewertung der zurückbehaltenen Anteile unterschieden werden.

In **Abschnitt 44** versucht der Verfasser, die bestehenden Regelungslücken bei Abwärtswechseln ausgehend von einer quotal konsolidierten *joint operation* auf ein assoziiertes Unternehmen bzw. auf eine einfache Finanzbeteiligung auszufüllen. Er kommt zu dem Ergebnis, dass die diesbezüglichen Regelungslücken des IFRS 11 durch eine analoge Anwendung der Vorschriften des IAS 28 zur Bilanzierung von abwärtsgerichteten Statuswechseln ausgehend von einem Gemeinschaftsunternehmen geschlossen werden können, da sich bei den in IAS 28 geregelten Fällen der Umfang der Entscheidungsbefugnisse der Konzernobergesellschaft in gleichem Maße ändert wie bei abwärtsgerichteten Statuswechseln ausgehend von einer *joint operation*.

Im **fünften Abschnitt** entwickelt der Verfasser auf der Basis aller zuvor erarbeiteten Erkenntnisse eine zu den vom IASB vorgesehenen Regelungen alternative Bilanzierungssystematik, durch die die wesentlichen Nachteile der bestehenden Regelungen vermieden werden könnten. Für Übergangsfälle innerhalb des Anwendungsbereichs der Vollkonsolidierung, der quotalen Konsolidierung oder der Equity-Bilanzierung schlägt der Verfasser eine Wertfortführung der verbleibenden Anteile inkl. eines Werthaltigkeitstests nach IAS 36 vor. Da den drei genannten Einbezugsmethoden ähnliche Bewertungs- und Erfolgserfassungsprinzipien zugrunde liegen, kann durch die Wertfortführung der verbleibenden Anteile eine periodengerechte und über den Zeitpunkt des Statuswechsels hinaus vergleichbare Erfolgserfassung gewährleistet werden. Durch die ergänzende Werthaltigkeitsprüfung gemäß IAS 36 müsste zugleich der potenziell wertmindernde Effekt aus der Verringerung der Einflussmöglichkeiten erfasst werden. Für den Fall eines Abwärtswechsels auf eine einfache Finanzbeteiligung hält der Verfasser die geltenden Vorschriften in Bezug auf die Neubewertung der zurückbehaltenen Anteile zum Fair Value grundsätzlich für zweckmäßig. Abweichend von den bestehenden Regelungen schlägt er indes vor, den Erfolgsbeitrag aus einer solchen Neubewertung aufgrund seines außerordentlichen Charakters im OCI statt in der GuV zu erfassen und diesen gesondert im Anhang zu quantifizieren.

Die Arbeit schließt mit dem **sechsten Abschnitt**, in dem der Verfasser die wesentlichen Untersuchungsergebnisse noch einmal thesenförmig zusammenfasst.

In der vorgelegten Monographie bearbeitet der Verfasser mit der Bilanzierung von statusändernden Anteilsveräußerungen im IFRS-Konzernabschluss ein aktuelles, theoretisch hochinteressantes und praktisch sehr bedeutsames Thema. Durch seine rechnungslegungstheoretisch fundierte Analyse gelingt es ihm, bestimmte vom IASB und in Teilen der Literatur vertretene Meinungen überzeugend zu widerlegen. Angesichts der teils gravierenden Schwächen der bestehenden IFRS-Regelungen entwickelt der Verfasser eine konzeptionell überzeugende und in sich konsistente Bilanzierungsalternative. Die Untersuchung liefert somit wertvolle wissenschaftliche Anregungen zur Weiterentwicklung der IFRS-Konzernrechnungslegung. Es wäre zu wünschen, dass die Arbeit sowohl in der wissenschaftlichen Diskussion als auch von Seiten des Standardsetters die ihr gebührende Beachtung erfährt.

Münster, im August 2016 Prof. Dr. Dr. h.c. Jörg Baetge

Vorwort des Verfassers

Die vorliegende Arbeit entstand während meiner Tätigkeit als wissenschaftlicher Mitarbeiter im Forschungsteam von Prof. Dr. Dr. h.c. Baetge und meiner Tätigkeit als fachlicher Mitarbeiter bei der HLB Dr. Schumacher & Partner GmbH, Münster. Sie wurde im Juli 2016 von der Wirtschaftswissenschaftlichen Fakultät der Westfälischen Wilhelms-Universität Münster als Dissertation angenommen.

Zum Gelingen dieser Arbeit haben zahlreiche Personen maßgeblich beigetragen, denen ich an dieser Stelle ganz herzlich danken möchte. Dies gilt im Besonderen für meinen hoch geschätzten Doktorvater, Herrn Prof. Dr. Dr. h.c. Jörg Baetge. Ihm danke ich vor allem für die wissenschaftliche Betreuung meiner Arbeit, seine stete Diskussionsbereitschaft und sein großes Interesse an meinem Forschungsthema sowie auch für die sehr angenehme Arbeitsatmosphäre im „Forschungsteam Baetge“. Weiterhin möchte ich mich ganz herzlich bei Herrn Prof. Dr. Hans-Jürgen Kirsch und seinem gesamten Team des Instituts für Rechnungslegung und Wirtschaftsprüfung (IRW) für die vielfältige Unterstützung, u. a. in den gemeinsamen Doktorandenseminaren, bedanken. Daneben gilt mein Dank Herrn Prof. Dr. Peter Kajüter und Herrn Prof. Dr. Gustav Dieckheuer für die Übernahme des Zweitgutachtes bzw. für die Mitwirkung in der Promotionskommission. Für die weitreichende Unterstützung der HLB Dr. Schumacher & Partner GmbH bedanke ich mich stellvertretend bei Herrn WP/StB/RA Wolf-Achim Tönnes und Herrn WP/StB Hans-Hermann Schumacher.

Zu großem Dank bin ich ferner den Herren Dr. Nils Gimpel-Henning, Dr. Michael Janko und Dr. Michael Seifert verpflichtet, die das Manuskript der vorliegenden Arbeit kritisch durchgesehen haben und durch ihre zahlreichen wertvollen Anmerkungen maßgeblich zur Verbesserung der Arbeit beigetragen haben. Mein herzlicher Dank gilt auch den studentischen Hilfskräften für ihre tatkräftige Unterstützung bei der Literaturrecherche und -beschaffung. Darüber hinaus ist es mir ein großes Anliegen, mich bei allen meinen (ehemaligen) Kolleginnen und Kollegen des Forschungsteams Baetge sowie auch des IRW für die stets sehr gute und freundschaftliche Zusammenarbeit zu bedanken. Namentlich erwähnen möchte ich an dieser Stelle meine Freunde und Kollegen Michael Alkemeier, Jan Conrad und Dr. Nils Gimpel-Henning, die nicht nur die Höhen und Tiefen der Promotionszeit gemeinsam mit mir durchlebt haben, sondern auch abseits der Arbeit dafür gesorgt haben, dass ich auf eine äußerst schöne und ereignisreiche Zeit in Münster zurückblicken darf.

Schließlich möchte ich von ganzem Herzen meiner Familie – meiner Mutter und meinem leider viel zu früh verstorbenen Vater, meinen Geschwistern und auch meinen Großeltern – danken, die mir auf meinem bisherigen Lebensweg stets bedingungslos zur Seite standen und mich auf vielfältige Weise unterstützt haben. Ebenso großer Dank gebührt meiner Freundin Sandra, die durch das Promotionsvorhaben mit Sicherheit die größten Einschränkungen hat hinnehmen müssen. Mit ihrem unerschöpflichen Zuspruch und ihrer verständnisvollen und liebevollen Art war sie mir in den vergangenen Jahren ein ganz besonders großer Rückhalt.

Münster, im August 2016 Alois Panzer

Inhaltsübersicht

Inhaltsverzeichnis

Verzeichnis der Übersichten

Abkürzungsverzeichnis

A

Abacus	A Journal of Accounting, Finance and Business Studies (Zeitschrift)
Abs.	Absatz
Abschn.	Abschnitt
Abt.	Abteilung
ADS	Adler/Düring/Schmaltz
AktG.	Aktiengesetz
amend.	amended
Anm. d. Verf.	Anmerkung des Verfassers
Aufl.	Auflage

B

BB	Betriebs-Berater (Zeitschrift)
BC	basis for conclusions (i. V. m. IFRS-Fundstellen)
BC II	Business Combinations Project Phase II
Bd.	Band
BFuP	Betriebswirtschaftliche Forschung und Praxis (Zeitschrift)
BilMoG	Bilanzrechtsmodernisierungsgesetz
bspw.	beispielsweise
bzgl.	bezüglich
bzw.	beziehungsweise

C

c. p.	ceteris paribus
CF	Conceptual Framework
CFO	Chief Financial Officer
CPA	Certified Public Accountant

D

d. h.	das heißt
DAX	Deutscher Aktienindex

DB	Der Betrieb (Zeitschrift)
DBW	Die Betriebswirtschaft (Zeitschrift)
DCF	Discounted Cash-Flow
DO	dissenting opinions (i. V. m. IFRS-Fundstellen)
DP	Discussion Paper
DRS	Deutscher Rechnungslegungs Standard
DStR	Deutsches Steuerrecht (Zeitschrift)
DStZ	Deutsche Steuer-Zeitung (Zeitschrift)

E

EBITDA	earings efore interest, taxes, depreciation and amortization
ED	Exposure Draft
EFRAG	European Financial Reporting Advisory Board
EG	Europäische Gemeinschaft
etc.	et cetera

F

f.	folgende (Seite)
F	Framework
FASB	Financial Accounting Standards Board
FB	Finanz-Betrieb (Zeitschr
ff.	folgende (Jahre)
Fn.	Fußnote
FN-IDW	Fachnachrichten des IDW (Zeitschrift)

G

GAAP	Generally Accepted Accounting Principles
GE	Geldeinheiten
gem.	gemäß
ggf.	gegebenenfalls
GmbHG	Gesetz betreffend die Gesellschaft mit beschränkter Haftung
GoB	Grundsätze ordnungsmäßiger Buchführung
GoF	Geschäfts- oder Firmenwert

GuV	Gewinn- und Verlustrechnung

H

h. M.	herrschende(n) Meinung
HB	Handbuch
HB II	Handelsbilanz II
HdJ	Handbuch des Jahresabschlusses in Einzeldarstellungen
HdK	Handbuch der Konzernrechnungslegung
HFA	Hauptfachausschuss
HGB	Handelsgesetzbuch
Hrsg.	Herausgeber
hrsg. v.	herausgegeben von

I

i. d. F.	in der Fassung
i. e. S.	im engeren Sinne
i. H. v.	in Höhe von
i. S. d.	im Sinne des/der
i. S. v.	im Sinne von
i. V. m.	in Verbindung mit
i. w. S.	im weiteren Sinne
IAS	International Accounting Standard(s)
IASB	International Accounting Standards Board
IASC	International Accounting Standards Committee
IC	Interpretations Committee
IDW	Institut der Wirtschaftsprüfer in Deutschland e. V.
IDW S 1	IDW Standard: Grundsätze zur Durchführung von Unternehmensbewertungen (IDW S 1)
IFRIC	International Financial Reporting Interpretations Committee
IFRS	International Financial Reporting Standard(s)
IFRS IC	IFRS Interpretations Committee
iGAAP	international GAAP
IN	introduction (i. V. m. IFRS-Fundstellen)

inkl.	inklusive
IPO	initial public offering
IRZ	Zeitschrift für internationale Rechnungslegung (Zeitschrift)

K

KoR	Zeitschrift für internationale und kapitalmarktorientierte Rechnungslegung (Zeitschrift)
KPMG	Klynveld Peat Marwick Goerdeler

M

m. w. N.	mit weiteren Nachweisen
M&A	mergers and acquisitions
MüKo	Münchener Kommentar

N

No.	number
Nr.	Nummer(n)

O

OB	objecitve (i. V. m. IFRS-Fundstellen)
OCI	other comprehensive income

P

PiR	Praxis der internationalen Rechnungslegung (Zeitschrift)
PIR	Post-implementation Review
PublG	Publizitätsgesetz
PwC	PricewaterhouseCoopers

Q

QC	qualitative characteristics (i. V. m. IFRS-Fundstellen)

R

rev.	revised

Rn.	Randnummer(n)
RS	Stellungnahme zur Rechnungslegung

S

S.	Seite(n)
SFAS	Statement of Financial Accounting Standards
SIC	Standing Interpretations Committee
sog.	sogenannte(r/n)
Sp.	Spalte(n)
StuB	Steuer- und Bilanzpraxis (Zeitschrift)
StuW	Steuer und Wirtschaft (Zeitschrift)
SWK	Steuer- und WirtschaftsKartei (Zeitschrift)

U

u. a.	und andere/unter anderem
u. U.	unter Umständen
US	United States
US-GAAP	United States Generally Accepted Accounting Principles

V

v. a.	vor allem
vgl.	vergleiche

W

WiSt	Wirtschaftswissenschaftliches Studium (Zeitschrift)
WP	Wirtschaftsprüfer
WPg	Die Wirtschaftsprüfung (Zeitschrift)

Z

z. B.	zum Beispiel
Zfbf	Schmalenbachs Zeitschrift für betriebswirtschaftliche Forschung
ZfCM	Zeitschrift für Controlling & Management
ZfhF	Zeitschrift für handelswissenschaftliche Forschung

ZGE	zahlungsmittelgenerierende(n) Einheit(en)
ZGR	Zeitschrift für Unternehmens- und Gesellschaftsrecht
zzgl.	zuzüglich

1 Einleitung

11 Problemstellung

Neben organischen Wachstumsstrategien setzen Konzerne häufig zusätzlich auf ein vermeintlich schnelleres anorganisches Wachstum durch Unternehmensakquisitionen, um die eigene Marktposition zu erhalten bzw. auszubauen.[1] Solche externen Wachstums- bzw. Expansionsstrategien erzielen rückblickend indes oft nicht den gewünschten Erfolg,[2] sodass sich die Konzernführung dazu gezwungen sieht, die betreffende Beteiligung[3] nach einer gewissen Konzernzugehörigkeitsdauer wieder zu veräußern.[4] Im Zuge solcher **Desinvestitionsmaßnahmen**[5] werden Unternehmensbeteiligungen oft nicht vollständig veräußert, sondern es wird (zunächst) eine **Restbeteiligung** in bestimmter Höhe zurückbehalten. Veräußerungsentscheidungen sind oft auch durch **bilanzpolitische Überlegungen** begründet,[6] da das Gesamtbild des Konzernabschlusses maßgeblich vom Umfang sowie von der Intensität der Beteiligungsaktivitäten des Konzerns abhängt.[7]

Im Fokus der vorliegenden Arbeit steht die bilanzielle Abbildung von **teilweisen Anteilsveräußerungen** im IFRS-Konzernabschluss, die zu einer **Änderung des konzernbilanziellen Status** der betroffenen Beteiligungsbeziehung führen (sog. statusändernde Anteilsveräußerungen). Ein Statuswechsel liegt dann vor, wenn eine – bspw. durch eine teilweise Anteilsveräußerung hervorgerufene – Änderung der **Einflussnahmemöglichkeiten** der Konzernobergesellschaft auf ein Beteiligungsunternehmen dazu führt, dass

---

1 Für eine Übersicht über mögliche Motive für externes Wachstum durch Unternehmensakquisitionen vgl. BERENS, W./MERTES, M./STRAUCH, J., Unternehmensakquisitionen, S. 34-42.

2 Vgl. ACHLEITNER, A.-K./WAHL, S., Corporate Restructuring, S. 1; BLUMENTRITT, J., Unternehmensveräußerungen, S. 21 und 24.

3 Eine Beteiligung bzw. ein Beteiligungsunternehmen im betriebswirtschaftlichen Sinn liegt vor, wenn ein Wirtschaftssubjekt einem anderen Wirtschaftssubjekt Kapital (finanzielle Mittel oder Sachleistungen) zur unternehmerischen Verwendung zur Verfügung stellt und es sich davon einen bestimmten Gewinnanteil verspricht. Vgl. SCHMALENBACH, E., Beteiligungsfinanzierung, S. 16; LE COUTRE, W., Beteiligungen, Sp. 733; GSCHREI, M. J., Beteiligungen, S. 13; WEBER, E., GoB für Beteiligungen, S. 9 f.; KUSTNER, C., Beteiligungsbewertung im Konzernabschluss, S. 52 und 55.

4 Vgl. CHARIFZADEH, M., Corporate Restructuring, S. 72-75 und 77 f.

5 Für eine Systematisierung unterschiedlicher Definitionen des Desinvestitionsbegriffs in der Literatur vgl. OSTROWSKI, O., Erfolg durch Desinvestitionen, S. 15-20; WEBER, N., Private-Equity-Investments, S. 10-12. Die Begriffe „Desinvestition" und „(teilweise) Beteiligungsveräußerung" bzw. „(teilweise) Anteilsveräußerung" werden in der vorliegenden Arbeit synonym verwendet.

6 Vgl. BLUMENTRITT, J., Unternehmensveräußerungen, S. 105-109; HACHMEISTER, D./HERMENS, A.-S., Bilanzpolitik durch veränderte Einflussnahme, S. 38.

7 Vgl. hierzu ausführlich Abschnitt 23.

die Beteiligung erstmalig die Tatbestandsvoraussetzungen einer anderen als der bisherigen konzernbilanziellen Beteiligungsstufe erfüllt.[8] Ein solcher Statuswechsel ist im Konzernabschluss im Wege einer sog. **End- und Übergangskonsolidierung** abzubilden.[9] Die vorliegende Arbeit ist dadurch motiviert, dass es den bestehenden Regelungen zur Bilanzierung statusändernder Anteilsveräußerungen zum einen für die unterschiedlichen Übergangsszenarien an einer einheitlichen konzeptionellen Grundlage mangelt und zum anderen zahlreiche bedeutende Bilanzierungssachverhalte bislang ungeregelt sind.

Die konsolidierungstechnische Abbildung von Unternehmens- bzw. Anteilsveräußerungen im IFRS-Konzernabschluss war lange Zeit von weitreichenden **Regelungslücken** gekennzeichnet, sodass die Abschlussersteller dazu gezwungen waren, auf eigenständiger Basis zweckgerechte Bilanzierungslösungen für solche Geschäftsvorfälle zu entwickeln.[10] Primär von der Absicht getrieben, eine internationale Konvergenz zu den US-amerikanischen Rechnungslegungsstandards US-GAAP herzustellen, setzte der IASB im Jahr 2001 das in zwei Phasen gegliederte **Projekt *„Business Combinations"*** auf seine aktive Standardsetzungs-Agenda.[11] Während in Phase I des Projekts vorwiegend grundlegende konsolidierungstechnische Fragen im Zusammenhang mit Unternehmenserwerben inkl. der Behandlung eines dabei entstehenden derivativen Goodwill geregelt wurden,[12] wurden Anteilsveräußerungen erst in der Phase II des Projekts um-

---

8 Für eine Systematisierung der unterschiedlichen Arten von Beteiligungsbeziehungen im IFRS-Konzernabschluss vgl. Abschnitt 231.

9 Zu den Begriffen der End- und Übergangskonsolidierung vgl. ausführlich Abschnitt 33.

10 Vgl. HOEHNE, F., Veräußerung von Anteilen, S. 1.

11 Vgl. HAYN, B./HAYN, S., Neuausrichtung, S. 74; WATRIN, C./STROHM, C./STRUFFERT, R., Unternehmenszusammenschlüsse, S. 1450. In Phase I, die sich von 2001 bis 2004 erstreckte, wurden zunächst einige wesentliche Konsolidierungsvorschriften an zuvor vom US-amerikanischen Standardsetter FASB vorgenommene Änderungen des korrespondierenden Konsolidierungsstandards in den US-GAAP, SFAS 141 *Business Combinations*, angepasst. In Phase II, die bereits in 2002 startete und sich somit mit der Phase I überschnitt, arbeiteten die beiden Standardsetzungsgremien IASB und FASB dann zusammen, was im Ergebnis eine sehr weitreichende Harmonisierung der Konsolidierungsvorschriften nach IFRS und US-GAAP zur Folge hatte.

12 Als Ergebnis dieser ersten Projektphase wurde IFRS 3 (2004) verabschiedet, der den Vorgängerstandard IAS 22 ersetzte. Überdies wurden in diesem Zusammenhang wesentliche Folgeänderungen an den beiden Standards IAS 36 *Impairment of Assets* sowie IAS 38 *Intangible Assets* vorgenommen, um diese an die Regelungen des IFRS 3 anzupassen. Für einen Überblick über die im Einzelnen vorgenommenen Änderungen bzw. Neuregelungen vgl. exemplarisch WATRIN, C./STROHM, C./STRUFFERT, R., Unternehmenszusammenschlüsse, S. 1450-1461; BRÜCKS, M./WIEDERHOLD, P., IFRS 3 Business Combinations, S. 177-185; HOMMEL, M./BENKEL, M./WICH, S., IFRS 3 Business Combinations, S. 1267-1273; KÜTING, K./WIRTH, J., Unternehmenszusammenschlüsse nach IFRS 3, S. 167-177.

fassend behandelt. Der Abschluss dieser Phase II mündete schließlich im Jahr 2008 in der Veröffentlichung der überarbeiteten Konzernrechnungslegungsstandards IFRS 3 (rev. 2008) sowie IAS 27 (amend. 2008).[13] Die Neuregelungen des *Business Combinations*-Projekts führten insgesamt zu einer fundamentalen konzeptionellen Neuausrichtung der IFRS-Konzernrechnungslegung,[14] die sich auch in den überarbeiteten bzw. neu eingeführten Vorschriften zur Bilanzierung statusändernder Anteilstransaktionen niederschlägt.

Zunächst sah der IASB den dringlichsten Überarbeitungsbedarf für den Regelungsbereich eines **sukzessiven Unternehmenserwerbs**[15], da die hierfür bislang maßgeblichen Vorschriften des IAS 22 allgemein als äußerst komplex und deren Aussagegehalt als nur bedingt entscheidungsnützlich eingestuft wurden.[16] Im Zentrum der Kritik stand dabei die nach IAS 22 vorgeschriebene **tranchenweise Ermittlung des Unterschiedsbetrags** aus der Kapitalkonsolidierung.[17] Aufgrund der damit verbundenen Vermengung **unterschiedlicher Wertverhältnisse** war der ökonomische Aussagegehalt der Abschlussinformationen stark eingeschränkt.[18] Aus diesem Grund traf der IASB in

---

13 Für eine ausführliche Darstellung der in der zweiten Projektphase des *Business Combinations*-Projekts vorgenommenen Änderungen vgl. IASB (Hrsg.), Project Summary, S. 16-40; BEYHS, O./ WAGNER, B., Unternehmenszusammenschlüsse, S. 73-83; BRYOIS, F., Business Combinations Phase II, S. 933-936; HACHMEISTER, D., Unternehmenszusammenschlüsse, S. 115-122; HENDLER, M./ ZÜLCH, H., Änderung von Beteiligungsverhältnissen, S. 484-493; HOEHNE, F., Veräußerung von Anteilen, S. 9 f.; SCHWEDLER, K., Business Combinations Phase II, S. 125-138.

14 Im Schrifttum wird allgemein die Auffassung vertreten, dass sich zum einen die Grundtendenz der IFRS-Konzernrechnungslegung von einer vormals eher interessentheoretisch geprägten Konzeption zugunsten einer stark einheitstheoretischen Ausrichtung verschoben hat und zum anderen die Fair Value-Bilanzierung erheblich an Bedeutung zugenommen hat. Vgl. BUSSE VON COLBE, W., Entwicklungstendenzen, S. 44; EBELING, R. M./GAßMANN, J., Paradigmenwechsel, S. 109 f.; EBELING, R. M./GAßMANN, J./ROTHENSTEIN, M., Konsolidierungstechnik beim sukzessiven Unternehmenserwerb, S. 1027; HAYN, S., Entwicklungstendenzen, S. 428; HAYN, B./HAYN, S., Neuausrichtung, S. 74; HOEHNE, F., Veräußerung von Anteilen, S. 10.

15 Als sukzessiver Unternehmenserwerb wird nur der Fall bezeichnet, bei dem im Zuge mehrerer aufeinander folgender Anteilserwerbe sukzessive die Beherrschung über ein Tochterunternehmen erlangt wird.

16 Vgl. KÜTING, K./WIRTH, J., Sukzessiver Anteilserwerb, S. 363; LÜDENBACH, N./HOFFMANN, W.-D., Übergangskonsolidierung nach ED IFRS 3, S. 1807; THEILE, C./PAWELZIK, K. U., Fair Value-Beteiligungsbuchwerte, S. 96 und 100; EBELING, R. M./GAßMANN, J./ROTHENSTEIN, M., Konsolidierungstechnik beim sukzessiven Unternehmenserwerb, S. 1040.

17 Vgl. hierzu ausführlich Abschnitt 422.42.

18 Vgl. IFRS 3.BC198-202 i. V. m. IFRS 3.BC386; ZAUNER, J., Übergangs- und Endkonsolidierung, S. 59. Vor allem bei mehreren oder bei zeitlich lange zurück liegenden Teilerwerbsvorgängen führte das Erfordernis, zum Zeitpunkt der Beherrschungserlangung die historischen Wertverhältnisse der jeweiligen Erwerbsstichtage rekonstruieren zu müssen, zudem zu einem erheblichen Aufwand aus Sicht der Konzernabschlussersteller. Vgl. KÜTING, K./ELPRANA, K./WIRTH, J., Sukzessive Anteils-

der Phase II des *Business Combinations*-Projekts die Entscheidung, dass für die Erstkonsolidierung eines Tochterunternehmens im Fall eines sukzessiven Unternehmenserwerbs künftig ausschließlich die **Wertverhältnisse zum Zeitpunkt der Beherrschungserlangung** maßgeblich sein sollten. Demzufolge schreibt der überarbeitete IFRS 3 (rev. 2008) nunmehr eine einheitliche **Neubewertung** sämtlicher Anteilstranchen zum **Fair Value** im Zeitpunkt der Beherrschungserlangung vor, unabhängig davon, wann diese ursprünglich erworben wurden.[19]

Der IASB rechtfertigt die Neubewertung der Altanteile zum Fair Value aus konzeptioneller Sicht überdies mit dem Argument, dass sich durch die Erlangung der Beherrschungsmöglichkeit das **Wesen der Beteiligungsbeziehung fundamental ändert**. So stuft der Standardsetter die erstmalige Erlangung der Beherrschungsmöglichkeit über ein Beteiligungsunternehmen, zu dem bereits zuvor eine Unternehmensverbindung von geringerer Intensität bestand, als ein sog. *„significant economic event in the nature of and economic circumstances surrounding that investment"*[20] ein und schlussfolgert daraus, dass diese fundamentale Wesensänderung bilanziell am besten durch eine Neubewertung der bereits vor dem Statuswechsel gehaltenen Altanteile zum Fair Value abgebildet werden kann.[21]

Bei der anschließenden Überarbeitung der Vorschriften zur Bilanzierung von **Anteilsveräußerungen** zog der IASB daraus den Schluss, dass umgekehrt auch ein **Verlust der Beherrschungsmöglichkeit** gleichermaßen als ein *„significant economic event"*[22] zu werten sei. Im Zusammenhang mit dieser Einschätzung formulierte der Standardsetter das Ziel, eine **Konsistenz** zwischen der bilanziellen Abbildung von statusändernden sukzessiven Unternehmenserwerben einerseits und statusändernden Veräußerungen von Anteilen an Tochterunternehmen andererseits herzustellen.[23] Bei der konzernbilan-

---

erwerbe, S. 479; THEILE, C./PAWELZIK, K. U., Fair Value-Beteiligungsbuchwerte, S. 96; ZAUNER, J., Übergangs- und Endkonsolidierung, S. 58.

19 Vgl. IFRS 3.41 f.

20 IFRS 3.BC384.

21 Vgl. IFRS 3.BC384.

22 IFRS 10.BCZ182.

23 Dies erläutert der IASB in der im Anschluss an die Finalisierung des *Business Combinations*-Projekts veröffentlichten Verlautbarung *„Business Combinations Phase II – Project summary, feedback and effect analysis"*, in der er die wesentlichen Neuerungen zusammenfasst, seine grundsätzlichen Erwägungen hierzu erläutert und zu häufig geäußerten Kritikpunkten Stellung bezieht. Vgl. IASB (Hrsg.), Project Summary, S. 38-40.

ziellen Abbildung einer statusändernden Anteilsveräußerung stellt sich grundsätzlich die Frage, mit welchem **(fiktiven) Zugangswert** die im Konzern verbleibende Restbeteiligung als Ausgangsgröße für die Folgebilanzierung nach dem Statuswechsel in den Konzernabschluss eingehen soll. Einerseits kann hierfür mangels einer Veräußerung der zu bewertenden zurückbehaltenen Anteile nicht auf einen zum Zeitpunkt des Statuswechsels aktuellen Transaktionspreis zurückgegriffen werden. Andererseits ist es auch nicht zweckgerecht, auf die historischen Anschaffungskosten abzustellen, da diese vor allem bei zeitlich lange zurück liegenden Erwerbsvorgängen erheblich an Relevanz verlieren. Nach **altem Recht** war daher der Saldo des anteilig auf die Restbeteiligung entfallenden Reinvermögens des ausscheidenden Tochterunternehmens zu **fortgeführten Konzernbuchwerten** erfolgsneutral als fiktiver Zugangswert bzw. Ausgangswert für die Folgebilanzierung zu übernehmen.[24] Mit Blick auf die angestrebte Konsistenz zu den Bilanzierungsvorschriften für sukzessive Unternehmenserwerbe wurde mit Verabschiedung des IAS 27 (amend. 2008) indes auch für den Fall einer statusändernden Veräußerung von Anteilen an einem bisherigen Tochterunternehmen die Pflicht eingeführt, die im Konzern verbleibende **Restbeteiligung** im Zeitpunkt des Beherrschungsverlusts **neu zum Fair Value zu bewerten.**[25] Der Fair Value der zurückbehaltenen Anteile dient sodann als **fiktiver Zugangswert** bzw. **Ausgangswert** für die Folgebilanzierung der Restbeteiligung entsprechend der jeweils nach dem Statuswechsel anzuwendenden Konsolidierungs- oder Bewertungsmethode.

---

24 Die Pflicht zur erfolgsneutralen Übernahme des konzernbilanziell fortgeführten Nettovermögens als fiktiver Zugangswert der verbleibenden Restbeteiligung war explizit ausschließlich in IAS 27.32 (rev. 2003) für den Fall der Übergangskonsolidierung bei einem Statuswechsel ausgehend von einem Tochterunternehmen auf eine einfache Finanzbeteiligung normiert. Obwohl keine weiteren Vorschriften hierzu existierten, stellte nach der h. M. eine Übernahme des bisherigen Wertansatzes der Restbeteiligung zum Zeitpunkt der Übergangskonsolidierung auch bei sämtlichen sonstigen Fallkonstellationen, d. h. bspw. auch beim Übergang auf eine Bilanzierung nach der Equity-Methode, die einzig sachgerechte Bilanzierungsweise dar. Vgl. WATRIN, C./HOEHNE, F./LAMMERT, J., in: MüKo Bilanzrecht Bd. 1, IAS 27, Rn. 305; HOEHNE, F., Veräußerung von Anteilen, S. 166; LÜDENBACH, N./HOFFMANN, W.-D., Übergangskonsolidierung nach ED IFRS 3, S. 1808; ZORN, T., Endkonsolidierung, S. 185 f.; ZAUNER, J., Übergangs- und Endkonsolidierung, S. 125-127, KÖNIGSMAIER, H., Wechsel der Konsolidierungsart, S. 647 f.

25 Diese Verpflichtung war zunächst in IAS 27.34 (d) i. V. m. IAS 27.37 geregelt. Als Ergebnis des parallel zum *Business Combinations*-Projekt bearbeiteten *Consolidation*-Projekts wurden die Teile des IAS 27, die die Konzernbilanzierung regelten, durch den im Mai 2011 verabschiedeten IFRS 10 abgelöst. Die Vorschrift zur Neubewertung einer beim Verlust der Beherrschung im Konzern zurückbehaltenen Restbeteiligung wurde dabei inhaltlich unverändert in IFRS 10.25 (b) i. V. m. IFRS 10.B98 (b) (iii) übernommen.

Während für den Fall eines abwärtsgerichteten Statuswechsels auf der konzernbilanziellen Stufenkonzeption ausgehend von einem Tochterunternehmen die Neubewertung der im Konzern verbleibenden Anteile zum Fair Value verpflichtend vorgeschrieben ist, sieht IAS 28 für den **Übergang** vom Status eines **Gemeinschaftsunternehmens** auf den Status eines **assoziierten Unternehmens** hingegen eine **erfolgsneutrale Fortführung** des auf die zurückbehaltenen Anteile entfallenden **Equity-Buchwerts** vor.[26] Von einer Neubewertung der zurückbehaltenen Anteile sieht der IASB in diesem Fall mit der Begründung ab, dass es hierbei nicht zu einer **Änderung der Konsolidierungs- bzw. Bewertungsmethode** kommt, da sowohl Gemeinschaftsunternehmen als auch assoziierte Unternehmen gleichermaßen nach der Equity-Methode in den Konzernabschluss einzubeziehen sind.[27] Insofern stellt der IASB für dieses Szenario – im Gegensatz zum Fall des Verlusts eines beherrschenden Einflusses – mit Blick auf die Bewertung der Restbeteiligung gerade nicht auf eine Änderung des **ökonomischen Gehalts** der hinter der Beteiligungsbeziehung stehenden Einflussnahmemöglichkeiten ab, sondern allein auf die gleichbleibende **Konsolidierungs- bzw. Bewertungsmethode**.

Ferner regelt IAS 28, dass beim **Übergang** vom Status eines nach der Equity-Methode einzubeziehenden **Gemeinschaftsunternehmens** oder eines **assoziierten Unternehmens** auf eine **einfache Finanzbeteiligung** die zurückbehaltenen Anteile wiederum verpflichtend zum Fair Value neu zu bewerten sind.[28] Die Neubewertung ist nach Ansicht des IASB in diesem Fall nicht durch eine ökonomische Wesensänderung der Beteiligung begründet. Stattdessen sieht der Standardsetter ein Abstellen auf die Änderung des ökonomischen Charakters der Beteiligung in diesem Fall als *„unnecessary"* an, da die für die Bilanzierung von Finanzbeteiligungen maßgeblichen Vorschriften des IFRS 9[29] ohnehin eine Folgebewertung zum Fair Value vorschreiben.[30]

In der Gesamtschau wird ersichtlich, dass die Vorschriften zur konzernbilanziellen Abbildung statusändernder Anteilsveräußerungen – vor allem im Hinblick auf die Be-

26 Vgl. IAS 28.24.
27 Vgl. IAS 28.BC30.
28 Vgl. IAS 28.22 (b).
29 Der im Juli 2014 veröffentlichte IFRS 9 wird den derzeit noch geltenden IAS 39 nach mehrmaligen Verschiebungen des Erstanwendungszeitpunkts voraussichtlich erst im Jahr 2018 ersetzen. Gleichwohl wird in der vorliegenden Untersuchung ausschließlich auf die künftig anzuwendenden Vorschriften des IFRS 9 abgestellt.
30 Vgl. IAS 28.BC29.

stimmung eines fiktiven Zugangswerts für eine im Konzern zurückbehaltene Restbeteiligung – nicht auf einer **statusübergreifenden, konzeptionell konsistenten Grundlage** beruhen. Ferner enthält IFRS 11 *Joint Arrangements*, der die Bilanzierung gemeinschaftlicher Tätigkeiten regelt, keine Vorschriften zur bilanziellen Abbildung einer statusändernden Veräußerung von Anteilen an einer zuvor als **gemeinschaftliche Tätigkeit** (*joint operation*) klassifizierten und damit quotal zu konsolidierenden Beteiligung, sodass hierfür weitreichende **Regelungslücken** bestehen.

Dieses Problem wurde im Sommer 2015 auch vonseiten des *IFRS Interpretations Committee* (IFRS IC) erkannt. Im Zusammenhang mit einer bislang ungeklärten Fragestellung zur Bilanzierung eines Anteilserwerbs an einer *joint operation* wies das IFRS IC seinen Mitarbeiterstab an, in einer systematischen und fallübergreifenden Analyse sämtliche Regelungen und Regelungslücken für alle denkbaren Konstellationen von aufwärts- und abwärtsgerichteten Statuswechseln zusammenzufassen und auf dieser Grundlage zweckgerechte Prinzipien für die Bilanzierung bislang ungeregelter Übergangsfälle zu identifizieren.[31]

Das **Ziel der vorliegenden Arbeit** ist es, vor dem Hintergrund der gezeigten Probleme zu untersuchen, ob und wieweit die bestehenden Vorschriften zur Bilanzierung statusändernder Anteilsveräußerungen dazu geeignet sind, dem mit der IFRS-Rechnungslegung verfolgten übergeordneten Zweck der Vermittlung entscheidungsnützlicher Informationen gerecht zu werden. Dabei werden die **existierenden Vorschriften** für die verschiedenen Übergangsfälle umfassend analysiert und **kritisch gewürdigt**. In diesem Zusammenhang wird überdies untersucht, ob die vom IASB geäußerte Absicht, eine **Konsistenz** der Bilanzierung teilweiser Anteilsveräußerungen zur Bilanzierung sukzessiver Unternehmenserwerbe herzustellen, überhaupt zweckgerecht und somit erstrebenswert ist. Im Zentrum der Betrachtung steht das Problem eines möglichst **zweckgerechten Wertansatzes** einer im Konzern zurückbehaltenen Restbeteiligung für sämtliche Fallkonstellationen von statusändernden Anteilsveräußerungen. Übergreifend wird analysiert, ob die **bilanzielle Ungleichbehandlung** einer im Konzern verbleiben-

---

31 Vgl. IFRS IC (Hrsg.), Staff Paper 6 (July 2015), Rn. 1-8 und 32; IFRS IC (Hrsg.), Staff Paper 8 (May 2015), Rn. 65 f.; IFRS IC (Hrsg.), Staff Paper 5 (September 2015), Rn. 23-28 und 35-70; IFRS IC (Hrsg.), Staff Paper 5B (September 2015), Rn. 1-40.

den Restbeteiligung für die verschiedenen Übergangsszenarien mit Blick auf den übergeordneten Zweck der IFRS-Konzernrechnungslegung und das daraus hergeleitete sachverhaltsspezifische Informationsziel der Übergangskonsolidierung gerechtfertigt werden kann.

Als Ergebnis dieser Analyse und Würdigung wird anschließend ein fallübergreifender **alternativer Bilanzierungsvorschlag** entwickelt. Mit der vorgeschlagenen Bilanzierungsweise sollen bestehende **Inkonsistenzen verringert** und die wesentlichen **Nachteile der bestehenden Vorschriften beseitigt** werden. Insgesamt soll mit der zu entwickelnden Bilanzierungssystematik eine **verbesserte Entscheidungsnützlichkeit** der im Konzernabschluss dargestellten Informationen über statusändernde Anteilsveräußerungen bzw. deren Auswirkungen auf die Vermögens-, Finanz- und Ertragslage des Konzerns erreicht werden. Eine umfassende wissenschaftliche Analyse und Würdigung der derzeit geltenden Bilanzierungsvorschriften für sämtliche Konstellationen von statusändernden Anteilsveräußerungen ist dem Verfasser bislang nicht bekannt. Diese Lücke soll mit der vorliegenden Arbeit geschlossen werden.

12 Gang der Untersuchung

Im Anschluss an die Einleitung werden im **zweiten Kapitel** zunächst die für die Untersuchung erforderlichen konzeptionellen Grundlagen der IFRS-Konzernrechnungslegung gelegt. Dabei werden in Abschnitt 21 in einem ersten Schritt der Zweck eines IFRS-Konzernabschlusses sowie dessen primäre Adressaten identifiziert. Hierbei werden die relevanten Ausführungen des im Mai 2015 veröffentlichten *Exposure Draft „Conceptual Framework for Financial Reporting"* (ED/2015/3) explizit einbezogen, sofern diese von den bestehenden Regelungen des *Conceptual Framework* (2010) abweichen. Darauf aufbauend werden in Abschnitt 22 die den Zweck der IFRS-Rechnungslegung konkretisierenden, im *Conceptual Framework* kodifizierten und grundsätzlich für sämtliche Bilanzierungssachverhalte gültigen qualitativen Anforderungen an nützliche Finanzinformationen systematisiert. In Abschnitt 23 wird der Konsolidierungskreis nach IFRS abgegrenzt. Dabei wird ein Überblick über sämtliche unterschiedliche Arten von Beteiligungsverhältnissen sowie die für deren bilanziellen Einbezug in den Konzernabschluss jeweils maßgeblichen Konsolidierungs- bzw. Bewertungsmethoden gegeben. Die Ausführungen dieses Kapitels bilden die Basis für die im Hauptteil der Untersuchung durchgeführte Analyse und Würdigung der bestehenden Bilanzierungsvorschriften für statusändernde Anteilsveräußerungen.

Das **dritte Kapitel** dient dazu, die wesentlichen sachverhaltsspezifischen Grundlagen zur Bilanzierung statusändernder Anteilsveräußerungen darzustellen und den Untersuchungsgegenstand zu konkretisieren. Dabei wird der Untersuchungsgegenstand zunächst von sonstigen Änderungen in der Beteiligungsstruktur eines Konzerns (Abschnitt 31) sowie vom Regelungsbereich des IFRS 5 (Abschnitt 32) abgegrenzt. Im darauffolgenden Abschnitt 33 werden die grundlegende Systematik sowie die Zwecke der End- bzw. Übergangskonsolidierung bei statusändernden Anteilsveräußerungen erörtert, bevor in Abschnitt 34 mit dem konzernspezifischen Kongruenzprinzip ein zentrales Anforderungskriterium für eine zweckgerechte bilanzielle Abbildung statusändernder Anteilsveräußerungen erläutert wird.

Das **vierte Kapitel** stellt den Hauptteil der Arbeit dar, in dem die bestehenden Abbildungsregeln für sämtliche Fälle abwärtsgerichteter Statuswechsel umfassend analysiert und vor dem Hintergrund der allgemeinen Zwecksetzung des IFRS-Konzernabschlusses sowie vor dem zuvor identifizierten sachverhaltsspezifischen Zweck der Übergangskonsolidierung kritisch gewürdigt werden. Im Vordergrund steht dabei die Beurteilung der Zweckmäßigkeit der Neubewertung der im Konzern verbleibenden Restbeteiligung bei einer statusändernden Anteilsveräußerung an einem ehemals vollkonsolidierten Tochterunternehmen und deren Auswirkungen auf die im Konzernabschluss dargestellte (Änderung der) Vermögens-, Finanz- und Ertragslage des Konzerns (Abschnitt 42). Neben den relevanten Aspekten der Kapitalkonsolidierung werden auch die Auswirkungen der Neubewertung der zurückbehaltenen Anteile auf die (anteilige) Beendigung der sonstigen Konsolidierungsmaßnahmen untersucht. Daran anschließend werden die entsprechenden Bilanzierungsvorschriften für die restlichen Übergangsfälle analysiert und aufbauend auf den zuvor für den Abwärtswechsel ausgehend von einem Tochterunternehmen herausgearbeiteten Erkenntnissen vergleichend gewürdigt (Abschnitte 43 und 44).

Auf der Grundlage der bei der Analyse und Würdigung der bestehenden Vorschriften gewonnenen Erkenntnisse wird im **fünften Kapitel** ein alternativer Bilanzierungsvorschlag entwickelt, der aus Sicht des Verfassers im Vergleich zu den derzeit geltenden

Regelungen zu einer zweckgerechteren konzernbilanziellen Darstellung der Auswirkungen von statusändernden Anteilsveräußerungen auf die Vermögens- Finanz- und Ertragslage des Konzerns führen würde.

Das **sechste Kapitel** fasst die wesentlichen Untersuchungsergebnisse der vorliegenden Arbeit abschließend zusammen.

2 Grundlagen der IFRS-Konzernrechnungslegung

21 Zweck und Adressaten des IFRS-Konzernabschlusses

211. Zweck des IFRS-Konzernabschlusses

Die Zwecke eines jeden Rechnungslegungssystems sind von grundlegender Bedeutung sowohl für die Gestaltung neuer Rechnungslegungsnormen als auch für die Beurteilung der Güte bzw. Qualität bestehender Rechnungslegungsvorschriften.[32] Hinsichtlich des im *Conceptual Framework*[33] kodifizierten übergeordneten Zwecks der IFRS-Rechnungslegung wird nicht zwischen Einzel- und Konzernabschluss differenziert. Vielmehr wird ganz allgemein auf die Finanzberichterstattung sog. *„reporting entities"* abgestellt.[34] Unter den Begriff *reporting entity* wird jede rechnungslegende Einheit subsumiert, die entweder freiwillig oder verpflichtend einen IFRS-Abschluss aufstellt, unabhängig davon, ob es sich dabei um einen Einzelabschluss oder einen Konzernabschluss handelt.[35] Mit der (Konzern-)Rechnungslegung nach IFRS wird allgemein der Zweck verfolgt, bestehenden und potenziellen Eigen- und Fremdkapitalgebern sowie sonstigen Gläubigern der berichterstattenden Einheit solche unternehmensbezogenen **Finanzinformationen** zu vermitteln, die für deren **Entscheidungen** über die **Bereitstellung von Kapital nützlich** sind.[36]

---

32 Vgl. LEFFSON, U., Grundsätze ordnungsmäßiger Buchführung, 1. Aufl., S. 45; BAETGE, J., Rechnungslegungszwecke, S. 13; BALLWIESER, W., Begründbarkeit, S. 772; KÜTING, K./LAUER, P., Jahresabschlusszwecke nach HGB und IFRS, S. 1985; SCHRUFF, W., Einflüsse der 7. EG-Richtlinie, S. 35; STREIM, H., Vermittlung von entscheidungsnützlichen Informationen, S. 111; WENTLAND, N., Konzernbilanz, S. 32.

33 Das *Conceptual Framework* enthält die wesentlichen konzeptionellen Grundlagen und Prinzipien der Rechnungslegung nach IFRS. Es dient primär dem IASB selbst bei der Entwicklung neuer Standards und der Überarbeitung bestehender Standards, soll aber auch von Abschlusserstellern bei Vorliegen von Regelungslücken oder Wahlrechten bei der Entwicklung einer zweckgerechten Bilanzierungslösung herangezogen werden. Schließlich soll es ganz allgemein dazu dienen, das Verständnis der IFRS-Rechnungslegung zu fördern. Vgl. CF.IN1. In den folgenden Ausführungen werden sowohl die Regelungen des derzeit noch geltenden *Conceptual Framework* (2010) als auch die vorgeschlagenen Neuregelungen des im Mai 2015 veröffentlichten *Exposure Draft „Conceptual Framework for Financial Reporting"* (ED/2015/3) berücksichtigt. Regelungsunterschiede werden erörtert, soweit diese für die vorliegende Arbeit relevant sind. Textstellen aus den beiden Rahmenkonzepten werden entweder mit CF oder mit ED.CF zzgl. der jeweils einschlägigen Textziffer zitiert.

34 Vgl. CF.OB2; ED.CF.1.2.

35 Vgl. ED.CF.3.11. In ED.CF.3.19-3.25 grenzt der IASB erstmals konsolidierte und nicht-konsolidierte Abschlüsse definitorisch voneinander ab.

36 Vgl. CF.OB2; ED.CF.1.2. Hierunter fallen vor allem Entscheidungen über den Kauf, das Halten oder den Verkauf von Eigen- und Fremdkapitalinstrumenten sowie Entscheidungen über die Vergabe oder Abwicklung von Darlehen bzw. sonstigen Krediten.

Nach IAS 1.15 sind Finanzinformationen nur dann dazu geeignet, die Adressaten bei deren Kapitalvergabeentscheidungen zu unterstützen, wenn sie ein den tatsächlichen Verhältnissen entsprechendes Bild über die Vermögens-, Finanz- und Ertragslage sowie über die Cashflows der berichterstattenden Einheit vermitteln. Da die Kapitalallokationsentscheidungen rationaler Eigen- und Fremdkapitalgeber vor allem von den erwarteten **finanziellen Rückflüssen** bzw. der erwarteten **Rentabilität** eines Investments abhängen, sollen IFRS-Abschlüsse zum einen die (zukunftsorientierte) Beurteilung der Höhe, des zeitlichen Anfalls sowie der Unsicherheit künftiger Nettozahlungsströme an das berichterstattende Unternehmen ermöglichen (sog. **Bewertungsfunktion**).[37] Zum anderen sollen sie aber auch (vergangenheitsorientierte) Informationen über die **Leistung des Managements** liefern, vor allem mit Blick auf die Verwendung des anvertrauten Kapitals (sog. **Rechenschaftsfunktion**).[38] Um diese Funktionen erfüllen zu können, muss ein IFRS-Abschluss einerseits über die Art, Höhe und Zusammensetzung der wirtschaftlichen Ressourcen und Verpflichtungen des Unternehmens sowie über deren periodische Veränderungen informieren.[39] Andererseits muss ein IFRS-Abschluss auch darüber Aufschluss geben, ob und wieweit das Management seiner Verpflichtung nachgekommen ist, die von den Kapitalgebern zur Verfügung gestellten Mittel in möglichst effektiver und effizienter Weise einzusetzen.[40]

Nach dem derzeit noch gültigen *Conceptual Framework* (2010) gelten Finanzinformationen vor allem dann als entscheidungsnützlich, wenn sie die Adressaten in die Lage versetzen, künftige Cashflows möglichst exakt zu prognostizieren.[41] Es wird also in erster Linie auf die **Bewertungsfunktion** abgestellt, wohingegen die **Rechenschaftsfunktion** nicht explizit als eigenständiges Ziel genannt wird.[42] Rechenschaft wird ledig-

---

37 Vgl. CF.OB3; ED.CF.1.3.
38 Vgl. ED.CF.1.3.
39 Vgl. CF.OB4; ED.CF.1.4 (a) i. V. m. ED.CF.1.12-1.16.
40 Vgl. CF.OB4; ED.CF.1.4 (b) i. V. m. ED.CF.1.22-1.23.
41 Vgl. CF.OB3 f.
42 Der IASB hat die Verwendung des Begriffs *stewardship* im *Conceptual Framework* (2010) ausdrücklich vermieden, begründet dies aber primär mit potenziellen Übersetzungsschwierigkeiten und damit verbundenen Fehlinterpretationen seitens der IFRS-Anwender. Vgl. CF.BC1.28. Zur Dominanz der Bewertungsfunktion im *Conceptual Framework* (2010) vgl. PELGER, C., Rechnungslegungszweck und qualitative Anforderungen, S. 910-914; SCHRUFF, W., Spannungsfeld zwischen Cashflow-Prognose und Rechenschaft, S. 859 f.; DETTENRIEDER, D., Hedge Accounting, S. 11.

lich als **untergeordnetes Subziel**[43] umschrieben. Gemäß CF.OB4 sind für die Schätzung künftiger Einzahlungsüberschüsse auch Informationen darüber vonnöten, wie effektiv und effizient das Management die zur Verfügung gestellten Ressourcen eingesetzt hat.[44] Der IASB vermeidet es dabei, auf die **potenziellen Konflikte** bzw. das **Spannungsfeld** zwischen Bewertungsfunktion und Rechenschaftsfunktion hinzuweisen.[45] Vielmehr sieht er die beiden Subziele der Bewertungs- und der Rechenschaftsfunktion eher als komplementäre Ziele an[46] und begründet diese Einschätzung mit der Behauptung, dass die für Ressourcenallokationsentscheidungen dienlichen Informationen in der Regel auch für die Beurteilung der Managementleistung nützlich seien.[47]

Die den Abschlusszweck betreffenden Ausführungen des *Conceptual Framework* (2010) wurden zunächst unverändert in das im Juli 2013 herausgegebene *Discussion Paper „A Review of the Conceptual Framework for Financial Reporting"* (DP 2013/1) übernommen, das dem ED/2015/3 vorausging. Aufgrund der Kritik von zahlreichen Stellungnehmenden, die vor allem eine explizite Klarstellung des Verhältnisses von Bewertungs- und Rechenschaftsfunktion forderten, wird die Rechenschaftsfunktion im *Exposure Draft* ED/2015/3 nunmehr aufgewertet.[48] Dies äußert sich vor allem darin, dass die Rechenschaftsfunktion in ED.CF.1.3 explizit als ein der Bewertungsfunktion gleichgeordnetes Subziel der IFRS-Rechnungslegung genannt wird und viele aus dem

---

43 Vgl. GEBHARDT, G./MORA, A./WAGENHOFER, A., Revisiting the Fundamental Concepts of IFRS, S. 9.

44 Vgl. CF.OB4. Zum Verhältnis zwischen Bewertungs- und Rechenschaftsfunktion nach den Vorgaben des *Conceptual Framework* (2010) vgl. BALLWIESER, W., Analyse des Rahmenkonzepts, S. 466-470; PELLENS, B. U. A., Internationale Rechnungslegung, S. 89; WAGENHOFER, A./EWERT, R., Externe Unternehmensrechnung, S. 144 f.; THEILE, C., in: Heuser/Theile, IFRS-Handbuch, 5. Aufl., B I, Rn. 201. Für eine weiterführende Diskussion im Kontext des Entwicklungsprozesses des *Conceptual Framework* (2010) vgl. LENNARD, A., Stewardship, S. 55-66; PELGER, C., Entscheidungsnützlichkeit im neuen Gewand, S. 156-160; PELGER, C., Rechnungslegungszweck und qualitative Anforderungen, S. 910-914; SCHRUFF, W., Spannungsfeld zwischen Cashflow-Prognose und Rechenschaft, S. 859.

45 Vgl. GEBHARDT, G./MORA, A./WAGENHOFER, A., Revisiting the Fundamental Concepts of IFRS, S. 109. Für eine weiterführende Diskussion dieses Spannungsfelds zwischen Bewertungs- und Rechenschaftsfunktion im Kontext der IFRS-Rechnungslegung vgl. GEBHARDT, G./MORA, A./ WAGENHOFER, A., Revisiting the Fundamental Concepts of IFRS, S. 110; EFRAG U. A. (Hrsg.), Getting a Better Framework: Accountability, S. 1-14; COENENBERG, A. G./STRAUB, B., Rechenschaft versus Entscheidungsunterstützung, S. 17-26; KOELEN, P., Investitionstheoretische Bewertungskalküle, S. 31-37.

46 Vgl. GASSEN, J./FISCHKIN, M./HILL, V., Rahmenkonzept-Projekt, S. 877.

47 Vgl. CF.BC1.26. Kritisch zu dieser Annahme vgl. COENENBERG, A. G./STRAUB, B., Rechenschaft versus Entscheidungsunterstützung, S. 22-26; PELGER, C., Rechnungslegungszweck und qualitative Anforderungen, S. 912-914; WHITTINGTON, G., Conceptual Framework Project, S. 144 f.

48 Vgl. ED.CF.BC1.8 f.

Conceptual Framework (2010) übernommene Textpassagen um zusätzliche Ausführungen zum Rechenschaftsziel ergänzt wurden. Zudem räumt der IASB in ED.CF.BC1.9 ein, dass Informationen, die der Rechenschaft dienen, nicht in jedem Fall deckungsgleich sind mit Informationen, die auf die Schätzung künftiger Einzahlungsüberschüsse abzielen. Die Rechenschaftsfunktion soll indes keinesfalls den Rang eines zweiten **primären Ziels** der IFRS-Rechnungslegung neben der Vermittlung entscheidungsnützlicher Informationen einnehmen.[49] Obwohl dies nicht explizit so formuliert wird, lässt sich aus den in ED/2015/3 vorgenommenen Änderungen schließen, dass der Standardsetter nunmehr eine **gleichrangige Gewichtung** der beiden **Subziele** der **Bewertungsfunktion** und der **Rechenschaftsfunktion** intendiert, um dem übergeordneten Ziel der Vermittlung entscheidungsnützlicher Informationen bestmöglich gerecht werden zu können.[50]

Damit ein **IFRS-Konzernabschluss** den übergeordneten Zweck der Entscheidungsunterstützung erfüllen kann, muss er über die Vermögens-, Finanz- und Ertragslage aus Sicht des gesamten **wirtschaftlichen Verbunds Konzern** informieren. Ein Konzern setzt sich in der Regel aus einer Vielzahl von rechtlich selbständigen, wirtschaftlich aber voneinander abhängigen Unternehmen zusammen.[51] Kapitalmäßige, vertragliche oder personelle Verflechtungen[52] ermöglichen es der Konzernobergesellschaft typischerweise, die Geschäfts- und Finanzpolitik der Beteiligungsunternehmen je nach Art bzw. Intensität der Beteiligungsbeziehung mehr oder minder stark zu beeinflussen und in Form von **sachverhaltsgestaltenden Maßnahmen** die Vermögens-, Finanz- und

---

49 Vgl. ED.CF.BC1.10. Begründet wird dies einerseits damit, dass Informationen, die dem Rechenschaftszweck dienen, ohnehin auch für Kapitalvergabeentscheidungen relevant seien (ED.CF.BC1.10 (a)). Ferner wird ein duales Zwecksystem mit der Begründung abgelehnt, dass ein solches verwirrend (im Original: „*confusing*") wäre. (ED.CF.BC1.10 (b)).

50 Im Ergebnis so auch GIMPEL-HENNING, N., Sukzessive Anteilserwerbe, S. 13. Eine ähnliche Systematisierung des Zwecksystems der IFRS-Rechnungslegung hat der IASB bereits in einem dem *Conceptual Framework* (2010) vorausgegangenen *Exposure Draft* vorgeschlagen, diese dann aber wieder zugunsten einer strikten Dominanz der Bewertungsfunktion verworfen. Vgl. dazu KIRSCH, H., Conceptual Framework für Phase A, S. 28 f.; KOELEN, P., Investitionstheoretische Bewertungskalküle, S. 39-41; PELGER, C., Entscheidungsnützlichkeit im neuen Gewand, S. 158-160; PELGER, C., Rechnungslegungszweck und qualitative Anforderungen, S. 910-914.

51 Vgl. BAETGE, J./KIRSCH, H.-J./THIELE, S., Konzernbilanzen, S. 7; LÜCK, W., Rechnungslegung im Konzern, S. 1 f.; SCHRUFF, W., Einflüsse der 7. EG-Richtlinie, S. 11 f.; THEISEN, M. R., Der Konzern, S. 24-26; STEINBACH, A., Konzernrechnungslegung, S. 2.

52 Vgl. ORDELHEIDE, D., Konzern als Gegenstand betriebswirtschaftlicher Forschung, S. 293.

Ertragslage der untergeordneten Beteiligungsunternehmen gezielt zu gestalten.[53] Aufgrund der eingeschränkten Dispositionsfreiheit[54] der untergeordneten Konzernunternehmen sind deren Einzelabschlüsse mit Blick auf eine tatsachengetreue Darstellung der wirtschaftlichen Lage meist nur wenig aussagekräftig.[55] BALLWIESER spricht in diesem Zusammenhang gar von einer „Gefahr der nahezu völligen Aussagelosigkeit von Einzelabschlüssen von Konzernunternehmen“[56]. Im Konzernabschluss sind daher sämtliche konzernzugehörigen Unternehmen so zusammenzufassen, als ob es sich bei diesen um ein einheitliches Unternehmen handeln würde (sog **Einheitsgrundsatz**).[57] Bei der Aufstellung des Konzernabschlusses sind die Geschäftsvorfälle der einzelnen Konzernunternehmen aus der Perspektive des wirtschaftlichen Verbunds Konzern neu zu beurteilen.[58] Dabei sind sämtliche Auswirkungen aus innerkonzernlichen Kapitalverflechtungen und Geschäftsbeziehungen im Wege der **Konsolidierung** zu eliminieren (sog. **Kompensationszweck** des Konzernabschlusses).[59] Der Kompensationszweck kann indes nicht als eigenständiger übergeordneter Zweck der IFRS-Konzernrechnungslegung angesehen werden. Stattdessen stellt er eine notwendige konzernspezifische Voraus-

---

53 Als typische Beispiele für derartige sachverhaltsgestaltende Maßnahmen gelten gemeinhin Transaktionen zu nicht-marktgerechten Konditionen oder abschlusspolitisch motivierte Kapital- bzw. Liquiditätstransfers. Bereits BORES (1935) spricht in diesem Kontext von „Verschiebebahnhöfen“ im Konzern. Vgl. BORES, W., Konsolidierte Erfolgsbilanzen, S. 20. Für eine ausführliche Diskussion typischer bilanzpolitisch motivierter Sachverhaltsgestaltungen im Konzern vgl. BUSSE VON COLBE, W. U. A., Konzernabschlüsse, S. 22-24; EBELING, R. M., Einheitsfiktion, S. 55-73; HINZ, M., Konzernabschluss als Instrument zur Informationsvermittlung, S. 68-82; PFLEGER, G., Sachverhaltsgestaltungen, S. 2198-2204; KLOSE, N.-C., Konzernrechnungslegung nach IFRS, S. 36-39; SCHILDBACH, T., Der Konzernabschluss, S. 37-43.

54 Vgl. KLOSE, N.-C., Konzernrechnungslegung nach IFRS, S. 10 f.; ORDELHEIDE, D., Konzern als Gegenstand betriebswirtschaftlicher Forschung, S. 294.

55 In ED.CF.3.23 stellt auch der IASB explizit fest, dass konsolidierte Abschlüsse als entscheidungsnützlicher anzusehen sind als nicht-konsolidierte (Einzel-)Abschlüsse, sofern es sich bei der maßgeblichen *reporting entity* um einen Konzern handelt.

56 BALLWIESER, W., Analyse von Jahresabschlüssen, S. 57.

57 In den IFRS ist der Einheitsgrundsatz indirekt in IFRS 10 Appendix A kodifiziert Vgl. KÜTING, K./WEBER, C.-P., Der Konzernabschluss, S. 96; VON WYSOCKI, K./WOHLGEMUTH, M./BRÖSEL, G., Konzernrechnungslegung, S. 13. Darin werden *consolidated financial statements* wie folgt definiert: *„The financial statements of a group in which the assets, liabilities, equity, income, expenses and cash flows of the parent and its subsidiaries are presented as those of a single economic entity."* Der Einheitsgrundsatz wird oft auch als „Einheitsfiktion“ bzw. „Fiktion einer rechtlichen Einheit Konzern“ umschrieben. Vgl. stellvertretend für viele BUSSE VON COLBE, W. U. A., Konzernabschlüsse, S. 25 f.; ORDELHEIDE, D., Konzern und Konzernerfolg, S. 497.

58 Vgl. BAETGE, J./KIRSCH, H.-J./THIELE, S., Konzernbilanzen, S. 49.

59 Vgl. BAETGE, J./KIRSCH, H.-J./THIELE, S., Konzernbilanzen, S. 11 und 48 f.; KÜTING, P., Konzerninterne Umstrukturierungen, S. 80 f.; SCHINDLER, J., Kapitalkonsolidierung, S. 49.

setzung zur Erfüllung des zentralen Zwecks der Vermittlung entscheidungsnützlicher Informationen über die Vermögens-, Finanz- und Ertragslage des Konzerns dar.[60]

212. Adressaten des IFRS-Konzernabschlusses

Abschlussinformationen können nur dann dem vom IASB postulierten Zweck der Entscheidungsunterstützung gerecht werden, wenn sie konkret auf die Informationspräferenzen der Abschlussadressaten ausgerichtet sind.[61] Aufgrund der heterogenen und teils zueinander in einem Konfliktverhältnis stehenden Informationsinteressen[62] unterschiedlicher Gruppen von Stakeholdern ist es nicht möglich, durch ein einziges Rechenwerk sämtlichen Informationsbedürfnissen gleichermaßen zu entsprechen.[63] Für Zwecke einer entscheidungsnützlichen Rechnungslegung ist es somit zwingend erforderlich, die Informationsbedürfnisse des explizit vom Gesetzgeber bzw. im Falle der internationalen Rechnungslegung vom IASB als **schutzwürdig** definierten **Adressatenkreises** von denen sonstiger **Informationsinteressenten** abzugrenzen.[64]

Die Adressaten der IFRS-Finanzberichterstattung werden explizit im *Conceptual Framework* spezifiziert. Danach stellen sowohl **bestehende als auch potenzielle Investoren, Kreditgeber sowie sonstige Gläubiger** die primären Adressaten (*„primary users"*) der IFRS-Rechnungslegung dar.[65] Obgleich der IASB auch anderen Parteien, etwa dem Konzernmanagement, Regulierungsbehörden und der allgemeinen interessierten Öffentlichkeit, ein berechtigtes Interesse an IFRS-Abschlussinformationen einräumt,

---

60 Vgl. hierzu im Kontext der handelsrechtlichen Rechnungslegung, BAETGE, J./KIRSCH, H.-J./ THIELE, S., Konzernbilanzen, S. 53; VON WYSOCKI, K./WOHLGEMUTH, M./BRÖSEL, G., Konzernrechnungslegung, S. 9.

61 Vgl. grundlegend zum sog. „Grundsatz der Adressatenkonkretisierung" MOXTER, A., Bilanzlehre, S. 418 f.; MOXTER, A., Fundamentalgrundsätze, S. 94 f.

62 Vgl. BAETGE, J./THIELE, S., Gesellschafterschutz versus Gläubigerschutz, S. 12-18; BALLWIESER, W., Informations-GoB, S. 115 f.; MÜLLER, E., Konfliktfeld verschiedener Interessen, S. 215-224.

63 Vgl. HAAKER, A., Goodwill-Bilanzierung, S. 165 f.; KÜTING, P., Konzerninterne Umstrukturierungen, S. 88 f.

64 Vgl. MOXTER, A., Fundamentalgrundsätze, S. 95; SPRENGER, R., Grundsätze, S. 41 f. Informationsinteressenten unterscheiden sich dahingehend von Informationsadressaten, dass sie zwar ebenfalls an den (Konzern-)Abschlussinformationen interessiert sind, ihre Informationsbedürfnisse indes keine justiziablen Informationsansprüche darstellen. Vgl. MOXTER, A., Grundsätze ordnungsmäßiger Rechnungslegung, S. 227-229.

65 Vgl. CF.OB2 bzw. ED.CF.1.3 i. V. m. ED.CF.1.5. Der Board weist ergänzend darauf hin, dass er aufgrund der zweifellos bestehenden Interessenheterogenität sowohl zwischen den verschiedenen Adressatengruppen der Eigen- und Fremdkapitalgeber als auch zwischen individuellen Adressaten innerhalb der jeweiligen Gruppen bei der Standardentwicklung darauf abzielt, jeweils die Informationsbedürfnisse der Mehrheit aller primären Adressaten zu befriedigen. Vgl. CF.OB8; ED.CF.1.8.

sind diese Gruppen explizit nicht dem primären Adressatenkreis der IFRS-Finanzberichterstattung zuzurechnen.[66] Der **Fokus des IASB auf die Kapitalgeber** wird damit begründet, dass diese zum einen besonderen Risiken aus ihrem finanziellen Engagement in das berichterstattende Unternehmen ausgesetzt sind und zum anderen meist allein auf die öffentlich zugängliche Finanzberichterstattung angewiesen sind, um ihre Kapitalallokationsentscheidungen treffen zu können.[67] Überdies unterstellt der Standardsetter, dass die primär an die Kapitalgeber gerichteten Informationen der IFRS-Rechnungslegung grundsätzlich auch für andere Adressatengruppen nützlich sind.[68]

Die Frage der Adressatenkonkretisierung stellt sich in Bezug auf den IFRS-Konzernabschluss in noch stärkerem Maße.[69] Fraglich ist dabei vor allem, ob nur die Kapitalgeber des Mutterunternehmens als Adressaten des IFRS-Konzernabschlusses anzusehen sind oder auch die nicht-beherrschenden Gesellschafter[70] bzw. die sonstigen Kapitalgeber der in den Konzernabschluss einbezogenen Tochterunternehmen. Informationen über die Vermögens-, Finanz- und Ertragslage des Gesamtkonzerns sind aus Sicht der konzernaußenstehenden Kapitalgeber der Tochterunternehmen zum einen aufgrund der typischerweise engen wirtschaftlichen Verflechtungen der Tochterunternehmen mit anderen Konzernunternehmen relevant.[71] Zum anderen basiert deren Interesse an Konzernabschlussinformationen vor allem auf der Möglichkeit der Konzernobergesellschaft, die **Geschäftsaktivitäten** sowie die **Gewinnverwendung** der Tochtergesellschaften zum Nachteil der nicht-beherrschenden Anteilseigner zu beeinflussen.[72] Der Konzern-

---

66 Vgl. CF.OB10; ED.CF.1.9 f.

67 Vgl. CF.OB5; CF.BC1.16 (a); ED.CF.1.5; GALLASCH, F., Bilanzierung von Versicherungsverträgen, S. 33.

68 Vgl. CF.OB10 bzw. CF.BC1.19-1.23.

69 Vgl. GIMPEL-HENNING, N., Sukzessive Anteilserwerbe, S. 14 f.

70 Mit Beendigung der Phase II des *Business Combinations*-Projekts wurden die bisher als „Minderheitenanteile" *(„minority interests")* bezeichneten Anteile umbenannt in „Anteile nicht-beherrschender Gesellschafter" *(„non-controlling interests")*. Damit sollte dem Umstand Rechnung getragen werden, dass allein die Beherrschungsmacht und nicht das Halten einer Mehrheitsbeteiligung ausschlaggebend für die Klassifizierung einer Beteiligung als Tochterunternehmen ist. Vgl. FREIBERG, J., Vom Minderheitenanteil zum nicht beherrschenden Anteil, S. 210 f.; SCHWEDLER, K., Business Combinations Phase II, S. 131. Im weiteren Verlauf der Arbeit werden die Bezeichnungen „Minderheitenanteile" und „Anteile nicht-beherrschender Gesellschafter" indes entsprechend der Konvention im deutschsprachigen Schrifttum synonym verwendet.

71 Vgl. KLOSE, N.-C., Konzernrechnungslegung nach IFRS, S. 38 f.; PAWELZIK, K. U., Konsolidierung von Minderheiten, S. 678; SCHINDLER, J., Kapitalkonsolidierung, S. 54; SCHWARZKOPF, A.-S., Anteile nicht beherrschender Gesellschafter, S. 44 f.; VON WYSOCKI, K./WOHLGEMUTH, M./BRÖSEL, G., Konzernrechnungslegung, S. 9.

72 Vgl. HINZ, M., Konzernabschluss als Instrument zur Informationsvermittlung, S. 68-82.

abschluss liefert somit prinzipiell auch für nicht-beherrschende Gesellschafter bzw. konzernaußenstehende Gläubiger der Tochterunternehmen nützliche, die Jahresabschlüsse des Mutterunternehmens und der Tochterunternehmen **ergänzende Informationen**. Gleichwohl zielen IFRS-Konzernabschlüsse gem. ED.CF.3.24 explizit nicht darauf ab, den Informationsbedürfnissen der nicht-beherrschenden Gesellschafter bzw. der sonstigen Kapitalgeber von Tochterunternehmen gerecht zu werden. Nach Auffassung des Standardsetters sind die konzernaußenstehenden Kapitalgeber in erster Linie an Informationen über ihren Anteil an den Ressourcen bzw. Verpflichtungen interessiert, die nur über die Einzelabschlüsse der Tochtergesellschaften zu beziehen sind.[73] Die Konzernrechnungslegung nach IFRS soll somit vor allen Dingen entscheidungsnützliche Informationen für bestehende und potenzielle Eigen- und Fremdkapitalgeber des an der Konzernspitze stehenden Mutterunternehmens bereitstellen.

22 Qualitative Anforderungen an die Rechnungslegung nach IFRS

221. Vorbemerkung

Sämtliche IFRS-Rechnungslegungsinformationen – und damit auch die Vorschriften zur Bilanzierung statusändernder Anteilsveräußerungen – müssen zunächst dem übergeordneten Zweck der Vermittlung entscheidungsnützlicher Informationen gerecht werden. Dieser Zweck wird im *Conceptual Framework* durch ein **System** von **qualitativen Anforderungen** konkretisiert, denen entscheidungsnützliche Finanzinformationen grundsätzlich zu genügen haben. Diese werden im Folgenden einzeln erläutert, da sie die zentrale **Würdigungsgrundlage** für die Beurteilung der bestehenden Vorschriften zur Bilanzierung statusändernder Anteilsveräußerungen darstellen.

---

[73] Vgl. ED.CF.3.24. Diese Auffassung wird auch in der handelsrechtlichen Literatur geteilt und im Wesentlichen damit begründet, dass die einzelnen rechtlich selbständigen Konzernunternehmen und nicht der Konzern als solcher die juristischen „Anspruchseinheiten“ darstellen, gegen die sich potenzielle Ansprüche der Kapitalgeber richten. Vgl. HAYN, B., Konsolidierungstechnik, S. 29 f.; LIECK, H., Bilanzierung von Umwandlungen, S. 60-63; SELCHERT, F. W./BAUKMANN, D., Bedeutung von Tochterunternehmen, S. 1326; SCHILDBACH, T., Der Konzernabschluss, S. 35-44. Letztlich sind im Einzelfall die rechtlichen Verhältnisse innerhalb eines Konzerns ausschlaggebend dafür, ob Informationsbedürfnisse primär durch einen Einzelabschluss oder durch den Konzernabschluss befriedigt werden. So wird gemeinhin typisierend angenommen, dass bei faktischen Konzernen grundsätzlich die Einzelgesellschaft alleinige Haftungsträgerin ist, während bei Vertragskonzernen eher von einem Haftungsverbund des Gesamtkonzerns auszugehen ist. Vgl. FALKENHAHN, G., Änderungen der Beteiligungsstruktur, S. 13; SCHILDBACH, T., Grundlagen einer Konzernrechnungslegung, S. 161; KÜTING, P., Konzerninterne Umstrukturierungen, S. 91 m. w. N.

Der IASB unterscheidet zwischen den beiden **grundlegenden qualitativen Anforderungen** (sog. Fundamentalgrundsätzen) der **Relevanz** und der **glaubwürdigen Darstellung** einerseits und den vier **fördernden qualitativen Anforderungen** (sog. Erweiterungsgrundsätzen) der **Vergleichbarkeit, Nachprüfbarkeit, Zeitnähe und Verständlichkeit** andererseits. Eine Rechnungslegungsinformation ist nach Ansicht des Standardsetters nur dann entscheidungsnützlich, wenn sie die beiden Fundamentalgrundsätze kumulativ erfüllt, d. h., wenn sie sowohl **relevant** ist als auch **glaubwürdig dargestellt** wird.[74] Die Erweiterungsgrundsätze stellen zusätzliche Eigenschaften dar, die die Entscheidungsnützlichkeit von relevanten und glaubwürdig dargestellten Informationen fördern sollen.[75] Falls für die Darstellung eines Sachverhalts mehrere gleichermaßen relevante und glaubwürdig darstellbare Abbildungsvarianten in Frage kommen, ist diejenige Alternative zu wählen, durch die den fördernden qualitativen Anforderungen bestmöglich entsprochen wird.[76] Die Erweiterungsgrundsätze sind den beiden Fundamentalgrundsätzen hierarchisch untergeordnet, da sie lediglich den Qualitätsgrad entscheidungsnützlicher Informationen bestimmen.[77] Mangels einer seitens des IASB vorgegebenen Rangordnung ist im Einzelfall zwischen den einzelnen fördernden qualitativen Anforderungen abzuwägen.[78]

---

74 Vgl. CF.QC4 i. V. m. CF.QC17 bzw. ED.CF.2.4. Für die Prüfung, ob eine Information den beiden fundamentalen Anforderungen genügt und damit entscheidungsnützlich ist, sieht das *Conceptual Framework* einen dreistufigen Prüfprozess vor. Vgl. CF.QC18 bzw. ED.CF.2.21. Danach ist zunächst auf der Sachverhaltsebene zu klären, ob ein potenziell abzubildendes ökonomisches Phänomen mit Blick auf die Kapitalallokationsentscheidungen der Abschlussadressaten voraussichtlich relevant ist. In einem zweiten Schritt ist auf der Darstellungsebene diejenige Information über den zu berichtenden ökonomischen Sachverhalt zu identifizieren, die aus Sicht der Adressaten am relevantesten ist. In einem dritten Schritt muss schließlich geprüft werden, ob die identifizierte Information tatsächlich auch verfügbar ist und zugleich glaubwürdig dargestellt werden kann. Sofern dies der Fall ist, erfüllt die Information die Kriterien der Entscheidungsnützlichkeit und kann in den IFRS-Abschluss aufgenommen werden. Falls die relevanteste Information indes nicht verfügbar ist oder nicht auf eine glaubwürdige Weise dargestellt werden kann, ist in einem iterativen Prozess auf die jeweils nächst relevantere Alternative zurückzugreifen, welche glaubwürdig dargestellt werden kann. Vgl. hierzu auch KIRSCH, H.-J. U. A., Bedeutung der Verlässlichkeit, S. 766.

75 Vgl. CF.QC4 i. V. m. CF.QC19 bzw. ED.CF.2.4 i. V. m. ED.CF.2.22. Eine Information kann somit grundsätzlich auch dann entscheidungsnützlich sein, wenn sie den weiterführenden qualitativen Anforderungen nicht oder nur in geringem Maße entspricht. Vgl. CF.BC3.10.

76 Vgl. CF.QC19 bzw. ED.CF.2.22.

77 Vgl. BAETGE, J. U. A., in: Baetge u. a., Rechnungslegung nach IFRS, 2. Aufl., Kapitel II: Grundlagen der IFRS-Rechnungslegung, Rn. 67; LORSON, P./GATTUNG, A., Forderung nach einer „faithful representation", S. 556.

78 Vgl. CF.QC34 bzw. ED.CF.2.37; GASSEN, J./FISCHKIN, M./HILL, V., Rahmenkonzept-Projekt, S. 878; GALLASCH, F., Bilanzierung von Versicherungsverträgen, S. 40 f.; WHITTINGTON, G., Conceptual Framework Project, S. 145-148.

222. Grundlegende qualitative Anforderungen

222.1 Relevanz

Rechnungslegungsinformationen gelten dann als relevant, wenn sie potenziell dazu geeignet sind, die Kapitalallokationsentscheidungen der Adressaten zu beeinflussen.[79] Dies ist grundsätzlich dann der Fall, wenn die Informationen **vorhersagenden Charakter** im Sinne eines **Prognosewerts** (*predictive value*) und/oder **bestätigenden Charakter** im Sinne eines **Bestätigungswerts** (*confirmatory value*) aufweisen.[80] Informationen haben dann einen **Prognosewert**, wenn sie als Input bei der Prognose künftiger Ergebnisse verwendet werden können, d. h., wenn sie potenziell dazu geeignet sind, eine Schätzung zu beeinflussen.[81] Ein **Bestätigungswert** kann einer Information hingegen dann zugeschrieben werden, wenn auf ihrer Grundlage eine bereits in der Vergangenheit getroffene Einschätzung entweder bestätigt oder korrigiert werden kann.[82] Durch die Prognosekraft einer Information wird in erster Linie dem Subziel der **Bewertungsnützlichkeit** entsprochen, während die Bestätigungskraft einer Information vorwiegend die **Rechenschaftsfunktion** fördert.[83] Der Fundamentalgrundsatz der Relevanz wird überdies durch den unternehmensspezifisch auszulegenden Grundsatz der **Wesentlichkeit** (*materiality*) konkretisiert.[84] Danach ist eine Jahresabschlussinformation dann als wesentlich einzustufen, wenn ihr Weglassen oder ihre fehlerhafte Darstellung die Kapitalvergabeentscheidungen der Abschlussadressaten beeinflussen könnte.[85] Bei der Beurteilung, ob eine Jahresabschlussinformation als wesentlich zu klassifizieren ist, sind jeweils Art und Höhe der betroffenen Abschlussposten zu berücksichtigen.[86] Das Wesentlichkeitskriterium bezieht sich auf die Art bzw. den Umfang der Darstellung eines Sachverhalts und dient überdies als Toleranzgrenze für Bilanzierungsfehler bzw. Bewertungsunsicherheiten.[87]

---

79 Vgl. CF.QC6 bzw. ED.CF.2.6.

80 Vgl. CF.QC7 bzw. ED.CF.2.7.

81 Vgl. CF.QC8 bzw. ED.CF.2.8.

82 Vgl. CF.QC9 bzw. ED.CF.2.9.

83 Vgl. EWELT-KNAUER, C., Der Konzernabschluss, S. 17.

84 Vgl. BAETGE, J./KIRSCH, H.-J./THIELE, S., Bilanzen, S. 153 f.; WAWRZINEK, W./LÜBBIG, M., in: Beck IFRS HB, 5. Aufl., § 2, Rn. 59.

85 Vgl. CF.QC11 bzw. ED.CF.2.11.

86 Vgl. BALLWIESER, W., IFRS-Rechnungslegung, S. 16.

87 Vgl. BAETGE, J. U. A., in: Baetge u. a., Rechnungslegung nach IFRS, 2. Aufl., Kapitel II: Grundlagen der IFRS-Rechnungslegung, Rn. 44.

222.2 Glaubwürdige Darstellung

Damit relevante Rechnungslegungsinformationen als entscheidungsnützlich gelten, müssen sie die zugrunde liegenden wirtschaftlichen Vorgänge zudem glaubwürdig darstellen.[88] Die Darstellung eines ökonomischen Sachverhalts sollte sich vor allem nach der **wirtschaftlichen Substanz** des abzubildenden Sachverhalts richten und nicht nach dessen formalrechtlicher Gestaltung (*substance over form*-Prinzip).[89] Die zentrale Anforderung dieses zweiten Fundamentalgrundsatzes liegt darin, dass die Rechnungslegungsinformationen genau das darstellen sollen, was sie vorgeben darzustellen.[90] Der IASB konkretisiert den Fundamentalgrundsatz der glaubwürdigen Darstellung durch die drei Gütemerkmale der **Vollständigkeit**, der **Neutralität** und der **Fehlerfreiheit**, die jeweils so umfassend wie möglich erfüllt werden sollten.[91]

Eine Darstellung ist **vollständig**, wenn sämtliche für das Verständnis des abzubildenden Sachverhalts erforderlichen Informationen im Abschluss enthalten sind.[92] Neben Angaben zu Qualität, Art und Umfang der Bilanzierungsobjekte und zu den angewendeten Bewertungsmethoden sind demzufolge im Einzelfall auch ergänzende Beschreibungen und Erläuterungen notwendig.

Dem Kriterium der **Neutralität** wird entsprochen, wenn die Informationen in jeder Hinsicht frei von verzerrenden Einflüssen sind, d. h., wenn sie willkürfrei und objektiv dargestellt werden.[93] Die Beurteilung der Abschlussinformationen durch die Adressaten

---

88 Vgl. CF.QC12 bzw. ED.CF.2.14. Das Kriterium der glaubwürdigen Darstellung (*faithful representation*) wurde erst mit der Veröffentlichung des *Conceptual Framework* (2010) als Ersatz für den ursprünglichen zweiten Fundamentalgrundsatz der Verlässlichkeit (*reliability*) in das IFRS-Regelwerk aufgenommen. In CF.BC3.24 wird klargestellt, dass der IASB hiermit keine inhaltliche Änderung, sondern lediglich eine begriffliche Klarstellung bezweckt hat. Im Widerspruch dazu wurde aber zugleich auch der vormals den Fundamentalgrundsatz der Verlässlichkeit konkretisierende Aspekt der Nachprüfbarkeit (*verifiability*) auf die Ebene der fördernden qualitativen Anforderungen herabgestuft. Kritisch zur damit verbundenen Relativierung des Objektivierungsgedankens vgl. KIRSCH, H.-J. U. A., Bedeutung der Verlässlichkeit, S. 762-771; SCHRUFF, W., Spannungsfeld zwischen Cashflow-Prognose und Rechenschaft, S. 858 f.; WHITTINGTON, G., Conceptual Framework Project, S. 145-148.

89 Vgl. ED.CF.2.14.

90 Vgl. CF.QC12 bzw. ED.CF.2.14.

91 Vgl. CF.QC12 bzw. ED.CF.2.15.

92 Vgl. CF.QC13 bzw. ED.CF.2.16. Das Kriterium der Vollständigkeit bezieht sich allein auf die Darstellungsebene und nicht auf die Auswahl der im Abschluss darzustellenden ökonomischen Sachverhalte. BAETGE, J. U. A., in: Baetge u. a., Rechnungslegung nach IFRS, 2. Aufl., Kapitel II: Grundlagen der IFRS-Rechnungslegung, Rn. 53.

93 Vgl. CF.QC14 bzw. ED.CF.2.17; BAETGE, J./ZÜLCH, H., in: Wysocki u. a., HdJ, Abt. I/2, Rn. 245.

soll nicht gezielt beeinflusst werden, indem die Darstellung bspw. durch **bilanzpolitische Maßnahmen** bewusst verzerrt bzw. manipuliert wird.[94] Während der Standardsetter den ursprünglich im Rahmenkonzept aus dem Jahr 1989 noch enthaltenen **Grundsatz der Vorsicht** zunächst mit der Begründung gestrichen hat, dass eine besondere Erwähnung des Vorsichtsgedankens dem Neutralitätskriterium entgegenstehen würde,[95] wird dieser im *Exposure Draft „Conceptual Framework for Financial Reporting"* (ED/2015/3) wieder aufgenommen und nunmehr als ein die Neutralität fördernder Grundsatz interpretiert. In ED.CF.2.18 stellt der IASB klar, dass Vorsicht ausschließlich im Sinne einer sorgfältigen Ausübung von Ermessensspielräumen bei Schätzungen (sog. *cautious prudence*) zu interpretieren ist. Keinesfalls soll der Vorsichtsgedanke aber in Form einer „übervorsichtigen" Bilanzierung zu einer bilanzpolitisch motivierten Unterbewertung von Vermögenswerten bzw. zu einer Überbewertung von Schulden (sog. *asymmetric prudence*) führen.[96]

Ferner verlangt die Anforderung einer **fehlerfreien Darstellung**, dass keine für das Verständnis einer Information wesentlichen Beschreibungen bzw. Erläuterungen weggelassen oder fehlerhaft dargestellt werden und dass die relevanten Rechnungslegungs- und Abschlusserstellungsprozesse für die Generierung dieser Information fehlerfrei funktionieren.[97] Gemäß CF.QC15 bzw. ED.CF.2.19 müssen dafür nicht sämtliche Informationen in jeder Hinsicht ganz genau, etwa durch einen einzig richtigen Wert, dargestellt werden. Vielmehr gilt auch eine auf einer Schätzung basierende Information als fehlerfrei, sofern ein angemessener Schätzprozess ausgewählt und dieser korrekt angewendet wurde, die Schätzung eindeutig als solche erkennbar ist und zudem umfassend auf die Art sowie die Grenzen der zugrunde liegenden Schätzmethode hingewiesen wird.

94 Vgl. CF.QC14 bzw. ED.CF.2.17.

95 Vgl. CF.BC3.27. Kritisch zu dieser Auffassung vgl. BALLWIESER, W., Analyse des Rahmenkonzepts, S. 463-466; BEINSEN, B./WAGENHOFER, A., Vorsichtsprinzip, S. 415 f., EFRAG U. A. (Hrsg.), Getting a Better Framework: Prudence, S. 7-12; GEBHARDT, G./MORA, A./WAGENHOFER, A., Revisiting the Fundamental Concepts of IFRS, S. 111 f.

96 Ausführlich zur historischen Entwicklung dieser Diskussion und zur Abgrenzung von *cautious prudence* und *asymmetric prudence* vgl. ED.CF.BC2.1-2.15.

97 Vgl. CF.QC15 bzw. ED.CF.2.19.

223. Fördernde qualitative Anforderungen

223.1 Vergleichbarkeit

Der Grad der Entscheidungsnützlichkeit von Abschlussinformationen hängt zudem von deren **zeitlicher und zwischenbetrieblicher Vergleichbarkeit** ab.[98] Durch die zeitliche Dimension der Vergleichbarkeit soll es den Adressaten ermöglicht werden, die Geschäftsentwicklung eines Unternehmens im Zeitablauf beurteilen zu können, während die zwischenbetriebliche Vergleichbarkeit dabei helfen soll, die Vorteilhaftigkeit einer Investition in das berichterstattende Unternehmen im Vergleich zu Alternativanlagen einzuschätzen.[99] Um Vergleichbarkeit zu gewährleisten, sind gleichartige Sachverhalte im Sinne einer **materiellen** und **formellen Stetigkeit** möglichst auf die gleiche Weise darzustellen.[100]

223.2 Nachprüfbarkeit

Der Grundsatz der **Nachprüfbarkeit** erfordert, dass fachkundige und voneinander unabhängige Adressaten einen **Konsens** darüber erzielen können, dass eine Information glaubwürdig bzw. tatsachengetreu dargestellt ist.[101] Dafür muss der Abschlussersteller die von ihm subjektiv generierten Informationen möglichst **objektivieren**, d. h. intersubjektiv nachprüfbar machen.[102] Nachprüfbarkeit liegt indes nicht nur dann vor, wenn mehrere voneinander unabhängige Parteien bei einer Bewertung unter Unsicherheit zu identischen Ergebnissen kommen. Dem Kriterium der Nachprüfbarkeit wird vielmehr bereits dann entsprochen, wenn ein Konsens über eine **Bandbreite** möglicher Werte mit den zugehörigen Eintrittswahrscheinlichkeiten erzielt werden kann.[103]

---

98 Vgl. CF.QC20 bzw. ED.CF.2.23.

99 Vgl. WÜNSCHE, B., Verbindlichkeitsrückstellungen im IFRS-Abschluss, S. 34.

100 Vgl. CF.QC22 bzw. ED.CF.2.25.

101 Vgl. CF.QC26 bzw. ED.CF.2.29; LORSON, P./GATTUNG, A., Forderung nach einer „faithful representation", S. 561.

102 Vgl. BAETGE, J., Möglichkeiten der Objektivierung, S. 16 f.; LEFFSON, U., Grundsätze ordnungsmäßiger Buchführung, 7. Aufl., S. 81; IJRI, Y./JAEDICKE, R. K., Reliability and Objectivity, S. 475-477. Ausführlich zum Begriff der Objektivierung im Kontext des handelsrechtlichen Jahresabschlusses vgl. BAETGE, J., Möglichkeiten der Objektivierung, S. 15-32.

103 Vgl. CF.QC26 bzw. ED.CF.2.29. Der Grad der Nachprüfbarkeit kann somit theoretisch durch die Streuung bzw. Varianz der Bewertungsergebnisse mehrerer voneinander unabhängiger Bewertender gemessen werden. Vgl. KOELEN, P., Investitionstheoretische Bewertungskalküle, S. 17 f.; LORSON, P./GATTUNG, A., Forderung nach einer „faithful representation", S. 562; KIRSCH, H.-J. U. A., Bedeutung der Verlässlichkeit, S. 764.

Besonderer Objektivierungsbedarf besteht vor allem hinsichtlich zukunftsgerichteter und somit stark ermessensbehafteter Informationen.[104] Dem kann bspw. durch die Offenlegung der einer Bewertung zugrunde liegenden Annahmen sowie der Methoden zur Informationserlangung oder durch sonstige ergänzende Erläuterungen Rechnung getragen werden.[105] Folgerichtig kann eine Information nicht nur direkt, z. B. durch eine unmittelbare körperliche Bestandsaufnahme, sondern auch indirekt nachprüfbar sein, indem bspw. die für eine Bewertung herangezogenen Inputparameter sowie die angewendete Methode geprüft und daraufhin die Berechnung auf Basis derselben Methode nachvollzogen bzw. validiert wird.[106] Abschlussinformationen können nach Ansicht des Standardsetters indes grundsätzlich auch dann glaubwürdig und entscheidungsnützlich sein, wenn sie für Dritte kaum oder überhaupt nicht nachprüfbar sind.[107] Dies gilt bspw. für bestimmte Zukunftsprognosen oder subjektive Einschätzungen seitens des Managements.[108] Aus diesem Grund wird dem Kriterium der Nachprüfbarkeit lediglich der Rang einer fördernden qualitativen Anforderung zugesprochen.[109]

223.3 Zeitnähe

Die Entscheidungsnützlichkeit einer Information wird zudem durch eine **zeitnahe Berichterstattung** gefördert, da der Nutzen einer Information grundsätzlich abnimmt, je weiter der zugrunde liegende Vorgang zeitlich zurück liegt.[110] Dabei weist der Standardsetter indes relativierend darauf hin, dass auch ältere Informationen vor allem für Trendaussagen bzw. die Darstellung von Entwicklungstendenzen durchaus von hohem Nutzen sein können. In dem Kriterium der Zeitnähe spiegelt sich das Spannungsverhältnis zwischen Relevanz und glaubwürdiger Darstellung wider.[111] Die Relevanz einer

104 Vgl. BALLWIESER, W., Informations-GoB, S. 118; BRINKMANN, J., Zweckadäquanz, S. 43 f.; KOELEN, P., Investitionstheoretische Bewertungskalküle, S. 18; KÜMMEL, J., Grundsätze für die Fair Value-Ermittlung, S. 90 f.

105 Vgl. CF.QC28 bzw. ED.CF.2.31.

106 Vgl. CF.QC27 bzw. ED.CF.2.30.

107 Vgl. CF.BC3.36; SCHRUFF, W., Spannungsfeld zwischen Cashflow-Prognose und Rechenschaft, S. 859; THEILE, C., in: Heuser/Theile, IFRS-Handbuch, 5. Aufl., B II, Rn. 280; KIRSCH, H.-J. U. A., Bedeutung der Verlässlichkeit, S. 767 f.; GASSEN, J./FISCHKIN, M./HILL, V., Rahmenkonzept-Projekt, S. 878 f.

108 Vgl. KIRSCH, H.-J. U. A., Bedeutung der Verlässlichkeit, S. 768.

109 Vgl. CF.BC3.36; GASSEN, J./FISCHKIN, M./HILL, V., Rahmenkonzept-Projekt, S. 878 f.

110 Vgl. CF.QC29 bzw. ED.CF.2.32.

111 Vgl. hierzu und zur folgenden Konkretisierung BAETGE, J. U. A., in: Baetge u. a., Rechnungslegung nach IFRS, 2. Aufl., Kapitel II: Grundlagen der IFRS-Rechnungslegung, Rn. 67; RUHNKE, K./

Information ist umso höher, je aktueller eine Information ist bzw. je schneller sie den Adressaten bekannt gemacht wird. Umgekehrt nimmt mit zunehmender Zeitnähe die Wahrscheinlichkeit zu, dass bedeutende Aspekte im Abschluss unberücksichtigt bleiben, wodurch wiederum die glaubwürdige Darstellung beeinträchtigt wird.

223.4 Verständlichkeit

Abschlussinformationen sollten zudem für die Adressaten leicht **verständlich** sein, indem sie klar, präzise und prägnant dargestellt werden.[112] Diese Anforderung impliziert indes nicht, dass Vorgänge allein aufgrund ihrer hohen Komplexität unberücksichtigt bleiben dürfen, da ansonsten gegen das Vollständigkeitsgebot verstoßen würde.[113] Bei der Beurteilung der Verständlichkeit einer Information ist stets auf sachkundige Adressaten abzustellen, die sowohl über angemessene Fachkenntnisse bzgl. der zugrunde liegenden ökonomischen Vorgänge als auch über ausreichende Kenntnisse auf dem Gebiet der Rechnungslegung verfügen und die dazu bereit und in der Lage sind, die Abschlussinformationen in angemessener Zeit sorgfältig zu prüfen und zu analysieren.[114]

224. Nebenbedingung der Kosten-Nutzen-Abwägung

Nach CF.QC35 muss der Nutzen von Abschlussinformationen aus Sicht der Adressaten grundsätzlich in einem angemessenen Verhältnis zu den Gesamtkosten der Informationsbereitstellung stehen. Unter die dabei zu berücksichtigenden Kosten fallen sowohl die aus Sicht des berichterstattenden Unternehmens anfallenden Kosten für die Beschaffung, Aufbereitung, Analyse und Verbreitung der Informationen als auch die auf Seiten der Nutzer anfallenden Kosten für die Analyse und Auswertung der bereitgestellten Informationen.[115] Der Grundsatz der Kosten-Nutzen-Abwägung richtet sich in erster Linie an den Standardsetter selbst. Dieser hat vor allem bei der Entwicklung neuer Rechnungslegungsvorschriften dafür Sorge zu tragen, dass der durch die Anwendung

---

SIMONS, D., Rechnungslegung nach IFRS und HGB, S. 256; THEILE, C., in: Heuser/Theile, IFRS-Handbuch, 5. Aufl., B II, Rn. 284.

112 Vgl. CF.QC30 bzw. ED.CF.2.33.

113 Vgl. CF.QC31 bzw. ED.CF.2.34.

114 Vgl. CF.QC32 bzw. ED.CF.2.35. Ergänzend stellt der IASB klar, dass eine Information auch dann verständlich sein kann, wenn die grundsätzlich fachkundigen Adressaten im Einzelfall auf die Unterstützung externer Berater mit Spezialkenntnissen angewiesen sind.

115 Vgl. CF.QC36 bzw. ED.CF2.39.

der Standards erwartungsgemäß aus gesamtwirtschaftlicher Sicht entstehende Informationsnutzen die damit insgesamt verbundenen Kosten rechtfertigt.[116]

23 Systematisierung und Charakterisierung der unterschiedlichen Formen von Beteiligungsbeziehungen im IFRS-Konzernabschluss

231. Systematisierung

Da sich ein Konzern in der Regel aus einer Vielzahl von **heterogenen Unternehmensverbindungen** zusammensetzt, ist es zunächst erforderlich, die **rechnungslegende Einheit Konzern** anhand bestimmter Kriterien von anderen Wirtschaftssubjekten bzw. vom Markt abzugrenzen.[117] Unternehmensverbindungen können grundsätzlich durch kapitalmäßige, vertragliche, personelle oder sonstige faktische Verflechtungen begründet sein.[118] Da der Fokus der vorliegenden Untersuchung auf der bilanziellen Abbildung statusändernder Anteilsveräußerungen liegt, werden im weiteren Verlauf der Arbeit ausschließlich solche Beteiligungsbeziehungen betrachtet, die durch die Überlassung von Kapital gegen die Gewährung gesellschaftsrechtlicher Anteilsscheine begründet sind. Das wesentlichste Charakteristikum anteilsbasierter Unternehmensverbindungen liegt in der damit verbundenen Möglichkeit des beteiligten Unternehmens, die Geschäftsaktivitäten des Beteiligungsunternehmens beeinflussen zu können.[119] Aus diesem Grund stellt der **Grad bzw. die Intensität der Einflussnahme** das für Zwecke der Konzernrechnungslegung ausschlaggebende Abgrenzungskriterium zur **Systematisierung** von Unternehmensverbindungen dar.[120] Die Art und Weise der bilanziellen Abbildung eines Beteiligungsunternehmens im Konzernabschluss bestimmt sich insofern

---

116 Vgl. CF.QC38 bzw. ED.CF.2.41; WAWRZINEK, W./LÜBBIG, M., in: Beck IFRS HB, 5. Aufl., § 2, Rn. 95.

117 Vgl. BUSSE VON COLBE, W. U. A., Konzernabschlüsse, S. 57.

118 Vgl. ORDELHEIDE, D., Konzern als Gegenstand betriebswirtschaftlicher Forschung, S. 293; SCHEFFLER, E., Konzernmanagement, S. 1.

119 Vgl. BRUNE, J. W., in: Beck IFRS HB, 5. Aufl., § 30, Rn. 1.

120 Vgl. KUSTNER, C., Beteiligungsbewertung im Konzernabschluss, S. 26; BRUNE, J. W., in: Beck IFRS HB, 5. Aufl., § 30, Rn. 1 und 3. Lediglich die Abgrenzung zwischen sog. gemeinschaftlichen Tätigkeiten und Gemeinschaftsunternehmen nach IFRS 11 erfolgt nicht auf Basis des Kriteriums der Einflussnahmemöglichkeiten, sondern nach der Art der mit der Beteiligungsbeziehung verbundenen Rechte und Verpflichtungen. Nach dem Grad der Einflussnahmemöglichkeit bestimmt sich indes vorgelagert, ob überhaupt eine sog. gemeinschaftliche Vereinbarung i. S. d. IFRS 11 vorliegt, die sodann entweder als gemeinschaftliche Tätigkeit oder als Gemeinschaftsunternehmen zu klassifizieren ist. Vgl. hierzu Abschnitt 232.2.

nach dem Ausmaß der **wirtschaftlichen Abhängigkeit** des Beteiligungsunternehmens vom Mutterunternehmen.

Mit Blick auf die Intensität der Einflussnahme ist grundsätzlich jede Ausprägung innerhalb des Kontinuums einer vollständigen Beherrschung einerseits und einer nahezu vollständigen wirtschaftlichen Unabhängigkeit andererseits denkbar.[121] Obwohl gemeinhin vom Konzernabschluss als Abschluss einer wirtschaftlichen Einheit gesprochen wird, wäre daher eine Charakterisierung als **Abschluss der gesamten Einflusssphäre** des Konzerns zutreffender.[122] Diesem Umstand wird für Bilanzierungszwecke insofern Rechnung getragen, als für die konzernbilanzielle Systematisierung und Abbildung unterschiedlicher Beteiligungsbeziehungen typisierend ein „stufenweiser Übergang vom Kern der Unternehmensgruppe zur Umwelt“[123] fingiert wird. Auf Basis dieser sog. **Stufenkonzeption**[124] des Konzernabschlusses erfolgt eine mehrstufige Abgrenzung verschiedener Arten bzw. Kategorien von Unternehmensverbindungen, die sich wiederum im Hinblick auf die Art und Weise ihrer „vermögens- und erfolgsrechnerischen Integration“[125] in den Konzernabschluss unterscheiden. Nach abnehmendem Einflussgrad seitens des Mutterunternehmens werden im IFRS-Konzernabschluss die folgenden Formen von **Beteiligungsbeziehungen** sowie die damit jeweils verbundenen **Konsolidierungs- bzw. Bewertungsmethoden** unterschieden:[126]

---

121 Vgl. ORDELHEIDE, D., Konzern als Gegenstand betriebswirtschaftlicher Forschung, S. 298.

122 Vgl. hierzu EISELE, W./RENTSCHLER, R., Gemeinschaftsunternehmen im Konzernabschluß, S. 311; SCHÄFER, H., Bilanzierung von Beteiligungen, S. 26 f.

123 BUSSE VON COLBE, W./CHMIELEWICZ, K., Das neue Bilanzrichtlinien-Gesetz, S. 326.

124 Wenngleich der Begriff der Stufenkonzeption ursprünglich im handelsrechtlichen Schrifttum entwickelt und verwendet wurde, kann dieser aufgrund der konzeptionellen Ähnlichkeit der Abgrenzung des Konsolidierungskreises nach HGB und IFRS grundsätzlich auch im Kontext der Konzernrechnungslegung nach IFRS verwendet werden. Vgl. KÜTING, K./WEBER, C.-P., Der Konzernabschluss, S. 173.

125 BUSSE VON COLBE, W. U. A., Konzernabschlüsse, S. 59.

126 Als Ergebnis des bereits im Jahr 2003 vom IASB ins Leben gerufenen *Consolidation*-Projekts wurden im Mai 2011 die folgenden Konzernrechnungslegungsstandards vom IASB verabschiedet: IFRS 10, der im Wesentlichen Vorschriften zur Aufstellungspflicht, zur Abgrenzung des Konsolidierungskreises und zur Vollkonsolidierung enthält und der die entsprechenden Konzernrechnungslegungsvorschriften des IAS 27 (amend. 2008) sowie SIC-12 ersetzte, IFRS 11, der die bilanzielle Behandlung gemeinschaftlicher Vereinbarungen regelt und der IAS 31 sowie SIC-13 ersetzte, sowie IFRS 12, der erstmals sämtliche Anhangangaben über Beziehungen zu anderen Unternehmen zusammenfasst. Ferner wurden in diesem Zusammenhang Änderungen an IAS 27 und IAS 28 vorgenommen. Vgl. hierzu ZÜLCH, H./POPP, M., Reformation der IFRS-Konzernrechnungslegung (Teil I), S. 245-248.

- **Tochterunternehmen**, die einem **beherrschenden Einfluss** des Mutterunternehmens unterliegen und die mittels der **Vollkonsolidierung** gem. IFRS 10 in den Konzernabschluss einzubeziehen sind.
- **Gemeinschaftliche Vereinbarungen**, die einer **gemeinschaftlichen Beherrschung** zweier oder mehrerer übergeordneter Unternehmen unterliegen und die in Abhängigkeit von der Art der mit der Beteiligungsbeziehung verbundenen Rechte und Verpflichtungen in **gemeinschaftliche Tätigkeiten** einerseits und **Gemeinschaftsunternehmen** andererseits unterteilt werden. Während gemeinschaftliche Tätigkeiten nach den Vorschriften des IFRS 11 **quotal zu konsolidieren** sind, sind Gemeinschaftsunternehmen mittels der **Equity-Methode** nach IAS 28 in den Konzernabschluss einzubeziehen.
- **Assoziierte Unternehmen,** auf die lediglich ein **maßgeblicher Einfluss** ausgeübt werden kann und die ebenso nach der **Equity-Methode** gem. IAS 28 in den Konzernabschluss einzubeziehen sind.
- **Einfache (Finanz-)Beteiligungen**, auf deren Finanz- bzw. Geschäftspolitik das Mutterunternehmen **keinen nennenswerten Einfluss** ausüben kann und die nach den Vorschriften des IFRS 9 zum **Fair Value** zu bilanzieren sind.

Die auf diese Weise typisierten Formen von Beteiligungsbeziehungen sind im Einzelnen an spezifische **Tatbestandsvoraussetzungen** geknüpft. Diese Tatbestandsvoraussetzungen stellen gleichzeitig **Anwendungsvoraussetzungen** für die jeweils maßgebliche konzernbilanzielle Einbezugsmethode dar. In Abhängigkeit davon, auf welcher konzernbilanziellen Stufe die Beteiligung jeweils vor und nach dem Statuswechsel gedanklich einzuordnen ist und zwischen welchen Einbezugsmethoden infolge dessen ggf. zu wechseln ist, bestehen zum Teil erhebliche Unterschiede hinsichtlich des Vorgehens bei der Übergangskonsolidierung.

Im Folgenden werden daher zunächst die Voraussetzungen erläutert, die für das Vorliegen der verschiedenen Beteiligungsformen jeweils erfüllt sein müssen. Daran anschließend werden die wesentlichen Charakteristika der verschiedenen Konsolidierungs- bzw. Bewertungsmethoden überblicksartig zusammengefasst und deren konzeptionelle Gemeinsamkeiten und Unterschiede erörtert.

232. Charakterisierung

232.1 Voraussetzungen für die Klassifizierung einer Beteiligung als Tochterunternehmen

Den „inneren Kern der Unternehmensgruppe“[127] bildet die Konzernobergesellschaft zusammen mit den im Wege der Vollkonsolidierung einzubeziehenden **Tochterunternehmen** (sog. Vollkonsolidierungskreis).[128] Eine Beteiligung ist dann als Tochterunternehmen zu klassifizieren, wenn die Konzernobergesellschaft auf diese einen **beherrschenden Einfluss** (*control*) ausüben kann.[129] Der Beherrschungstatbestand gilt dann als erfüllt, wenn die drei folgenden **Tatbestandsmerkmale kumulativ** vorliegen:[130] Das beteiligte Unternehmen

- hat auf der Grundlage bestehender Rechte die **Entscheidungsmacht** i. S. d. gegenwärtigen Möglichkeit, die **relevanten Geschäftsaktivitäten** des Beteiligungsunternehmens zu bestimmen, welche die Höhe der variablen Rückflüsse wesentlich beeinflussen (*power*-Kriterium),[131]
- ist aufgrund der Beteiligungsbeziehung **variablen Rückflüssen** ausgesetzt bzw. besitzt Rechte an diesen Rückflüssen (*variable returns*-Kriterium)[132] und
- hat die Möglichkeit, seine **Entscheidungs- bzw. Verfügungsmacht** einzusetzen, um die Höhe der **variablen Rückflüsse** zu **beeinflussen** (*link between power and returns*-Kriterium).[133]

Für das Vorliegen von **Entscheidungsmacht** (*power*) über die relevanten Geschäftsaktivitäten ist die **tatsächliche Ausübung** der Entscheidungsgewalt nicht unbedingt not-

---

127 BUSSE VON COLBE, W., Equitymethode im Konzernabschluss, S. 251.

128 Obgleich IFRS 10.4 Regelungen zur Aufstellungspflicht eines Konzernabschlusses enthält, bestimmt sich die Pflicht zur Aufstellung bzw. die Befreiung von dieser Pflicht für Konzerne mit Sitz im Inland ausschließlich nach §§ 290 ff. HGB bzw. § 11 PublG. Vgl. hierzu ausführlich BAETGE, J./ KIRSCH, H.-J./THIELE, S., Konzernbilanzen, S. 87-109 und 128 f.; KÜTING, K./MOJADADR, M., Konzernrechnungslegungspflicht, S. 199-202; KÜTING, K./WEBER, C.-P., Der Konzernabschluss, S. 119-142 und 152-169. Für die Abgrenzung des Konsolidierungskreises sind hingegen ausschließlich die Vorschriften der IFRS maßgeblich.

129 Vgl. IFRS 10 Appendix A; BRUNE, J. W., in: Beck IFRS HB, 5. Aufl., § 30, Rn. 69 f.; FREIBERG, J./ TEUFEL, C., Abgrenzung des Konsolidierungskreises, S. 9.

130 Vgl. IFRS 10.7 i. V. m. IFRS 10 Appendix A; FREIBERG, J./TEUFEL, C., Abgrenzung des Konsolidierungskreises, S. 9 f.

131 Vgl. IFRS 10.7 (a) i. V. m. IFRS 10.10.

132 Vgl. IFRS 10.7 (b) i. V. m. IFRS 10.15.

133 Vgl. IFRS 10.7 (c) i. V. m. IFRS 10.17.

wendig. Vielmehr ist die rechtlich begründete **jederzeitige Möglichkeit** ausreichend, die relevanten Geschäftsaktivitäten des Beteiligungsunternehmens nach den eigenen Interessen steuern zu können.[134] Die Frage, ob Entscheidungsmacht über ein bestimmtes Beteiligungsunternehmen vorliegt, ist unter Berücksichtigung sämtlicher relevanter Tatsachen und Umstände des Einzelfalls zu beurteilen.[135] Dabei sind zunächst die relevanten Geschäftsaktivitäten des Beteiligungsunternehmens zu identifizieren. In einem weiteren Schritt ist sodann festzustellen, wie und durch wen die grundlegenden Entscheidungen über die relevanten Aktivitäten gefällt werden.[136] Bei der Beurteilung des Vorliegens von Entscheidungsmacht über die relevanten Aktivitäten sind der **Zweck** und die **Struktur** des Beteiligungsunternehmens zu berücksichtigen sowie die **Rechtspositionen** aller beteiligten Parteien umfassend zu analysieren.[137]

Die **relevanten Geschäftsaktivitäten** sind in IFRS 10.10 ganz allgemein definiert als diejenigen Aktivitäten, die sich wesentlich auf die finanziellen Rückflüsse des Unternehmens auswirken. Als typische relevante Aktivitäten i. S. d. Beherrschungskonzeption des IFRS 10 nennt der IASB beispielhaft Beschaffungs- und Absatzaktivitäten, Investitions- und Desinvestitionsentscheidungen, die Verwaltung von finanziellen Vermögenswerten, Forschungs- und Entwicklungsaktivitäten sowie Finanzierungsentscheidungen.[138] Die relevanten Aktivitäten können bspw. durch allgemeine **geschäfts- und finanzpolitische Entscheidungen**, wie etwa Budgetierungsentscheidungen, oder durch Entscheidungen in Bezug auf die Besetzung, Abberufung und Vergütung der Geschäftsleitung beeinflusst bzw. gesteuert werden.[139] Vor allem bei operativ tätigen Beteiligungsunternehmen mit einer Vielzahl von Geschäftstätigkeiten, die fortlaufend neuer geschäftspolitischer sowie strategischer Entscheidungen bedürfen, basieren die **Entscheidungskompetenzen** in der Regel auf direkten oder indirekten **Stimmrechten oder**

---

134 Vgl. IFRS 10.11 f. Aus diesem Grund verfügt ein passiver Mehrheitsgesellschafter selbst dann über Entscheidungsmacht, wenn die Geschäftsführung von einem Minderheitsanteilseigner übernommen wird, der Mehrheitsgesellschafter aber jederzeit auf der Grundlage bestehender Rechte die Kontrolle übernehmen könnte. Vgl. IFRS 10.12-14; BEYHS, O./BUSCHHÜTER, M./SCHURBOHM, A., Die neuen IFRS zum Konsolidierungskreis, S. 663.

135 Vgl. IFRS 10.B1; KÜTING, K./MOJADADR, M., Control-Konzept nach IFRS 10, S. 275.

136 Vgl. FREIBERG, J./TEUFEL, C., Abgrenzung des Konsolidierungskreises, S. 10.

137 Vgl. IFRS 10.B5 und B10; KÜTING, K./MOJADADR, M., Control-Konzept nach IFRS 10, S. 277. Die Beurteilung von Zweck und Struktur des Beteiligungsunternehmens ist vor allem dann besonders relevant, wenn sich ein Beherrschungsverhältnis nicht bereits unzweifelhaft aus einer klaren Stimmrechtsmehrheit ergibt. Vgl. LÜDENBACH, N./FREIBERG, J., Beherrschungsbegriff des IFRS 10, S. 43.

138 Vgl. IFRS 10.B11.

139 Vgl. IFRS 10.B12.

ähnlichen Rechten.[140] Allerdings ist allein die quantitative Stimmrechtsmehrheit nicht in jedem Fall ausreichend für das Vorliegen von Entscheidungsmacht, da bestimmte vertragliche Rechte oder Vereinbarungen der restlichen Anteilseigner oder sonstiger Parteien die Entscheidungsmacht u. U. trotz Stimmrechtsmehrheit wesentlich beschränken können.[141] Umgekehrt schließt auch ein Stimmrechtsanteil von weniger als 50 % das Vorliegen von Entscheidungsmacht i. S. d. IFRS 10 nicht grundsätzlich aus.[142] Vielmehr ist in diesen Fällen auf den Umfang der vom bilanzierenden Unternehmen gehaltenen Stimmrechte im Verhältnis zum Umfang bzw. zur Streuung der Stimmrechte der anderen Anteilseigner abzustellen.[143] Ferner sind in einer Gesamtbetrachtung stets auch potenzielle Stimmrechte[144], sonstige Rechte aus vertraglichen Vereinbarungen sowie weitere Tatsachen und Umstände[145] zu berücksichtigen, durch die die relevanten Geschäftsaktivitäten des Beteiligungsunternehmens ebenfalls beeinflusst werden könnten.[146]

Für die Beurteilung des Vorliegens von Entscheidungsmacht grenzt der IASB sog. **substanzielle Rechte** (*substantive rights*) von bloßen **Schutzrechten** (*protective rights*) ab.[147] Demnach ist auch bei Vorliegen einer Stimmrechtsmehrheit zu prüfen, ob nicht anderen Anteilseignern oder sonstigen Parteien besondere zivil-, gesellschafts- oder schuldrechtliche Ansprüche zustehen, die dazu führen, dass die vom bilanzierenden

---

140 Vgl. IFRS 10.B6 i. V. m. IFRS 10.B16. Ausführlich zum Zusammenhang zwischen Stimmrechtsmehrheit und Entscheidungsgewalt vgl. BAETGE, J./HAYN, S./STRÖHER, T., in: Baetge u. a., Rechnungslegung nach IFRS, 2. Aufl., IFRS 10, Rn. 91-105. Unter die „ähnlichen Rechte" fallen bspw. Stimmrechtsübertragungsrechte oder Rechte aus Beherrschungsverträgen. Vgl. LÜDENBACH, N./ FREIBERG, J., Beherrschungsbegriff des IFRS 10, S. 46; BÖCKEM, H./STIBI, B./ZOEGER, O., IFRS 10 „Consolidated Financial Statements", S. 403.

141 Vgl. IFRS 10.B36 f.

142 Vgl. IFRS 10.B38 und B41.

143 Vgl. IFRS 10.B42 (a).

144 Hierunter fallen bspw. Wandlungsrechte sowie Optionen auf den Erwerb oder die Veräußerung von Anteilen des Beteiligungsunternehmens. Für eine ausführliche Diskussion des Einflusses potenzieller Stimmrechte auf die Beurteilung des Vorliegens von *power* vgl. BAETGE, J./HAYN, S./ STRÖHER, T., in: Baetge u. a., Rechnungslegung nach IFRS, 2. Aufl., IFRS 10, Rn. 113-121.

145 Unter die sonstigen Umstände fällt bspw. das historische Abstimmungsverhalten auf in der Vergangenheit abgehaltenen Haupt- bzw. Gesellschafterversammlungen (sog. de-facto-Beherrschung durch nachhaltige Präsenzmehrheiten). Vgl. RÜHL, J./ALTHOFF, F., Beherrschung durch Präsenzmehrheit, S. 558-562.

146 Vgl. IFRS 10.B38-B41 und IFRS 10.B42 (b)-(d). Für eine Übersicht über mögliche Fallkonstellationen, bei denen trotz einer Minderheitsbeteiligung Entscheidungsmacht vorliegen kann vgl. BÖCKEM, H./STIBI, B./ZOEGER, O., IFRS 10 „Consolidated Financial Statements", S. 403 f.

147 Vgl. IFRS 10.B9. Für eine umfassende Diskussion der Abgrenzung von substanziellen Rechten und Schutzrechten vgl. MEYER, M., Substanzielle Rechte und Schutzrechte, S. 269-275.

Unternehmen gehaltenen Stimmrechte allein als nicht substanziell einzustufen sind.[148] **Substanzielle Rechte** räumen dem beteiligten Unternehmen die Möglichkeit ein, über die relevanten Geschäftsaktivitäten des Beteiligungsunternehmens zu bestimmen, wohingegen **Schutzrechte** keine Entscheidungsmacht gewähren.[149] Schutzrechte beschränken sich lediglich auf grundlegende Änderungen der Geschäftsaktivitäten des Beteiligungsunternehmens oder gelten nur unter außergewöhnlichen Umständen.[150] Sie zeichnen sich dadurch aus, dass sie lediglich bestimmte grundlegende Interessen der Rechteinhaber schützen, ohne diesen aber die Möglichkeit einzuräumen, aktiv auf die Geschäftstätigkeit der Beteiligung einwirken zu können.[151]

Neben der Beurteilung, ob überhaupt Entscheidungsmacht über die relevanten Aktivitäten des Beteiligungsunternehmens vorliegt, ist als **zweites Kriterium** zu prüfen, ob das beteiligte Unternehmen **variablen Rückflüssen** aus der Beteiligung ausgesetzt ist bzw. ob es ein Anrecht darauf besitzt.[152] Rückflüsse aus einer Beteiligungsbeziehung gelten nach IFRS 10.B56 nur dann als variabel, wenn deren Höhe von der wirtschaftlichen Lage bzw. von der Geschäftsentwicklung des Beteiligungsunternehmens abhängt.[153] Die Definition von variablen Rückflüssen ist dabei sehr weit gefasst. Demnach fallen darunter neben Dividendenerträgen bspw. auch finanzielle Vorteile aus Synergieeffek-

---

148 Vgl. IFRS 10.B36 f. sowie BRUNE, J. W., in: Beck IFRS HB, 5. Aufl., § 30, Rn. 35.

149 Vgl. IFRS 10.B14. Für die Beurteilung, ob ein Recht als substanziell einzustufen ist, sind die mit dessen Ausübung verbundenen ökonomischen Vor- und Nachteile zu berücksichtigen sowie die Frage, ob das Recht alleine oder nur durch ein Zusammenwirken mit anderen Parteien ausgeübt werden kann. IFRS 10.B23 nennt beispielhaft zahlreiche Indikatoren, die dafür sprechen, dass ein Recht nicht als substanziell einzustufen ist. Vgl. hierzu auch ERCHINGER, H./MELCHER, W., Neuerungen nach IFRS 10, S. 1231; BEYHS, O./BUSCHHÜTER, M./SCHURBOHM, A., Die neuen IFRS zum Konsolidierungskreis, S. 664.

150 Vgl. IFRS 10.B26. Der Standardsetter lässt indes offen, was er konkret unter „außergewöhnlichen Umständen" versteht.

151 Vgl. IFRS 10.B27 und Appendix A; ZÜLCH, H./POPP, M., Überblick über das neue Control-Konzept, S. 1534. IFRS 10.B28 nennt als Beispiele für typische Schutzrechte etwa Gläubigerrechte, auf deren Grundlage kreditrisikoverschlechternde Maßnahmen verhindert werden können, sowie vertraglich vereinbarte Zustimmungsvorbehalte bspw. zu Entscheidungen über die Ausgabe von Eigen- und Fremdkapitaltiteln oder zu Investitionsmaßnahmen, die das übliche Maß deutlich überschreiten.

152 Vgl. IFRS 10.7 (b) und IFRS 10.15.

153 Vgl. IFRS 10.B56. Somit können einzelfallabhängig auch vertraglich fixierte Zahlungsansprüche, etwa aus fixen Zinsvereinbarungen, unter diese Definition fallen, sofern deren vertragsgemäße Erfüllung maßgeblich durch ein sich verschlechterndes Kreditrisiko des Beteiligungsunternehmens negativ beeinflusst wird. Vgl. IFRS 10.B56; BRUNE, J. W., in: Beck IFRS HB, 5. Aufl., § 30, Rn. 49 f.

ten, Kosteneinsparungen, Größen- bzw. Skaleneffekten oder aus dem Zugang zu wertvollem unternehmensinternen Know-how.[154]

Das **dritte Kriterium** der **Verknüpfung zwischen Entscheidungsmacht und variablen Rückflüssen** ist vor allem dann von besonderer Bedeutung, wenn die Entscheidungsmacht in Form einer Prinzipal-Agenten-Beziehung an einen beauftragten Agenten delegiert wurde und von diesem im Interesse des Auftraggebers (Prinzipal) ausgeübt werden soll.[155] Sofern ein Investor über wesentliche **Entscheidungsbefugnisse** bzgl. der relevanten Aktivitäten eines Beteiligungsunternehmens verfügt, diese aber lediglich an ihn delegiert wurden und er die variablen Rückflüsse aus der Beteiligung durch Ausübung seines Entscheidungsspielraums nicht wesentlich beeinflussen kann, handelt er als Agent.[156] In solchen Fällen ist die Entscheidungsmacht grundsätzlich dem Prinzipal zuzuordnen.[157]

Insgesamt ist festzustellen, dass die Beurteilung des Vorliegens von **Beherrschung** (*control*) i. S. d. IFRS 10 eine äußerst umfassende und komplexe Analyse, Würdigung und Gewichtung sämtlicher Umstände erfordert, die mit den drei kumulativ zu erfüllenden *control*-Kriterien in Verbindung stehen. Sobald die erläuterten Tatbestandsvoraussetzungen dieser drei Kriterien nicht mehr kumulativ erfüllt sind, verliert die Beteiligung den Status eines Tochterunternehmens und scheidet aus dem Vollkonsolidierungskreis aus.

---

154 Vgl. IFRS 10.B56 f.; BÖCKEM, H./STIBI, B./ZOEGER, O., IFRS 10 „Consolidated Financial Statements", S. 402; FREIBERG, J./TEUFEL, C., Abgrenzung des Konsolidierungskreises, S. 13; BAETGE, J./HAYN, S./STRÖHER, T., in: Baetge u. a., Rechnungslegung nach IFRS, 2. Aufl., IFRS 10, Rn. 144-147.

155 Vgl. hierzu ausführlich BRUNE, J. W., in: Beck IFRS HB, 5. Aufl., § 30, Rn. 52-54. Derartige Prinzipal-Agenten-Beziehungen treten meist im Zusammenhang mit Fondsstrukturen auf. Vgl. STIBI, B./ BÖCKEM, H./KLAHOLZ, E., Anwendungssicherheit bei IFRS 10-12, S. 1530.

156 Vgl. IFRS 10.18.

157 Vgl. IFRS 10.B58. In IFRS 10.B60 werden eine Reihe von Indikatoren aufgezählt, anhand derer die in der Praxis oft schwierige Abgrenzung zwischen dem Vollmachtgeber (Prinzipal) und dem Bevollmächtigten (Agent) erfolgen kann. Hierzu zählen bspw. das Ausmaß der delegierten Entscheidungsmacht, sämtliche relevanten Rechtspositionen anderer Parteien, Vergütungsvereinbarungen für erbrachte Dienstleistungen oder das Ausmaß der Rückflüsse aus dem Beteiligungsunternehmen, die dem Entscheidungsträger zukommen. Vgl. hierzu auch BEYHS, O./BUSCHHÜTER, M./SCHURBOHM, A., Die neuen IFRS zum Konsolidierungskreis, S. 665 f.

232.2 Voraussetzungen für die Klassifizierung einer Beteiligung als Gemeinschaftsunternehmen oder als gemeinschaftliche Tätigkeit

232.21 Definition der gemeinschaftlichen Beherrschung

Neben dem aus Mutter- und sämtlichen Tochterunternehmen bestehenden Vollkonsolidierungskreis wird die im Konzernabschluss abzubildende Einflusssphäre der Konzernobergesellschaft auf der nächsten Stufe um sog. **gemeinschaftliche Vereinbarungen** (*joint arrangements*) erweitert. Eine gemeinschaftliche Vereinbarung i. S. d. IFRS 11 liegt dann vor, wenn zwei oder mehrere Parteien auf Basis einer **vertraglichen Vereinbarung** die **gemeinschaftliche Beherrschung** (*joint control*) über die relevanten wirtschaftlichen Aktivitäten innehaben.[158] Das Konzept der gemeinschaftlichen Beherrschung basiert auf dem allgemeinen Beherrschungsbegriff des IFRS 10.[159] Bei der Beurteilung, ob eine gemeinschaftliche Vereinbarung i. S. d. IFRS 11 vorliegt, ist in einem **ersten Schritt** zu prüfen, ob das bilanzierende Unternehmen auf kollektiver Ebene, d. h. zusammen mit anderen beteiligten Parteien, Beherrschung i. S. d. IFRS 10 ausüben kann (sog. **kollektive Beherrschung**).[160] Kollektive Beherrschung liegt nur dann vor, wenn die *control*-Kriterien gem. IFRS 10.7 aus Sicht mehrerer beteiligter Parteien kumulativ erfüllt sind, d. h., wenn diese Parteien variablen Rückflüssen ausgesetzt sind, die auf der Grundlage der kollektiven Entscheidungsgewalt gesteuert werden können.[161]

Sofern das den Konzernabschluss aufstellende Mutterunternehmen an der kollektiven Beherrschung beteiligt ist, ist in einem **zweiten Schritt** zu untersuchen, ob auch eine **gemeinschaftliche Beherrschung** (*joint control*) vorliegt.[162] Das konstitutive Merkmal einer gemeinschaftlichen Beherrschung besteht darin, dass die grundlegenden Entscheidungen über die relevanten Geschäftsaktivitäten durch die an der gemeinschaftlichen

---

158 Vgl. IFRS 11.4-7 sowie IFRS 11 Appendix A. Die vom Standardsetter bewusst weit gefasste Definition einer gemeinschaftlichen Vereinbarung soll bezwecken, dass sich der Anwendungsbereich des IFRS 11 auf sämtliche gemeinschaftlich beherrschten wirtschaftlichen Aktivitäten erstreckt, unabhängig davon, wie die vereinbarte Kooperation im Einzelfall rechtlich strukturiert ist. Vgl. BRUNE, J. W., in: Beck IFRS HB, 5. Aufl., § 29, Rn. 12.

159 Vgl. IFRS 11.B5; KÜTING, K./SEEL, C., Die gemeinschaftliche Beherrschung nach IFRS 11, S. 457; ZÜLCH, H./POPP, M., Reformation der IFRS-Konzernrechnungslegung (Teil II), S. 329; BRUNE, J. W., in: Beck IFRS HB, 5. Aufl., § 29, Rn. 10.

160 Vgl. IFRS 11.8 i. V. m. IFRS 11.B5.

161 Vgl. SEEL, C., Joint Ventures, S. 179; KÜTING, K./SEEL, C., Die gemeinschaftliche Beherrschung nach IFRS 11, S. 453 f.

162 Vgl. IFRS 11.B6 sowie SEEL, C., Joint Ventures, S. 180.

Beherrschung mitwirkenden Parteien (sog. gemeinschaftliche Betreiber) im **Konsens**, d. h. auf **einstimmiger Basis**, getroffen werden müssen.[163] Entscheidungen über die relevanten Aktivitäten des Beteiligungsunternehmens bedürfen somit stets der Zustimmung aller gemeinschaftlichen Betreiber, d. h., bloße Mehrheitsentscheidungen sind nicht ausreichend.[164] Im Umkehrschluss bedeutet dies, dass jeder gemeinschaftliche Betreiber die Möglichkeit hat, die Entscheidungen der anderen Parteien bei fehlendem Einverständnis zu verhindern bzw. zu blockieren.[165] Aufgrund der Anlehnung an das Beherrschungskonzept des IFRS 10 ist wiederum ausschließlich auf substanzielle Mitwirkungsrechte abzustellen, wohingegen für bloße Schutzrechte kein Einstimmigkeitserfordernis besteht.[166]

Für die Beurteilung, ob im Einzelfall eine gemeinschaftliche Vereinbarung vorliegt und welche der beteiligten Parteien dem Kreis der gemeinschaftlichen Betreiber zugehören, sind neben Anteils- und Stimmrechtsverhältnissen sämtliche weiteren Tatsachen und Umstände zu berücksichtigen, die sich potenziell auf die gemeinsame Entscheidungsfindung auswirken.[167] Die gemeinschaftliche Beherrschung ist zwingend in Form einer rechtlich durchsetzbaren **vertraglichen Grundlage** zu regeln,[168] wobei IFRS 11 die Form der vertraglichen Vereinbarung nicht näher spezifiziert.[169]

---

163 Vgl. IFRS 11.7 und IFRS 11.9 sowie IFRS 11.B6. Für die Teilnahme an der gemeinschaftlichen Beherrschung kommt es wiederum nicht darauf an, ob die Beherrschungsgewalt tatsächlich aktiv ausgeübt wird. Stattdessen ist allein die vertraglich begründete Möglichkeit ausschlaggebend, über die relevanten Geschäftsaktivitäten mitbestimmen zu können. Vgl. SEEL, C., Joint Ventures, S. 181; KÜTING, K./SEEL, C., Die gemeinschaftliche Beherrschung nach IFRS 11, S. 454.

164 Vgl. IFRS 11.7; SEEL, C., Joint Ventures, S. 180; FUCHS, M./STIBI, B., IFRS 11 Joint Arrangements, S. 1452; ZÜLCH, H./POPP, M., Reformation der IFRS-Konzernrechnungslegung (Teil II), S. 329.

165 Vgl. IFRS 11.10 sowie IFRS 11.B9; FUCHS, M./STIBI, B., IFRS 11 Joint Arrangements, S. 1452; ZÜLCH, H./POPP, M., Reformation der IFRS-Konzernrechnungslegung (Teil II), S. 329; SEEL, C., Joint Ventures, S. 180. Für die Klassifizierung einer Beteiligung als gemeinschaftliche Vereinbarung ist es unschädlich, wenn neben den gemeinschaftlichen Betreibern noch weitere Parteien, die aufgrund ihrer eingeschränkten Rechtsposition nicht an der gemeinschaftlichen Beherrschung partizipieren, Anteile an der Beteiligung halten bzw. in deren Aktivitäten involviert sind. Vgl. IFRS 11.11; SEEL, C., Joint Ventures, S. 180.

166 Vgl. BÖCKEM, H./ISMAR, M., Joint Arrangements, S. 823.

167 Hierzu zählen v. a. gesellschafts- oder schuldrechtliche Vereinbarungen. Vgl. KÜTING, K./SEEL, C., Die gemeinschaftliche Beherrschung nach IFRS 11, S. 454 f.

168 Vgl. IFRS 11.5 und IFRS 11.7.

169 Gem. IFRS 11.B2 ist der Begriff der vertraglichen Vereinbarung sehr weit gefasst. Demnach fallen neben klassischen vertraglichen Vereinbarungen auch gesetzliche oder gesellschaftsrechtliche Regelungen sowie bloße mündliche Vereinbarungen, die z. B. in Form von Sitzungsprotokollen schrift-

232.22 Unterscheidung zwischen Gemeinschaftsunternehmen und gemeinschaftlichen Tätigkeiten

Abhängig von der Art bzw. Gestaltung der vertraglich vereinbarten Rechte und Verpflichtungen werden **zwei unterschiedliche Formen gemeinschaftlicher Vereinbarungen** voneinander abgegrenzt.[170] Sofern sich die vertraglich vereinbarten Rechte und Pflichten unmittelbar auf die einzelnen Vermögenswerte und Schulden der gemeinschaftlichen Vereinbarung beziehen, liegt gem. IFRS 11.15 eine **gemeinschaftliche Tätigkeit (*joint operation*)** vor. Stehen einem gemeinschaftlichen Betreiber hingegen lediglich Rechte am gesamthänderisch gebundenen Nettovermögen des Beteiligungsunternehmens zu, so ist das Beteiligungsverhältnis gem. IFRS 11.16 als ein **Gemeinschaftsunternehmen (*joint venture*)** einzustufen.[171] Die Klassifizierung als gemeinschaftliche Tätigkeit oder als Gemeinschaftsunternehmen ist ausschlaggebend dafür, wie die Beteiligung in den Konzernabschluss einzubeziehen ist. Während bei gemeinschaftlichen Tätigkeiten die einzelnen Vermögenswerte, Schulden, Aufwendungen und Erträge **quotal** im Konzernabschluss zu erfassen sind,[172] sind Gemeinschaftsunternehmen auf der Grundlage der **Equity-Methode** gem. IAS 28 einzubeziehen.[173]

Für die Beurteilung, ob eine gemeinschaftliche Vereinbarung als gemeinschaftliche Tätigkeit oder als Gemeinschaftsunternehmen zu klassifizieren ist, ist eine detaillierte Analyse der Art sowie des Umfangs sämtlicher damit verbundener Rechte und Verpflichtungen erforderlich.[174] IFRS 11.17 bzw. IFRS 11.B15 geben hierfür eine Reihe von **Prüfkriterien** vor.[175] Danach sind in einem **ersten Schritt** die **rechtliche und organisatorische Strukturierung** der gemeinschaftlichen Vereinbarung zu untersuchen. Sofern die gemeinschaftliche Vereinbarung nicht als **eigenständige Einheit (*separate***

---

lich dokumentiert wurden, unter diesen Begriff. Vgl. FUCHS, M./ STIBI, B., IFRS 11 Joint Arrangements, S. 1452; KÜTING, K./SEEL, C., Die gemeinschaftliche Beherrschung nach IFRS 11, S. 452.

170 Vgl. IFRS 11.6 und IFRS 11.14.

171 Sofern das Gemeinschaftsunternehmen z. B. nachhaltig Verluste erzielt und diese von den beteiligten Parteien verpflichtend auszugleichen sind, kann sich der Anspruch auf das Nettovermögen theoretisch auch in eine Nettoverpflichtung umkehren. Vgl. IFRS 11.BC34; KÜTING, K./SEEL, C., Bilanzierung von joint arrangements, S. 344 f.

172 Vgl. IFRS 11.20. Für eine ausführliche Darstellung der Regelungen zur quotalen Einbeziehung nach IFRS 11 und einen Vergleich zur Quotenkonsolidierung nach IAS 31 vgl. KÜTING, K./SEEL, C., Quotale Einbeziehung nach IFRS 11, S. 587-595.

173 Vgl. IFRS 11.24.

174 Vgl. IFRS 11.17 i. V. m. IFRS 11.B12-B33.

175 Vgl. BÖCKEM, H./ISMAR, M., Joint Arrangements, S. 824-826; KÜTING, K./SEEL, C., Bilanzierung von joint arrangements, S. 345-348.

***vehicle*)**[176] strukturiert ist und somit nicht von der Vermögens- bzw. Finanzsphäre der mitwirkenden Parteien abgegrenzt ist, handelt es sich in jedem Fall um eine gemeinschaftliche Tätigkeit.[177]

Ist die gemeinschaftliche Vereinbarung hingegen als *separate vehicle* mit einer eigenständigen Rechtspersönlichkeit strukturiert, so ist in einem **zweiten Schritt** zu analysieren, ob die **gewählte Rechtsform** eine gesamthänderische Bindung des Gesellschaftsvermögens der Beteiligung impliziert. Sofern dies nicht der Fall ist und die einzelnen Vermögenswerte und Schulden stattdessen direkt den einzelnen beteiligten Parteien zuzuordnen sind, liegt wiederum eine gemeinschaftliche Tätigkeit vor.[178] Die mit den in Deutschland üblichen Rechtsformen typischerweise verbundenen Rechte und Verpflichtungen dürften in aller Regel zu einer Klassifikation als Gemeinschaftsunternehmen führen. Auch eine gesamtschuldnerische Haftung der Gesellschafter einer Personengesellschaft steht einer Klassifizierung als Gemeinschaftsunternehmen nicht grundsätzlich entgegen, da IFRS 11 für die Klassifizierung als gemeinschaftliche Tätigkeit eine Zurechnung sowohl der Vermögenswerte als auch der Schulden auf die mitwirkenden Parteien voraussetzt, die allein durch eine gesamtschuldnerische Haftung nicht gegeben ist.[179]

Steht hingegen auch die gewählte Rechtsform einer Klassifizierung als Gemeinschaftsunternehmen nicht entgegen, ist in einem **dritten Schritt** zu prüfen, ob die durch die rechtliche bzw. organisatorische Strukturierung und Rechtsform erreichte Abgrenzung des Gesellschaftsvermögens ggf. durch **vertragliche Vereinbarungen** bzw. **Nebenabreden** dahingehend ausgehebelt wird, dass den mitwirkenden Partnerunternehmen unmittelbare Rechte an den Vermögenswerten eingeräumt und Verpflichtungen für die

---

176 Gem. IFRS 11 Appendix A ist für das Vorliegen einer separaten Einheit eine eigenständige Rechtspersönlichkeit nicht zwingend erforderlich. Vielmehr ist bereits eine „einzeln abgrenzbare Finanzstruktur" ausreichend. So kann bereits die Existenz eines eigenständigen Rechnungswesens ein separates Vehikel begründen. Vgl. FUCHS, M./STIBI, B., IFRS 11 Joint Arrangements, S. 1452; LÜDENBACH, N./SCHUBERT, D., Gemeinschaftliche Vereinbarungen, S. 3; SEEL, C., Joint Ventures, S. 290; ZÜLCH, H./POPP, M., Reformation der IFRS-Konzernrechnungslegung (Teil II), S. 331.

177 Vgl. IFRS 11.B16; BÖCKEM, H./ISMAR, M., Joint Arrangements, S. 824.

178 Vgl. IFRS 11.B22.

179 Vgl. LÜDENBACH, N./SCHUBERT, D., Gemeinschaftliche Vereinbarungen, S. 4; SEEL, C., Joint Ventures, S. 214.

Schulden übertragen werden.[180] In solchen Fällen ist die gemeinschaftliche Vereinbarung – ungeachtet ihrer Rechtsform – als gemeinschaftliche Tätigkeit zu klassifizieren.

Deuten sämtliche der bisher angeführten Kriterien auf das Vorliegen eines Gemeinschaftsunternehmens hin, so sind in einem **letzten Schritt** sämtliche **sonstigen Tatsachen und Umstände** zu untersuchen, die einer solchen Einstufung unter Zugrundelegung einer wirtschaftlichen Betrachtungsweise (*substance over form*) noch entgegenstehen könnten.[181] IFRS 11 führt in diesem Zusammenhang ein Beispiel an, wonach die gesamte Produktionsmenge einer gemeinschaftlichen Vereinbarung allein von den mitwirkenden Parteien abgenommen wird und die Finanzierung der entsprechenden Produktionsaktivitäten ausschließlich durch die Zahlungsströme aus dieser exklusiven Geschäftsbeziehung bestritten wird.[182] Den Gesellschaftern des Beteiligungsunternehmens steht demnach der **gesamte Nutzen** aus den für die Produktion eingesetzten Vermögenswerten zu, während sie gleichzeitig auch die **gesamten finanziellen Lasten** aus den Schulden der Gesellschaft zu tragen haben. Eine solche Konstellation deutet nach Ansicht des IASB darauf hin, dass sich die Rechte und Verpflichtungen der mitwirkenden Parteien direkt auf die Vermögenswerte und Schulden des Beteiligungsunternehmens beziehen und die Beteiligung folglich quotal zu bilanzieren ist.[183]

Die nachfolgende **Übersicht 2-1** fasst das Prüfschema zur Klassifizierung einer gemeinschaftlichen Vereinbarung als Gemeinschaftsunternehmen oder als gemeinschaftliche Tätigkeit überblicksartig zusammen:

---

180 Vgl. IFRS 11.B26. In IFRS 11.B27 werden hierzu beispielhaft einige typische Vertragsbedingungen aufgezählt, die als Indikatoren für die Klassifizierung herangezogen werden können. Da die in Deutschland üblichen Rechtsformen zu einer klaren Abgrenzung des Gesellschafts- bzw. Gesamthandsvermögens führen, sind derartige vertragliche Abreden für den deutschen Rechtsraum indes kaum von Bedeutung. Vgl. BÖCKEM, H./RÖHRICHT, V., Joint Operation oder Joint Venture, S. 1034; SEEL, C., Joint Ventures, S. 217 f.

181 Vgl. IFRS 11.B29.

182 Vgl. IFRS 11.B31 f.

183 Vgl. SEEL, C., Joint Ventures, S. 218 f. Die Abgrenzung von gemeinschaftlichen Tätigkeiten und Gemeinschaftsunternehmen kann für derartige Sachverhaltskonstellationen im Einzelfall hochgradig ermessensbehaftet sein. Ferner stellt sich grundsätzlich die Frage, ob sich die für die Konsolidierung der anteilig einzubeziehenden Vermögenswerte und Schulden maßgebliche Quote nach der Kapitalanteilsquote oder nach der ggf. abweichenden Output-Abnahmequote richten sollte. Vgl. BÖCKEM, H./RÖHRICHT, V., Joint Operation oder Joint Venture, S. 1035-1042; KÜTING, K./SEEL, C., Quotale Einbeziehung nach IFRS 11, S. 591-594; WEBER, C.-P. U. A., Abbildung bei divergierenden Quoten, S. 241-248.

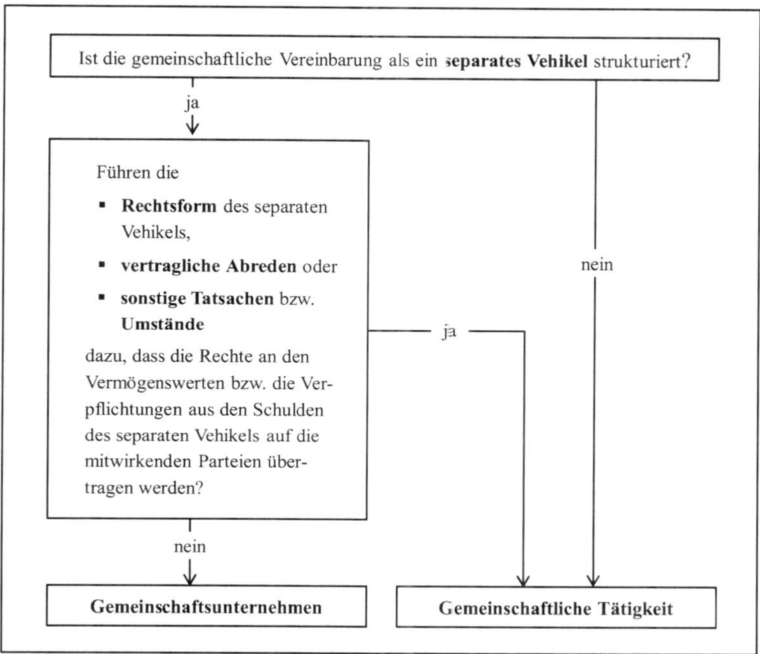

Übersicht 2-1: Prüfschema zur Klassifizierung gemeinschaftlicher Vereinbarungen[184]

232.3 Voraussetzungen für die Klassifizierung einer Beteiligung als assoziiertes Unternehmen

Beteiligungsunternehmen, auf die die Konzernobergesellschaft lediglich einen **maßgeblichen Einfluss** ausüben kann, werden gem. IAS 28 als **assoziierte Unternehmen** bezeichnet und sind – ebenso wie Gemeinschaftsunternehmen – nach der **Equity-Methode** in den Konzernabschluss einzubeziehen. Maßgeblicher Einfluss wird in IAS 28.3 definiert als die **Möglichkeit**, an den **finanz- und geschäftspolitischen Entscheidungen** des Beteiligungsunternehmens **mitwirken** zu können.[185] Das für eine

---

184 In Anlehnung an IFRS 11.B21.

185 Diese Definition des maßgeblichen Einflusses stützt sich noch auf das alte Beherrschungskonzept des IAS 27, welches durch IFRS 10 abgelöst wurde. Mithin wird hierbei – abweichend von IFRS 10 – nicht auf die relevanten Aktivitäten des Beteiligungsunternehmens abgestellt. Der IASB äußert in IAS 28.BC16 die Absicht, diese Definition künftig im Rahmen eines gesonderten Projekts zur Equity-Bilanzierung anpassen zu wollen.

Klassifizierung als assoziiertes Unternehmen ausschlaggebende Wesensmerkmal des maßgeblichen Einflusses wird dadurch operationalisiert, dass ein solcher bei einem direkt oder indirekt vom Konzern gehaltenen **Stimmrechtsanteil von über 20 %** widerlegbar vermutet wird.[186] Umgekehrt wird nach IAS 28.5 bei einem Stimmrechtsanteil von weniger als 20 % widerlegbar angenommen, dass kein maßgeblicher Einfluss vorliegt (sog. umgekehrte Assoziierungsvermutung). Wenngleich der Umfang der dem Konzern zuzurechnenden Stimmrechte unter Berücksichtigung der Streuung der übrigen Stimmrechte in der Regel als primärer Beurteilungsmaßstab herangezogen wird,[187] sind wiederum auch sämtliche sonstigen Tatsachen und Umstände zu berücksichtigen, die sich potenziell auf die Einflussmöglichkeiten des bilanzierenden Unternehmens auswirken.[188]

IAS 28.6 zählt beispielhaft einige **Indikatoren** auf, anhand derer die zunächst auf bloßen Stimmrechtsverhältnissen basierende **Assoziierungsvermutung** bestätigt oder aber widerlegt werden kann.[189] Als mögliche Beurteilungskriterien sind demzufolge u. a. folgende Aspekte zu berücksichtigen:[190]

- Die Zugehörigkeit von Vertretern der Konzernobergesellschaft zu Leitungs- und/oder Aufsichtsgremien des Beteiligungsunternehmens,
- die Teilnahme von Vertretern der Konzernobergesellschaft an wesentlichen Entscheidungsprozessen über die Geschäftspolitik des Beteiligungsunternehmens,
- das Vorliegen wesentlicher Geschäftsvorfälle zwischen dem Investor und dem Beteiligungsunternehmen,

186 Vgl. IAS 28.5. Kritisch zu diesem weitgehend willkürlich gewählten formalrechtlichen 20 %-Kriterium vgl. KUSTNER, C., Beteiligungsbewertung im Konzernabschluss, S. 100-104.

187 Vgl. KÜTING, K./WEBER, C.-P., Der Konzernabschluss, S. 195. Dabei ist zu beachten, dass auch bei einem Stimmrechtsanteil von weniger als 50 % die Tatbestandsvoraussetzungen einer (gemeinschaftlichen) Beherrschung gem. IFRS 10 bzw. IFRS 11 erfüllt sein können. Vgl. hierzu die Ausführungen in den Abschnitten 232.1 und 232.2. In solchen Fällen ist die Beteiligung dann zwingend als Tochterunternehmen bzw. gemeinschaftliche Vereinbarung einzustufen. Vgl. IAS 28.3 sowie BAETGE, J./KLAHOLZ, T./GRAUPE, F., in: Baetge u. a., Rechnungslegung nach IFRS, 2. Aufl., IAS 28, Rn. 29-31.

188 Vgl. IDW (Hrsg.), WP Handbuch Bd. I, Abschn. N, Rn. 979.

189 Vgl. BAETGE, J./KLAHOLZ, T./GRAUPE, F., in: Baetge u. a., Rechnungslegung nach IFRS, 2. Aufl., IAS 28, Rn. 24 f.; KÖSTER, O., in: MüKo Bilanzrecht Bd. 1, IAS 28, Rn. 17-22.

190 Für eine Zusammenfassung kritischer Einschätzungen zur Praktikabilität dieser Indikatoren im nationalen und internationalen Schrifttum vgl. KUSTNER, C., Beteiligungsbewertung im Konzernabschluss, S. 98-100.

- ein gegenseitiger Austausch von Führungspersonal oder
- die Bereitstellung von wichtigem technischen Know-how.

Neben diesen explizit im Standard genannten Beurteilungskriterien kann eine Vielzahl weiterer qualitativer Indikatoren auf personelle bzw. sachliche Verflechtungen hindeuten, die in einer einzelfallspezifischen Gesamtbetrachtung einen maßgeblichen Einfluss begründen.[191] Da die einzelnen Indikatoren jeweils unterschiedlich stark ausgeprägt sein können bzw. teils für und teils gegen das Vorliegen eines maßgeblichen Einflusses sprechen können, ist die Beurteilung des Vorliegens eines maßgeblichen Einflusses regelmäßig in hohem Maße **ermessensbehaftet**.[192] Obwohl IAS 28 keine weiterführenden Erläuterungen zur Art und Qualität der für einen maßgeblichen Einfluss erforderlichen Rechte enthält, wird aus der Definition des IAS 28.3 ersichtlich, dass bloße **Schutzrechte** i. S. d. IFRS 10.B26 hierfür nicht ausreichen, sondern vielmehr **Mitwirkungsrechte** in Bezug auf bestimmte finanz- und geschäftspolitische Entscheidungen vorliegen müssen. In Abgrenzung zu den Tatbestandsmerkmalen der gemeinschaftlichen Beherrschung, die eine Einstimmigkeit hinsichtlich sämtlicher Entscheidungen in Bezug auf die relevanten Geschäftsaktivitäten erfordern, wird ein maßgeblicher Einfluss bereits durch ein **Zustimmungs- oder Blockaderecht für bestimmte bzw. ausgewählte geschäfts- und finanzpolitische Entscheidungen** begründet.[193] Die Mitwirkungsrechte müssen sich ferner auf **grundlegende oder strategische Entscheidungen** der Unternehmens- bzw. Geschäftspolitik beziehen, die über die operativen Entscheidungen des Tagesgeschäfts hinausgehen bzw. hierfür den übergeordneten Rahmen vorgeben.[194]

---

191 Vgl. KÖSTER, O., in: MüKo Bilanzrecht Bd. 1, IAS 28, Rn. 22.

192 Vgl. LÜDENBACH, N./HOFFMANN, W.-D./FREIBERG, J., in: Haufe IFRS-Kommentar, 14. Aufl., § 33, Rn. 14-16; KÖSTER, O., in: MüKo Bilanzrecht Bd. 1, IAS 28, Rn. 18.

193 Vgl. BAETGE, J./KLAHOLZ, T./GRAUPE, F., in: Baetge u. a., Rechnungslegung nach IFRS, 2. Aufl., IAS 28, Rn. 31; DIETRICH, A./STOEK, C., Wenn Schutzrechte zu Mitwirkungsrechten werden, S. 350 f. Eine dauerhafte Überstimmung durch andere Gesellschafter mit erheblichem bzw. mehrheitlichem Anteilsbesitz dürfte indes einem maßgeblichen Einfluss entgegenstehen. Vgl. KÖSTER, O., in: MüKo Bilanzrecht Bd. 1, IAS 28, Rn. 19; LÜDENBACH, N./HOFFMANN, W.-D./FREIBERG, J., in: Haufe IFRS-Kommentar, 14. Aufl., § 33, Rn. 9.

194 Vgl. PwC (Hrsg.), Manual of accounting 2015, Rn. 27.44; SEEL, C., Joint Ventures, S. 126 f. Im handelsrechtlichen Kontext vgl. auch HINRICHS, S., Der „maßgebliche Einfluss" als Definitionskriterium, S. 1736 f.; KÜTING, K./KÖTHNER, R./ZÜNDORF, H., in: Küting/Weber, HdK, 2. Aufl., § 311, Rn. 23-25; SCHMIDT, G., Rechnungslegung nach der Equity-Methode, S. 214.

232.4 Voraussetzungen für die Klassifizierung einer Beteiligung als einfache Finanzbeteiligung

Sofern die Einflussnahmemöglichkeiten der Konzernobergesellschaft auf ein Beteiligungsunternehmen so gering sind, dass auch unter Berücksichtigung sämtlicher vertraglicher Regelungen und sonstiger Tatsachen und Umstände kein maßgeblicher Einfluss i. S. d. IAS 28 vorliegt, ist die Beteiligungsbeziehung in einer **Negativabgrenzung** als **einfache (Finanz-)Beteiligung** zu klassifizieren und gem. IFRS 9 zum Fair Value zu bewerten.[195] Einfache Finanzbeteiligungen sind dadurch gekennzeichnet, dass zwischen diesen und der Konzernobergesellschaft üblicherweise keine nennenswerten, über die bloße Kapitalbeteiligung hinausgehenden wirtschaftlichen Verflechtungen bestehen.[196] Mangels eines Mindestmaßes an Einflussrechten ist es der Konzernobergesellschaft nicht möglich, die Art oder die Zusammensetzung der Ressourcen oder den Einsatz der Produktionsfaktoren zu beeinflussen.[197] Die Konzernobergesellschaft kann allenfalls durch die Ausübung von Stimmrechten auf Haupt- bzw. Gesellschafterversammlungen oder indirekt in Form von Entscheidungen über das Halten oder den Verkauf der Gesellschaftsanteile auf die Beteiligung einwirken.[198] Aufgrund der losen wirtschaftlichen Verflechtung zwischen Investor und Beteiligungsunternehmen besteht der primäre **Zweck** solcher Beteiligungsbeziehungen typischerweise allein darin, möglichst hohe Cashflows aus der Realisation von Marktwertsteigerungen einerseits oder aus Gewinn- bzw. Dividendenausschüttungen andererseits zu erzielen, die aber durch den Investor nicht direkt beeinflussbar sind.[199]

232.5 Zwischenfazit

Die Ausführungen in Abschnitt 232. haben gezeigt, dass die bilanzielle Abbildung von Unternehmensbeziehungen auf einem Stufenkonzept basiert, wonach abhängig von der **Einflussintensität** verschiedene Arten von Unternehmensverbindungen unterschieden

---

195 Vgl. HOEHNE, F., Veräußerung von Anteilen, S. 230 f. Zur Fair Value-Bewertung einfacher Finanzbeteiligungen vgl. Abschnitt 245.

196 Vgl. BAETGE, J./KIRSCH, H.-J./THIELE, S., Konzernbilanzen, S. 111; KÜTING, K./WEBER, C.-P., Der Konzernabschluss, S. 173; GIMPEL-HENNING, N., Sukzessive Anteilserwerbe, S. 52.

197 Vgl. KUSTNER, C., Beteiligungsbewertung im Konzernabschluss, S. 13.

198 Vgl. KUSTNER, C., Beteiligungsbewertung im Konzernabschluss, S. 15.

199 Vgl. KUSTNER, C., Beteiligungsbewertung im Konzernabschluss, S. 16; LEUNIG, M., Die Bilanzierung von Beteiligungen, S. 26.

werden. Hinsichtlich der Klassifizierung einer gemeinschaftlichen Vereinbarung als Gemeinschaftsunternehmen oder als gemeinschaftliche Tätigkeit ist darüber hinaus die Art der mit der Beteiligung im Einzelnen verbundenen Rechte und Verpflichtungen zu berücksichtigen. Um die mit Blick auf die einzelnen Beteiligungsbeziehungen bestehende **Heterogenität der Einflusssphäre des Konzerns** darzustellen, sind die einzelnen Arten von Unternehmensverbindungen jeweils nach Maßgabe **unterschiedlicher Konsolidierungs- bzw. Bewertungsmethoden** in den Konzernabschluss einzubeziehen. Für die vergleichende Analyse der durch einen Statuswechsel ausgelösten Wesensänderung einer Beteiligungsbeziehung ist es – wie noch zu zeigen sein wird – von entscheidender Bedeutung, ob und wieweit sich dadurch das Einflusspotenzial aus Sicht des Konzerns und damit auch die für den konzernbilanziellen Einbezug der Beteiligung maßgebliche Bilanzierungsmethode ändern.

Übersicht 2-2 fasst die nach der IFRS-Konzernrechnungslegungskonzeption zu unterscheidenden Arten von Beteiligungsbeziehungen sowie die dafür jeweils maßgeblichen Einbezugsmethoden überblicksartig zusammen:

<table>
<tr><td>Einflussintensität</td><td>Alleinige Beherrschung</td><td colspan="2">Gemeinschaftliche Beherrschung</td><td>Maßgeblicher Einfluss</td><td>Kein nennenswerter Einfluss</td></tr>
<tr><td rowspan="2">Art des Beteiligungsverhältnisses</td><td rowspan="2">Tochterunternehmen</td><td colspan="2">Gemeinschaftliche Vereinbarung</td><td rowspan="2">Assoziiertes Unternehmen</td><td rowspan="2">Einfache Finanzbeteiligung</td></tr>
<tr><td>Gemeinschaftliche Tätigkeit</td><td>Gemeinschaftsunternehmen</td></tr>
<tr><td>Einbezugsmethode</td><td>Vollkonsolidierung (IFRS 10/IFRS 3)</td><td>Quotale Konsolidierung (IFRS 11)</td><td colspan="2">Equity-Methode (IAS 28)</td><td>Fair Value (IFRS 9)</td></tr>
</table>

Übersicht 2-2: Systematisierung und konzernbilanzieller Einbezug der unterschiedlichen Arten von Beteiligungsbeziehungen[200]

24 Charakterisierung der konzernbilanziellen Einbezugsmethoden

241. Vorbemerkung

Mit der Abgrenzung der unterschiedlichen Arten von Beteiligungsbeziehungen ist unmittelbar die Frage verbunden, wie diese jeweils in den Konzernabschluss einzubeziehen sind, um den Abschlussadressaten ein möglichst tatsachengetreues Bild der wirt-

[200] In Anlehnung an BAETGE, J./KIRSCH, H.-J./THIELE, S., Konzernbilanzen, S. 126.

schaftlichen Lage des gesamten Konzernverbunds zu vermitteln.[201] Vor diesem Hintergrund sehen die Konzernrechnungslegungsvorschriften abhängig von der Intensität des Beteiligungsverhältnisses und den damit verbundenen Rechten und Verpflichtungen **unterschiedliche konzernbilanzielle Einbezugsmethoden** vor, die sich vereinfachend in Konsolidierungsverfahren und Bewertungsverfahren unterscheiden lassen. Die einzelnen Einbezugsmethoden sind wiederum mit unterschiedlichen **Erfolgskonzeptionen** verbunden.[202] Bei der Beurteilung der Frage, in welchen Übergangsfällen eine erfolgswirksame Neubewertung der Restbeteiligung oder aber eine erfolgsneutrale Buchwertfortführung aus konzeptionellen Gesichtspunkten zu favorisieren ist, sind die grundlegenden konzeptionellen Merkmale der einzelnen Einbezugsmethoden von zentraler Bedeutung.Aus diesem Grund werden im Folgenden die wesentlichen **Gemeinsamkeiten und Unterschiede** der verschiedenen Konsolidierungs- bzw. Bewertungsmethoden sowie die jeweils dahinterstehenden **konzeptionellen Grundgedanken** skizziert, soweit diese für das Verständnis der darauffolgenden Analyse und Würdigung der bestehenden Vorschriften zur Übergangskonsolidierung erforderlich sind.

242. Konzeptionelle Grundlagen der Vollkonsolidierung von Tochterunternehmen

Aufgrund der uneingeschränkten Möglichkeit seitens des Mutterunternehmens, die Geschäfts- und Finanzpolitik seiner Tochterunternehmen nach den übergeordneten Konzernzielen auszurichten, bilden Mutter- und sämtliche Tochterunternehmen eine **wirtschaftliche Einheit**, die wie ein einzelnes Unternehmen geführt werden kann.[203] Nach diesem Verständnis sind Tochterunternehmen bzw. deren Vermögenswerte und Schulden als ein „konstitutiver Teil der Aktivitäten und Ressourcen des Konzerns als Ganzes“[204] anzusehen. Folgerichtig werden bei der **Vollkonsolidierung** sämtliche Vermögenswerte, Schulden, Erträge und Aufwendungen eines Tochterunternehmens einzeln im Konzernabschluss erfasst und auf die gleiche Weise bilanziert wie die Vermögens-

201 Vgl. FÜGL, E., Die Bilanzierung von Beteiligungen, S. 58.
202 Vgl. ORDELHEIDE, D., Konzernerfolg, S. 292.
203 Vgl. KLOSE, N.-C., Konzernrechnungslegung nach IFRS, S. 54.
204 KUSTNER, C., Beteiligungsbewertung im Konzernabschluss, S. 15. Hervorhebung durch den Verfasser.

werte, Schulden, Erträge und Aufwendungen der Konzernobergesellschaft.[205] Der Vollkonsolidierung liegt somit eine **Einzelbewertungsperspektive** zugrunde, d. h. die einzelnen Vermögenswerte und Schulden stellen die maßgebliche Bilanzierungs- bzw. Bewertungseinheit dar und nicht die Beteiligung als Ganzes. Die Erstkonsolidierung eines Tochterunternehmens ist verpflichtend nach der sog. Erwerbsmethode (*acquisition method*) gem. IFRS 3 vorzunehmen, wonach der Beteiligungswert in Höhe des Fair Value der für die erworbenen Anteile hingegebenen Gegenleistung mit den hinter der Beteiligung stehenden, identifizierbaren und zum Zeitpunkt der Beherrschungserlangung ebenfalls zum Fair Value zu bewertenden Vermögenswerten und Schulden zu verrechnen ist.[206] Neben den identifizierbaren Vermögenswerten und Schulden des Tochterunternehmens ist ein aus der Kapitalaufrechnung ggf. entstehender positiver Unterschiedsbetrag in der Konzernbilanz anzusetzen.[207] Für die Folgebilanzierung der auf diese Weise in den Konzernabschluss übernommenen Vermögenswerte und Schulden des Tochterunternehmens sind sodann konzerneinheitliche Bilanzierungsgrundsätze zugrunde zu legen.[208]

Aufgrund des **Einheitsgrundsatzes**, wonach die Vermögens-, Finanz- und Ertragslage des Konzerns so darzustellen ist, als ob es sich dabei um ein einzelnes Unternehmen handelt, sind neben der Kapitalkonsolidierung auch sämtliche Effekte aus **innerkonzernlichen Geschäftsvorfällen** zwischen dem Mutterunternehmen und seinen vollkonsolidierten Tochterunternehmen im Wege der Schuldenkonsolidierung, der Zwischenergebniseliminierung sowie der Aufwands- und Ertragskonsolidierung **vollumfänglich zu eliminieren**.[209]

243. Konzeptionelle Grundlagen der quotalen Konsolidierung gemeinschaftlicher Tätigkeiten

Die **quotale Konsolidierung** von gemeinschaftlichen Tätigkeiten (*joint operations*) gem. IFRS 11 ist konzeptionell und methodisch sehr stark an die Vollkonsolidierung angelehnt. Bei der Bilanzierung des Erwerbs einer *joint operation* sind grundsätzlich die

---

205 Vgl. IFRS 10.19 i. V. m. IFRS 10.B87 f.
206 Vgl. Baetge, J./Kirsch, H.-J./Thiele, S., Konzernbilanzen, S. 231-233.
207 Vgl. hierzu ausführlich Abschnitt 421.421.
208 Vgl. IFRS 10.B87.
209 Vgl. zu den sonstigen Konsolidierungsmaßnahmen ausführlich Abschnitt 423.

für die Vollkonsolidierung maßgeblichen Prinzipien der **Erwerbsmethode** gem. IFRS 3 sowie sonstiger damit zusammenhängender Standards anzuwenden.[210] Abweichend vom Vorgehen bei der Vollkonsolidierung hat die an der gemeinschaftlichen Beherrschung partizipierende Konzernobergesellschaft die Vermögenswerte, Schulden, Aufwendungen und Erträge einer *joint operation* gem. IFRS 11.20 lediglich **quotal**, d. h. **in Höhe des ihr zuzurechnenden Anteils** (*„in relation to its interest in a joint operation"*) im Konzernabschluss zu erfassen.[211] Für die Folgebilanzierung der auf diese Weise im Konzernabschluss erfassten Vermögenswerte, Schulden, Erträge und Aufwendungen sind wiederum die einschlägigen sachverhaltsspezifischen IFRS maßgeblich.[212]

Sofern eine *joint operation* als rechtlich selbständige Einheit strukturiert ist – was im Kontext statusändernder Anteilsveräußerungen stets unterstellt werden kann – ist unter Zugrundelegung einer wirtschaftlichen Betrachtungsweise zunächst zu prüfen, welche Quote für den konzernbilanziellen Einbezug der Vermögenswerte und Schulden der *joint operation* heranzuziehen ist.[213] Neben der **gesellschaftsrechtlichen Beteiligungsquote** kommt hierfür vor allem eine davon ggf. abweichende, vertraglich vereinbarte **Output-Abnahmequote** in Frage.[214] In weiten Teilen des Schrifttums wird indes die Auffassung vertreten, dass eine Bilanzierung nach der Abnahmequote nur dann in Betracht kommt, wenn der Output der *joint operation* auf Basis einer vertraglich fixierten Vereinbarung dauerhaft und weitgehend exklusiv auf die an der *joint operation* beteiligten Gesellschafter verteilt wird und diese gleichzeitig in korrespondierender Höhe für

---

210 Vgl. IFRS 11.21A sowie IFRS 11.B33A. Dies gilt indes explizit nur für Fälle, in denen die *joint operation* die Definition eines Geschäftsbetriebs i. S. d. IFRS 3 erfüllt. Die Prinzipien der Erwerbsmethode sind überdies nur insoweit auf die Bilanzierung des Erwerbs einer *joint operation* anwendbar, als sie den sonstigen Regelungen des IFRS 11 nicht widersprechen. Vgl. IFRS 11.21A.

211 Der Umfang des konzernbilanziellen Einbezugs hängt davon ab, wie die gemeinschaftliche Vereinbarung im Einzelfall strukturiert ist. Demnach sind Vermögenswerte und Schulden (und damit verbundene Erträge und Aufwendungen) anteilig in den Konzernabschluss des gemeinschaftlichen Betreibers einzubeziehen, wenn sie diesem auf Basis der vertraglich vereinbarten Rechte und Verpflichtungen auch nur anteilig zuzurechnen sind. Besitzt eine Partei hingegen die alleinige Verfügungsmacht über einen in die *joint operation* eingebrachten Vermögenswert bzw. hat sie die alleinige Verpflichtung aus einer Schuld, geht der Vermögenswert bzw. die Schuld vollständig in deren Konzernabschluss ein und wird von den anderen beteiligten Parteien nicht bilanziert. Vgl. IFRS 11.B17 f.; KÜTING, K./SEEL, C., Bilanzierung von joint arrangements, S. 349; ZÜLCH, H. U. A., IFRS 11 – Die neuen Regelungen, S. 1820.

212 Vgl. IFRS 11.21.

213 Vgl. IFRS 11.BC38; FREIBERG, J., Abbildung einer joint operation, S. 59.

214 Vgl. IFRS 11.B32 und IFRS 11.IE18; KÜTING, K./SEEL, C., Bilanzierung von joint arrangements, S. 347; BRUNE, J. W., in: Beck IFRS HB, 5. Aufl., § 29, Rn. 39.

die Schulden der Gesellschaft einzustehen haben.[215] Mangels einer diesbezüglichen Konkretisierung seitens des Standardsetters sind bei der Wahl der maßgeblichen Quote stets sämtliche auf der Grundlage einer wirtschaftlichen Betrachtungsweise relevanten Tatsachen und Umstände zu berücksichtigen.[216] In der Mehrzahl der Fälle dürfte es indes in praxi nicht zu einem Auseinanderfallen der gesellschaftsrechtlichen Beteiligungsquote und der vertraglich vereinbarten Abnahmequote kommen.[217] Im weiteren Verlauf der Arbeit wird daher unterstellt, dass sich diese entsprechen bzw. stets die Beteiligungsquote die für die Bilanzierung maßgebliche Quote darstellt.[218]

Wie die Vollkonsolidierung folgt auch die quotale Konsolidierung einer **einzelbewertungsorientierten Konzeption**, wonach das anteilig von der Konzernobergesellschaft kontrollierte und in dessen integrierten Wertschöpfungsprozess eingehende **Ressourcenpotenzial** im Mittelpunkt der Betrachtung steht. Nach Ansicht des Standardsetters hat eine quotale Konsolidierung von *joint operations* gegenüber einer Bilanzierung nach der Equity-Methode den Vorteil, dass durch den separaten Ausweis der einzelnen anteiligen Vermögenswerte, Schulden, Erträge und Aufwendungen die mit der Beteiligung verfolgten **wirtschaftlichen Aktivitäten detaillierter** und damit **aussagefähiger** dargestellt werden können.[219] Im Ergebnis führt der quotale Einbezug somit zu einer **anteili-**

215 Für eine ausführliche Zusammenfassung der diesbezüglichen Diskussion im Schrifttum vgl. GIMPEL-HENNING, N., Sukzessive Anteilserwerbe, S. 164-166. Vgl. hierzu weiterführend WEBER, C.-P. U. A., Abbildung bei divergierenden Quoten, S. 241-248; SEEL, C., Joint Ventures, S. 225-228; FREIBERG, J., Abbildung einer joint operation, S. 61 f.; LÜDENBACH, N./ SCHUBERT, D., Gemeinschaftliche Vereinbarungen, S. 4 f.

216 Vgl. DELOITTE (Hrsg.), iGAAP 2016, S. 2098; GIMPEL-HENNING, N., Sukzessive Anteilserwerbe, S. 166.

217 Vgl. LÜDENBACH, N./SCHUBERT, D., Gemeinschaftliche Vereinbarungen, S. 5; SEEL, C., Joint Ventures, S. 226; FREIBERG, J., Abbildung einer joint operation, S. 62.

218 Eine von der Kapitalanteilsquote abweichende Output-Abnahmequote würde zudem eine gesonderte vertragliche Vereinbarung oder gesellschaftsvertragliche Regelung zur Verteilung des Outputs voraussetzen. Da die Bilanzierung von *joint operations* nach einer von der Kapitalanteilsquote abweichenden Quote nicht in den originären Regelungsbereich von statusändernden Anteilsveräußerungen fällt, sondern vielmehr ein Sonderproblem im Kontext des Regelungsbereichs des IFRS 11 darstellt, wird dieser Fall in der vorliegenden Arbeit nicht weiter behandelt.

219 Vgl. IFRS 11.BC11; IASB (Hrsg.), IFRS 11 Project Summary, S. 14. Die gleichen Argumente werden in der handelsrechtlichen Diskussion zur Vorteilhaftigkeit einer Quotenkonsolidierung von Gemeinschaftsunternehmen im Vergleich zu einer Bilanzierung nach der Equity-Methode genannt. Vgl. SEEL, C., Joint Ventures, S. 324-326.

gen Bilanzierung des operativen Geschäfts der gemeinschaftlichen Tätigkeit im Konzernabschluss.[220]

Mit Blick auf die Konsolidierung **innerkonzernlicher Geschäftsbeziehungen** ist in IFRS 11 lediglich eine **beteiligungsproportionale Zwischenergebniseliminierung** explizit vorgeschrieben.[221] Hinsichtlich des zusätzlichen Erfordernisses einer Schuldenkonsolidierung sowie einer Aufwands- und Ertragskonsolidierung bestehen hingegen **Regelungslücken**.[222] Nach der h. M. ergibt sich die Notwendigkeit einer Schuldenkonsolidierung sowie einer Aufwands- und Ertragskonsolidierung indes bereits implizit aus der Pflicht zur Durchführung einer Zwischenergebniseliminierung.[223] Ferner kann die Notwendigkeit dieser Konsolidierungsmaßnahmen auch mit der dem Konzernabschluss zugrunde liegenden Einheitsfiktion begründet werden.[224] Der für die Quotenkonsolidierung in IAS 31.33 enthaltene generische Verweis auf die Maßgeblichkeit der Grundsätze der Vollkonsolidierung, durch den die Pflicht zur Vornahme einer Schulden- sowie Aufwands- und Ertragskonsolidierung nach der alten Rechtslage noch formalrechtlich begründet werden konnte, wurde mit der Ablösung des IAS 31 durch IFRS 11 zwar gestrichen.[225] Der IASB stellt aber in IFRS 11.BC46 klar, dass er mit der Ablösung von IAS 31 durch IFRS 11 nicht beabsichtigt hat, die Rechnungslegungsmethoden für Transaktionen zwischen einem gemeinschaftlichen Betreiber und seiner gemeinschaftlichen Tätigkeit zu ändern, die gem. IAS 31 mit Blick auf die Quotenkonsolidierung anzuwenden waren. Insofern kann nach der hier vertretenen Auffassung auch bei einer quotalen Bilanzierung nicht auf eine Schuldenkonsolidierung sowie auf eine Aufwands- und Ertragskonsolidierung verzichtet werden.

---

220 Vgl. Eisenschmidt, K./Labrenz, H., Abbildung gemeinschaftlicher Vereinbarungen nach IFRS 11, S. 32.

221 Vgl. IFRS 11.B34-B37; Küting, K./Seel, C., Quotale Einbeziehung nach IFRS 11, S. 594; Zülch, H. u. a., IFRS 11 – Die neuen Regelungen, S. 1820.

222 Vgl. Seel, C., Joint Ventures, S. 232; Höfner, S., Joint Operations nach IFRS 11, S. 68.

223 Vgl. Freiberg, J., Ausstrahlung der (Voll-)Konsolidierungsmethoden, S. 177; Küting, K./Seel, C., Quotale Einbeziehung nach IFRS 11, S. 594; Seel, C., Joint Ventures, S. 232; Höfner, S., Joint Operations nach IFRS 11, S. 68; Weber, C.-P. u. a., Abbildung bei divergierenden Quoten, S. 244; Pellens, B. u. a., Internationale Rechnungslegung, S. 821. Auch nach Ansicht der internationalen Wirtschaftsprüfungsgesellschaft PwC sind grundsätzlich sämtliche *„intra-group balances“* zu eliminieren, auch wenn dies so nicht explizit aus dem Wortlaut des Standards hervorgeht. Vgl. PwC (Hrsg.), Manual of accounting 2015, Rn. 28.89.

224 Vgl. Pellens, B. u. a., Internationale Rechnungslegung, S. 821.

225 Vgl. Freiberg, J., Ausstrahlung der (Voll-)Konsolidierungsmethoden, S. 176 f.

244. Konzeptionelle Grundlagen der Bilanzierung von Gemeinschaftsunternehmen und assoziierten Unternehmen nach der Equity-Methode

Bei Anwendung der Equity-Methode werden – anders als bei der Vollkonsolidierung oder der quotalen Konsolidierung – nicht die (anteiligen) Vermögenswerte, Schulden, Erträge und Aufwendungen des Beteiligungsunternehmens im Konzernabschluss erfasst, sondern lediglich ein **Equity-Beteiligungsbuchwert** ausgewiesen.[226] Nach der Auffassung des Standardsetters kontrolliert ein an einem assoziierten oder Gemeinschaftsunternehmen beteiligtes Unternehmen nicht (gemeinschaftlich) dessen einzelne Vermögenswerte, sondern lediglich das an der Beteiligung gehaltene Anteilspaket.[227] Gleichwohl basiert auch die Equity-Bilanzierung auf einer **beteiligungsproportionalen Kapitalaufrechnung**, bei der die **Anschaffungskosten** der Beteiligung im Zugangszeitpunkt auf die neu zum Fair Value zu bewertenden identifizierbaren Vermögenswerte und Schulden des Gemeinschaftsunternehmens bzw. assoziierten Unternehmens sowie auf einen ggf. verbleibenden positiven Unterschiedsbetrag aufzuteilen sind (sog. *one-line consolidation*).[228] Nach IAS 28.35 muss der Abschluss des *at equity* einzubeziehenden Unternehmens dafür zunächst an die konzerneinheitlichen Bilanzierungs- und Bewertungsmethoden angepasst werden. Für Zwecke der Folgebewertung ist der Beteiligungsbuchwert sodann periodisch um die anteilig auf den Anteilseigner entfallenden Eigenkapitalveränderungen des Beteiligungsunternehmens fortzuschreiben (sog. Equity-Fortschreibung).[229] Hierfür sind in einer **Nebenbuchhaltung** zum einen die im Zugangszeitpunkt aufgedeckten stillen Reserven und Lasten sowie der Goodwill nach Maßgabe der konzerneinheitlichen Bilanzierungsgrundsätze fortzuschreiben.[230] Zum

---

226 Vgl. BAETGE, J./KIRSCH, H.-J./THIELE, S., Konzernbilanzen, S. 361.

227 Vgl. IAS 28.BCZ45; KÜTING, K./SEEL, C., Konvergenz der Equity-Methode, S. 1010.

228 Vgl. IAS 28.32; BAETGE, J./KIRSCH, H.-J./THIELE, S., Konzernbilanzen, S. 379. Für eine ausführliche Darstellung der Equity-Bilanzierung vgl. BAETGE, J./KIRSCH, H.-J./THIELE, S., Konzernbilanzen, S. 351-381; KÜTING, K./WEBER, C.-P., Der Konzernabschluss, S. 577-613.

229 Vgl. BUSSE VON COLBE, W. U. A., Konzernabschlüsse, S. 514 f.; KÜTING, K./WEBER, C.-P., Der Konzernabschluss, S. 577; KLOSE, N.-C., Konzernrechnungslegung nach IFRS, S. 55.

230 Vgl. KÜTING, K./WEBER, C.-P., Der Konzernabschluss, S. 578 f. Der implizit im Beteiligungsbuchwert enthaltene Goodwill unterliegt weder einer planmäßigen Abschreibung, noch ist er separat auf einen außerplanmäßigen Wertminderungsbedarf zu prüfen. Stattdessen ist nach IAS 28.42 die Beteiligung als Ganzes bei Vorliegen von Anzeichen für eine mögliche Wertminderung einem Werthaltigkeitstest nach den Grundsätzen des IAS 36 zu unterziehen.

anderen ist der Beteiligungsbuchwert um den anteilig auf den Anteilseigner entfallenden Periodenerfolg des *at equity* bilanzierten Beteiligungsunternehmens anzupassen.[231]

Die Equity-Methode kann weder als klassische Konsolidierungsmethode noch als reine Bewertungsmethode klassifiziert werden.[232] Vielmehr umfasst sie Elemente beider Einbezugskategorien.[233] Der **Equity-Wertansatz** ist angesichts der an der bilanziellen Reinvermögensänderung des Beteiligungsunternehmens ausgerichteten Folgebewertung keine Marktwertgröße, sondern stellt vielmehr einen **konzernspezifischen Wert** dar. Der dem Konzern zuzurechnende Ergebnisbeitrag des Beteiligungsunternehmens bestimmt sich – ähnlich wie bei der Voll- und der quotalen Konsolidierung und anders als bei der Fair Value-Bewertung einfacher Finanzbeteiligungen – auf der Grundlage einer **Einzelbewertung** der hinter der Beteiligung stehenden Vermögenswerte und Schulden. Dabei stellt nicht die Beteiligung als solche das maßgebliche **Bewertungsobjekt** dar, sondern das dahinterstehende Reinvermögen, auch wenn dieses lediglich indirekt über den Equity-Beteiligungsbuchwert im Konzernabschluss erfasst wird.

Mit Blick auf die bilanzielle Behandlung **innerkonzernlicher Geschäftsvorfälle** schreibt IAS 28 lediglich die beteiligungsproportionale **Eliminierung von Zwischenergebnissen** vor.[234] Auf eine Schuldenkonsolidierung kann demnach verzichtet werden, wenngleich diese aus konzeptioneller Sicht – ungeachtet damit verbundener Praktikabilitätsprobleme – zumindest für echte Aufrechnungsdifferenzen grundsätzlich zu befürworten wäre.[235] Auch eine Aufwands- und Ertragskonsolidierung scheidet methodenbedingt aus, da die Aufwendungen und Erträge von *at equity* bilanzierten Unternehmen

---

231 Vgl. BUSSE VON COLBE, W. U. A., Konzernabschlüsse, S. 514 f. Die Erfassung bzw. der Ausweis der Eigenkapitaländerungen aus der Equity-Fortschreibung im Konzernabschluss erfolgt dabei spiegelbildlich zur Erfolgserfassung auf Ebene des Beteiligungsunternehmens und damit abhängig vom zugrunde liegenden Sachverhalt entweder in der Konzern-GuV, im OCI oder direkt erfolgsneutral im Konzerneigenkapital. Vgl. KÜTING, K./WEBER, C.-P., Der Konzernabschluss, S. 578 f. Um Doppelerfassungen zu vermeiden, ist der Equity-Beteiligungsbuchwert wiederum um die vom Beteiligungsunternehmen empfangenen Ausschüttungen zu korrigieren. Vgl. BAETGE, J./KIRSCH, H.-J./THIELE, S., Konzernbilanzen, S. 362; BUSSE VON COLBE, W. U. A., Konzernabschlüsse, S. 515; KÜTING, K./WEBER, C.-P., Der Konzernabschluss, S. 578.

232 Vgl. EFRAG (Hrsg.), Equity Method, S. 7; SCHMIDT, C., Die equity-Methode, S. 61 und 66; BUSSE VON COLBE, W. U. A., Konzernabschlüsse, S. 517 f.

233 Für eine Auflistung der jeweiligen Regelungen des IAS 28, die für und gegen eine Interpretation der Equity-Methode als eine Sonderform der Konsolidierung sprechen vgl. SCHMIDT, C., Die equity-Methode, S. 62 f.; EFRAG (Hrsg.), Equity Method, S. 8-10.

234 Vgl. hierzu ausführlich Abschnitt 423.22.

235 Vgl. Abschnitt 423.32.

nur in aggregierter Form in einem separaten Posten der Konzern-Gesamtergebnisrechnung ausgewiesen werden.[236]

245. Konzeptionelle Grundlagen der Bewertung einfacher Finanzbeteiligungen zum Fair Value

Für die konzernbilanzielle Abbildung **einfacher Finanzbeteiligungen** sind die allgemeinen Vorschriften zur Bilanzierung von Finanzinstrumenten gem. IFRS 9 maßgeblich. Anteile an einfachen Finanzbeteiligungen sind demnach stets zum **Fair Value** zu bilanzieren, wobei – im Falle einer fehlenden Handelsabsicht – zum Zeitpunkt des Erstansatzes ein einmaliges und unwiderrufliches Wahlrecht besteht, die während der Haltedauer auftretenden Wertschwankungen nicht in der Gewinn- und Verlustrechnung, sondern im *other comprehensive income* (OCI) zu erfassen.[237]

Angesichts der fehlenden Teilhabe der Konzernobergesellschaft an geschäfts- und finanzpolitischen Entscheidungen des Beteiligungsunternehmens und der fehlenden „Durchgriffsmöglichkeit" auf dessen Ressourcen bzw. Verpflichtungen, können diese wirtschaftlich nicht dem Verfügungsbereich des Konzerns zugerechnet werden. Das in die Beteiligung investierte Kapital „arbeitet" vielmehr außerhalb des unmittelbaren Einflussbereichs der Konzernobergesellschaft.[238] Folgerichtig wird im Konzernabschluss lediglich ein **vom bilanziellen Nettovermögen losgelöster Beteiligungswert** erfasst und nicht die hinter der Beteiligung stehenden (anteiligen) Vermögenswerte und Schulden (wie bei der Vollkonsolidierung bzw. bei einem quotalen Einbezug) oder das aggregierte bilanzielle Nettovermögen (wie bei der Equity-Methode).[239] Anders als alle anderen zuvor dargestellten konzernbilanziellen Einbezugsmethoden basiert die Fair Value-Bewertung auf einem **Gesamtbewertungskonzept**, wonach grundsätzlich sämtliche wertrelevanten Eigenschaften des Bewertungsobjekts in die Wertfindung einfließen.[240]

---

236 Vgl. HAYN, B., in: Beck IFRS HB, 5. Aufl., § 36, Rn. 66; PELLENS, B. U. A., Internationale Rechnungslegung, S. 840 f.

237 Dieses Wahlrecht gilt grundsätzlich für sämtliche Investments in Eigenkapitalinstrumente, sofern diese nicht zu Handelszwecken gehalten werden oder auf einen bedingten Kaufpreisbestandteil aus einem Unternehmenszusammenschluss gem. IFRS 3 zurückzuführen sind. Vgl. IFRS 9.5.7.5 i. V. m. IFRS 9.B5.7.1.

238 Vgl. KUSTNER, C., Beteiligungsbewertung im Konzernabschluss, S. 13.

239 Vgl. HACHMEISTER, D., Bewertung von Beteiligungen, S. 226.

240 Vgl. hierzu ausführlich Abschnitt 422.331. Zur Frage des bei der Fair Value-Bewertung von Unternehmensbeteiligungen maßgeblichen Bewertungsobjekts vgl. Abschnitt 422.343.

Im Fair Value der Beteiligung werden folglich auch diejenigen sog. „stillen Werttreiber“ der Beteiligung erfasst, die bei einer Einzelbewertung aus Objektivierungsgründen nicht separat bilanzierungsfähig wären.

Transaktionen bzw. Schuldverhältnisse zwischen der Konzernobergesellschaft und einer einfachen Finanzbeteiligung werden bilanziell so behandelt, als wären sie in vollem Umfang mit einer konzernexternen Partei abgeschlossen worden. Folglich ist in diesem Fall keine Schuldenkonsolidierung, Zwischenergebniseliminierung oder Aufwands- und Ertragskonsolidierung erforderlich.

246. Zwischenfazit

Die Gegenüberstellung der einzelnen konzernbilanziellen Einbezugsmethoden hat gezeigt, dass sich die Vollkonsolidierung, die quotale Konsolidierung und auch die Equity-Bilanzierung darin ähneln, dass sie im Wesentlichen auf den **gleichen Bewertungsprinzipien** bzw. auf den **gleichen Prinzipien der Erfolgserfassung** beruhen. Anders als bei der Fair Value-Bilanzierung basieren diese auf einer **Einzelbewertungskonzeption**, bei der die einzelnen (anteiligen) Vermögenswerte und Schulden des Beteiligungsunternehmens das jeweils maßgebliche Bewertungsobjekt darstellen. Die Fair Value-Bewertung impliziert hingegen eine **Gesamtbewertung** der Beteiligung, im Rahmen derer sämtliche anteilig auf die Beteiligung entfallenden Werttreiber erfasst werden, unabhängig davon, ob diese einzeln identifizierbar und damit separat bilanzierungsfähig sind. Für den sachverhaltsspezifischen Kontext der Bilanzierung statusändernder Anteilsveräußerungen ist diese Erkenntnis insofern bedeutsam, als die **konzeptionelle Ähnlichkeit** der jeweils vor und nach einem Statuswechsel anzuwendenden **Einbezugsmethoden** eine zentrale Voraussetzung für die **periodenübergreifende Vergleichbarkeit** der im Konzernabschluss vermittelten Informationen darstellt.

3 Grundlagen der Bilanzierung von statusändernden Anteilsveräußerungen im IFRS-Konzernabschluss

31 Abgrenzung des Untersuchungsgegenstands von sonstigen Änderungen anteilsbasierter Unternehmensverbindungen

Im Laufe der Konzernzugehörigkeit können sich Beteiligungsverhältnisse auf **vielfältige Weise** ändern. Diese Änderungen erfordern zum Teil komplexe Maßnahmen der Übergangskonsolidierung und wirken sich in der Regel erheblich auf das im Konzernabschluss vermittelte Bild der Vermögens-, Finanz- und Ertragslage des Konzerns aus.[241] Zum einen kann sich die Einflussintensität auf ein Beteiligungsunternehmen dadurch ändern, dass sich die gesellschaftsrechtliche **Anteilsquote im Zeitablauf ändert**.[242] Im Regelfall sind Modifikationen in der Kapitalanteilsquote das Ergebnis von **Anteilstransaktionen**, d. h. dem Zukauf weiterer Anteile an einer zuvor bereits durch die Konzernobergesellschaft unmittelbar oder mittelbar gehaltenen Beteiligung, oder dem teilweisen Verkauf einer Beteiligung.[243] Anteilstransaktionen können grundsätzlich danach unterschieden werden, ob sie in einem Schritt oder sukzessive in mehreren Teilschritten erfolgen.[244] Zum anderen kann sich die Beteiligungsquote auch durch **eigenkapitalverändernde Maßnahmen** des Beteiligungsunternehmens ändern, d. h. durch Kapitalerhöhungen oder Kapitalherabsetzungen, an denen das beteiligte Unternehmen entweder nicht oder aber nicht entsprechend der bisherigen Kapitalanteilsquote, sondern über- oder unterproportional partizipiert.[245]

Wenn sich der Einflussgrad der Konzernobergesellschaft auf ein Beteiligungsunternehmen nicht primär nach der gesellschaftsrechtlichen Beteiligungsquote bestimmt, kann es darüber hinaus aufgrund einer Reihe von **weiteren Gründen** zu einer Änderung des

---

241 Vgl. HERRMANN, D., Änderung von Beteiligungsverhältnissen, S. 8; HERRMANN, D., Probleme der Übergangskonsolidierung, S. 821; KÜTING, K./SEEL, C./STRAUß, M., Änderung der Beteiligungshöhe, S. 175.

242 Vgl. KÜTING, K./SEEL, C./STRAUß, M., Änderung der Beteiligungshöhe, S. 176.

243 Vgl. KÜTING, K./SEEL, C./STRAUß, M., Änderung der Beteiligungshöhe, S. 176; KLOSE, N.-C., Konzernrechnungslegung nach IFRS, S. 150.

244 Vgl. HAYN, B., Konsolidierungstechnik, S. 136 und 349; KÜTING, K./SEEL, C./STRAUß, M., Änderung der Beteiligungshöhe, S. 177 f.

245 Vgl. BAETGE, J., Änderungen bestehender Beteiligungsverhältnisse, S. 533 f.; HERRMANN, D., Änderung von Beteiligungsverhältnissen, S. 6 und 263-270; HAYN, B., Konsolidierungstechnik, S. 406; KÖNIGSMAIER, H., Wechsel der Konsolidierungsart, S. 647; MILLA, A./BUTOLLO, B., Übergangskonsolidierung nach IFRS, S. 81.

Beteiligungsverhältnisses kommen. Je nachdem, welche der in Abschnitt 232. beschriebenen Anwendungsvoraussetzungen für die im Einzelfall anzuwendende Einbezugsmethode ausschlaggebend ist, kann eine Modifikation von Beteiligungsverhältnissen auch durch **gesellschaftsvertragliche oder schuldrechtliche Vereinbarungen** begründet sein.[246] Ferner können **sonstige Tatsachen und Umstände**, wie etwa geänderte Voraussetzungen im Hinblick auf das Bestehen einer dauerhaften faktischen Präsenzmehrheit auf Haupt- oder Gesellschaftsversammlungen, zu einer Änderung von Beteiligungsverhältnissen führen.[247]

Mit Blick auf die bilanzielle Abbildung der Modifikation eines Beteiligungsverhältnisses ist abhängig vom Ausmaß der Wesensänderung der Beteiligungsbeziehung zu differenzieren, ob dadurch auch ein **Wechsel des konzernbilanziellen Beteiligungsstatus** ausgelöst wird oder ob der bisherige Status beizubehalten ist.[248] Sofern sich die Intensität der Einflussnahme lediglich in einem Ausmaß ändert, wonach eine anderweitige Einordnung des Beteiligungsverhältnisses auf der Stufenkonzeption nicht erforderlich ist, liegt eine sog. **(statuswahrende) Anteilsaufstockung bzw. -abstockung** vor.[249] Solche Anteilsaufstockungen bzw. -abstockungen, die nicht mit einer Änderung des Beteiligungsstatus verbunden sind, werden in dieser Arbeit nicht thematisiert.

---

246 Typische Beispiele hierfür sind etwa veränderte Regelungen zu Organbesetzungsrechten, der Abschluss oder die Auflösung eines Beherrschungsvertrags oder geänderte Vereinbarungen über Stimmrechtsbindungen oder -übertragungen. Vgl. KÜTING, K./SEEL, C./STRAUß, M., Änderung der Beteiligungshöhe, S. 176; HAYN, B., in: Beck IFRS HB, 5. Aufl., § 37, Rn. 2; WARMBOLD, S., Endkonsolidierung, S. 145; KLOSE, N.-C., Konzernrechnungslegung nach IFRS, S. 150; MILLA, A./ BUTOLLO, B., Übergangskonsolidierung nach IFRS, S. 81; ZAUNER, J., Übergangs- und Endkonsolidierung, S. 47.

247 Vgl. KÜTING, K./SEEL, C./STRAUß, M., Änderung der Beteiligungshöhe, S. 176 f. Überdies muss die konzernbilanzielle Einstufung einer Beteiligung neu beurteilt werden, wenn die Beteiligung ursprünglich aus Wesentlichkeitsgründen zulässigerweise nicht im Konzernabschluss berücksichtigt wurde und sich die entsprechenden Voraussetzungen hierfür im Verlauf der Konzernzugehörigkeit ändern. Vgl. HAYN, B., in: Beck IFRS HB, 5. Aufl., § 37, Rn. 2. Derartige Fälle sind indes nicht Gegenstand der vorliegenden Untersuchung, da in diesen Fällen keine Übergangskonsolidierung erforderlich ist. Vgl. KLOSE, N.-C., Konzernrechnungslegung nach IFRS, S. 150 f.

248 Vgl. GIMPEL-HENNING, N., Sukzessive Anteilserwerbe, S. 53 f. Im handelsrechtlichen Kontext vgl. HAYN, B., Konsolidierungstechnik, S. 135 und 349; KÜTING, K./HAYN, B., Erst- und Endkonsolidierung, S. 1944 und 1946.

249 Vgl. KÜTING, K./SEEL, C./STRAUß, M., Änderung der Beteiligungshöhe, S. 178; LÜDENBACH, N./ HOFFMANN, W.-D., Übergangskonsolidierung nach ED IFRS 3, S. 1805; OSER, P., Auf- und Abstockung von Mehrheitsbeteiligungen, S. 65 f.; HOEHNE, F., Veräußerung von Anteilen, S. 35; HUSMANN, R./HETTICH, S., Aufkauf von Minderheitsanteilen, S. 150.

Sofern die Modifikation eines Beteiligungsverhältnisses hingegen dazu führt, dass die konstitutiven Tatbestandsvoraussetzungen einer anderen Beteiligungsstufe erstmalig erfüllt werden, kommt es zu einem konzernbilanziellen **Statuswechsel** entweder in der Form eines **Aufwärts-** oder eines **Abwärtswechsels** entlang der Stufenkonzeption.[250] Der Begriff des Statuswechsels bezieht sich auf sämtliche Übergänge zwischen den in der IFRS-Konzernrechnungslegung zu unterscheidenden typisierten **Arten von Beteiligungsbeziehungen**.[251] Ein Statuswechsel liegt somit auch dann vor, wenn sich der Status einer gemeinschaftlichen Vereinbarung innerhalb des Anwendungsbereichs von IFRS 11 bei gleichbleibender Einflussintensität aufgrund einer Modifikation der den gemeinschaftlichen Betreibern zustehenden Rechte und Verpflichtungen in einer Weise ändert, wonach aus einer gemeinschaftlichen Tätigkeit ein Gemeinschaftsunternehmen wird. Da in einem solchen Fall die Statusänderung aber nicht durch eine Anteilsveräußerung, sondern durch eine Modifikation der zwischen den gemeinschaftlichen Betreibern vereinbarten Rechte und Verpflichtungen ausgelöst wird,[252] ist diese Art von Statuswechsel nicht Gegenstand der vorliegenden Untersuchung.

Im Regelfall löst ein Statuswechsel auch die Änderung der maßgeblichen **konzernbilanziellen Einbezugsmethode** aus. Ein solcher Zusammenhang gilt indes nicht für den Übergang von einem Gemeinschaftsunternehmen auf ein assoziiertes Unternehmen und umgekehrt, da für beide Fälle die Equity-Methode gem. IAS 28 die allein zulässige Einbezugsmethode darstellt.[253] Ein Statuswechsel ist daher nicht gleichzusetzen mit dem Wechsel der bilanziellen Einbezugsmethode.[254]

In der nachfolgenden **Übersicht 3-1** wird der Untersuchungsgegenstand der vorliegenden Arbeit zusammenfassend veranschaulicht:

---

250 Vgl. HAYN, B., Konsolidierungstechnik, S. 162-164; KÜTING, K./SEEL, C./STRAUß, M., Änderung der Beteiligungshöhe, S. 176; KÜTING, K./HÖFNER, S., Statuswechsel eines Gemeinschaftsunternehmens zum assoziierten Unternehmen, S. 90; LÜDENBACH, N./HOFFMANN, W.-D., Übergangskonsolidierung nach ED IFRS 3, S. 1805; THEILE, C./PAWELZIK, K. U., in: Heuser/Theile, IFRS-Handbuch, 5. Aufl., D IX, Rn. 6200.

251 Vgl. GIMPEL-HENNING, N., Sukzessive Anteilserwerbe, S. 54 f.

252 Vgl. hierzu auch GIMPEL-HENNING, N., Sukzessive Anteilserwerbe, S. 55 f.

253 Vgl. IAS 28.24 i. V. m. IAS 28.BC30; KÜTING, K./HÖFNER, S., Statuswechsel eines Gemeinschaftsunternehmens zum assoziierten Unternehmen, S. 90; GIMPEL-HENNING, N., Sukzessive Anteilserwerbe, S. 55.

254 Vgl. KÜTING, K./SEEL, C./STRAUß, M., Änderung der Beteiligungshöhe, S. 176; GIMPEL-HENNING, N., Sukzessive Anteilserwerbe, S. 54 f.

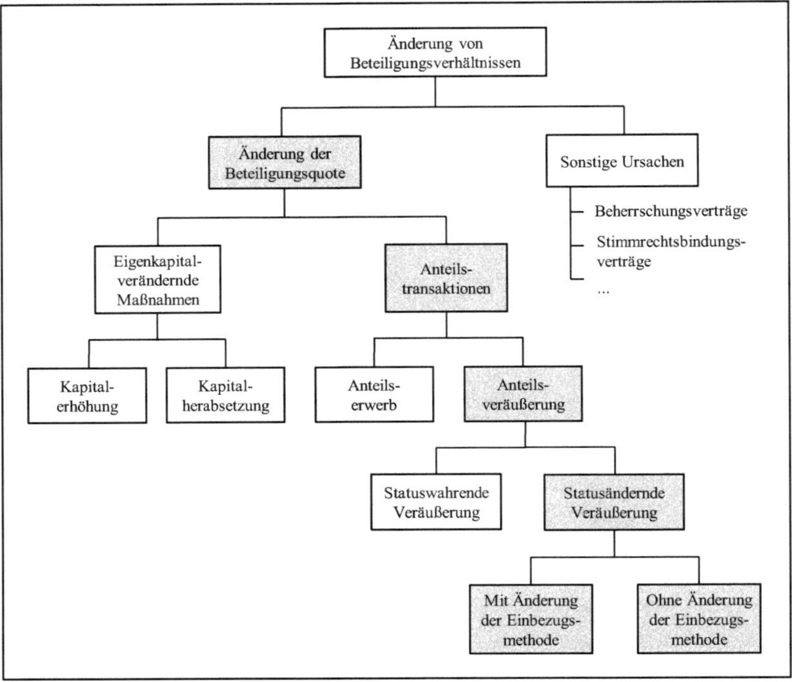

Übersicht 3-1: Einordnung des Untersuchungsgegenstands in das Spektrum möglicher Änderungen anteilsbasierter Unternehmensverbindungen[255]

32 Abgrenzung des Untersuchungsgegenstands vom Anwendungsbereich des IFRS 5

321. Vorbemerkung

Mit IFRS 5 *Non-current assets held for sale and discontinued operations* existiert ein gesonderter Rechnungslegungsstandard für die Bilanzierung von zur Veräußerung vorgesehenen langfristigen Vermögenswerten bzw. Sachgesamtheiten, dessen Regelungsbereich sich u. a. auch auf Unternehmensbeteiligungen erstreckt, die planmäßig veräu-

[255] In Anlehnung an GIMPEL-HENNING, N., Sukzessive Anteilserwerbe, S. 54 f. sowie KLOSE, N.-C., Konzernrechnungslegung nach IFRS, S. 150.

ßert werden sollen.[256] Im Folgenden werden zunächst die Anwendungsvoraussetzungen des IFRS 5 erläutert. Anschließend wird der Regelungsbereich des IFRS 5 vom Untersuchungsgegenstand der vorliegenden Arbeit abgegrenzt und erläutert, welche Auswirkungen sich ggf. aus der Anwendung von IFRS 5 auf die bilanzielle Abbildung einer statusändernden Anteilsveräußerung ergeben können.

322. Ziel und Anwendungsvoraussetzungen des IFRS 5

IFRS 5 enthält gesonderte Bewertungs-, Ausweis- und Angabepflichten für **zur Veräußerung vorgesehene langfristige Vermögenswerte** (*non-current assets*)[257], **Veräußerungsgruppen** (*disposal groups*)[258] und **aufgegebene Geschäftsbereiche** (*discontinued operations*).[259] Für Veräußerungsgruppen sowie für aufgegebene Geschäftsbereiche gelten grundsätzlich die gleichen Rechtsfolgen im Hinblick auf die Bewertung, wohingegen bzgl. der Ausweis- und Angabepflichten für aufgegebene Geschäftsbereiche strengere Anforderungen bestehen. Aufgegebene Geschäftsbereiche, die im Rahmen einer Veräußerung abgehen, stellen eine Sonderform von Veräußerungsgruppen dar.[260] Abhängig davon, ob eine zu veräußernde Unternehmensbeteiligung einen gesonderten

---

256 Die Sonderregelungen des IFRS 5 werden in der Literatur zum Teil stark kritisiert. Dabei wird zum einen die Informationsrelevanz der durch IFRS 5 hervorgerufenen Bilanzierungskonsequenzen in Frage gestellt und zum anderen auf die zahlreichen ungeregelten Anwendungsfragen hingewiesen. Vgl. DOBLER, M./DOBLER, S., Zweifelsfälle S. 353; FREIBERG, J., Anwendungsfragen der Bilanzierung nach IFRS 5, S. 142-145; SCHILDBACH, T., Was leistet IFRS 5?, S. 554-561; ROGLER, S./TETTENBORN, M./STRAUB, S. V., Bilanzierungsprobleme, S. 381-387; GRÜNE, M./BURKARD, W., Konsolidierung aufgegebener Geschäftsbereiche, S. 475.

257 Die Definition von langfristigen Vermögenswerten basiert auf der für das gesamte IFRS-Normensystem allgemein gültigen Negativabgrenzung zu kurzfristigen Vermögenswerten gem. IAS 1.66. Vgl. BÖCKING, H.-J./KIEFER, M., in: Baetge u. a., Rechnungslegung nach IFRS, 2. Aufl., IFRS 5, Rn. 21-25.

258 Der Begriff einer Veräußerungsgruppe wird definiert als eine Gruppe von Vermögenswerten und ggf. direkt damit in Verbindung stehenden Schulden, die gemeinsam in einer einzigen Transaktion veräußert werden sollen. Die Veräußerungsgruppe kann grundsätzlich auch kurzfristige Vermögenswerte enthalten bzw. Vermögenswerte, die einzeln gem. IFRS 5.5 von den spezifischen Bewertungsvorschriften des IFRS 5 ausgeschlossen wären. Vgl. IFRS 5.4 und Appendix A sowie BÖCKING, H.-J./KIEFER, M., in: Baetge u. a., Rechnungslegung nach IFRS, 2. Aufl., IFRS 5, Rn. 26.

259 Ein aufgegebener Geschäftsbereich wird definiert als ein Unternehmensbestandteil, der einen gesonderten wesentlichen Geschäftszweig oder geographischen Geschäftsbereich darstellt und der zum Bilanzstichtag entweder bereits abgegangen ist oder für den der Abgang in Form einer Veräußerung, einer Stilllegung oder einer Verschrottung vorgesehen ist. Ferner sind darunter Tochterunternehmen zu subsumieren, die bereits mit der Absicht der Weiterveräußerung erworben wurden. Vgl. IFRS 5.32 sowie Appendix A; BÖCKING, H.-J./KIEFER, M., in: Baetge u. a., Rechnungslegung nach IFRS, 2. Aufl., IFRS 5, Rn. 49-53; SCHOLVIN, P./RAMSCHEID, M., in: Beck IFRS HB, 5. Aufl., § 28, Rn. 22-24.

260 Vgl. POERSCHKE, K., Bilanzierung von zur Veräußerung gehaltenem Vermögen, S. 8; ERNST & YOUNG (Hrsg.), International GAAP 2016, S. 165.

wesentlichen Geschäftszweig oder geographischen Geschäftsbereich des Konzerns darstellt, ist sie demnach entweder als aufgegebener Geschäftsbereich oder aber als bloße Veräußerungsgruppe zu klassifizieren.

Ziel von IFRS 5 ist es, den Abschlussadressaten Informationen über **geplante wesentliche Veränderungen** in der Unternehmens- bzw. Konzernstruktur und damit der Geschäftstätigkeit des Unternehmens bzw. Konzerns zu vermitteln.[261] Durch eine modifizierte Bewertung, einen separaten bilanziellen Ausweis sowie durch zusätzliche Angabepflichten sollen die Abschlussadressaten in die Lage versetzt werden, die künftig zu veräußernden bzw. aufzugebenden von den fortzuführenden Geschäftstätigkeiten zu unterscheiden und dadurch die **Auswirkungen** des geplanten Abgangs auf die **Vermögens-, Finanz- und Ertragslage** des bilanzierenden Unternehmens bzw. Konzerns einzuschätzen.[262]

Nach IFRS 5.6 fällt ein langfristiger Vermögenswert bzw. eine Veräußerungsgruppe dann in den **Anwendungsbereich** des IFRS 5, wenn der zugehörige Buchwert der betroffenen Posten bzw. die damit zusammenhängenden künftig zu erwartenden **Zahlungsströme** nicht mehr überwiegend aus der fortgesetzten Nutzung, sondern durch ein zeitnahes **Veräußerungsgeschäft** generiert werden sollen. Voraussetzungen hierfür sind nach IFRS 5.7, dass der Vermögenswert bzw. die Veräußerungsgruppe einerseits **im gegenwärtigen Zustand** zu dafür **üblichen Konditionen unmittelbar veräußerbar** ist und zudem eine Veräußerung **höchstwahrscheinlich** ist. Um bilanzpolitische Spielräume zu begrenzen, gibt IFRS 5.8 im Hinblick auf das Wahrscheinlichkeitserfordernis eine Reihe von **objektivierenden Kriterien** vor. Demnach ist eine Veräußerung nur dann als „höchstwahrscheinlich" einzustufen, wenn die folgenden Bedingungen kumulativ erfüllt sind:[263]

- Das zuständige Management hat einen **Veräußerungsplan** verabschiedet und diesen (zumindest intern) nachvollziehbar dokumentiert,

---

261 Vgl. IFRS 5.30.

262 Vgl. IFRS 5.30 i. V. m. IFRS 5.BC62; SCHOLVIN, P./RAMSCHEID, M., in: Beck IFRS HB, 5. Aufl., § 28, Rn. 2; BÖCKING, H.-J./KIEFER, M., in: Baetge u. a., Rechnungslegung nach IFRS, 2. Aufl., IFRS 5, Rn. 1-2.

263 Vgl. IFRS 5.8; POERSCHKE, K., Bilanzierung von zur Veräußerung gehaltenem Vermögen, S. 64.

- mit der aktiven **Suche nach einem potenziellen Käufer** bzw. mit der **Durchführung des Veräußerungsplans** wurde bereits begonnen,
- der langfristige Vermögenswert bzw. die Veräußerungsgruppe wird zu einem **realistischen Marktpreis** angeboten, der in einem angemessenen Verhältnis zum Fair Value des langfristigen Vermögenswerts oder der gesamten Veräußerungsgruppe steht,
- die Veräußerung wird aller Voraussicht nach innerhalb einer **Frist von 12 Monaten** ab dem Zeitpunkt der Umklassifizierung in den Anwendungsbereich des IFRS 5 abgewickelt[264] und
- eine nachträgliche wesentliche **Änderung oder Einstellung** des Veräußerungsplans wird vom Management grundsätzlich als **unwahrscheinlich** eingestuft.[265]

Während IFRS 5 an die **Veräußerungsabsicht** anknüpft und damit bereits für die Bilanzierung einer planmäßig zu veräußernden Unternehmensbeteiligung vor dem Zeitpunkt des Statuswechsels maßgeblich ist, erfolgt die eigentliche Übergangskonsolidierung der im Konzern zurückbehaltenen Restbeteiligung erst zum Zeitpunkt der tatsächlichen Veräußerung.[266] Hinsichtlich der Anwendung des IFRS 5 im Kontext einer **teilweisen Veräußerung** von Anteilen an Beteiligungsunternehmen wirkt vor allem IFRS 5.6 einschränkend, wonach eine Klassifizierung als „zur Veräußerung gehalten" nur dann in Betracht kommt, wenn der **Buchwert** der zu veräußernden Posten **überwiegend durch ein Veräußerungsgeschäft** und nicht durch die fortgesetzte Nutzung **realisiert** wird.[267] Selbst für den Fall, dass eine Anteilsveräußerung voraussichtlich einen bilanziellen Statuswechsel der zurückbehaltenen Restbeteiligung nach sich zieht, ist

---

264 Eine Überschreitung dieser Frist ist in Ausnahmefällen unschädlich, wenn die Verzögerung auf Ereignisse oder Umstände zurückzuführen ist, die nicht im Verantwortungsbereich des bilanzierenden Unternehmens liegen. Vgl. IFRS 5.9.

265 Für eine ausführliche Diskussion und weitere Konkretisierung der Kriterien gem. IFRS 5.7 f. vgl. POERSCHKE, K., Bilanzierung von zur Veräußerung gehaltenem Vermögen, S. 69-74; BÖCKING, H.-J./KIEFER, M., in: Baetge u. a., Rechnungslegung nach IFRS, 2. Aufl., IFRS 5, Rn. 31-39; SCHOLVIN, P./RAMSCHEID, M., in: Beck IFRS HB, 5. Aufl., § 28, Rn. 30-37; LEIPPE, B., in: Heuser/Theile, IFRS-Handbuch, 5. Aufl., C XVIII, Rn. 4231-4236.

266 Vgl. HOEHNE, F., Veräußerung von Anteilen, S. 64 f.

267 Vgl. BÖCKING, H.-J./KIEFER, M., in: Baetge u. a., Rechnungslegung nach IFRS, 2. Aufl., IFRS 5, Rn. 44; PWC (Hrsg.), Manual of accounting 2015, Rn. 26.188.5.3.

IFRS 5 folglich nur in solchen Fällen anzuwenden, in denen durch die Veräußerungstransaktion ein **Großteil** des gesamten Beteiligungsrestwerts erlöst wird.

323. Auswirkungen von IFRS 5 auf die Bilanzierung von statusändernden Anteilsveräußerungen

Soweit die Anwendungsvoraussetzungen gem. IFRS 5.6-8 kumulativ erfüllt sind, sind langfristige Vermögenswerte bzw. Veräußerungsgruppen ab dem Zeitpunkt der Umklassifizierung als „zur Veräußerung gehalten" grundsätzlich mit dem **niedrigeren Wert** aus Buchwert und beizulegendem Zeitwert abzüglich Veräußerungskosten zu bewerten.[268] Die auf diese Weise imparitätisch ermittelten Wertminderungsaufwendungen sind gem. IFRS 5.20 ergebniswirksam in der Gewinn- und Verlustrechnung zu erfassen. Zudem sind planmäßige Abschreibungen gem. IFRS 5.25 ab dem Zeitpunkt der Umklassifizierung vollständig zu beenden.

Hinsichtlich der Auswirkungen des IFRS 5 auf die Bilanzierung einer statusändernden Anteilsveräußerung ist zunächst zu klären, ob bei Vorliegen der Voraussetzungen gem. IFRS 5.6-8 die **gesamte Beteiligung** bis zum Zeitpunkt der tatsächlichen Veräußerung nach IFRS 5 zu bilanzieren ist, oder nur der **zu veräußernde Teil der Beteiligung**. In Bezug auf die geplante Veräußerung von Anteilen an einem **Tochterunternehmen** stellt IFRS 5.8A zunächst klar, dass IFRS 5 nur anzuwenden ist, falls die geplante Anteilsveräußerung zu einem **Verlust der Beherrschungsmöglichkeit** und damit zu einem **Statuswechsel** führen würde. Dabei sind **sämtliche Vermögenswerte bzw. Schulden** des Tochterunternehmens **vollständig** und nicht etwa nur anteilig in Höhe der geplanten Veräußerungsquote nach den Vorschriften des IFRS 5 zu bilanzieren, unabhängig davon, ob und in welcher Höhe nach der statusändernden Anteilsveräußerung erwartungsgemäß eine Restbeteiligung im Konzern zurückbleibt.[269] Somit kommt es bis zum Veräußerungszeitpunkt nicht zu einer differenzierten Bilanzierung des zu veräußernden und des fortzuführenden Teils der Geschäftsaktivitäten.

---

268 Vgl. IFRS 5.15.

269 Vgl. IFRS 5.8A; POERSCHKE, K., Bilanzierung von zur Veräußerung gehaltenem Vermögen, S. 85; MILLA, A./BUTOLLO, B., Sonderfälle der Übergangskonsolidierung, S. 178; SCHOLVIN, P./ RAMSCHEID, M., in: Beck IFRS HB, 5. Aufl., § 28, Rn. 108. Die Vermögenswerte sind gem. IFRS 5.38 zusammengefasst in einem gesonderten Bilanzposten auf der Aktivseite der Bilanz und die Schulden in einem separaten Posten auf der Passivseite auszuweisen. Vgl. HAYN, B., in: Beck IFRS HB, 5. Aufl., § 37, Rn. 74.

In Bezug auf die geplante Veräußerung von Anteilen an einem *at equity* bilanzierten **Gemeinschaftsunternehmen** oder **assoziierten Unternehmen** grenzt IAS 28.20 den Anwendungsbereich des IFRS 5 – anders als im Fall der teilweisen Veräußerung von Anteilen an einem Tochterunternehmen – dahingehend ein, dass ausschließlich die **zu veräußernden Anteile** nach den Vorschriften des IFRS 5 zu bewerten sind. Somit ist nur für die zu veräußernden Anteile die Anwendung der Equity-Methode einzustellen. Diese sind sodann mit dem niedrigeren Wert aus dem anteiligen Buchwert der Equity-Beteiligung unmittelbar vor der Umklassifizierung und dem beizulegendem Zeitwert abzüglich etwaiger Veräußerungskosten zu bewerten.[270] Dies gilt gem. IFRS 5.21 auch dann, wenn die geplante teilweise Anteilsveräußerung voraussichtlich nicht zu einem Statuswechsel führt. Die voraussichtlich im Konzern **verbleibenden Anteile** sind unabhängig von der Höhe der zurückbehaltenen Beteiligung weiterhin anteilig nach der Equity-Methode zu bilanzieren, bis die zur Veräußerung gehaltenen Anteile tatsächlich veräußert werden und dadurch die gemeinschaftliche Beherrschung bzw. der maßgebliche Einfluss verloren geht.[271]

Für die bilanzielle Behandlung von **gemeinschaftlichen Tätigkeiten** (*joint operations*), die i. S. d. IFRS 5 als „zur Veräußerung gehalten" klassifiziert werden, finden sich im IFRS-Regelwerk nur wenige unpräzise Hinweise. Lediglich in den nicht in EU-Recht übernommenen *basis for conclusions* zu IFRS 11 regelt der Standardsetter ganz allgemein, dass eine Partei, die eine gem. IFRS 5 zur Veräußerung gehaltene *joint operation* gemeinschaftlich beherrscht, **den von ihr gehaltenen Anteil** an dieser *joint operation* als zur Veräußerung gehalten zu klassifizieren und nach den Vorschriften des IFRS 5 zu bilanzieren hat.[272] Für den Fall, dass nur ein Teil der an der *joint operation* gehaltenen Anteile veräußert werden soll, ist hingegen ungeregelt, ob nur der planmäßig zu veräußernde Teil oder aber die gesamte Beteiligung nach IFRS 5 zu bilanzieren ist. Die

---

270 Vgl. IFRS 5.15 i. V. m. IFRS 5.18 sowie BAETGE, J./KLAHOLZ, T./GRAUPE, F., in: Baetge u. a., Rechnungslegung nach IFRS, 2. Aufl., IAS 28, Rn. 44.

271 Vgl. IAS 28.20; BAETGE, J./KLAHOLZ, T./GRAUPE, F., in: Baetge u. a., Rechnungslegung nach IFRS, 2. Aufl., IAS 28, Rn. 43-44a; SCHOLVIN, P./RAMSCHEID, M., in: Beck IFRS HB, 5. Aufl., § 28, Rn. 113; HAYN, B., in: Beck IFRS HB, 5. Aufl., § 36, Rn. 119; ERNST & YOUNG (Hrsg.), International GAAP 2016, S. 156.

272 Im Original äußert sich der IASB hierzu in IFRS 11.BC51 wie folgt: „*The Board decided that a joint operator should account for* ***an interest in a joint operation that is classified as held for sale*** *in accordance with IFRS 5 Non-current Assets Held for Sale and Discontinued Operations.*" Hervorhebung durch den Verfasser.

Wirtschaftsprüfungsgesellschaft ERNST & YOUNG spricht sich in diesem Kontext dafür aus, nur den zu veräußernden Teil der Beteiligung nach IFRS 5 zu bilanzieren und die zurückbehaltenen Anteile bzw. die darauf entfallenden Vermögenswerte und Schulden analog zu den Regelungen des IAS 28.20 weiterhin anteilig in den Konzernabschluss einzubeziehen.[273]

Nach der hier vertretenen Auffassung kann diesem Vorschlag zugestimmt werden, weil die Vermögenswerte und Schulden einer quotal bilanzierten Beteiligung ohnehin nur anteilig in den Konzernabschluss einbezogen werden. Anders als bei der Vollkonsolidierung, bei der die Vermögenswerte und Schulden eines Tochterunternehmens unabhängig von der Beteiligungsquote stets in voller Höhe im Konzernabschluss zu erfassen sind, wäre eine getrennte Bilanzierung des zu veräußernden und des fortzuführenden Teils einer quotal konsolidierten Beteiligung – ähnlich wie bei einer Bilanzierung nach der Equity-Methode – mit den konzeptionellen Merkmalen der anzuwendenden Einbezugsmethode grundsätzlich vereinbar. Vor allem mit Blick auf das Ziel des IFRS 5, die Auswirkungen der geplanten Veräußerung auf die wirtschaftliche Lage des Konzerns kenntlich zu machen, sollten daher nur die planmäßig zu veräußernden Anteile an einer *joint operation* nach den Vorschriften des IFRS 5 bilanziert werden.[274]

Zusammenfassend ist festzuhalten, dass abhängig von Art der betroffenen Unternehmensbeteiligung entweder nur die erwartungsgemäß zu veräußernden Anteile (bei *at equity* bilanzierten Gemeinschafts- und assoziierten Unternehmen sowie nach der hier vertretenen Auffassung auch bei quotal konsolidierten gemeinschaftlichen Tätigkeiten) oder aber die gesamte Beteiligung (bei vollkonsolidierten Tochterunternehmen) vor der eigentlichen Anteilsveräußerung nach den Vorschriften des IFRS 5 zu bilanzieren.

In der folgenden **Übersicht 3-2** wird der Anwendungsbereich von IFRS 5 im Kontext von erwarteten statusändernden Anteilsveräußerungen für die verschiedenen Arten von anteilsbasierten Unternehmensverbindungen[275] zusammenfassend veranschaulicht:

---

273 Vgl. ERNST & YOUNG (Hrsg.), International GAAP 2016, S. 848.

274 Auf eine weitergehende Analyse dieses Bilanzierungsproblems wird an dieser Stelle verzichtet, da weder die Vorschriften des IFRS 11 noch die des IFRS 5 den Kern der Untersuchung bilden.

275 Einfache Finanzbeteiligungen bleiben dabei unberücksichtigt, da diese gem. IFRS 5.5 (c) grundsätzlich vom Anwendungsbereich des IFRS 5 ausgeschlossen sind. Vgl. FREIBERG, J., Anwendungsfragen der Bilanzierung nach IFRS 5, S. 143.

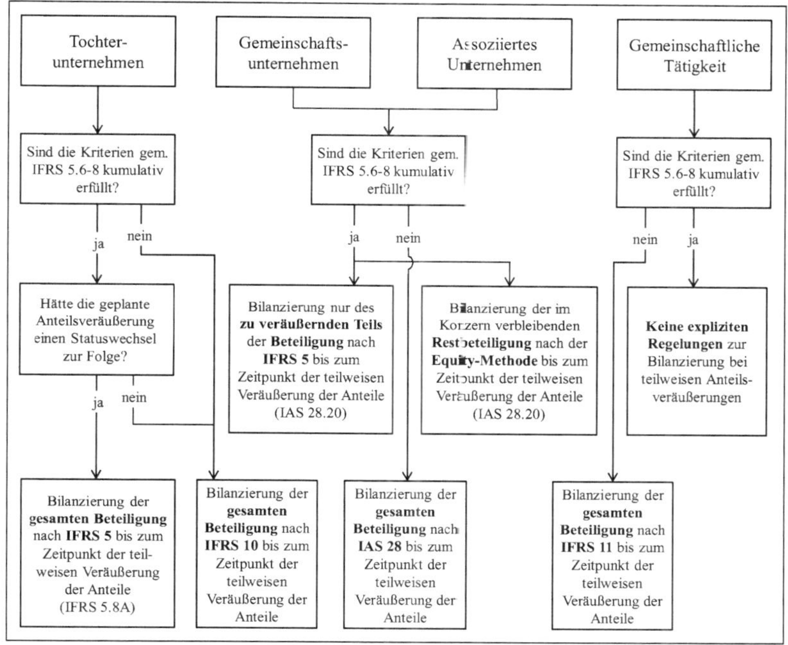

Übersicht 3-2: Anwendungsbereich des IFRS 5 bei geplanter Veräußerung von Unternehmensanteilen[276]

Hinsichtlich des **buchungstechnischen Vorgehens** bei der **Übergangskonsolidierung** der im Konzern zurückbehaltenen Restbeteiligung macht es dabei aber **keinen Unterschied**, ob diese unmittelbar vor dem Statuswechsel nach einer regulären Konsolidierungsmethode in den Konzernabschluss einbezogen wurde oder aber – im Falle eines Statuswechsels ausgehend von einem Tochterunternehmen – zusammen mit den zu veräußernden Anteilen nach IFRS 5 bilanziert wurde.[277] In beiden Fällen ist das auf die Restbeteiligung entfallende Nettovermögen zu Buchwerten auszubuchen und anschließend nach Maßgabe der jeweiligen fallspezifischen Übergangskonsolidierungsvorschriften neu in den Konzernabschluss einzubeziehen.[278] Eine Bilanzierung nach IFRS 5

---

276 Eigene Darstellung.

277 Vgl. HAYN, B., in: Beck IFRS HB, 5. Aufl., § 37, Rn. 76 und 78.

278 Vgl. hierzu ausführlich die einzelfallspezifischen Erläuterungen in Kapitel 5. Ferner können sich durch die imparitätische Bewertung gem. IFRS 5 u. U. Auswirkungen auf die Konsolidierung von

würde sich letztlich allein auf den im Konzernabschluss zu erfassenden **Erfolgsbeitrag** aus der **Endkonsolidierung** der veräußerten Anteile bzw. aus der **Übergangskonsolidierung** der im Konzern verbleibenden Anteile auswirken.[279] Aus diesem Grund sowie aufgrund der ohnehin sehr restriktiven Anwendungsvoraussetzungen dieses Standards wird im weiteren Verlauf der Arbeit auf eine gesonderte Berücksichtigung von Anwendungsfällen des IFRS 5 verzichtet.

33 Grundlegende Systematik und Zwecke der End- und Übergangskonsolidierung bei statusändernden Anteilsveräußerungen

331. Vorbemerkung

Sofern sich infolge einer teilweisen Anteilsveräußerung der konzernbilanzielle Status einer Beteiligungsbeziehung ändert, ist dies im Wege der **End- und Übergangskonsolidierung** im Konzernabschluss abzubilden. Der Begriff der Übergangskonsolidierung[280] bezieht sich im hier betrachteten Kontext einer statusändernden Anteilsveräußerung ausschließlich auf die bilanzielle Behandlung der nach dem Statuswechsel anteilig zurückbehaltenen Restbeteiligung.[281] Die Ausbuchung der veräußerten Anteile wird

---

Geschäftsvorfällen zwischen der nach IFRS 5 zu bilanzierenden Unternehmensbeteiligung und sonstigen fortgeführten Unternehmensbereichen ergeben, die den Gesamterfolg aus der End- und Übergangskonsolidierung zusätzlich beeinflussen.

279 Zur Ermittlung des End- und Übergangskonsolidierungserfolgs bei einem Statuswechsel ausgehend von einem Tochterunternehmen vgl. Abschnitt 421.7.

280 In der Literatur wird der Begriff der Übergangskonsolidierung uneinheitlich verwendet. So wird von Teilen des Schrifttums nur im Falle eines Wechsels der Einbezugsmethode von einer Übergangskonsolidierung gesprochen. Vgl. etwa HAYN, B., Konsolidierungstechnik, S. 164; KÜTING, K./SEEL, C./STRAUß, M., Änderung der Beteiligungshöhe, S. 182; WARMBOLD, S., Endkonsolidierung, S. 143; PFAFF, D./GANSKE, T., Ent- und Übergangskonsolidierung, Sp. 654. Nach einer inhaltlich weiter gefassten Begriffsauslegung – der in dieser Arbeit gefolgt wird – fallen darunter auch solche Fälle, in denen eine Änderung der Beteiligungshöhe nicht zwingend mit einer Änderung der anzuwendenden Bilanzierungsmethode einhergeht. Vgl. BAETGE, J., Änderungen bestehender Beteiligungsverhältnisse, S. 542; HOEHNE, F., Veräußerung von Anteilen, S. 35; WATRIN, C./HOEHNE, F./RIEGER, S., Übergangskonsolidierung nach IAS 27, S. 306; MILLA, A./BUTOLLO, B., Übergangskonsolidierung nach IFRS, S. 81; ZAUNER, J., Übergangs- und Endkonsolidierung, S. 6.

281 Obwohl die Bewertung einfacher Beteiligungen zum Fair Value keine Konsolidierungsmethode, sondern eine bloße Bewertungsmethode darstellt, wird ein Übergang von einer intensiveren Beteiligungsform auf die Stufe einer einfachen Finanzbeteiligung in der Literatur regelmäßig ebenfalls unter den Begriff der Übergangskonsolidierung subsumiert, wenn auch oft ergänzt um den Zusatz „im weiteren Sinne". Vgl. KÜTING, K./SEEL, C./STRAUß, M., Änderung der Beteiligungshöhe, S. 182; HAYN, B., in: Beck IFRS HB, 5. Aufl., § 37, Rn. 1; WATRIN, C./HOEHNE, F./RIEGER, S., Übergangskonsolidierung nach IAS 27, S. 305. Dem wird im weiteren Verlauf der Arbeit gefolgt, wobei nicht zwischen einer Übergangskonsolidierung i. e. S. und i. w. S. differenziert wird.

hingegen als **Endkonsolidierung** bezeichnet.[282] Bevor in Kapitel 4 die einzelnen Schritte der End- bzw. Übergangskonsolidierung unter Berücksichtigung der fallspezifischen Besonderheiten im Detail analysiert werden, wird zunächst die dahinterstehende grundlegende **Systematik** erläutert. Daran anschließend werden die wesentlichen **Zwecke der End- und Übergangskonsolidierung** definiert. Das dabei identifizierte **Informationsziel der Übergangskonsolidierung** stellt eine zentrale Würdigungsgrundlage für die konzeptionelle Beurteilung der derzeit geltenden Übergangskonsolidierungsvorschriften dar und dient andererseits auch als Maßstab für die darauffolgende Entwicklung eines alternativen Bilanzierungsvorschlags.

332. Grundlegende Systematik der Endkonsolidierung der veräußerten Anteile

Sofern eine Beteiligung infolge einer statusändernden Anteilsveräußerung anteilig aus dem Konsolidierungskreis ausscheidet, ist abhängig von der bis dahin maßgeblichen Einbezugsmethode entweder ihr Beteiligungsbuchwert oder aber das auf die ausscheidenden Anteile entfallende Nettovermögen zu methodenspezifisch fortgeführten Konzernbuchwerten aus dem Konzernabschluss auszubuchen.[283] Durch die **Endkonsolidierung**[284] wird das **gesamte konzerninterne Leistungsgeflecht** zwischen den abgehenden Anteilen und dem restlichen Konzernverbund zum Zeitpunkt der Anteilsveräußerung vollständig neutralisiert.[285] Neben der Beendigung der Kapitalverflechtungen sind

---

[282] Zum Begriff der Endkonsolidierung vgl. auch BAETGE, J./HERRMANN, D., Probleme der Endkonsolidierung, S. 225; WARMBOLD, S., Endkonsolidierung, S. 139 f.; ZORN, T., Endkonsolidierung, S. 20 f.; HOEHNE, F., Veräußerung von Anteilen, S. 33 f.

[283] Vgl. HAYN, B., Konsolidierungstechnik, S. 374; HOEHNE, F., Veräußerung von Anteilen, S. 165.

[284] Im Schrifttum wird hierfür vielfach auch der Terminus „**Ent**konsolidierung" verwendet. Vgl. ELKART, W./HUNDT, K.-H./MÜLLER, K., Probleme der Entkonsolidierung S. 53; BUSSE VON COLBE, W. U. A., Konzernabschlüsse, S. 267; EBELING, R. M., Einheitsfiktion, S. 259. Während der Begriff „Entkonsolidierung" primär auf die **Ent**flechtung bzw. **Ent**nahme der Anteile bzw. der dahinterstehenden Vermögenswerte und Schulden aus dem Konzernabschluss hindeutet, macht der Begriff „**End**konsolidierung" kenntlich, dass es sich dabei um eine **Beendigung** des konzernbilanziellen Einbezugs inkl. der Beendigung sämtlicher sonstiger Konsolidierungsmaßnahmen handelt. Daher wird in der vorliegenden Untersuchung der inhaltlich umfassendere Begriff der „Endkonsolidierung" verwendet. Vgl. hierzu mit gleicher Begründung auch HAYN, B., Konsolidierungstechnik, S. 221 f., Fn. 633 f.

[285] Vgl. ZORN, T., Endkonsolidierung, S. 86 f.; WATRIN, C./HOEHNE, F., Endkonsolidierung von Tochterunternehmen, S. 697. Sofern der Statuswechsel unterjährig erfolgt und nicht mit dem Konzernabschlussstichtag zusammenfällt, muss zum Zeitpunkt der statusändernden Anteilstransaktion somit ein gesonderter Zwischenabschluss aufgestellt werden. Vgl. KÜTING, K./WEBER, C.-P./WIRTH, J., Bilanzierung von Anteilsverkäufen, S. 877. WATRIN, C./HOEHNE, F., Endkonsolidierung von Tochterunternehmen, S. 696. Nur auf diese Weise gelingt die mit Blick auf den Zweck der Endkonsoli-

bei einem abwärtsgerichteten Statuswechsel folglich auch die bis zum Zeitpunkt der Veräußerung ggf. vorgenommenen **sonstigen Konsolidierungsmaßnahmen**, d. h. die Zwischenergebniseliminierung, die Schuldenkonsolidierung sowie die Aufwands- und Ertragskonsolidierung, anteilig zu beenden.[286]. Im Gegenzug zur Ausbuchung der ausscheidenden Anteile bzw. des dahinterstehenden Nettovermögens ist der dafür erzielte Veräußerungserlös im Konzernabschluss zu erfassen. Die Differenz zwischen dem Veräußerungserlös und dem zu fortgeführten Konzernbuchwerten auszubuchenden **Abgangswert** der anteilig veräußerten Beteiligung ist als **Endkonsolidierungserfolg** zu erfassen.[287]

333. Grundlegende Systematik der Übergangskonsolidierung der zurückbehaltenen Anteile

Neben den veräußerten Anteilen müssen auch die nach dem Statuswechsel im Konzern **verbleibenden Anteile** bzw. die darauf entfallenden Vermögenswerte und Schulden zunächst in einem **ersten Schritt** gemäß der bis zum Statuswechsel gültigen Konsolidierungs- bzw. Bewertungsmethode aus dem Konzernabschluss **herausgerechnet** werden (sog. **Entflechtung** der zurückbehaltenen Anteile), bevor sie anschließend nach der infolge des Statuswechsels geänderten Konsolidierungs- bzw. Bewertungsmethode folgebilanziert werden.[288] Der sog. **Entflechtungswert** der zurückbehaltenen Anteile entspricht – ebenso wie der **Abgangswert** der veräußerten Anteile – entweder dem Saldo des anteilig hinter der Restbeteiligung stehenden konzernbilanziellen Nettovermögens (bei vorheriger Vollkonsolidierung oder quotaler Konsolidierung) oder aber dem Equi-

---

dierung anzustrebende korrekte Abgrenzung der vor dem Statuswechsel mit der Beteiligungsbeziehung erwirtschafteten Erfolgsbeiträge und des aus der Anteilsveräußerung entstehenden Endkonsolidierungserfolgs.

286 WARMBOLD, S., Endkonsolidierung, S. 139; HERRMANN, D., Änderung von Beteiligungsverhältnissen, S. 227-230; HAYN, B., Konsolidierungstechnik, S. 221 f.; HOEHNE, F., Veräußerung von Anteilen, S. 35. Die Erfolgsbeiträge aus der Beendigung der sonstigen Konsolidierungsmaßnahmen sind dabei je nach ihrer Art und Entstehungsursache entweder dem End- bzw. Übergangskonsolidierungserfolg oder aber den sachverhaltsspezifischen Erfolgspositionen des gewöhnlichen Betriebsergebnisses zuzurechnen. Vgl. HOEHNE, F., Veräußerung von Anteilen, S. 131-134 und 136-140.

287 Vgl. KÜTING, K./SEEL, C./STRAUß, M., Änderung der Beteiligungshöhe, S. 181; ORDELHEIDE, D., Endkonsolidierung, S. 766-772; ORDELHEIDE, D., Anschaffungskostenprinzip im Rahmen der Erstkonsolidierung, S. 493-499.

288 Vgl. BAETGE, J./KIRSCH, H.-J./THIELE, S., Konzernbilanzen, S. 34 f.; HERRMANN, D., Änderung von Beteiligungsverhältnissen, S. 121 und 135-138; HAYN, B., Konsolidierungstechnik, S. 372; KÜTING, K./HAYN, B., Erst- und Endkonsolidierung, S. 1947 f.; KLOSE, N.-C., Konzernrechnungslegung nach IFRS, S. 153.

ty-Wertansatz der Beteiligung (bei vorherigem Einbezug nach der Equity-Methode).[289] Maßgeblich für die Bestimmung des Entflechtungswerts sind insofern stets die bis zum Zeitpunkt der Übergangskonsolidierung fortgeführten Konzernbuchwerte.[290]

In einem **zweiten Schritt** sind die entflochtenen Anteile sodann auf Basis der nach dem Statuswechsel einschlägigen Konsolidierungs- bzw. Bewertungsmethode **neu in den Konzernabschluss einzubeziehen**.[291] Sofern die Restbeteiligung nach dem Statuswechsel quotal oder *at equity* zu bilanzieren ist, muss diese durch eine erneute Aufrechnung des Wertansatzes der Beteiligung gegen das dahinterstehende anteilige Nettovermögen neu konsolidiert werden.[292] Bei einem Übergang auf eine einfache Finanzbeteiligung ist hingegen lediglich die Restbeteiligung als solche neu einzubuchen.[293] Da der Erwerbszeitpunkt des im Konzern zurückbehaltenen Anteilspakets in der Regel bereits längere Zeit zurück liegt und somit für dessen konzernbilanziellen Wertansatz unmittelbar nach dem Statuswechsel nicht auf einen aktuellen Transaktionspreis zurückgegriffen werden kann, muss zum Zeitpunkt des Statuswechsels ein **fiktiver Zugangswert** für die Restbeteiligung bestimmt werden.[294] Abhängig von der Art des Statuswechsels ist hierfür entweder der auf Buchwertbasis ermittelte **Entflechtungswert** oder aber der zum Zeitpunkt der Übergangskonsolidierung neu ermittelte **Fair Value** der verbleibenden Anteile heranzuziehen.[295] Im Fall einer Neubewertung der Restbeteiligung zum Fair Value ist eine Differenz zwischen dem auf Basis der alten Einbezugsmethode ermittelten Entflechtungswert und dem Fair Value-Zugangswert als **Übergangskonsolidie-**

---

289 Vgl. HERRMANN, D., Änderung von Beteiligungsverhältnissen, S. 135-137; HAYN, B., Konsolidierungstechnik, S. 383 und 394. Vgl. im Kontext von sukzessiven Unternehmenserwerben so auch GIMPEL-HENNING, N., Sukzessive Anteilserwerbe, S. 57.

290 Vgl. HERRMANN, D., Änderung von Beteiligungsverhältnissen, S. 121 und 139; BAETGE, J., Änderungen bestehender Beteiligungsverhältnisse, S. 546.

291 Vgl. BAETGE, J./KIRSCH, H.-J./THIELE, S., Konzernbilanzen, S. 435; HERRMANN, D., Änderung von Beteiligungsverhältnissen, S. 121; HAYN, B., Konsolidierungstechnik, S. 372; KLOSE, N.-C., Konzernrechnungslegung nach IFRS, S. 172. In der Literatur werden die Endkonsolidierung der abgehenden Anteile und die Entflechtung der verbleibenden Anteile teilweise gleichgesetzt bzw. als ein einziger Schritt angesehen. Vgl. HOEHNE, F., Veräußerung von Anteilen, S. 35; WATRIN, C./HOEHNE, F./RIEGER, S., Übergangskonsolidierung nach IAS 27, S. 306. In der vorliegenden Untersuchung werden diese beiden Prozessschritte indes getrennt voneinander betrachtet, da der Fokus dieser Arbeit auf der Übergangskonsolidierung der im Konzern verbleibenden Anteile liegt.

292 Vgl. hierzu die jeweils fallspezifischen Konkretisierungen in Kapitel 4.

293 Zur Bilanzierung einfacher Finanzbeteiligungen nach IFRS 9 vgl. Abschnitt 245.

294 Vgl. HAYN, B., Konsolidierungstechnik, S. 372; HOEHNE, F., Veräußerung von Anteilen, S. 35; LÜDENBACH, N./HOFFMANN, W.-D., Übergangskonsolidierung nach ED IFRS 3, S. 1808.

295 Vgl. hierzu die fallübergreifende Analyse der bestehenden Übergangskonsolidierungsvorschriften in Kapitel 4.

rungserfolg im Konzernergebnis zu erfassen.[296] Abhängig davon, ob die Übergangskonsolidierung im Wege einer Buchwertfortführung oder einer Neubewertung vorzunehmen ist, ergeben sich daraus auch unterschiedliche Konsequenzen hinsichtlich der anteiligen Fortführung der sonstigen Konsolidierungsmaßnahmen.[297]

334. Zwecke der End- und Übergangskonsolidierung

Im Zusammenhang mit einer statusändernden Anteilsveräußerung richtet sich das Informationsinteresse der Konzernabschlussadressaten vor allem darauf, wie sich die Änderung der Beteiligungsstruktur auf die Vermögens-, Finanz- und Ertragslage des Konzerns auswirkt.[298] Dabei kann den Adressaten zunächst ein Interesse an den **unmittelbaren finanziellen Auswirkungen der Desinvestitionsmaßnahme** unterstellt werden. Diese Informationen spiegeln sich im Endkonsolidierungserfolg als Differenz zwischen dem für die ausscheidenden Anteile erhaltenen Veräußerungserlös und dem Nutzenpotenzial des abgehenden Anteilspakets bzw. des dahinterstehenden Reinvermögens wider. Das übergeordnete **Ziel der Endkonsolidierung** der zu veräußernden Anteile besteht somit in der Ermittlung eines aus Konzernsicht **richtigen Endkonsolidierungserfolgs**.[299] Die Endkonsolidierung soll zudem sicherstellen, dass die aus Konzernsicht durch die Investition in die Beteiligungsbeziehung erwirtschafteten **nachhaltigen Erfolgsbeiträge** vom einmaligen **Erfolg aus der Beteiligungsveräußerung** abgegrenzt werden können.[300]

Darüber hinaus ist davon auszugehen, dass die Abschlussadressaten auch darüber informiert werden wollen, ob und wieweit die mit einem Abwärtswechsel verbundene **Verringerung der Einflussmöglichkeiten** der Konzernobergesellschaft dazu führt, dass sich das **ökonomische Nutzenpotenzial** des Beteiligungsengagements aus Sicht des Konzerns vermindert. Aus diesem Grund sollte die **Übergangskonsolidierung** der zurückbehaltenen Anteile das **Ziel** verfolgen, entscheidungsnützliche Informationen über die durch die Anteilsveräußerung hervorgerufene **Änderung der Art bzw. des**

---

296 Vgl. IFRS 10.25 (c) sowie IAS 28.22 (b).
297 Vgl. hierzu ausführlich Abschnitt 423.
298 Vgl. im Kontext sukzessiver Unternehmenserwerbe so auch GIMPEL-HENNING, N., Sukzessive Anteilserwerbe, S. 59.
299 Vgl. KÜTING, K./HAYN, B., Erst- und Endkonsolidierung, S. 1945; HAYN, B., Konsolidierungstechnik, S. 223; ZORN, T., Endkonsolidierung, S. 87.
300 Vgl. HOEHNE, F., Veräußerung von Anteilen, S. 35.

Charakters der Beteiligungsbeziehung und die damit verbundenen **Auswirkungen auf die wirtschaftliche Lage** des Konzerns zu vermitteln. Die zentrale Aufgabe der Übergangskonsolidierung besteht somit nicht darin, die Vermögens- Finanz- und Ertragslage des Konzerns als solche möglichst realitätsgetreu bzw. den tatsächlichen Verhältnissen entsprechend darzustellen.[301] Dies ist vielmehr die originäre Aufgabe der jeweils vor und nach dem Statuswechsel auf die unterschiedlichen Beteiligungsarten anzuwendenden Konsolidierungs- bzw. Bewertungsmethoden. Stattdessen soll durch die Übergangskonsolidierung die ereignisabhängige **Veränderung der Vermögens-, Finanz- und Ertragslage des Konzerns** bilanziell abgebildet werden, die sich angesichts der Wesensänderung der Beteiligungsbeziehung im Zuge der teilweisen Anteilsveräußerung ergibt.[302]

Dieses sachverhaltsspezifische Informationsziel kann bilanziell nur durch eine **Wertanpassung** der Restbeteiligung erreicht werden, die den Effekt aus der Verringerung des Einflusspotenzials der Konzernobergesellschaft auf die Beteiligung möglichst vollständig und korrekt widerspiegelt. Die Frage, ob bzw. in welchen Übergangsfällen dieses Ziel auf der Grundlage der bestehenden Vorschriften zur Übergangskonsolidierung im IFRS-Konzernabschluss erreicht werden kann oder ob diesem Ziel ggf. andere Überlegungen entgegenstehen, stellt den zentralen Untersuchungsgegenstand der vorliegenden Arbeit dar.

34 Kongruenzprinzip als Nebenbedingung für die Ermittlung des End- und Übergangskonsolidierungserfolgs

Angesichts der unterschiedlichen Bilanzierungsweise einer Unternehmensbeteiligung im Einzelabschluss der Konzernobergesellschaft und im Konzernabschluss wird der Totalerfolgsbeitrag eines Beteiligungsunternehmens in beiden Abschlüssen grundlegend **anders periodisiert**.[303] Aus diesem Grund weicht auch der bei einer Anteilsveräuße-

---

301 Vgl. GIMPEL-HENNING, N., Sukzessive Anteilserwerbe, S. 61.

302 Vgl. GIMPEL-HENNING, N., Sukzessive Anteilserwerbe, S. 60 f.

303 Vgl. HERRMANN, D., Änderung von Beteiligungsverhältnissen, S. 41 und S. 103-115; BAETGE, J./ HERRMANN, D., Probleme der Endkonsolidierung, S. 226 f.; HAYN, B., Konsolidierungstechnik, S. 48; GRIESAR, P., Verschmelzung und Konzernabschluß, S. 58; HOEHNE, F., Veräußerung von Anteilen, S. 88; WATRIN, C./HOEHNE, F., Endkonsolidierung von Tochterunternehmen, S. 697. Da das konzernspezifische Kongruenzprinzip an Zahlungsströme anknüpft, gelten die in diesem Abschnitt

rung im Konzernabschluss zu erfassende Veräußerungserfolg in aller Regel von dem im Einzelabschluss der Konzernobergesellschaft erfassten Erfolgsbeitrag aus der Anteilsveräußerung ab.[304] Der im Einzel- bzw. Summenabschluss erfasste Veräußerungserfolg darf folglich nicht einfach unverändert in den Konzernabschluss übernommen werden. Vielmehr muss der im Konzernabschluss zu erfassende Veräußerungserfolg im Wege der Endkonsolidierung auf Basis der konzernbilanziellen Wertansätze separat ermittelt werden.[305] Da sich die **Periodisierungsunterschiede** zwischen Einzel- und Konzernabschluss durch das Ausscheiden der Anteile nicht mehr umkehren können, besteht die Gefahr, dass **bestimmte Erfolgsbeiträge** im Konzernabschluss entweder **gar nicht oder aber mehrfach erfasst** werden.[306] Dies kann nur dadurch verhindert werden, dass die Periodisierungsunterschiede zwischen Einzel- und Konzernabschluss im Wege der Endkonsolidierung der ausscheidenden Anteile vollständig ausgeglichen werden.[307]

Neben den Periodisierungsunterschieden zwischen Einzel- und Konzernabschluss unterscheiden sich aber auch die verschiedenen konzernbilanziellen Einbezugsmethoden untereinander hinsichtlich der Periodisierung von Beteiligungserfolgen. Angesichts dessen birgt auch der auf die zurückbehaltenen Anteile bezogene **Wechsel der konzernbilanziellen Einbezugsmethode** die **Gefahr**, dass dabei nicht sämtliche Erfolgsbeiträge vollständig und korrekt im Konzernabschluss erfasst werden.[308]

Durch geeignete **End- und Übergangskonsolidierungsmaßnahmen** muss letztlich sichergestellt werden, dass der in der Konzernerfolgsrechnung erfasste **Totalerfolgsbeitrag** einer Beteiligungsbeziehung dem ökonomischen Totalerfolg, d. h. der Summe der aus dem Beteiligungsengagement insgesamt erzielten Zahlungsüberschüsse, entspricht.[309] In der Literatur wird die Forderung nach einer Identität der über die Totalperiode hinweg insgesamt erfassten Periodenerfolge eines Unternehmens mit der Summe der im gleichen Zeitraum damit generierten Einzahlungsüberschüsse als **Kongruenz-**

getroffenen Aussagen unabhängig davon, ob der Einzelabschluss nach HGB oder nach IFRS aufgestellt wurde.

304 Vgl. BAETGE, J./HERRMANN, D., Probleme der Endkonsolidierung, S. 225 f.

305 Vgl. BAETGE, J., Änderungen bestehender Beteiligungsverhältnisse, S. 534 f.

306 Vgl. HERRMANN, D., Änderung von Beteiligungsverhältnissen, S. 103.

307 Vgl. HERRMANN, D., Änderung von Beteiligungsverhältnissen, S. 103.

308 Vgl. HERRMANN, D., Änderung von Beteiligungsverhältnissen, S. 44.

309 Vgl. HERRMANN, D., Änderung von Beteiligungsverhältnissen, S. 45.

prinzip bezeichnet.[310] Nur durch eine vollständige und korrekte Erfassung sämtlicher Erfolgsbeiträge aus der Beteiligungsbeziehung – d. h. nur durch die Wahrung des Kongruenzprinzips – kann eine **entscheidungsnützliche Berichterstattung** über die Auswirkungen der Änderung des Beteiligungscharakters auf die **Ertragslage des Konzerns** erreicht werden. Das Kongruenzprinzip stellt folglich eine zentrale **Nebenbedingung** dar, um die Zwecke der End- und Übergangskonsolidierung zu erreichen.

Dem Kongruenzprinzip liegt die Idee zugrunde, dass der in der externen Rechnungslegung zu erfassende Unternehmenserfolg stets an vergangene oder künftig zu erwartende **Zahlungsvorgänge** anknüpft.[311] Um einen **periodengerechten Erfolgsausweis** sicherzustellen, werden die aus der wirtschaftlichen Tätigkeit eines Unternehmens resultierenden Ein- und Auszahlungen für Zwecke der Rechnungslegung in **Aufwendungen und Erträge** transformiert, die losgelöst von den tatsächlichen Zahlungszeitpunkten erfolgsrechnerisch jeweils derjenigen Periode zugerechnet werden, in der sie wirtschaftlich verursacht wurden.[312] Der auf diese Weise ermittelte Periodenerfolg repräsentiert wiederum die innerhalb einer Periode betrieblich erwirtschaftete Änderung des bilanziellen Nettovermögens des Unternehmens.[313] Das Kongruenzprinzip fordert somit implizit, dass sich sämtliche Reinvermögensänderungen des Unternehmens, die nicht auf

---

310 Vgl. KOSIOL, E., Bilanzreform und Einheitsbilanz, S. 44; SCHMALENBACH, E., Dynamische Bilanz, S. 66; MÜNSTERMANN, H., Bilanztheorien, Sp. 274; BUSSE VON COLBE, W., Gefährdung des Kongruenzprinzips, S. 127; WAGENHOFER, A./EWERT, R., Externe Unternehmensrechnung, S. 124.

311 Im handelsrechtlichen Schrifttum geht dieser allgemein als „Grundsatz der Pagatorik" bezeichnete Gedanke auf KOSIOL zurück, der erstmals explizit und umfassend zwischen pagatorischen und kalkulatorischen Erfolgsgrößen differenzierte. Vgl. hierzu grundlegend KOSIOL, E., Bilanzreform und Einheitsbilanz, S. 43 f. sowie 164-185. Vgl. zum Grundsatz der Pagatorik weiterführend auch BAETGE, J., Grundsätze ordnungsmäßiger Buchführung, S. 10; BAETGE, J./KIRSCH, H.-J./THIELE, S., Bilanzen, S. 133; KRÜMMEL, H.-J., Pagatorisches Prinzip, S. 315; LECHNER, K., Rechnungstheorie der Unternehmung, Sp. 1410 f.

312 Der Grundsatz der Periodenabgrenzung (sog. *accrual accounting*) wird im *Conceptual Framework* wie folgt formuliert: *„Accrual accounting depicts the effects of transactions and other events and circumstances on a reporting entity's economic resources and claims in the periods in which those effects occur, even if the resulting cash receipts and payments occur in a different period."* (CF.OB17 bzw. ED.CF.1.17).

313 Vgl. SCHMALENBACH, E., Dynamische Bilanz, S. 49-52 und 64-66; LEFFSON, U., Grundsätze ordnungsmäßiger Buchführung, 7. Aufl., S. 188 f.; MOXTER, A., Bilanzlehre, S. 255-259 und 263 f. Auf welche Weise Aufwendungen und Erträge den einzelnen Perioden zuzuordnen sind und in welcher Höhe diese jeweils zu erfassen sind, bestimmt sich nach der zugrunde liegenden Rechnungslegungs- bzw. Erfolgskonzeption. Regelungen zur Ermittlung des „richtigen" Gewinns sind somit stets abhängig vom zugrunde liegenden Rechnungslegungszweck. Vgl. SCHNEIDER, D., Rechnungswesen, S. 35; BALLWIESER, W., Anforderungen des Kapitalmarkts, S. 161 f.; BALLWIESER, W., IFRS-Rechnungslegung, S. 25; HETTICH, S., Zweckadäquate Gewinnermittlungsregeln, S. 1. BAETGE spricht in diesem Zusammenhang von einem Aufteilungs- bzw. Zurechnungsproblem einerseits und einem Schätzproblem andererseits. Vgl. BAETGE, J., Möglichkeiten der Objektivierung, S. 17-19.

Transaktionen mit den Anteilseignern zurückzuführen sind, in der Erfolgsrechnung des Unternehmens niederschlagen müssen.[314] Bei Einhaltung des Kongruenzprinzips entspricht der **Totalerfolg** eines Unternehmens, d. h. das während der gesamten Lebensdauer vom Unternehmen erwirtschaftete „Gesamtergebnis der unternehmerischen Tätigkeit“[315], unabhängig von der gewählten Periodenabgrenzung genau der Differenz aus den vom Unternehmen insgesamt empfangenen betrieblichen Einzahlungen und den von ihm insgesamt geleisteten betrieblichen Auszahlungen.[316]

Das Kongruenzprinzip soll gewährleisten, dass in der externen Rechnungslegung über die Totalperiode hinweg einerseits keine **Erfolgsbestandteile unerfasst** bleiben und es andererseits nicht zu **Mehrfacherfassungen** ein und derselben Erfolgsbeiträge kommt.[317] Durch die Einhaltung des Kongruenzprinzips wird folglich der Spielraum für **bilanzpolitisch motivierte Gestaltungen** eingeschränkt, indem es sicherstellt, dass sich die Wirkung einer jeden erfolgsverzerrenden bilanzpolitischen Maßnahme in einer späteren Periode erfolgsrechnerisch automatisch wieder umkehrt.[318] So lassen sich zwar die einzelnen Periodenerfolge manipulieren, nicht aber die Summe aller Periodenerfolge.[319] Eine dauerhafte einseitige Ergebnisverzerrung wird hierdurch vermieden.[320]

---

314 Vgl. BUSSE VON COLBE, W., Gefährdung des Kongruenzprinzips, S. 127 f.

315 BERTL, R., Periodengewinn und Totalgewinn, S. 49.

316 Vgl. BAETGE, J., Möglichkeiten der Objektivierung, S. 29; BUSSE VON COLBE, W., Gefährdung des Kongruenzprinzips, S. 127; GRIESAR, P., Verschmelzung und Konzernabschluß, S. 57. Ausgenommen hiervon sind solche Zahlungen, die auf Transaktionen des Unternehmens mit seinen Unternehmenseigentümern zurückzuführen sind. Vgl. HÜNING, M., Kongruenzprinzip nach IFRS, S. 45. Konkret betrifft dies Gewinnausschüttungen sowie Kapitalrückzahlungen an die Anteilseigner bzw. Verlustausgleiche oder Kapitalzuführungen durch die Anteilseigner. Vgl. BUSSE VON COLBE, W., Gefährdung des Kongruenzprinzips, S. 127; HERRMANN, D., Änderung von Beteiligungsverhältnissen, S. 40.

317 Vgl. MÜNSTERMANN, H., Kongruenzprinzip und Vergleichbarkeitsgrundsatz, S. 431; MUSCHEID, W., Dynamische Bilanz, S. 61; HÜNING, M., Kongruenzprinzip nach IFRS, S. 79.

318 Vgl. SCHMALENBACH, E., Grundlagen dynamischer Bilanzlehre, S. 12; HEYD, R., Internationale Rechnungslegung, S. 659; FALKENHAHN, G., Änderungen der Beteiligungsstruktur, S. 41 und 235; SCHILDBACH, T., Externe Rechnungslegung und Kongruenz, S. 1814.

319 Vgl. SCHILDBACH, T., Externe Rechnungslegung und Kongruenz, S. 1814; ZAUNER, J., Übergangs- und Endkonsolidierung, S. 17; PREIẞLER, G., Prinzipienbasierung, S. 204. Damit ist indes der Nachteil verbunden, dass durch die spätere Korrektur der ergebnisverzerrenden Maßnahme der Erfolgsausweis in der Periode des Ausgleichs erneut verfälscht wird. Vgl. SCHILDBACH, T., Externe Rechnungslegung und Kongruenz, S. 1814; ZAUNER, J., Übergangs- und Endkonsolidierung, S. 17.

320 Vgl. SCHILDBACH, T., Externe Rechnungslegung und Kongruenz, S. 1820. Die Einhaltung des Kongruenzprinzips ist zugleich eine zentrale Voraussetzung für die Gültigkeit des in Deutschland als sog. „Lücke-Theorem“ bekannten Zusammenhangs zwischen der zahlungsstromorientieren Investitionsrechnung und der externen Rechnungslegung, wonach der kapitaltheoretische Ertrags- bzw. Marktwert eines Unternehmens durch Anwendung der Residualgewinnmethode aus den rechnungs-

Die hinter dem Kongruenzprinzip stehenden Überlegungen gelten grundsätzlich auch für den **Konzernabschluss**.[321] Da die Lebensdauer eines Konzerns mangels eigenständiger Rechtspersönlichkeit nicht eindeutig durch einen Gründungsakt bzw. durch einen Abwicklungsvorgang begrenzt wird und sich die Konstitution des Konzerns u. a. aufgrund von Beteiligungstransaktionen typischerweise häufig verändert, ist der Totalerfolg eines Konzerns indes – auch aus theoretischer Sicht – kaum bestimmbar.[322] Gleichwohl lässt sich der Kongruenzgedanke auch auf ein einzelnes Beteiligungsengagement übertragen. Dabei ist die Totalperiode in diesem Fall gleichzusetzen mit der Dauer der Investition der Konzernobergesellschaft in die Beteiligungsbeziehung.[323] Anstelle des Konzerntotalerfolgs tritt folglich der **Beitrag eines einzelnen Beteiligungsunternehmens zum Totalerfolg** des Konzerns.[324] Der Erwerb von Anteilen an einem Beteiligungsunternehmen wird dabei als eine Investition des Konzerns interpretiert und die Veräußerung von Unternehmensanteilen als eine Desinvestition.[325] Das konzernspezifische Kongruenzprinzip verlangt, dass der den Gesellschaftern der Konzernobergesellschaft zuzurechnende Anteil des Beitrags eines Beteiligungsunternehmens zum Konzerntotalerfolg identisch sein muss mit dem im Einzelabschluss des Mutterunternehmens erfassten Totalerfolgsbeitrag der Beteiligung.[326]

Obgleich weder dem *Conceptual Framework* noch sonstigen Verlautbarungen des IASB explizite Hinweise auf das Kongruenzprinzip zu entnehmen sind,[327] sind die diesem Konzept zugrunde liegenden Überlegungen grundsätzlich für jedes System der externen

---

legungsbezogenen Periodenerfolgen hergeleitet werden kann. Vgl. SCHILDBACH, T., Externe Rechnungslegung und Kongruenz, S. 1814; ORDELHEIDE, D., Bedeutung und Wahrung des Kongruenzprinzips, S. 516-518; WAGENHOFER, A./EWERT, R., Externe Unternehmensrechnung, S. 124-126.

321 Vgl. HERRMANN, D., Änderung von Beteiligungsverhältnissen, S. 40 f.; HAYN, B., Konsolidierungstechnik, S. 44 f.; GRIESAR, P., Verschmelzung und Konzernabschluß, S. 58; GIMPEL-HENNING, N., Sukzessive Anteilserwerbe, S. 63 f.

322 Vgl. ORDELHEIDE, D., Erwerbsmethode, S. 238; HAYN, B., Konsolidierungstechnik, S. 45 f.

323 Vgl. HÜNING, M., Kongruenzprinzip nach IFRS, S. 77, der sich in diesem Zusammenhang indes nicht konkret auf Unternehmensbeteiligungen, sondern ganz allgemein auf Investitionsprojekte bezieht.

324 Vgl. SCHINDLER, J., Kapitalkonsolidierung, S. 33; HERRMANN, D., Änderung von Beteiligungsverhältnissen, S. 41. Diese Interpretation des Kongruenzprinzips wird in der Literatur als „konzernbezogenes Kongruenzprinzip" bzw. „konzernspezifisches Kongruenzprinzip" bezeichnet. Vgl. GRIESAR, P., Verschmelzung und Konzernabschluß, S. 58; HAYN, B., Konsolidierungstechnik, S. 48.

325 Vgl. ORDELHEIDE, D., Erwerbsmethode, S. 328; ORDELHEIDE, D., Konzernerfolg, S. 292; HAYN, B., Konsolidierungstechnik, S. 45; ZAUNER, J., Übergangs- und Endkonsolidierung, S. 17.

326 Vgl. HERRMANN, D., Änderung von Beteiligungsverhältnissen, S. 41; HAYN, B., Konsolidierungstechnik, S. 47 f.; GRIESAR, P., Verschmelzung und Konzernabschluß, S. 59.

327 Vgl. HÜNING, M., Kongruenzprinzip nach IFRS, S. 1, 146 und 219.

Rechnungslegung und damit auch für die IFRS-Rechnungslegung gültig.[328] Hierbei sind indes die Besonderheiten der IFRS-Erfolgskonzeption zu berücksichtigen. Danach sind Erträge und Aufwendungen nicht notwendigerweise in der Gewinn- und Verlustrechnung auszuweisen. Vielmehr sind bestimmte Erfolgsbestandteile nach Maßgabe spezifischer Regelungen in den verschiedenen Einzelstandards im OCI zu erfassen.[329] Die **Gesamtergebnisrechnung** (*statement of financial performance*) setzt sich folglich aus den beiden Erfolgskomponenten **Gewinn- und Verlustrechnung** einerseits und **sonstiges Gesamtergebnis** andererseits zusammen.[330] Nur das Gesamtergebnis umfasst die Summe aller Aufwendungen und Erträge einer Periode und repräsentiert damit sämtliche Reinvermögensänderungen des Unternehmens, die nicht auf Transaktionen des Unternehmens mit seinen Anteilseignern zurückzuführen sind. Aufgrund dessen ist die Wahrung des Kongruenzprinzips im Kontext der Rechnungslegung nach IFRS nach der hier vertretenen Auffassung nicht allein auf Ebene der Gewinn- und Verlustrechnung zu beurteilen, sondern vielmehr auf der Grundlage der übergeordneten Gesamtergebnisrechnung.[331] Das Kongruenzprinzip wird folglich nicht bereits durch die Erfassung ei-

---

328 Vgl. BLUM, A., Unabhängigkeit des Unternehmenswerts, S. 2170; ZORN, T., Endkonsolidierung, S. 93; SCHILDBACH, T., Externe Rechnungslegung und Kongruenz, S. 1813; ZÜLCH, H., Gewinn- und Verlustrechnung nach IFRS, S. 55; ZAUNER, J., Übergangs- und Endkonsolidierung, S. 19; HOEHNE, F., Veräußerung von Anteilen, S. 39.

329 Vgl. ED.CF.7.19 sowie IAS 1.7 und IAS 1.88 f. Da auch die im OCI zu erfassenden Ergebnisgrößen Erträge und Aufwendungen darstellen und somit definitionsgemäß Bestandteil des Periodenerfolges sind, werden in der vorliegenden Arbeit für die Differenzierung von in der Gewinn- und Verlustrechnung bzw. im OCI zu erfassenden Erfolgsbestandteilen nicht die Begriffe **erfolgswirksam** bzw. **erfolgsneutral** verwendet. Stattdessen wird hierfür im Folgenden eine Unterscheidung zwischen **GuV-wirksamen** und **GuV-neutralen** Aufwendungen und Erträgen vorgenommen. Vgl. zu dieser terminologischen Konkretisierung auch HALLER, A./SCHLOßGANGL, M., Performance Reporting, S. 319; ANTONAKOPOULOS, N., Erfolgsquellenanalyse nach IFRS, S. 121; PELLENS, B. U. A., Internationale Rechnungslegung, S. 174; GIMPEL-HENNING, N., Sukzessive Anteilserwerbe, S. 24.

330 Vgl. ED.CF.7.19 sowie IAS 1.10. Bis zur Überarbeitung von IAS 1 im Zuge der Phase A des sog *Financial Statement Presentation Project* bestand für den Ausweis GuV-neutral zu erfassender Erfolgsbestandteile das Wahlrecht, diese entweder ausschließlich in der Eigenkapitalveränderungsrechnung zu zeigen oder in saldierter Form in einer zusätzlichen Aufstellung (sog. *statement of recognised income and expense*) auszuweisen. Erst mit der Veröffentlichung von IAS 1 (rev. 2007) wurde die Gewinn- und Verlustrechnung um das OCI zu einer integrierten Gesamtergebnisrechnung erweitert. Vgl. WENK, M. O./JAGOSCH, C., IAS 1 (revised 2007), S. 1251 und 1253; WAGENHOFER, A., Internationale Rechnungslegungsstandards, S. 457 f.; HALLER, A./SCHLOßGANGL, M., Performance Reporting, S. 320; ANTONAKOPOULOS, N., Erfolgsquellenanalyse nach IFRS, S. 31 und 73 f.; HOEHNE, F., Veräußerung von Anteilen, S. 96.

331 Vgl. so auch GIMPEL-HENNING, N., Sukzessive Anteilserwerbe, S. 64 f.; PELLENS, B. U. A., Internationale Rechnungslegung, S. 174 f., bzw. ähnlich so auch schon HOLLMANN, S., Reporting Performance, S. 213 f. Im früheren Schrifttum wurde hingegen häufig bereits die Erfassung von Erfolgsbestandteilen im OCI als Verstoß gegen das Kongruenzprinzip gewertet. Vgl. GABER, C., Prognosefähigkeit und Kongruenz, S. 287-289; SCHILDBACH, T., Externe Rechnungslegung und Kongruenz, S. 1815; HALLER, A./SCHLOßGANGL, M., Performance Reporting, S. 318 f.; PREIßLER, G., Prinzi-

nes Erfolgsbeitrags im OCI durchbrochen.[332] Lediglich eine direkte Verrechnung mit dem Eigenkapital unter endgültiger Umgehung der Gesamtergebnisrechnung würde einen Verstoß gegen das Kongruenzprinzip bedeuten.[333] Für die vorliegende Untersuchung ist das Kongruenzprinzip vor allem mit Blick auf die in Abschnitt 423. untersuchte und bislang weitgehend ungeregelte Frage bedeutsam, wie im Zeitpunkt eines abwärtsgerichteten Statuswechsels mit Erfolgsbeiträgen umzugehen ist, die vor dem Statuswechsel im Wege der Zwischenergebniseliminierung oder der erfolgswirksamen Schuldenkonsolidierung neutralisiert wurden.

---

pienbasierung, S. 205. Diese Beiträge bezogen sich indes auf den Regelungskontext vor der Veröffentlichung von IAS 1 (rev. 2007), wonach das OCI ausschließlich als Bestandteil des Eigenkapitals und noch nicht als Teil der Erfolgsrechnung definiert war.

332 Dies gilt selbst dann, wenn in den Folgeperioden keine Umklassifizierung in die Gewinn- und Verlustrechnung (sog. *reclassification adjustment*) vorgesehen ist. Umgekehrt würde eine spätere *reclassification* auch nicht zu einem Kongruenzverstoß in Form einer Doppelerfassung des zuvor im OCI erfassten Erfolgsbeitrags führen, da die Umgliederung in die Gewinn- und Verlustrechnung gem. IAS 1.93 eine entsprechende Gegenbuchung im OCI voraussetzt. Vgl. GIMPEL-HENNING, N., Sukzessive Anteilserwerbe, S. 65; ANTONAKOPOULOS, N., Gewinnkonzeptionen und Erfolgsdarstellung, S. 39.

333 Vgl. GIMPEL-HENNING, N., Sukzessive Anteilserwerbe, S. 64 f.

4 Analyse und Würdigung der Vorschriften zur Bilanzierung von statusändernden Anteilsveräußerungen im IFRS-Konzernabschluss

41 Vorbemerkung

Der **Fokus** der vorliegenden Arbeit liegt auf der fallübergreifenden Analyse und Würdigung der für statusändernde Anteilsveräußerungen im IFRS-Konzernabschluss geltenden **Übergangskonsolidierungsvorschriften**. Im Zentrum der Betrachtung steht dabei die Frage, ob durch eine Neubewertung der Restbeteiligung zum Fair Value im Vergleich zu einer Buchwertfortführung entscheidungsnützlichere Informationen über die Auswirkungen des Statuswechsels auf die wirtschaftliche Lage des Konzerns vermittelt werden können. Da die **Endkonsolidierung** der veräußerten Anteile von diesem Problem unberührt bleibt und hinsichtlich der Endkonsolidierung auch keine statusübergreifenden Regelungsinkonsistenzen bestehen, werden Aspekte der Endkonsolidierung nur am Rande diskutiert, soweit sie für das Verständnis der Ausführungen zur Übergangskonsolidierung relevant sind.

Abhängig vom zugrunde liegenden Übergangsfall sehen die derzeit geltenden Bilanzierungsvorschriften **unterschiedliche Regelungen** zur Bestimmung des fiktiven Zugangswerts vor, mit dem die zurückbehaltene Restbeteiligung unmittelbar nach dem Statuswechsel neu in den Konzernabschluss einzubuchen ist. Für sämtliche Konstellationen eines Abwärtswechsels ausgehend von einem Tochterunternehmen[334] sowie für den Übergang von einer bisher nach der Equity-Methode einbezogenen Beteiligung auf eine einfache Finanzbeteiligung ist eine ergebniswirksame Neubewertung der zurückbehaltenen Anteile zum Fair Value verpflichtend vorgeschrieben.[335] Für den Fall des

---

334 Unklarheit herrscht indes für den Fall eines Übergangs von einem vollkonsolidierten Tochterunternehmen auf eine quotal einzubeziehende *joint operation*, da sich aus dem Wortlaut der einschlägigen Vorschriften des IFRS 10 nicht eindeutig entnehmen lässt, ob sich die Neubewertungspflicht auch auf diesen Übergangsfall erstreckt. Vgl. hierzu ausführlich Abschnitt 421.1.

335 Vgl. IFRS 10.25 (b) i. V. m. IFRS 10.B98 (b) (iii) sowie IAS 28.22 (b). Nach altem Recht war die zurückbehaltene Restbeteiligung für den Fall eines Abwärtswechsels ausgehend von einem Tochterunternehmen hingegen mit ihrem Entflechtungswert zu Konzernbuchwerten fortzuführen. Explizit war die erfolgsneutrale Buchwertfortführung zwar nur in IAS 27.32 (rev. 2003) für den Fall eines Statuswechsels von einem Tochterunternehmen auf eine einfache Finanzbeteiligung normiert. Gleichwohl war die h. M. der Auffassung, dass analog dazu auch bei sämtlichen sonstigen Fallkonstellationen eine Fortführung der bisherigen Wertansätze die einzig sachgerechte Bilanzierungswei-

Beherrschungsverlusts über ein Tochterunternehmen begründet der IASB die Neubewertungspflicht damit, dass der Verlust der alleinigen Beherrschung ein sog. *significant economic event* darstellt, durch das sich das Wesen der Beteiligungsbeziehung fundamental ändert.[336]

Im Gegensatz dazu sieht der IASB den Verlust einer gemeinschaftlichen Beherrschung bzw. eines maßgeblichen Einflusses über ein *at equity* einbezogenes Beteiligungsunternehmen nicht als eine vergleichbar fundamentale Wesensänderung an.[337] Gleichwohl schreibt der Standardsetter auch beim Übergang von einer bisher nach der Equity-Methode einbezogenen Beteiligung auf eine einfache Finanzbeteiligung eine Neubewertung der zurückbehaltenen Anteile vor und begründet dies damit, dass die im Konzern verbleibende Beteiligung nach dem Statuswechsel ohnehin gem. IFRS 9 zum Fair Value zu bewerten ist.[338]

Demgegenüber ist bei einem Statuswechsel von einem Gemeinschaftsunternehmen auf ein assoziiertes Unternehmen von einer Neubewertung des zurückbehaltenen Anteilspakets abzusehen. Stattdessen ist der bisherige Equity-Beteiligungsbuchwert anteilig in Höhe der Restbeteiligungsquote fortzuführen.[339] Der Standardsetter begründet den Verzicht auf eine ergebniswirksame Neubewertung in diesem Fall damit, dass ein solcher Statuswechsel nicht zu einer Änderung der anzuwendenden Konsolidierungs- bzw. Bewertungsmethode führt.[340] Die Bilanzierung eines abwärtsgerichteten Statuswechsels ausgehend von einer als gemeinschaftliche Tätigkeit (*joint operation*) klassifizierten Beteiligung ist bislang gänzlich ungeregelt.

---

se sei. Vgl. WATRIN, C./HOEHNE, F./LAMMERT, J., in: MüKo Bilanzrecht Bd. 1, IAS 27, Rn. 305; HOEHNE, F., Veräußerung von Anteilen, S. 166; LÜDENBACH, N./HOFFMANN, W.-D., Übergangskonsolidierung nach ED IFRS 3, S. 1808; ZORN, T., Endkonsolidierung, S. 185 f.; ZAUNER, J., Übergangs- und Endkonsolidierung, S. 125-127; KÖNIGSMAIER, H., Wechsel der Konsolidierungsart, S. 647 f.; MILLA, A./BUTOLLO, B., Übergangskonsolidierung nach IFRS, S. 88-90; KLOSE, N.-C., Konzernrechnungslegung nach IFRS, S. 171. In der Projektzusammenfassung „*Business Combinations Phase II – Project summary, feedback and effect analysis*" bestätigt der IASB, dass er in der Vergangenheit für alle Fälle eines Statuswechsels ausgehend von einem Tochterunternehmen eine erfolgsneutrale Buchwertfortführung vorsah. Vgl. IASB (Hrsg.), Project Summary, S. 38.

336 Vgl. IFRS 10.BCZ182; IASB (Hrsg.), Project Summary, S. 38-40. Für eine Konkretisierung der hinter dieser Begründung stehenden konzeptionellen Überlegungen vgl. Abschnitt 422.11.

337 Vgl. IAS 28.BC28.

338 Vgl. IAS 28.BC29.

339 Vgl. IAS 28.24.

340 Vgl. IAS 28.BC30.

In **Übersicht 4-1** werden sämtliche Fallkonstellationen eines abwärtsgerichteten Statuswechsels sowie die jeweils einschlägigen Regelungen zur Bestimmung des fiktiven Zugangswerts für die im Konzern verbleibende Restbeteiligung systematisch dargestellt:

Beteiligungsstatus vor der Transaktion	Beteiligungsstatus nach der Transaktion: Tochter-unternehmen	Gemeinschaftliche Tätigkeit	Gemeinschafts-unternehmen	Assoziiertes Unternehmen	Einfache Beteiligung
Tochter-unternehmen		?	FV IFRS 10.25 (b)	FV IFRS 10.25 (b)	FV IFRS 10.25 (b)
Gemeinschaftliche Tätigkeit			?	?	?
Gemeinschafts-unternehmen				BWF IAS 28.BC30	FV IAS 28.22 (b)
Assoziiertes Unternehmen					FV IAS 28.22 (b)

FV = Pflicht zur Fair Value-Neubewertung
BWF = Pflicht zur Buchwertfortführung
? = Regelungslücke

Übersicht 4-1: Fallkonstellationen statusändernder Anteilsveräußerungen und Zugangswertbestimmung der Restbeteiligung[341]

Es wird ersichtlich, dass die Begründungen des Standardsetters zu den einzelnen Regelungen bzgl. der Zugangswertbestimmung der im Konzern zurückbehaltenen Restbeteiligung nicht auf einem konzeptionell einheitlichen Beurteilungsmaßstab basieren.

Im Folgenden wird daher analysiert, ob die durch die bestehenden IFRS-Vorschriften kodifizierte bilanzielle Ungleichbehandlung der verschiedenen Übergangsfälle mit Blick auf den sachverhaltsspezifischen Zweck der Übergangskonsolidierung gerechtfertigt werden kann. Dafür wird zunächst in Abschnitt 421. das methodische Vorgehen bei einem Statuswechsel ausgehend von einem Tochterunternehmen erläutert. Aufbauend auf diesen methodischen Grundlagen werden anschließend in den Abschnitten 422. und 423. die bilanziellen und die erfolgsrechnerischen Auswirkungen der Neubewertungs-

341 Die Abbildung wurde in modifizierter Form übernommen von GIMPEL-HENNING, N., Sukzessive Anteilserwerbe, S. 58, der spiegelbildlich die Bilanzierung sukzessiver Anteilserwerbe im IFRS-Konzernabschluss untersucht.

pflicht im Falle eines Beherrschungsverlusts über ein Tochterunternehmen umfassend analysiert und – differenzierend nach der Art der zurückbehaltenen Restbeteiligung – kritisch gewürdigt. Im Mittelpunkt dieser Betrachtung steht die Frage, ob und wieweit die bilanziellen und erfolgsrechnerischen Auswirkungen der Neubewertungspflicht mit dem in Abschnitt 334. identifizierten primären Zweck der Übergangskonsolidierung sowie mit dem übergeordneten Zweck der Entscheidungsnützlichkeit im Einklang stehen. Aufbauend auf den dabei gewonnenen Erkenntnissen werden sodann in den Abschnitten 43 und 44 die entsprechenden Regelungen für die übrigen Fälle abwärtsgerichteter Statuswechsel analysiert und kritisch gewürdigt.

42 Abwärtswechsel ausgehend von einem vollkonsolidierten Tochterunternehmen

421. Analyse der Vorschriften zur Übergangskonsolidierung nach IFRS 10

421.1 Anwendungsbereich der Vorschriften zur Übergangskonsolidierung nach IFRS 10

Hinsichtlich des in IFRS 10.25 f. i. V. m. IFRS 10.B98 f. kodifizierten Vorgehens bei einem Statuswechsel ausgehend von einem Tochterunternehmen wird nicht danach differenziert, welche Art von Beteiligungsbeziehung im Anschluss an die statusändernde Anteilsveräußerung im Konzern zurückbleibt. Nach IFRS 10.25 (b) ist eine Neubewertung der zurückbehaltenen Anteile allerdings nur für solche Fälle explizit vorgeschrieben, in denen nach dem Statuswechsel entweder ein *at equity* zu bilanzierendes Gemeinschaftsunternehmen bzw. assoziiertes Unternehmen oder eine zum Fair Value zu bewertende einfache Finanzbeteiligung zurückbleibt.[342] Der **Übergang** auf eine quotal zu konsolidierende ***joint operation*** ist somit **nicht explizit geregelt**. In den ergänzenden Begründungserwägungen (*basis for conclusions*) zu IFRS 10 findet sich bzgl. der Pflicht zur Neubewertung einer anteilig zurückbehaltenen Restbeteiligung der folgende allgemeine Hinweis:

---

[342] Vgl. hierzu den Wortlaut des IFRS 10.25 (b): *„The remeasured value at the date that control is lost shall be regarded as the fair value on initial recognition of a **financial asset** in accordance with IFRS 9 or the cost on initial recognition of an **investment in an associate or joint venture**, if applicable."* Hervorhebung durch den Verfasser.

„The Board decided that ***any investment*** *the parent has in the former subsidiary after control is lost should be measured at fair value at the date that control is lost and that any resulting gain or loss should be recognised in profit or loss. [...]Measuring the investment at fair value reflected the Board's view that the loss of control of a subsidiary is a* ***significant economic event****"*[343]

Angesichts der Tatsache, dass der Abwärtswechsel auf eine quotal zu konsolidierende *joint operation* zwar einerseits nicht in IFRS 10.25 (b) angesprochen wird, sich der Anwendungsbereich der Neubewertungspflicht gem. IFRS 10.BCZ182 aber andererseits auf jede Art von Restbeteiligung erstreckt, ist grundsätzlich fraglich, ob die Neubewertungspflicht auch für den Abwärtswechsel auf eine *joint operation* gilt. Unklar ist vor allem, ob sich der Standardsetter bewusst gegen eine analoge Anwendung von IFRS 10.25 (b) und damit für eine erfolgsneutrale Buchwertfortführung entschieden hat oder ob er diesen Regelungsbereich bei der Standardentwicklung übersehen oder aber bewusst offengelassen hat.

IFRS 10.25 (b) wurde weitgehend inhaltsgleich aus IAS 27.37 (amend. 2008) übernommen.[344] Das bilanzielle Konstrukt einer *joint operation* fand hingegen erst mit der Einführung von IFRS 11 Einzug in die IFRS-Rechnungslegung. Nach dessen Vorgängerstandard IAS 31 waren noch drei verschiedene Formen von sog. gemeinsamen Aktivitäten zu unterscheiden.[345] Danach lag nur dann ein **Gemeinschaftsunternehmen** (*jointly controlled entity*) vor, wenn die gemeinsamen Aktivitäten in der Form eines eigenständigen Unternehmens mit einer **eigenen Rechtspersönlichkeit** strukturiert waren.[346] Der singuläre Bezug des IAS 27.37 (amend. 2008) auf Gemeinschaftsunternehmen war nach der alten Rechtslage folglich allein dadurch bedingt, dass gesellschaftsrechtliche Beteiligungsverhältnisse nur mit Unternehmen begründet werden können, die über eine eigenständige Rechtspersönlichkeit verfügen.

---

343 IFRS 10.BCZ182. Hervorhebungen und Auslassung durch den Verfasser.

344 Die einzige Änderung besteht darin, dass aufgrund der von IFRS 11 abweichenden Terminologie des damals noch einschlägigen IAS 31 Gemeinschaftsunternehmen in IAS 27.37 (amend. 2008) nicht als *„joint ventures"*, sondern als *„jointly controlled entities"* bezeichnet wurden.

345 Nach IAS 31 wurden die vormals noch übergeordnet als *joint ventures* bezeichneten gemeinsamen Aktivitäten unterschieden in (a) gemeinsame Tätigkeiten (*jointly controlled operations*), (b) gemeinschaftlich geführte Vermögenswerte (*jointly controlled assets*) sowie (c) Gemeinschaftsunternehmen (*jointly controlled entities*). Vgl. KÖSTER, O., in: MüKo Bilanzrecht Bd. 1, IAS 31, Rn. 16.

346 Vgl. IAS 31.25; KÖSTER, O., in: MüKo Bilanzrecht Bd. 1, IAS 31, Rn. 77.

Mit Blick auf die Entstehungsgeschichte des IFRS 10.25 (b) ist es somit denkbar, dass der Standardsetter bei der Übertragung der Vorschriften aus IAS 27 in IFRS 10 schlicht übersehen hat, dass nach der neuen Konzeption des IFRS 11 nicht mehr nur Gemeinschaftsunternehmen, sondern auch *joint operations* als rechtlich eigenständige Vehikel strukturiert sein können.[347] Im Gegensatz zur alten Rechtslage kann nunmehr neben dem Übergang von einem Tochterunternehmen auf ein Gemeinschaftsunternehmen theoretisch auch der Übergang auf eine *joint operation* durch eine statusändernde Anteilsveräußerung ausgelöst werden.[348] Sofern dieser Interpretation gefolgt wird, wäre auch für den Fall eines Übergangs auf eine *joint operation* eine Neubewertung der zurückbehaltenen Anteile zum Zeitpunkt des Statuswechsels zu befürworten.

Ungeachtet dessen spricht für eine analoge Anwendung des IFRS 10.25 (b) vor allem auch die Tatsache, dass sich die **Einflussintensität** der Konzernobergesellschaft bei einem Übergang auf eine *joint operation* in einem ähnlichen Maße ändert wie bei einem Übergang auf ein Gemeinschaftsunternehmen. In beiden Fällen kann das Beteiligungsunternehmen nach dem Statuswechsel nur noch gemeinschaftlich beherrscht werden. Eine bilanzielle Ungleichbehandlung dieser beiden ähnlichen Übergangsfälle wäre folglich aus konzeptioneller Sicht kaum zu rechtfertigen.

Gegen eine Neubewertung könnte allenfalls die konzeptionelle Ähnlichkeit der quotalen Konsolidierung zur Vollkonsolidierung angeführt werden. Bei beiden Konsolidierungsmethoden sind die einzelnen (anteiligen) Vermögenswerte und Schulden des Beteiligungsunternehmens separat im Konzernabschluss zu erfassen. Die Buchwerte der vor dem Statuswechsel in der Konzernbilanz erfassten Vermögenswerte und Schulden des Beteiligungsunternehmens könnten somit beim Übergang auf eine *joint operation* beteiligungsproportional fortgeführt werden, was im Vergleich zu einer Neubewertung deutlich weniger aufwands- bzw. kostenintensiv wäre. Dem kann allerdings entgegengehalten werden, dass schon nach der alten Rechtslage[349] beim Übergang von einem Tochterunternehmen auf ein Gemeinschaftsunternehmen gem. IAS 27.37 (amend. 2008)

---

347 Vgl. BRUNE, J. W., Einbeziehung von Joint Arrangements, S. 516.

348 In diesem Fall wäre indes neben der Anteilsübertragung stets eine zusätzliche vertragliche Vereinbarung erforderlich, auf deren Grundlage den beteiligten Parteien unmittelbare Rechte an den Vermögenswerten bzw. Verpflichtungen aus den Schulden übertragen werden.

349 Konkret wird hier auf den Zeitraum zwischen der Veröffentlichung von IAS 27 (amend. 2008) im Jahr 2008 und der Veröffentlichung von IFRS 11 im Jahr 2011 Bezug genommen.

in jedem Fall eine Neubewertung vorzunehmen war, unabhängig davon, ob das Gemeinschaftsunternehmen nach dem Statuswechsel unter Ausübung des damals noch in IAS 31.30 eingeräumten Bilanzierungswahlrechts nach der Equity-Methode oder aber quotal bilanziert wurde.

Im Rahmen einer themenverwandten Diskussion bzgl. der bilanziellen Abbildung des Erwerbs von Anteilen an einer *joint operation* hat sich der Mitarbeiterstab des IFRS IC im Jahr 2015 u. a. auch mit der hier betrachteten Frage der Bilanzierung des Abwärtswechsels von einem Tochterunternehmen auf eine *joint operation* befasst.[350] In einer dabei angestellten übergreifenden Analyse der Bilanzierungsvorschriften und Regelungslücken für sämtliche Übergangsfälle kam auch der Mitarbeiterstab des IFRS IC zu dem Schluss, dass der Übergang von einem Tochterunternehmen auf eine quotal zu bilanzierende *joint operation* aufgrund des damit einhergehenden Verlusts der alleinigen Beherrschung als eine **fundamentale Wesensänderung** der Beteiligungsbeziehung zu werten ist, die eine **Neubewertung** der zurückbehaltenen Restbeteiligung verlangt.[351] Die konzeptionelle Ähnlichkeit der quotalen Konsolidierung zur Vollkonsolidierung steht nach der Auffassung des Mitarbeiterstabs einer Neubewertung der als *joint operation* zu klassifizierenden Restbeteiligung nicht entgegen.[352] Da der hier betrachtete Sachverhalt nach Ansicht des Mitarbeiterstabs des IFRS IC indes eng mit der noch klärungsbedürftigen und im Rahmen des Forschungsprojekts zur Equity-Methode behandelten Frage der Bilanzierung von nicht monetären Einlagen eines Investors in ein *at equity* bilanziertes Beteiligungsunternehmen zusammenhängt, ist kurzfristig nicht mit einer Änderung von IFRS 10.25 (b) zu rechnen.[353] Gleichwohl wird angesichts der klar

---

350 Vgl. IFRS IC (Hrsg.), Staff Paper 8 (May 2015), Rn. 65 f.; IFRS IC (Hrsg.), Staff Paper 6 (July 2015), Rn. 6-8 und 32; IFRS IC (Hrsg.), Staff Paper 5 (September 2015), Rn. 23-28 und 35-70; IFRS IC (Hrsg.), Staff Paper 5B (September 2015), Rn. 1-40.

351 Vgl. IFRS IC (Hrsg.), IFRIC Update (March 2016), S. 4; IFRS IC (Hrsg.), Staff Paper 5B (September 2015), Rn. 15-22; IFRS IC (Hrsg.), Staff Paper 5 (September 2015), Rn. 70 (b); IASB (Hrsg.), Staff Paper 12E (October 2015), Rn. 10-13.

352 Vgl. IFRS IC (Hrsg.), Staff Paper 3 (March 2016), Rn. B4-B7; IFRS IC (Hrsg.), Staff Paper 5 (September 2015), Rn. 47; IFRS IC (Hrsg.), Staff Paper 5B (September 2015), Rn. 18-20.

353 Konkret betrifft dies die Regelungen des im Jahr 2014 vom IASB veröffentlichten Änderungsstandards *Sale or Contribution of Assets between an Investor and its Associate or Joint Venture (Amendments to IFRS 10 and IAS 28)*. Da nach der Veröffentlichung dieses Änderungsstandards eine Inkonsistenz zwischen den darin enthaltenen Regelungen und bestehenden Regelungen des IAS 28 identifiziert wurde, beschloss der IASB, diesen Themenkomplex zunächst in sein Forschungsprojekt zur Equity-Methode aufzunehmen. Vgl. IFRS IC (Hrsg.), Staff Paper 5 (September 2015), Rn. 27 und 70 (b); IFRS IC (Hrsg.), Staff Paper 5B (September 2015), Rn. 33-38; IFRS IC

formulierten Meinung des IFRS IC-Mitarbeiterstabs in der folgenden Analyse von der analogen Anwendbarkeit sämtlicher Übergangskonsolidierungsvorschriften des IFRS 10 auch auf den Fall eines Abwärtswechsels auf eine *joint operation* ausgegangen.

421.2 Methodik der End- und Übergangskonsolidierung nach IFRS 10

Gemäß dem aus IAS 27.32-37 (amend. 2008) weitgehend unverändert in IFRS 10.25 f. i. V. m. IFRS 10.B98 f. übernommenen End- und Übergangskonsolidierungsschema ist bei der Bilanzierung eines abwärtsgerichteten Statuswechsels ausgehend von einem Tochterunternehmen grundsätzlich nach den folgenden Schritten vorzugehen:[354]

- Vollständige Ausbuchung der Vermögenswerte (inkl. Goodwill) und Schulden des Tochterunternehmens zu fortgeführten Konzernbuchwerten.
- Vollständige Ausbuchung evtl. vorhandener Anteile nicht-beherrschender Gesellschafter zu fortgeführten Konzernbuchwerten inkl. darauf ggf. entfallender, im sonstigen Gesamtergebnis (OCI) erfasster Erfolgsbestandteile.
- Umgliederung der dem Mutterunternehmen zuzurechnenden, im sonstigen Gesamtergebnis (OCI) erfassten Erfolgsbeiträge des Tochterunternehmens in die Gewinn- und Verlustrechnung oder in die Gewinnrücklagen analog zum sachverhaltsspezifischen Vorgehen bei einem Einzelabgang der zugehörigen Vermögenswerte bzw. Schulden.
- Ansatz der für die veräußerten Anteile erhaltenen Gegenleistung zum Fair Value zum Zeitpunkt des Verlusts der Beherrschungsmöglichkeit.
- Ansatz der im Konzern verbleibenden Restbeteiligung zum Fair Value zum Zeitpunkt des Verlusts der Beherrschungsmöglichkeit.[355]

(Hrsg.), IFRIC Update (September 2015), S. 3; IASB (Hrsg.), Staff Paper 12E (October 2015), Rn. 15-22.

354 Vgl. hierzu auch BAETGE, J./HAYN, S./STRÖHER, T., in: Baetge u. a., Rechnungslegung nach IFRS, 2. Aufl., IFRS 10, Rn. 329; HAYN, B., in: Beck IFRS HB, 5. Aufl., § 37, Rn. 55.

355 Die anschließende Folgebilanzierung der Restbeteiligung bestimmt sich abhängig vom Umfang bzw. von der Art der zurückbehaltenen Restbeteiligung nach den dafür jeweils einschlägigen Standards. Vgl. IFRS 10.25 (b).

- GuV-wirksame Erfassung der betraglichen Differenz aus dem Fair Value des Veräußerungserlöses zzgl. dem Fair Value der Restbeteiligung einerseits und dem auf das Mutterunternehmen entfallenden Teil des auszubuchenden Nettovermögens andererseits als End- und Übergangskonsolidierungserfolg.

Die dargestellte Methodik der Bilanzierung eines abwärtsgerichteten Statuswechsels ausgehend von einem vollkonsolidierten Tochterunternehmen gestaltet sich somit – abgesehen vom neuerlichen Einbezug der Restbeteiligung – für sämtliche Übergangsfälle gleich. In den nachfolgenden Abschnitten 421.3-421.6 werden die methodischen Grundlagen der einzelnen Vorgehensschritte zunächst näher erläutert,[356] da diese die Basis für die anschließende Würdigung der Auswirkungen der Neubewertungspflicht auf die konzernbilanzielle Darstellung der Vermögens-, Finanz- und Ertragslage des Konzerns darstellen.

421.3 Ausbuchung der Vermögenswerte und Schulden des Tochterunternehmens inkl. der Anteile nicht-beherrschender Gesellschafter

Aufgrund des Einheitsgrundsatzes, wonach das Mutterunternehmen zusammen mit seinen Tochterunternehmen eine wirtschaftliche Einheit bildet, ist die Veräußerung von Anteilen an einem Tochterunternehmen im Konzernabschluss grundsätzlich auf die gleiche Weise abzubilden wie die Veräußerung eines Teilbetriebs im Einzelabschluss eines rechtlich selbständigen Unternehmens.[357] Dabei wird konzernbilanziell die individuelle Veräußerung sämtlicher hinter der Beteiligung stehender Aktiva und Passiva des ausscheidenden Tochterunternehmens fingiert (sog. **Einzelveräußerungsfiktion**).[358] Folglich sind die **Vermögenswerte und Schulden** des ausscheidenden Tochterunternehmens **in voller Höhe**, d. h. inkl. des auf die zurückbehaltenen Anteile entfallenden Teils, aus dem Konzernabschluss **auszubuchen**, unabhängig davon, in welcher Höhe

356 Aufgrund ihres gegenseitigen Ineinandergreifens werden die einzelnen Schritte nicht immer isoliert voneinander, sondern teils zusammengefasst betrachtet.

357 Vgl. VON WYSOCKI, K./WOHLGEMUTH, M./BRÖSEL, G., Konzernrechnungslegung, S. 172; HAYN, B., Konsolidierungstechnik, S. 224 f.; BAETGE, J./HERRMANN, D., Probleme der Endkonsolidierung, S. 230.

358 Vgl. BUSSE VON COLBE, W. U. A., Konzernabschlüsse, S. 268; LÜDENBACH, N./HOFFMANN, W.-D./FREIBERG, J., in: Haufe IFRS-Kommentar, 14. Aufl., § 31, Rn. 164; HAYN, B., Konsolidierungstechnik, S. 225; ORDELHEIDE, D., Endkonsolidierung, S. 766; SENGER, T./DIERSCH, U., in: Beck IFRS HB, 5. Aufl., § 35, Rn. 31.

eine Restbeteiligung im Konzern verbleibt.[359] Der **auf die Konzernobergesellschaft entfallende Teil** des ausscheidenden Nettovermögens ist dabei **aufwandswirksam** auszubuchen, da sich im Gegenzug sowohl die ertragswirksame Erfassung des für die veräußerten Anteile erzielten Verkaufserlöses als auch der neuerliche Ansatz der Restbeteiligung zum Fair Value positiv auf den Konzernerfolg auswirken.[360]

Sofern neben der Konzernobergesellschaft vor dem Statuswechsel zusätzlich **nicht-beherrschende Gesellschafter** an dem abgehenden Tochterunternehmen beteiligt sind, müssen die auf diese entfallenden Anteile am konzernbilanziellen Nettovermögen gesondert aus dem Konzernabschluss ausgebucht werden.[361] Aus der Ausbuchung der den nicht-beherrschenden Gesellschaftern zuzurechnenden Anteile darf indes **kein Erfolgsbeitrag** entstehen, da sich diese weder vor noch nach dem Statuswechsel im Besitz des Konzerns befinden und die nicht-beherrschenden Gesellschafter folglich auch nicht am Erlös aus dem Anteilsverkauf partizipieren.[362] Die Erfolgsneutralität wird buchungstechnisch dadurch erreicht, dass der auf die Minderheitsanteilseigner entfallende Anteil am Nettovermögen des ausscheidenden Tochterunternehmens gegen den im Konzerneigenkapital in gleicher Höhe gegenüberstehenden Ausgleichsposten für die Anteile nicht-beherrschender Gesellschafter ausgebucht wird.[363]

---

359 Vgl. IFRS 10.25 (a) i. V. m. IFRS 10.B98 (a) (i); ZORN, T., Endkonsolidierung, S. 186 f.; ZAUNER, J., Übergangs- und Endkonsolidierung, S. 119; HENDLER, M./ZÜLCH, H., Änderung von Beteiligungsverhältnissen, S. 492; HOEHNE, F., Veräußerung von Anteilen, S. 165 und 174; WATRIN, C./HOEHNE, F./RIEGER, S., Übergangskonsolidierung nach IAS 27, S. 306.

360 Vgl. BAETGE, J./KIRSCH, H.-J./THIELE, S., Konzernbilanzen, S. 416; HOEHNE, F., Veräußerung von Anteilen, S. 165.

361 Vgl. IFRS 10.B98 (a) (ii); HOEHNE, F., Veräußerung von Anteilen, S. 173 f.; HERRMANN, D., Änderung von Beteiligungsverhältnissen, S. 229 f. und 254. Für die Behandlung der auf die Anteile nicht-beherrschender Gesellschafter entfallenden OCI-Bestandteile vgl. Abschnitt 421.6.

362 Vgl. IFRS 10.B98 (d); BAETGE, J./HAYN, S./STRÖHER, T., in: Baetge u. a., Rechnungslegung nach IFRS, 2. Aufl., IFRS 10, Rn. 359; HOEHNE, F., Veräußerung von Anteilen, S. 90 f. Ähnlich im handelsrechtlichen Kontext vgl. HERRMANN, D., Änderung von Beteiligungsverhältnissen, S. 230; WARMBOLD, S., Endkonsolidierung, S. 182 f.

363 Vgl. WATRIN, C./HOEHNE, F., Endkonsolidierung von Tochterunternehmen, S. 698; ZAUNER, J., Übergangs- und Endkonsolidierung, S. 124; HERRMANN, D., Änderung von Beteiligungsverhältnissen, S. 254 f.; SCHINDLER, J., Kapitalkonsolidierung, S. 233; ORDELHEIDE, D., Endkonsolidierung, S. 768 f.; SENGER, T./DIERSCH, U., in: Beck IFRS HB, 5. Aufl., § 35, Rn. 31.

421.4 Ausbuchung des Goodwill

421.41 Vorbemerkung

Aufgrund der Vorschriften des IAS 36 zur Goodwill-Bilanzierung, wonach ein derivativer Goodwill auf der Ebene von sog. zahlungsmittelgenerierenden Einheiten (ZGE) zu bewerten ist, stellt die Ausbuchung des Goodwill einen besonderen Problembereich bei der Bilanzierung statusändernder Anteilsveräußerungen dar. Im nachfolgenden Abschnitt werden daher zunächst die wesentlichen konzeptionellen Grundlagen der Goodwill-Bilanzierung nach IFRS 3 und IAS 36 skizziert, soweit deren Kenntnis für das Verständnis des methodischen Vorgehens bei der Ausbuchung des Goodwill sowie für die Analyse der Auswirkungen der Neubewertungspflicht auf die Goodwill-Bilanzierung zwingend erforderlich ist.

421.42 Grundlagen der Goodwill-Bilanzierung nach IFRS 3 und IAS 36

421.421. Erstansatz eines derivativen Goodwill nach IFRS 3

Unternehmenszusammenschlüsse, bei denen der Erwerber die alleinige Beherrschung über das Akquisitionsobjekt erlangt, sind im Konzernabschluss nach der sog. **Erwerbsmethode** (*acquisition method*) zu bilanzieren.[364] Dabei sind sämtliche identifizierbaren Vermögenswerte und Schulden des erworbenen Unternehmens inkl. der Anteile nicht-beherrschender Gesellschafter einzeln im Konzernabschluss zu erfassen[365] und grundsätzlich mit ihrem Fair Value zum Erwerbszeitpunkt zu bewerten.[366] Da sich

---

364 Vgl. IFRS 3.4. Vom Anwendungsbereich des IFRS 3 grundsätzlich ausgenommen sind Fälle, in denen das erworbene Unternehmen nicht die Definition eines *business* i. S. d. IFRS 3 Appendix A erfüllt. Darüber hinaus fallen auch Unternehmenszusammenschlüsse unter gemeinsamer Beherrschung (sog. *business combinations under common control*) sowie Unternehmenserwerbe von Investmentgesellschaften, in deren Folge die erworbene Beteiligung zum Fair Value bewertet wird, nicht in den Anwendungsbereich des IFRS 3. Vgl. IFRS 3.2 und IFRS 3.2A.

365 Vgl. IFRS 3.10. Dies gilt unabhängig davon, ob diese bereits im Einzelabschluss des erworbenen Unternehmens angesetzt wurden. Vgl. IFRS 3.13. Für eine Zusammenfassung möglicher Ansatzunterschiede zwischen Einzel- und Konzernabschluss vgl. BAETGE, J./HAYN, S./STRÖHER, T., in: Baetge u. a., Rechnungslegung nach IFRS, 2. Aufl., IFRS 3, Rn. 152-158. Nach den Ansatzbedingungen gem. IFRS 3.11 f. muss der im Konzernabschluss zu erfassende Sachverhalt zum einen den Definitionskriterien des *Conceptual Framework* für Vermögenswerte oder Schulden genügen, zum anderen muss er Teil der mit der Transaktion erworbenen Leistung sein, d. h., mit dem Unternehmenszusammenschluss in einem unmittelbarem Zusammenhang stehen. IFRS 3 sieht indes für eine Reihe von Sachverhalten explizite Ausnahmen von den regulären Ansatzkriterien vor. Vgl. hierzu IFRS 3.21-29.

366 Vgl. IFRS 3.18. Daneben sind wiederum bestimmte Sachverhalte vom allgemeinen Bewertungsgrundsatz des IFRS 3.18 ausgenommen. Vgl. IFRS 3.24-31.

das auf diese Weise ermittelte neubewertete Eigenkapital und die für den Beteiligungserwerb hingegebene Gegenleistung in der Regel wertmäßig nicht entsprechen, ist in einem weiteren Schritt der verbleibende **Unterschiedsbetrag aus der Kapitalkonsolidierung** zu ermitteln.[367] Nach IFRS 3.32 bestimmt sich dieser als rechnerischer **Residualbetrag**[368] aus dem Fair Value der für die erworbenen Anteile hingegebenen Gegenleistung (*consideration transferred*)[369] zzgl. dem Wert aller nicht-beherrschenden Anteile abzgl. dem Saldo der zuvor nach den Grundsätzen des IFRS 3 identifizierten und neu bewerteten erworbenen Vermögenswerte und übernommenen Schulden. Im Falle eines sukzessiven Unternehmenserwerbs sind überdies die bereits zuvor gehaltenen Altanteile an dem Akquisitionsobjekt mit ihrem Fair Value zum Zeitpunkt der Beherrschungserlangung in die Berechnung des Unterschiedsbetrags aus der Kapitalkonsolidierung einzubeziehen.[370]

In Höhe eines auf diese Weise identifizierten positiven Unterschiedsbetrags ist gem. IFRS 3.32 ein **derivativer Geschäfts- oder Firmenwert** zu aktivieren. Sofern aus der dargestellten Kapitalaufrechnung hingegen ein **negativer Unterschiedsbetrag** resultiert, hat das erwerbende Unternehmen gem. IFRS 3.36 zunächst sämtliche für die Bestimmung des Goodwill relevanten Parameter erneut daraufhin zu prüfen, ob diese vollständig und korrekt berücksichtigt wurden. Falls hierbei ein Fehler bei der ursprünglichen Kapitalaufrechnung festgestellt wird, sind die entsprechenden Wertansätze zu korrigieren. Sofern indes auch nach dieser erneuten Überprüfung weiterhin ein negativer Unterschiedsbetrag verbleibt, so ist dieser unmittelbar ergebniserhöhend in der Konzern-GuV zu erfassen.[371] Eine solche Konstellation wird vom Standardsetter als

---

367 Vgl. IFRS 3.5 (d) i. V. m. IFRS 3.32; BAETGE, J./KIRSCH, H.-J./THIELE, S., Konzernbilanzen, S. 183.

368 Vgl. IFRS 3.BC312.

369 Ggf. angefallene Anschaffungsnebenkosten dürfen nicht in den Fair Value der übertragenen Gegenleistung einbezogen werden, sondern sind in derjenigen Periode, in der sie angefallen sind, direkt als Aufwand zu erfassen. Vgl. IFRS 3.53 i. V. m. IFRS 3.BC365.

370 Vgl. IFRS 3.32 (a) (iii). Ausführlich zum Vorgehen bei der Bilanzierung eines Unternehmenszusammenschlusses gem. IFRS 3 (rev. 2008) vgl. BAETGE, J./HAYN, S./STRÖHER, T., in: Baetge u. a., Rechnungslegung nach IFRS, 2. Aufl., IFRS 3, Rn. 128-279; BEYHS, O./WAGNER, B., Unternehmenszusammenschlüsse, S. 74-82; HENDLER, M./ZÜLCH, H., Änderung von Beteiligungsverhältnissen, S. 485-491; FINK, C., Unternehmenszusammenschlüsse, S. 115-118; HACHMEISTER, D., Unternehmenszusammenschlüsse, S. 117-122; KÜTING, K./WEBER, C.-P./WIRTH, J., Goodwillbilanzierung, S. 141-144.

371 Vgl. IFRS 3.34.

„bargain purchase" bezeichnet und kann bspw. aus einer Transaktion resultieren, bei der der Verkäufer einem Verkaufszwang unterliegt.[372]

Hinsichtlich der Berücksichtigung der nicht-beherrschenden Anteile bei der Bestimmung des Unterschiedsbetrags aus der Kapitalaufrechnung besteht nach IFRS 3.19 ein für jeden einzelnen Unternehmenserwerb neu ausübbares **Wahlrecht**. Danach sind die nicht-beherrschenden Anteile entweder mit ihrem Fair Value zum Zeitpunkt der Beherrschungserlangung in die Berechnung einzubeziehen (sog. *Full Goodwill*-Methode) oder aber in Höhe des Saldos der den Minderheitsanteilseignern anteilig zuzurechnenden erworbenen Vermögenswerte und übernommenen Schulden (sog. *Partial Goodwill*-Methode).[373] Während nach der *Partial Goodwill*-Methode nur ein den Mehrheitsanteilseignern zuzurechnender Goodwill aktiviert wird, würde bei der Anwendung der *Full Goodwill*-Methode darüber hinaus auch ein auf die nicht-beherrschenden Gesellschafter entfallender Goodwill-Anteil erfasst.[374] Da die *Full Goodwill*-Methode in der IFRS-Konsolidierungspraxis deutscher kapitalmarktorientierter Unternehmen indes weitgehend bedeutungslos ist,[375] wird hiervon im weiteren Verlauf der Arbeit abstrahiert.

---

372 Vgl. IFRS 3.35.

373 Zur *Full Goodwill*-Methode vgl. ausführlich KÜTING, K./WEBER, C.-P./WIRTH, J., Goodwillbilanzierung, S. 142-144; FIECHTER, P./MEYER, C., Full Goodwill Accounting, S. 215-220; HAAKER, A., Full-Goodwill-Wahlrecht nach IFRS 3, S. 238-241; BADER, A./SCHREDER, M., Full goodwill-Methode, S. 276-279; ZWIRNER, C./KÜNKELE, K. P., Full Goodwill nach IFRS 3, S. 253-255; KÜHNBERGER, M., Die Full Goodwill Methode, S. 449-455.

374 Vgl. KÜTING, K./WIRTH, J., Goodwillbilanzierung im Near Final Draft, S. 462 f. Da für die Bestimmung des den Mehrheitsanteilseignern zuzurechnenden Goodwill der Fair Value der hingegebenen Gegenleistung und nicht der Fair Value der erworbenen Anteile selbst maßgeblich ist, wird indes kein *Full Goodwill* im eigentlichen Sinne bilanziert. Vgl. IASB (Hrsg.), Project Summary, S. 12 f. und 17 f.; EBERT, M./SIMONS, D., Bilanzpolitisches Potenzial im Rahmen der Goodwillbilanzierung, S. 623. Gleichwohl wird dieser Begriff in Anlehnung an die im Schrifttum übliche Terminologie im Folgenden beibehalten.

375 So stellen bspw. LEITNER-HANETSRIEDER/REBHAN sowie BADER/SCHREDER in ihren Analysen der DAX 30-Geschäftsberichte für die Jahre 2009 bis 2011 fest, dass in diesen Jahren kein einziger der untersuchten Konzerne das Wahlrecht zugunsten der *Full Goodwill*-Methode ausgeübt hat. Vgl. LEITNER-HANETSEDER, S./REBHAN, E., Praxis der Goodwill-Bilanzierung, S. 162; BADER, A./SCHREDER, M., Full goodwill-Methode, S. 281. Zur Kritik an der *Full Goodwill*-Methode vgl. HACHMEISTER, D./HERMENS, A.-S., Bilanzpolitik durch veränderte Einflussnahme, S. 44 f.; FIECHTER, P./MEYER, C., Full Goodwill Accounting, S. 215-220; KÜTING, K./WEBER, C.-P./WIRTH, J., Goodwillbilanzierung, S. 152; HAAKER, A., Full-Goodwill-Wahlrecht nach IFRS 3, S. 238-241; HOMMEL, M./FRANKE, F./RÖßLER, B., Minderheitengoodwill, S. 160 f.; BRÜCKS, M./RICHTER, M., Business Combinations (Phase II) S. 410; BADER, A./SCHREDER, M., Full goodwill-Methode, S. 276-279; PELLENS, B./BASCHE, K./SELLHORN, T., Full Goodwill Method, S. 3 f.

In der folgenden **Übersicht 4-2** wird das Vorgehen bei der Ermittlung des Unterschiedsbetrags aus der Kapitalkonsolidierung schematisch veranschaulicht:

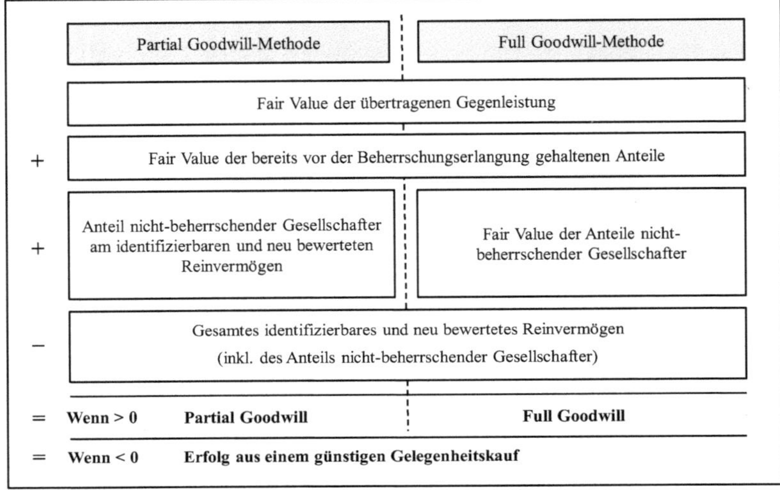

Übersicht 4-2: Schema zur Ermittlung des Unterschiedsbetrags aus der Kapitalkonsolidierung gem. IFRS 3.32[376]

421.422. Folgebilanzierung eines derivativen Goodwill nach IAS 36

Nach Ansicht des IASB stellt der derivative Goodwill einen Vermögenswert mit grundsätzlich unbestimmter Nutzungsdauer dar, der folglich **nicht planmäßig abgeschrieben** werden darf.[377] Der IASB lehnt die planmäßige Abschreibung des Goodwill über eine typisierte Nutzungsdauer vor allem aus Relevanzgesichtspunkten mit der Begründung ab, dass der tatsächliche Wertverzehr durch eine planmäßige Abschreibung nicht verursachungsgerecht erfasst würde.[378] Stattdessen ist er mindestens einmal jährlich und zusätzlich immer dann, wenn Anhaltspunkte für eine Wertminderung vorliegen, einem

[376] In Anlehnung an KÜTING, K./WIRTH, J., Goodwillbilanzierung im Near Final Draft, S. 462 und KÜTING, K./WEBER, C.-P./WIRTH, J., Goodwillbilanzierung, S. 142.
[377] Vgl. IAS 38.107 und IFRS 3.BC54.
[378] Vgl. IFRS 3.BC136-142 (2004); BEYER, B., Bilanzierung des Goodwills nach IFRS, S. 246 f.

Werthaltigkeitstest nach den Vorschriften des IAS 36 *Impairment of Assets* zu unterziehen und ggf. **außerplanmäßig abzuschreiben** (sog. *impairment only approach*).[379]

Der derivative Goodwill ist definiert als ein Vermögenswert, der im Wesentlichen **künftige Nutzenpotenziale** anderer bei dem Unternehmenszusammenschluss erworbener **immaterieller Vermögenswerte** enthält, die **nicht einzeln identifiziert** werden können und damit nicht separat in der Konzernbilanz angesetzt werden können.[380] Dazu zählen auch Synergiepotenziale, die erwartungsgemäß aus dem Unternehmenserwerb entstehen.[381] Der Goodwill als solcher kann somit definitionsgemäß keine Zahlungsmittelzuflüsse generieren, die unabhängig von den Cashflows anderer Vermögenswerte oder Gruppen von Vermögenswerten sind.[382] Aus diesem Grund ist ein derivativer Goodwill gem. IAS 36.80 für Zwecke der Folgebewertung bzw. des *Impairment*-Tests „entsprechend dem Nutzenkalkül des steuernden Managements"[383] auf sog. **zahlungsmittelgenerierende Einheiten**[384] (ZGE) oder Gruppen von ZGE aufzuteilen, auf deren Ebene erwartungsgemäß **Synergieeffekte** aus dem Unternehmenszusammenschluss entstehen.[385] Gegenstand des Werthaltigkeitstests nach IAS 36 ist somit nicht der einzelne erwerbsspezifische Goodwill, sondern die gesamte firmenwerttragende ZGE, die u. U. mehrere Geschäfts- oder Firmenwerte aus verschiedenen Unternehmenszusammenschlüssen in sich vereint.[386]

Für die Aufteilung des Goodwill auf ZGE ist nicht etwa die kleinste identifizierbare Gruppe von Vermögenswerten maßgeblich, auf deren Ebene unabhängig von anderen

---

379 Vgl. IFRS 3.54 i. V. m. IFRS 3.B63 (a) sowie IAS 36.10 (b) i. V. m. IAS 36.90. Der *impairment only approach* wird im Schrifttum vor allem mit Verweis auf die mangelnde Objektivierbarkeit des Goodwill-Wertansatzes sowie aufgrund der Gefahr einer impliziten Aktivierung originärer Goodwill-Bestandteile (sog. *backdoor capitalization*) kritisiert. Vgl. hierzu BAETGE, J./DITTMAR, P./ KLÖNNE, H., Der impairment only approach, S. 9-19; POTTGIEßER, G./VELTE, P./WEBER, S. C., Ermessensspielräume des Impairment-Only-Approach, S. 1748-1752; SAELZLE, R./KRONNER, M., Impairment-only-Ansatz, S. 161-165; WÜSTEMANN, J./DUHR, A., Geschäftswertbilanzierung nach ED 3, S. 249-253.

380 Vgl. IFRS 3 Appendix A.

381 Vgl. IAS 38.11.

382 Vgl. IAS 36.81.

383 KÜTING, K./WIRTH, J., Implikationen von IAS 36, S. 419.

384 Zahlungsmittelgenerierende Einheiten sind in IAS 36.6 ganz allgemein definiert als „kleinste identifizierbare Gruppe von Vermögenswerten, die Mittelzuflüsse erzeugen, die weitgehend unabhängig von den Mittelzuflüssen anderer Vermögenswerte oder anderer Gruppen von Vermögenswerten sind."

385 Vgl. IAS 36.80-82.

386 Vgl. WIRTH, J., Firmenwertbilanzierung nach IFRS, S. 198.

(Gruppen von) Vermögenswerten Mittelzuflüsse generiert werden können.[387] Stattdessen ist der Goodwill unter Berücksichtigung der mit der Unternehmensakquisition verfolgten Zielsetzung auf die niedrigste Ebene derjenigen Geschäftseinheiten bzw. Geschäftsfelder zu verteilen, die erwartungsgemäß von den Nutzenpotenzialen aus dem Unternehmenszusammenschluss profitieren und auf deren Ebene der Goodwill für interne Steuerungszwecke überwacht wird.[388]

Bei der **Werthaltigkeitsprüfung** ist der Buchwert einer jeden Goodwill-tragenden ZGE ihrem erzielbaren Betrag gegenüberzustellen.[389] Der erzielbare Betrag ist definiert als der höhere der beiden Beträge aus dem **beizulegenden Zeitwert** der Goodwill-tragenden ZGE **abzüglich der mit ihrem Abgang verbundenen Kosten** (*fair value less costs of disposal*) und ihrem **Nutzungswert** (*value in use*).[390] Unterschreitet der erzielbare Betrag den Buchwert der Goodwill-tragenden ZGE, so ist die ZGE in Höhe dieses Differenzbetrags aufwandswirksam abzuschreiben.[391] Dabei ist die Wertminderung zunächst – soweit wie möglich – gegen den Goodwill der dem Werthaltigkeitstest unterliegenden ZGE zu buchen.[392] Ein ggf. über den Buchwert des aktivierten Goodwill hinausgehender zusätzlicher Wertminderungsbedarf ist anschließend buchwertproportional auf die restlichen Vermögenswerte der ZGE zu verteilen.[393] Dabei darf der Buchwert eines jeden Vermögenswerts nach Berücksichtigung der Wertminderung nicht den höheren Wert aus dessen Fair Value abzüglich Veräußerungskosten, dessen Nutzungswert oder Null unterschreiten.[394]

Falls das bilanzierende Unternehmen nicht 100 % der Anteile an einem erworbenen vollkonsolidierten Tochterunternehmen hält, entfällt ein Teil des Wertansatzes der Vermögenswerte und Schulden des Tochterunternehmens, die der Goodwill-tragenden ZGE zugeordnet wurden, auf die nicht-beherrschenden Gesellschafter. Aus diesem

---

387 Vgl. WIRTH, J., Firmenwertbilanzierung nach IFRS, S. 198 f.

388 Vgl. IAS 36.80-82; WIRTH, J., Firmenwertbilanzierung nach IFRS, S. 199-203; KÜTING, K./ WEBER, C.-P./WIRTH, J., Goodwillbilanzierung, S. 144 f.

389 Vgl. IAS 36.90.

390 Vgl. IAS 36.74.

391 Vgl. IAS 36.90 i. V. m. IAS 36.104. Sofern bereits der zuerst ermittelte Wert aus *value in use* und *fair value less costs of disposal* den Buchwert übersteigt, kann auf die Bestimmung des zweiten Vergleichswerts verzichtet werden. Vgl. IAS 36.19.

392 Vgl. IAS 36.104 (a).

393 Vgl. IAS 36.104.

394 Vgl. IAS 36.105.

Grund muss bei der Anwendung der *Partial Goodwill*-Methode der auf das Mutterunternehmen entfallende derivative Goodwill für Zwecke der Werthaltigkeitsprüfung um den nicht aktivierten Minderheiten-Goodwill auf eine 100 %-Basis hochgerechnet werden.[395] Dadurch wird gewährleistet, dass der erzielbare Betrag der Goodwill-tragenden ZGE auf der Grundlage einheitlicher Wertverhältnisse ermittelt wird. Daneben muss auch der Buchwert der Goodwill-tragenden ZGE als Vergleichsgröße zum erzielbaren Betrag entsprechend um einen fiktiven Buchwert des Minderheiten-Goodwill hochgerechnet werden.[396] Ein aus der Gegenüberstellung dieser beiden Vergleichsgrößen ermittelter **Wertminderungsaufwand** ist sodann nach Maßgabe der Ergebnisverteilungsquote proportional auf die Mehrheits- und Minderheitsgesellschafter aufzuteilen,[397] wobei lediglich der auf die Anteilseigner der Muttergesellschaft entfallende Teil tatsächlich in der Konzern-GuV zu erfassen ist.[398]

Sofern ein derivativer Goodwill einmal im Wert gemindert wurde, ist eine **Wertaufholung** in den nachfolgenden Perioden auch bei Wegfall der Gründe für die vorherige Wertminderung **generell untersagt**.[399] Begründet wird dies damit, dass ein durch den Wegfall der Ursachen für die vorherige Abschreibung begründeter Zuschreibungsbedarf des derivativen Goodwill nicht eindeutig von zwischenzeitlich selbst geschaffenen bzw. **originären Goodwill-Bestandteilen** unterschieden werden kann, die gem. IAS 38.48 f. einem strikten **Ansatzverbot** unterliegen.[400]

421.5 Behandlung des Goodwill bei der End- bzw. Übergangskonsolidierung

421.51 Ermittlung des Abgangswerts des auf die veräußerten Anteile entfallenden Goodwill

Bei der **Ausbuchung** der Vermögenswerte und Schulden eines aus dem Konsolidierungskreis ausscheidenden Tochterunternehmens ist nach IFRS 10.B98 (a) (i) auch ein ggf. dieser Beteiligung zuzuordnender derivativer Goodwill zu berücksichtigen. Die

---

395 Vgl. IAS 36.C4; WIRTH, J., Firmenwertbilanzierung nach IFRS, S. 225-228.

396 Vgl. LÜDENBACH, N./HOFFMANN, W.-D./FREIBERG, J., in: Haufe IFRS-Kommentar, 14. Aufl., § 11, Rn. 194.

397 Vgl. IAS 36.C6.

398 Vgl. IAS 36.C8.

399 Vgl. IAS 36.124.

400 Vgl. IAS 36.125 i. V. m. IAS 36.BC189.

Vorgehensweise bei der **Endkonsolidierung** des auf die veräußerten Anteile entfallenden Goodwill ist nicht etwa in IFRS 10, sondern in IAS 36.86 geregelt.[401] Aufgrund der im vorangegangenen Abschnitt erläuterten Folgebewertungsvorschriften des IAS 36 ist die Ermittlung des auszubuchenden Goodwill-Abgangswerts indes mit erheblichen praktischen Schwierigkeiten verbunden. Nach IAS 36 ist nicht der aus einem historischen Unternehmenserwerb entstandene derivative Goodwill selbst Gegentand der Folgebewertung, sondern die gesamte Goodwill-tragende ZGE.[402] Dieser Vorgehensweise liegt die Annahme zugrunde, dass sich die mit der Integration des erworbenen Unternehmens in die Wertschöpfungsprozesse des Konzerns verbundenen **Nutzen- bzw. Synergiepotenziale** nicht nur auf das erworbene Unternehmen selbst auswirken, sondern vielmehr auf die gesamte Goodwill-tragende ZGE.[403] Auf der Ebene der firmenwerttragenden ZGE kommt es somit regelmäßig zu einer **Vermischung** von Goodwill-Komponenten aus verschiedenen Unternehmenserwerben.[404] Durch die Folgebewertungskonzeption des IAS 36 wird der Goodwill folglich bilanziell von der jeweiligen Beteiligungsbeziehung losgelöst.[405] Aus diesem Grund ist es in den Folgeperioden nicht mehr möglich, den ursprünglichen einzelerwerbsbezogenen Goodwill aus der Struktur einer firmenwerttragenden ZGE herauszulösen.[406] Diese Überlegungen stehen hingegen offenkundig im **Konflikt** mit der Vorgabe des IFRS 10.B98 (a) (i), wonach der auf die **anteilig veräußerte Beteiligung entfallende Goodwill** zum Zeitpunkt eines Statuswechsels auszubuchen ist.

Dieser konzeptionelle Widerspruch der Goodwill-Folgebewertungskonzeption des IAS 36 und der Übergangskonsolidierungsvorschrift des IFRS 10.B98 (a) (i) soll durch die Bestimmung eines Goodwill-Abgangswerts nach der in IAS 36.86 (b) kodifizierten

---

401 Vgl. HOEHNE, F., Veräußerung von Anteilen, S. 113; WATRIN, C./HOEHNE, F., Endkonsolidierung von Tochterunternehmen, S. 701; KÜTING, K./WIRTH, J., Implikationen von IAS 36, S. 705.

402 Vgl. KÜTING, K./WIRTH, J., Geschäfts- oder Firmenwert bei der Endkonsolidierung, S. 706.

403 Vgl. WIRTH, J., Firmenwertbilanzierung nach IFRS, S. 300; KÜTING, K./WIRTH, J., Geschäfts- oder Firmenwert bei der Endkonsolidierung, S. 706; WATRIN, C./HOEHNE, F., Endkonsolidierung von Tochterunternehmen, S. 701; HOEHNE, F., Veräußerung von Anteilen, S. 114.

404 Vgl. WIRTH, J., Firmenwertbilanzierung nach IFRS, S. 299 f.

405 Vgl. IAS 36.BC155; WIRTH, J., Firmenwertbilanzierung nach IFRS, S. 300.

406 Vgl. KÜTING, K./WIRTH, J., Geschäfts- oder Firmenwert bei der Endkonsolidierung, S. 707; KÜTING, K./WIRTH, J., Implikationen von IAS 36, S. 420; WIRTH, J., Firmenwertbilanzierung nach IFRS, S. 300; HOEHNE, F., Veräußerung von Anteilen, S. 115.

Methode des relativen Unternehmenswertvergleichs gelöst werden.[407] Sofern ein Anteilsverkauf zu einem **Abgang der gesamten firmenwerttragenden ZGE** führt, ist unstrittig, dass auch der kumulative Goodwill dieser ZGE in voller Höhe aus dem Konzernabschluss auszubuchen ist.[408] Sofern indes mit der Anteilsveräußerung nur ein **Teil einer firmenwerttragenden ZGE abgeht**, ist im Zuge der Endkonsolidierung gem. IAS 36.86 nur dann ein Teil des kumulierten Goodwill nach der Methode des relativen Unternehmenswertvergleichs aus der betroffenen ZGE herauszulösen und auszubuchen, wenn der abgehende Teil der ZGE eine sog. ***operation*** darstellt.[409] Der IASB definiert indes nicht näher, welche Voraussetzungen für das Vorliegen einer *operation* erfüllt sein müssen.[410]

Die fehlende begriffliche Konkretisierung einer *operation* räumt den Bilanzierenden ein **erhebliches bilanzpolitisches Gestaltungspotenzial** im Hinblick auf die Frage ein, ob bei der Endkonsolidierung überhaupt ein Goodwill zu berücksichtigen ist.[411] Durch die Ausnutzung dieses Interpretationsspielraums kann der GuV-wirksam zu erfassende

---

407 Gemäß IAS 36.86 (b) i. V. m. IAS 36.BC156 kann hingegen in Ausnahmefällen von dieser Vorgehensweise abgewichen werden, wenn das bilanzierende Unternehmen nachweisen kann, dass eine andere Methode die Zuordnung eines Goodwill-Anteils zur abgehenden betrieblichen Teileinheit besser widerspiegelt. Dies kann bspw. der Fall sein, wenn nachgewiesen werden kann, dass es auf Ebene der betroffenen ZGE nicht zu einer Vermischung verschiedener Geschäfts- oder Firmenwerte aus unterschiedlichen Unternehmenserwerben gekommen ist und zum Zeitpunkt des Statuswechsels somit immer noch ein einzelerwerbsorientierter Goodwill vorhanden ist. Vgl. KÜTING, K./WIRTH, J., Geschäfts- oder Firmenwert bei der Endkonsolidierung, S. 707; WATRIN, C./HOEHNE, F./LAMMERT, J., in: MüKo Bilanzrecht Bd. 1, IAS 27, Rn. 289; WATRIN, C./HOEHNE, F., Endkonsolidierung von Tochterunternehmen, S. 702; HOEHNE, F., Veräußerung von Anteilen, S. 116; BAETGE, J./HAYN, S./STRÖHER, T., in: Baetge u. a., Rechnungslegung nach IFRS, 2. Aufl., IFRS 10, Rn. 344.

408 Dies ergibt sich als logische Schlussfolgerung aus dem Wortlaut des IAS 36.86 (a), wonach beim Abgang eines Teils einer ZGE, der eine *operation* darstellt, der proportional auf diese *operation* entfallende Anteil des der gesamten ZGE zuzuordnenden Goodwill auszubuchen ist. Vgl. WIRTH, J., Firmenwertbilanzierung nach IFRS, S. 300; KÜTING, K./WIRTH, J., Geschäfts- oder Firmenwert bei der Endkonsolidierung, S. 706; BAETGE, J./HAYN, S./STRÖHER, T., in: Baetge u. a., Rechnungslegung nach IFRS, 2. Aufl., IFRS 10, Rn. 343; WATRIN, C./HOEHNE, F., Endkonsolidierung von Tochterunternehmen, S. 701; HOEHNE, F., Veräußerung von Anteilen, S. 114.

409 Vgl. WIRTH, J., Firmenwertbilanzierung nach IFRS, S. 300; BAETGE, J./HAYN, S./STRÖHER, T., in: Baetge u. a., Rechnungslegung nach IFRS, 2. Aufl., IFRS 10, Rn. 343.

410 Vgl. WIRTH, J., Firmenwertbilanzierung nach IFRS, S. 294; KÜTING, K./WIRTH, J., Geschäfts- oder Firmenwert bei der Endkonsolidierung, S. 705; HOEHNE, F., Veräußerung von Anteilen, S. 113; LÜDENBACH, N./HOFFMANN, W.-D./FREIBERG, J., in: Haufe IFRS-Kommentar, 14. Aufl., § 11, Rn. 184. In der Literatur werden diesbezüglich unterschiedliche Begriffsauslegungen diskutiert, die sich zum Teil erheblich unterscheiden. Vgl. WIRTH, J., Firmenwertbilanzierung nach IFRS, S. 294-297; LÜDENBACH, N./HOFFMANN, W.-D./FREIBERG, J., in: Haufe IFRS-Kommentar, 14. Aufl., § 11, Rn. 184 f.; HAYN, B., in: Beck IFRS HB, 5. Aufl., § 37, Rn. 61.

411 Vgl. WIRTH, J., Firmenwertbilanzierung nach IFRS, S. 296; BAETGE, J./HAYN, S./STRÖHER, T., in: Baetge u. a., Rechnungslegung nach IFRS, 2. Aufl., IFRS 10, Rn. 342; WATRIN, C./HOEHNE, F./LAMMERT, J., in: MüKo Bilanzrecht Bd. 1, IAS 27, Rn 287; HOEHNE, F., Veräußerung von Anteilen, S. 114.

Endkonsolidierungserfolg gezielt manipuliert werden, da für die Adressaten in aller Regel nicht ersichtlich ist, ob und in welcher Höhe bei der Endkonsolidierung auch ein proportional auf die ausscheidenden Anteile entfallender Goodwill ausgebucht wurde. Sofern die anteilig ausscheidende Beteiligung als *operation* klassifiziert wird, bestimmt sich der Abgangswert des darauf entfallenden Goodwill gem. der **Methode des relativen Unternehmenswertvergleichs** aus dem Produkt des Buchwerts des kumulierten Goodwill der (anteilig) ausscheidenden ZGE multipliziert mit dem Verhältnis des Unternehmenswerts der abgehenden *operation* zum Unternehmenswert der gesamten ZGE.

In **Übersicht 4-3** wird das Vorgehen nach dieser Methode zunächst für den Fall grafisch veranschaulicht, dass an der abgehenden betrieblichen Einheit keine Minderheitsgesellschafter beteiligt sind:

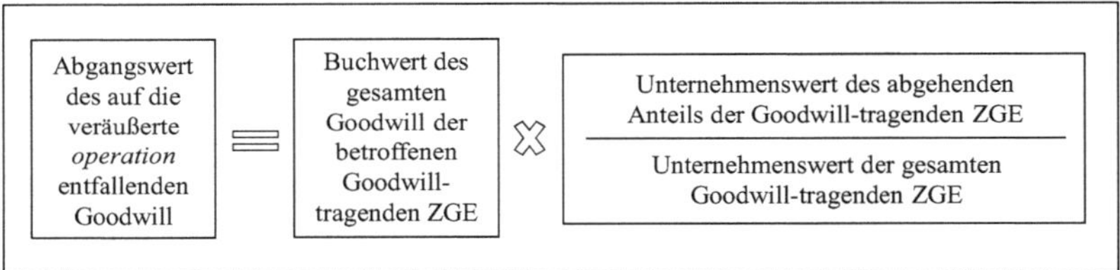

Übersicht 4-3: Bestimmung des auf die veräußerten Anteile entfallenden Goodwill nach der Methode des relativen Unternehmenswertvergleichs (Fall (a) ohne Minderheitenanteile)[412]

Der IASB konkretisiert indes nicht, welcher **Wertmaßstab** für die Ermittlung der Unternehmenswerte der aus dem Konzernabschluss ausscheidenden *operation* einerseits und der gesamten Goodwill-tragenden ZGE andererseits heranzuziehen ist. Mangels diesbezüglicher Regelungen kommen nach der geltenden Rechtslage folglich sowohl **veräußerungsorientierte Fair Values** als auch **unternehmensspezifische Nutzungswerte** i. S. d. IAS 36 in Betracht.[413] KÜTING/WEBER/WIRTH sprechen sich mit Blick auf die tatsächliche Verwendungsabsicht der einzelnen betrieblichen Teilbereiche dafür aus, für den im Konzern zurückbehaltenen Teil der firmenwerttragenden ZGE einen

---

412 In Anlehnung an WIRTH, J., Firmenwertbilanzierung nach IFRS, S. 301.

413 Vgl. WIRTH, J., Firmenwertbilanzierung nach IFRS, S. 301; KÜTING, K./WIRTH, J., Implikationen von IAS 36, S. 420.

Nutzungswert zu berechnen und für den abgehenden Anteil der firmenwerttragenden ZGE einen Fair Value abzgl. Veräußerungskosten.[414] ERNST & YOUNG schlägt hingegen vor, für die Bestimmung des Unternehmenswerts des zurückbehaltenen Teils der firmenwerttragenden ZGE auf den höheren der beiden Beträge aus dem Nutzungswert einerseits und dem Fair Value abzüglich Veräußerungskosten andererseits zurückzugreifen.[415] Für den zu veräußernden Teil der firmenwerttragenden ZGE unterstellt ERNST & YOUNG, dass sich die beiden Wertmaßstäbe des Nutzungswerts und des Fair Value abzüglich Veräußerungskosten im Wesentlichen kaum unterscheiden dürften, da die Tatsache des Verkaufs auch bei der Ermittlung des Nutzungswerts nicht unberücksichtigt bleiben dürfe und dieser somit zu wesentlichen Teilen durch den Veräußerungserlös bestimmt würde.[416] Die Regelungslücke in IAS 36 hinsichtlich der beim relativen Unternehmenswertvergleich zugrunde zu legenden Wertmaßstäbe eröffnet den Konzernabschlusserstellern weitere **Ermessensspielräume**, durch die der Endkonsolidierungserfolg und damit das Periodenergebnis des Konzerns gezielt bilanzpolitisch manipuliert werden können.[417]

Unabhängig davon, ob für die Unternehmenswertermittlung auf den Wertmaßstab des Fair Value oder auf einen unternehmensspezifischen Nutzungswert abgestellt wird, muss in jedem Fall ein **Zukunftserfolgswert** auf der Grundlage eines modellbasierten **Kapitalwertkalküls** berechnet werden.[418] Dabei sind die künftig erwarteten Zahlungs-

---

414 Vgl. KÜTING, K./WEBER, C.-P./WIRTH, J., Bilanzierung von Anteilsverkäufen, S. 878; KÜTING, K./ WIRTH, J., Geschäfts- oder Firmenwert bei der Endkonsolidierung, S. 709 f.

415 Vgl. ERNST & YOUNG (Hrsg.), International GAAP 2016, S. 1470.

416 Vgl. ERNST & YOUNG (Hrsg.), International GAAP 2016, S. 1470.

417 Vgl. auch WIRTH, J., Firmenwertbilanzierung nach IFRS, S. 302. Dieser bilanzpolitische Spielraum wird indes durch die im *Conceptual Framework* kodifizierte Forderung nach einer (materiellen) Stetigkeit eingeschränkt, wonach eine zeitlich stetige Anwendung von Bilanzierungs- und Bewertungsmethoden für gleichartige Sachverhalte verlangt wird. Vgl. Abschnitt 223.1.

418 Vgl. BALLWIESER, W., IFRS-Rechnungslegung, S. 207; BAETGE, J./DITTMAR, P./KLÖNNE, H., Der impairment only approach, S. 8; BARTELHEIMER, J./KÜCKELHAUS, M./WOHLTHAT, A., Impairment of Assets, S. 24 f.; KLOSE, N.-C., Konzernrechnungslegung nach IFRS, S. 145 f. Überdies dürfte der Fortführungs- bzw. Nutzungswert in den allermeisten Fällen ohnehin über dem Veräußerungswert liegen, sodass in der Praxis regelmäßig der *value in use* den erzielbaren Betrag determiniert. Vgl. BEYHS, O., Impairment of assets, S. 97; KIRSCH, H.-J./KOELEN, P./KÖHLING, K., Möglichkeiten und Grenzen des management approach, S. 203; HAAKER, A., Goodwill-Bilanzierung, S. 367. Die jährlich von KPMG veröffentlichte „*Cost of Capital Study*" aus dem Jahr 2015, bei der u. a. das *Impairment*-Verhalten von 148 großen Unternehmen aus Deutschland, Österreich und der Schweiz in deren Konzernabschlüssen für die Berichtszeiträume 2014 bzw. 2014/2015 untersucht wurde, bestätigt die in der Literatur angenommene hohe Bedeutung von Kapitalwertverfahren auch für die Ermittlung des *fair value less costs of disposal*. So gaben 86 % der befragten Unternehmen an, dass sie

ströme bzw. Ergebnisgrößen aus den zu bewertenden betrieblichen Teileinheiten durch Diskontierung auf einen Barwert zum Zeitpunkt der Übergangskonsolidierung zu verdichten. Die in das Bewertungsmodell einfließenden zukunftsgerichteten Parameter sind in hohem Maße von den subjektiven Annahmen und Schätzungen des Bewertenden abhängig. Angesichts der damit einhergehenden umfangreichen Ermessensspielräume ist der auf Basis der Methode des relativen Unternehmenswertvergleichs bestimmte ausscheidende Goodwill-Anteil aus Sicht der Abschlussadressaten kaum nachprüfbar bzw. objektivierbar.

Sofern an den der abgehenden *operation* bzw. der zugehörigen ZGE zuzuordnenden Vermögenswerten und Schulden neben der Konzernmutter auch **nicht-beherrschende Gesellschafter** beteiligt sind, fließen bei der Bestimmung der Unternehmenswerte der abgehenden *operation* einerseits und der zugehörigen ZGE andererseits auch solche Wertpotenziale ein, die wirtschaftlich den Minderheitsgesellschaftern zuzurechnen sind. Folglich muss bei der Bestimmung des Goodwill-Abgangswerts nach der Methode des relativen Unternehmenswertvergleichs – analog zum Vorgehen bei der Werthaltigkeitsprüfung nach IAS 36 – der **kumulierte Buchwert des Goodwill** der betroffenen firmenwerttragenden ZGE zusätzlich **um Minderheitenanteile hochgerechnet** werden.[419] Dadurch wird sichergestellt, dass die Berechnung des abgehenden Goodwill auf einer **wertmäßig einheitlichen Bezugsbasis** fußt. Da nach der *Partial Goodwill*-Methode nur ein Mehrheiten-Goodwill bilanziert wird, ist der zunächst um den Minderheitenanteil hochgerechnete ausscheidende Goodwill indes nicht in Gänze als bilanzieller Abgangswert zu berücksichtigen, sondern nur in Höhe des auf die beherrschenden Gesellschafter entfallenden Anteils an der abgehenden *operation.*[420]

Übersicht 4-4 stellt die Methode des relativen Unternehmenswertvergleichs gem. IAS 36.86 (b) für den Fall dar, dass an der abgehenden betrieblichen Teileinheit auch Minderheitsgesellschafter beteiligt sind:

---

den *fair value less costs of disposal* auf der Grundlagen des gleichen Bewertungsverfahrens ermitteln wie den *value in use*. Vgl. KPMG (Hrsg.), Cost of Capital Study 2015, S. 50.

419 Vgl. WIRTH, J., Firmenwertbilanzierung nach IFRS, S. 306 f.

420 Vgl. WIRTH, J., Firmenwertbilanzierung nach IFRS, S. 307; KÜTING, K./WEBER, C.-P./WIRTH, J., Goodwillbilanzierung, S. 150; KÜTING, K./WIRTH, J., Geschäfts- oder Firmenwert bei der Endkonsolidierung, S. 708; WATRIN, C./HOEHNE, F., Endkonsolidierung von Tochterunternehmen, S. 702; HOEHNE, F., Veräußerung von Anteilen, S. 117.

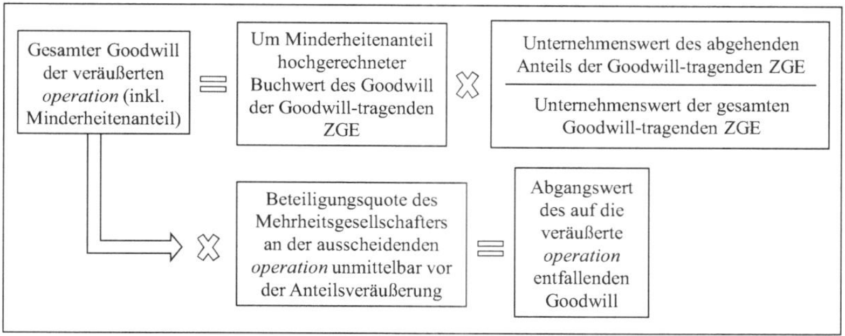

Übersicht 4-4: Bestimmung des auf die veräußerten Anteile entfallenden Goodwill nach der Methode des relativen Unternehmenswertvergleichs (Fall (b) mit Minderheitenanteilen)[421]

421.52 Ermittlung des Entflechtungswerts des auf die zurückbehaltenen Anteile entfallenden Goodwill

Neben dem Teil des Goodwill, der auf die veräußerten Anteile entfällt und der in die Berechnung des Endkonsolidierungserfolgs eingeht, ist auch der auf die **verbleibenden Anteile entfallende Goodwill** zunächst aus dem Konzernabschluss auszubuchen, bevor die Restbeteiligung anschließend auf Basis der Wertverhältnisse zum Übergangskonsolidierungszeitpunkt erneut in den Konzernabschluss einbezogen wird.[422] Letztlich darf nach dem Statuswechsel kein Teil des in der Konzernbilanz ausgewiesenen Goodwill mehr dem infolge des Statuswechsels vollständig ausscheidenden Tochterunternehmen zuzurechnen sein.[423] Der auf das zurückbehaltene Anteilspaket entfallende Goodwill geht in den **Entflechtungswert** der Restbeteiligung ein und beeinflusst somit den Übergangskonsolidierungserfolg.[424] Die Notwendigkeit der Aufteilung des auszubuchenden Goodwill in einen Teil, der auf die veräußerten Anteile entfällt und einen Teil, der der zurückbehaltenen Restbeteiligung zuzuordnen ist, ergibt sich aus der Bericht-

---

421 In Anlehnung an WIRTH, J., Firmenwertbilanzierung nach IFRS, S. 307.

422 Vgl. IFRS 10.B98 (a) (i); HAYN, B., in: Beck IFRS HB, 5. Aufl., § 37, Rn. 62; HOEHNE, F., Veräußerung von Anteilen, S. 174.

423 Vgl. WATRIN, C./HOEHNE, F./RIEGER, S., Übergangskonsolidierung nach IAS 27, S. 308; HOEHNE, F., Veräußerung von Anteilen, S. 175. Der bei einem Übergang auf die quotale Bilanzierung nach IFRS 11 aus der neuerlichen Kapitalaufrechnung ggf. entstehende „neue" Goodwill ist hiervon ausgenommen, da dieser sich gerade nicht mehr auf das ursprünglich vollkonsolidierte Tochterunternehmen bezieht.

424 Vgl. HOEHNE, F., Veräußerung von Anteilen, S. 174.

erstattungspflicht des IFRS 12.19. Danach ist der gesamte Erfolgsbeitrag aus der bilanziellen Abbildung des Statuswechsels in einen Endkonsolidierungserfolg einerseits und einen Übergangskonsolidierungserfolg andererseits aufzuteilen.[425] Weder in IFRS 10 noch in IAS 36 finden sich indes explizite Vorgaben zur Ausbuchung bzw. Entflechtung eines auf die verbleibende Restbeteiligung entfallenden Goodwill. Wenngleich die **Methode des relativen Unternehmenswertvergleichs** in IAS 36.86 explizit nur für die Bestimmung des Goodwill einer veräußerten *operation* vorgeschrieben wird, liegt vor allem aus Konsistenzgründen eine **analoge Anwendung** dieser Methode auch für die Entflechtung des auf die zurückbehaltenen Anteile entfallenden Goodwill nahe.[426]

In Bezug auf das konkrete Vorgehen bei der Goodwill-Ausbuchung im Kontext einer statusändernden Anteilsveräußerung schlägt HOEHNE vor, fiktiv die **Veräußerung der gesamten Beteiligung zu unterstellen**. Demzufolge wäre in einem ersten Schritt nach der Methode des relativen Unternehmenswertvergleichs gem. IAS 36.86 (b) ein **Gesamtabgangswert** für den Goodwill des ausscheidenden Tochterunternehmens zu bestimmen. In einem zweiten Schritt wäre der auf diese Weise ermittelte insgesamt auszubuchende Goodwill dann entsprechend der Veräußerungsquote in einen Abgangs- und in einen Entflechtungswert **aufzuteilen**.[427]

Daneben wäre es aber auch denkbar, den auf die veräußerten Anteile entfallenden Goodwill-Anteil einerseits und den auf die Restbeteiligung entfallenden Goodwill-Anteil andererseits jeweils einzeln nach der Methode des relativen Unternehmenswertvergleichs zu berechnen. Die beiden alternativen Vorgehensweisen dürften indes nicht zwingend zum gleichen Ergebnis führen, da bei der Unternehmenswertermittlung – unabhängig davon, ob hierbei ein marktorientierter Fair Value oder ein unternehmensspezifischer Nutzungswert berechnet wird – mit zunehmender **Größe des Bewertungsobjekts** tendenziell die Bedeutung von im Bewertungskalkül zu berücksichtigenden **Synergie- bzw. Skaleneffekten** zunimmt. Somit wäre bei der erstgenannten Alternative, d. h. bei der Ermittlung eines Gesamtabgangswerts des ausscheidenden Goodwill, ten-

---

425 Vgl. hierzu auch HOEHNE, F., Veräußerung von Anteilen, S. 175; WATRIN, C./HOEHNE, F./RIEGER, S., Übergangskonsolidierung nach IAS 27, S. 308.

426 Vgl. HAYN, B., in: Beck IFRS HB, 5. Aufl., § 37, Rn. 62; HOEHNE, F., Veräußerung von Anteilen, S. 174.

427 Vgl. HOEHNE, F., Veräußerung von Anteilen, S. 175 f.

denziell ein höherer Goodwill-Betrag auszubuchen als bei einer getrennten Berechnung des jeweils dem veräußerten und dem zurückbehaltenen Anteilspaket zuzuordnenden Goodwill-Anteils. Diese Regelungslücke bzgl. des Vorgehens bei der Ausbuchung des auf die zurückbehaltenen Anteile entfallenden Goodwill eröffnet dem Konzernabschlussersteller zusätzliche Ermessensspielräume, durch die auch der Übergangskonsolidierungserfolg gezielt bilanzpolitisch beeinflusst werden kann.

421.53 Zwischenfazit

Zusammenfassend ist festzuhalten, dass die durch IAS 36 hervorgerufene bilanzielle Loslösung des im Zuge eines Unternehmenserwerbs entstandenen derivativen Goodwill von der zugehörigen Beteiligung und dessen Folgebilanzierung auf der Ebene firmenwerttragender ZGE umfangreiche Probleme bei der End- bzw. Übergangskonsolidierung aufwirft. Spätestens zum Zeitpunkt der End- bzw. Übergangskonsolidierung muss die für Folgebewertungszwecke vorgenommene Trennung von Goodwill und Beteiligung wieder aufgegeben werden, da ein angemessener Teil des kumulierten Goodwill der betroffenen firmenwerttragenden ZGE wieder auf das konzernbilanziell ausscheidende Tochterunternehmen (re-)alloziert werden muss. Da sich der nach der Methode des relativen Unternehmenswertvergleichs berechnete Wert des auszubuchenden Goodwill allein nach den Wertverhältnissen zum Zeitpunkt des Statuswechsels bestimmt,[428] kann der auszubuchende Goodwill den mit dem historischen Unternehmenserwerb zugegangenen Goodwill u. U. erheblich unter- oder gar überschreiten.[429] Durch die **hohe Komplexität** und die Vielzahl der **subjektiv ausübbaren Ermessensspielräume** im Zusammenhang mit der Anwendung der Methode des relativen Unternehmenswertvergleichs wird die **Nachprüfbarkeit** bzw. die **Objektivierbarkeit** der dadurch vermittelten Abschlussinformationen stark beeinträchtigt. Den Abschlussadressaten ist es somit kaum möglich, nachzuvollziehen, ob der ausscheidende Goodwill korrekt berechnet wurde und ob der im Konzernergebnis ausgewiesene End- bzw. Übergangskonsolidierungserfolg die tatsächlichen wirtschaftlichen Gegebenheiten glaubwürdig widerspiegelt.

---

428 Vgl. KÜTING, K./WEBER, C.-P./WIRTH, J., Bilanzierung von Anteilsverkäufen, S. 878.

429 Vgl. KÜTING, K./WEBER, C.-P./WIRTH, J., Bilanzierung von Anteilsverkäufen, S. 878; KÜTING, K./ WIRTH, J., Geschäfts- oder Firmenwert bei der Endkonsolidierung, S. 709; WATRIN, C./HOEHNE, F., Endkonsolidierung von Tochterunternehmen, 701; HOEHNE, F., Veräußerung von Anteilen, S. 117.

421.6 Ausbuchung der im OCI erfassten Erfolgsbestandteile

Gemäß IFRS 10.B98 (c) sind zum Zeitpunkt des Statuswechsels auch die im OCI erfassten Erfolgsbeiträge aus der Vollkonsolidierung des Tochterunternehmens vollständig zu eliminieren.[430] Dabei ist wie im Fall einer Einzelveräußerung der zugehörigen Vermögenswerte bzw. Schulden vorzugehen,[431] d. h., abhängig von den Bestimmungen der einschlägigen sachverhaltsspezifischen Standards sind die OCI-Bestandteile entweder in die Gewinn- und Verlustrechnung umzugliedern (sog. *reclassification adjustment*)[432] oder direkt mit den Gewinnrücklagen im Eigenkapital zu verrechnen.[433]

Eine Umgliederung von ursprünglich im OCI erfassten Erfolgsbeiträgen in die Gewinn- und Verlustrechnung ist bspw. dann vorgesehen, wenn diese aus der Währungsumrechnung im Zusammenhang mit einer Investition des ausscheidenden Tochterunternehmens in einen ausländischen Geschäftsbetrieb entstanden sind,[434] sich aus Wertänderungen von Finanzinstrumenten der IAS 39-Kategorie *available for sale*[435] bzw. aus Wertänderungen von finanziellen Vermögenswerten der IFRS 9-Kategorie *fair value through OCI*[436] ergeben oder aus dem effektiven Teil der Wertschwankungen von Sicherungsgeschäften bei Anwendung des Cashflow Hedge Accounting resultieren.[437] Bewertungserfolge aus der Anwendung des Neubewertungsmodells für Sachanlagen bzw. immaterielle Vermögenswerte des Anlagevermögens sind hingegen GuV-neutral in die Gewinnrücklagen umzugliedern.[438] Ferner dürfen weder im OCI erfasste Erfolgsbeiträge aus Wertänderungen von Eigenkapitalinstrumenten anderer Unternehmen[439] noch sol-

---

430 Vgl. IFRS 10.B98 (c).

431 Vgl. IFRS 10.B98 (c) i. V. m. IFRS 10.B99.

432 Bis zur Verabschiedung von IAS 1 (rev. 2007) wurde der Prozess der Umgliederung von zunächst im OCI erfassten Erfolgsbeiträgen in die Gewinn- und Verlustrechnung noch als sog. *„recycling"* bezeichnet. Vgl. HOEHNE, F., Veräußerung von Anteilen, S. 100.

433 Vgl. IFRS 10.BCZ183; BAETGE, J./HAYN, S./STRÖHER, T., in: Baetge u. a., Rechnungslegung nach IFRS, 2. Aufl., IFRS 10, Rn. 360-362; LÜDENBACH, N./HOFFMANN, W.-D./FREIBERG, J., in: Haufe IFRS-Kommentar, 14. Aufl., § 31, Rn. 172; HAYN, B., in: Beck IFRS HB, 5. Aufl., § 37, Rn. 55; BRUNE, J. W., Einbeziehung des OCI, S. 160; WENK, M. O./JAGOSCH, C., Reduzierung einer Mehrheitsbeteiligung, S. 118; WATRIN, C./HOEHNE, F./RIEGER, S., Übergangskonsolidierung nach IAS 27, S. 307. Bezogen auf den Fall einer Endkonsolidierung bei vollständiger Anteilsveräußerung vgl. WATRIN, C./HOEHNE, F., Endkonsolidierung von Tochterunternehmen, S. 699; HOEHNE, F., Veräußerung von Anteilen, S. 95-97.

434 Vgl. IAS 21.32 i. V. m. IAS 21.48 und IAS 21.48A.

435 Vgl. IAS 39.55 (b).

436 Vgl. IFRS 9.4.1.2A i. V. m. IFRS 9.5.7.10.

437 Vgl. IAS 39.95 i. V. m. IFRS 39.97-100 bzw. IFRS 9.6.5.11.

438 Vgl. IAS 16.41 bzw. IAS 38.87.

439 Vgl. IFRS 9.5.7.5.

che aus Schätzungsänderungen bzgl. der Nettoschuld aus leistungsorientierten Pensionsverpflichtungen[440] in die Gewinn- und Verlustrechnung umgegliedert werden.[441]

Im Zusammenhang mit der Behandlung der im OCI erfassten Erfolgsbeiträge des ausscheidenden Tochterunternehmens ist indes nicht eindeutig geregelt, ob auch solche OCI-Komponenten im Wege eines *reclassification adjustment* in die Gewinn- und Verlustrechnung umzugliedern sind, die auf **die ausscheidenden Minderheitenanteile** entfallen.[442] Einerseits erstreckt sich die Pflicht zu einer **erfolgsneutralen Ausbuchung** der Anteile nicht-beherrschender Gesellschafter gemäß dem Wortlaut des IFRS 10.B98 (a) (ii) zwar explizit auch auf die hierauf entfallenden **Erfolgsbeiträge des OCI**, was gegen eine GuV-wirksame Umgliederung beim Ausscheiden des Tochterunternehmens aus dem Konzernabschluss spricht. Andererseits verlangt aber IFRS 10.B99, dass ein Mutterunternehmen beim Verlust der Beherrschung über ein Tochterunternehmen „**alle** zuvor im sonstigen Ergebnis ausgewiesenen Beträge in Bezug auf dieses Tochterunternehmen auf derselben Grundlage zu bilanzieren [hat], wie dies verlangt würde, wenn das Mutterunternehmen die dazugehörigen Vermögenswerte und Schulden direkt veräußert hätte."[443] Bei einer wörtlichen Auslegung des IFRS 10.B99 würde der Gewinn bzw. Verlust des Konzerns in der Periode des Statuswechsels somit durch die GuV-wirksame Umgliederung der auf die Minderheitsgesellschafter entfallenden OCI-Komponenten erhöht bzw. vermindert, obwohl die Minderheitsgesellschafter nach dem Zeitpunkt des Statuswechsels nicht mehr an diesem Erfolgsbeitrag teilhaben. Der Ergebnisbeitrag aus dem *reclassification adjustment* würde somit fälschlicherweise den Gesellschaftern der Konzernmutter zugerechnet. Nach der hier vertretenen Auffassung ist daher eine **vollständige erfolgsneutrale Ausbuchung** der auf die nicht-beherrschenden Gesellschafter entfallenden OCI-Komponenten zu befürworten.[444]

---

440 Vgl. IAS 19.122.

441 Für eine Zusammenfassung der Behandlung unterschiedlicher OCI-Komponenten beim Ausscheiden eines Tochterunternehmens aus dem Konzernabschluss vgl. auch SENGER, T./DIERSCH, U., in: Beck IFRS HB, 5. Aufl., § 35, Rn. 35.

442 Vgl. BAETGE, J./HAYN, S./STRÖHER, T., in: Baetge u. a., Rechnungslegung nach IFRS, 2. Aufl., IFRS 10, Rn. 363; ERNST & YOUNG (Hrsg.), International GAAP 2016, S. 456.

443 Hervorhebung und Einfügung durch den Verfasser.

444 Vgl. im Ergebnis so auch BAETGE, J./HAYN, S./STRÖHER, T., in: Baetge u. a., Rechnungslegung nach IFRS, 2. Aufl., IFRS 10, Rn. 363 und 366; HAYN, B., in: Beck IFRS HB, 5. Aufl., § 37, Rn. 57;

Gemäß IFRS 10.B98 (c) i. V. m. IFRS 10.B99 sind die während der Konzernzugehörigkeit des Tochterunternehmens entstandenen und zum Zeitpunkt der Übergangskonsolidierung noch im OCI enthaltenen Erfolgsbeiträge **in voller Höhe auszubuchen**, unabhängig davon, ob und in welchem Umfang weiterhin eine Restbeteiligung an dem ehemaligen Tochterunternehmen zurückbehalten wird.[445] Nach der **alten Rechtslage**, die noch eine beteiligungsproportionale Buchwertfortführung des anteiligen konzernbilanziellen Nettovermögens der Restbeteiligung vorsah,[446] war dieser Sachverhalt hingegen nicht explizit geregelt. Gleichwohl wurde in der Literatur einhellig die Meinung vertreten, dass beim Übergang von einem vormals vollkonsolidierten Tochterunternehmen auf eine *at equity* zu bilanzierende Restbeteiligung nur der auf die veräußerten Anteile entfallende Teil des OCI auszubuchen war und der auf die zurückbehaltenen Anteile entfallende Teil beteiligungsproportional über den Equity-Buchwert fortzuschreiben war.[447]

Entgegen dem Wortlaut von IFRS 10.B98 (c) i. V. m. IFRS 10.B99 sind HOEHNE bzw. WATRIN/HOEHNE/RIEGER der Auffassung, dass es mit Blick auf einen **periodengerechten Erfolgsausweis** auch nach der **neuen Rechtslage**, d. h. auch im Fall einer verpflichtenden Neubewertung der Restbeteiligung, sachgerecht wäre, die OCI-Komponenten aus der Vollkonsolidierung beim Übergang auf eine Bilanzierung nach

BRUNE, J. W., Einbeziehung des OCI, S. 160; HOEHNE, F., Veräußerung von Anteilen, S. 174; WATRIN, C./HOEHNE, F., Endkonsolidierung von Tochterunternehmen, S. 700; KÜTING, K./WEBER, C.-P./WIRTH, J., Goodwillbilanzierung, S. 151; SENGER, T./DIERSCH, U., in: Beck IFRS HB, 5. Aufl., § 35, Rn. 39. Für im OCI erfasste Währungsumrechnungsdifferenzen aus Investitionen des ausscheidenden Tochterunternehmens in einen ausländischen Geschäftsbetrieb regelt IAS 21.48B zudem sogar explizit, dass der davon auf die nicht-beherrschenden Gesellschafter entfallende Teil nicht in die Gewinn- und Verlustrechnung umgegliedert werden darf.

445 Vgl. BAETGE, J./HAYN, S./STRÖHER, T., in: Baetge u. a., Rechnungslegung nach IFRS, 2. Aufl., IFRS 10, Rn. 360, 362 und 366; BRUNE, J. W., Einbeziehung des OCI, S. 161.

446 Vgl. WATRIN, C./HOEHNE, F./LAMMERT, J., in: MüKo Bilanzrecht Bd. 1, IAS 27, Rn. 305; HOEHNE, F., Veräußerung von Anteilen, S. 166; LÜDENBACH, N./HOFFMANN, W.-D., Übergangskonsolidierung nach ED IFRS 3, S. 1808; ZORN, T., Endkonsolidierung, S. 185 f.; ZAUNER, J., Übergangs- und Endkonsolidierung, S. 125-127; KÖNIGSMAIER, H., Wechsel der Konsolidierungsart, S. 647 f.

447 Vgl. MILLA, A./BUTOLLO, B., Übergangskonsolidierung nach IFRS, S. 90; WENK, M. O./JAGOSCH, C., Reduzierung einer Mehrheitsbeteiligung, S. 117. Auch bei Anwendung der Equity-Methode sind die Erfolgsbeiträge des assoziierten bzw. Gemeinschaftsunternehmens je nach Art des zugrunde liegenden Sachverhalts – analog zur Vollkonsolidierung oder zur quotalen Konsolidierung – entweder in der Gewinn- und Verlustrechnung oder im OCI zu erfassen. Vgl. IAS 28.10. Erst im Zuge der Ergebnisrealisierung bspw. durch den Verkauf des dazugehörigen Vermögenswerts ist nach Maßgabe der einschlägigen sachverhaltsspezifischen Standards eine Umgliederung der OCI-Bestandteile entweder in die Gewinn- und Verlustrechnung oder direkt in die Gewinnrücklagen vorgesehen. Vgl. IAS 28.22 (c). Siehe hierzu auch BAETGE, J./KLAHOLZ, T./GRAUPE, F., in: Baetge u. a., Rechnungslegung nach IFRS, 2. Aufl., IAS 28, Rn. 133 f. und 181.

der Equity-Methode[448] lediglich anteilig in Höhe der Veräußerungsquote auszubuchen.[449] Die auf die Restbeteiligung entfallenden übrigen OCI-Komponenten sollten nach Ansicht dieser Autoren dagegen **bis zum Zeitpunkt der endgültigen Veräußerung** der zugehörigen Vermögenswerte bzw. Schulden durch das assoziierte bzw. Gemeinschaftsunternehmen „im Rahmen einer Nebenrechnung“[450] **fortgeführt** werden, da sie aus Konzernsicht erst dann als realisiert angesehen werden können.

Dieser Auffassung kann indes nicht gefolgt werden. Stattdessen ist in diesem Zusammenhang LÜDENBACH/HOFFMANN/FREIBERG sowie BRUNE zuzustimmen, die eine anteilige Fortführung von OCI-Komponenten aus der Vollkonsolidierung nach dem Statuswechsel mit der Begründung ablehnen, dass die **Neubewertung** der zurückbehaltenen Anteile einen **faktischen Neustart** einer gänzlich neuen Beteiligungsbeziehung **impliziert**.[451] Durch die Übergangskonsolidierungsregelungen in IFRS 10 wird buchungstechnisch ein vollständiges Ausscheiden der bisher gehaltenen Beteiligung fingiert und – mit den Worten des IASB – durch eine *„new investor-investee relationship“*[452] ersetzt.[453] Aufgrund dessen sind ab dem Zeitpunkt des Statuswechsels nur noch solche Erfolgsbeiträge im OCI zu erfassen, die wirtschaftlich erst nach dem Zeitpunkt des Statuswechsels entstanden sind.[454]

WATRIN/HOEHNE/RIEGER begründen ihre Forderung nach einer anteiligen Fortführung der auf die Restbeteiligung entfallenden OCI-Komponenten darüber hinaus. auch damit, dass eine vollständige Eliminierung zum Zeitpunkt des Statuswechsles möglicherweise eine Doppelerfassung von Erfolgsbeiträgen aus ein und demselben Sachverhalt zur Folge hätte, ohne diese Auffassung aber näher zu erläutern.[455] Nach der hier vertretenen

---

448 Der Fall eines Übergangs von der Vollkonsolidierung auf eine quotale Bilanzierung wird von den genannten Autoren nicht betrachtet.

449 Vgl. HOEHNE, F., Veräußerung von Anteilen, S. 173 und 176 f.; WATRIN, C./HOEHNE, F./RIEGER, S., Übergangskonsolidierung nach IAS 27, S. 307 f.

450 HOEHNE, F., Veräußerung von Anteilen, S. 177.

451 Vgl. LÜDENBACH, N., OCI und Zwischengewinne, S. 29; LÜDENBACH, N./HOFFMANN, W.-D./ FREIBERG, J., in: Haufe IFRS-Kommentar, 14. Aufl., § 31, Rn. 172; BRUNE, J. W., Einbeziehung des OCI, S. 161.

452 IFRS 10.BCZ182.

453 Vgl. LÜDENBACH, N., OCI und Zwischengewinne, S. 29.

454 Vgl. LÜDENBACH, N., OCI und Zwischengewinne, S. 29; LÜDENBACH, N./HOFFMANN, W.-D./ FREIBERG, J., in: Haufe IFRS-Kommentar, 14. Aufl., § 31, Rn. 172; BRUNE, J. W., Einbeziehung des OCI, S. 161.

455 Vgl. hierzu WATRIN, C./HOEHNE, F./RIEGER, S., Übergangskonsolidierung nach IAS 27, S. 307.

Ansicht besteht diese Gefahr indes nicht, da die anteilig zurückbehaltenen Vermögenswerte bzw. Schulden bei der neuerlichen Kapitalaufrechnung umittelbar nach dem Statuswechsel wiederum mit ihrem Fair Value im Konzernabschluss angesetzt werden und im Anschluss daran nur solche Erfolgsbeiträge im OCI erfasst werden, die sich ausgehend von diesem Wertansatz aus den nachfolgend auftretenden Wertschwankungen ergeben. Zwar ist HOEHNE bzw. WATRIN/HOEHNE/RIEGER dahingehend beizupflichten, dass die vollständige Ausbuchung aller OCI-Erfolgsbeiträge des ehemaligen Tochterunternehmens bei der Übergangskonsolidierung zu einer **vorzeitigen Realisation** der auf die zurückbehaltenen Anteile entfallenden OCI-Bestandteile und damit zu einem **verzerrten Erfolgsausweis** in der Periode des Statuswechsels führt. Ein „richtiger" Erfolgsausweis wird hingegen auch nicht durch die anteilige Fortführung der OCI-Bestandteile über den Zeitpunkt des Statuswechsels hinaus erreicht, da die erfolgswirksame Neubewertung der Restbeteiligung zu einem **vollständigen Bruch** mit den **bisherigen konzernbilanziellen Wertansätzen** und damit auch mit der **bisherigen Erfolgserfassung** führt. Der nach dem Statuswechsel auf Basis des neubewerteten Nettovermögens des Beteiligungsunternehmens ermittelte Periodenerfolg ist ohnehin nicht mit den in früheren Perioden ausgewiesenen Periodenerfolgen vergleichbar, da diese auf unterschiedlichen bilanziellen Wertansätzen basieren.[456]

Gemäß IFRS 10.B98 (c) i. V. m. IFRS 10.B99 sind die Umgliederungsbeträge der bislang im OCI erfassten Erfolgskomponenten in der Gewinn- und Verlustrechnung nicht dem eigentlichen End- bzw. Übergangskonsolidierungserfolg zuzuordnen, sondern entsprechend dem Vorgehen bei einer direkten Veräußerung der zugehörigen Vermögenswerte bzw. Schulden in der jeweils dafür vorgesehenen regulären GuV-Position des gewöhnlichen Betriebsergebnisses zu erfassen.[457] Hierbei handelt es sich allerdings um eine bloße Ausweisfrage, aus der sich keine Auswirkungen auf den Gesamterfolg aus der End- und Übergangskonsolidierung ergeben.[458]

---

456 Vgl. hierzu ausführlich Abschnitt 422.41.

457 Vgl. KÜTING, K./WEBER, C.-P./WIRTH, J., Goodwillbilanzierung, S. 151; HAYN, B., in: Beck IFRS HB, 5. Aufl., § 37, Rn. 58; WATRIN, C./HOEHNE, F., Endkonsolidierung von Tochterunternehmen, S. 699 f.; BAETGE, J./HAYN, S./STRÖHER, T., in: Baetge u. a., Rechnungslegung nach IFRS, 2. Aufl., IFRS 10, Rn. 364; SENGER, T./DIERSCH, U., in: Beck IFRS HB, 5. Aufl., § 35, Rn. 36 f.

458 Vgl. HOEHNE, F., Veräußerung von Anteilen, S. 102.

Übersicht 4-5 gibt einen zusammenfassenden Überblick über die Behandlung der auf das ausscheidende Tochterunternehmen entfallenden OCI-Komponenten zum Zeitpunkt des Statuswechsels:

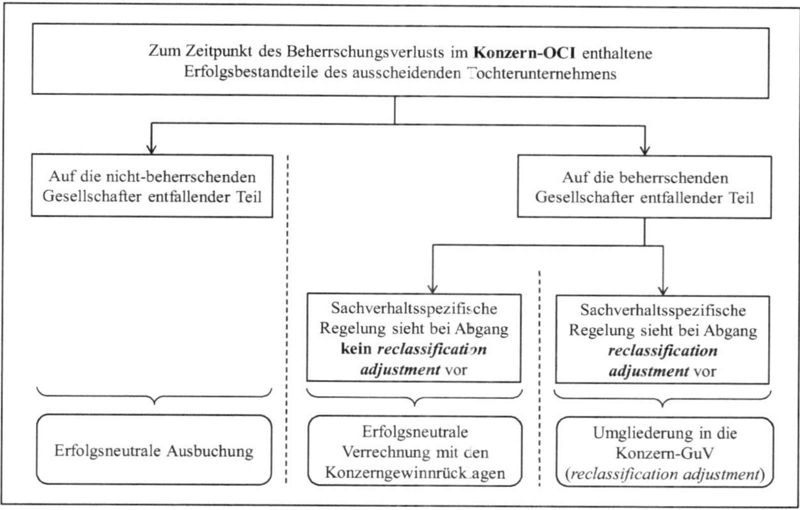

Übersicht 4-5: Behandlung der OCI-Komponenten beim Verlust der Beherrschung über ein Tochterunternehmen[459]

421.7 Neubewertung der Restbeteiligung und Ermittlung des End- und Übergangskonsolidierungserfolgs

Im Gegenzug zur Ausbuchung der Vermögenswerte (inkl. Goodwill) und Schulden des ausscheidenden Tochterunternehmens sowie der zugehörigen OCI-Bestandteile ist zum Übergangskonsolidierungszeitpunkt zum einen die für die veräußerten Anteile **erhaltene Gegenleistung** mit ihrem Fair Value im Konzernabschluss zu erfassen.[460] Zum anderen ist die weiterhin dem Konzern zugehörige Restbeteiligung im Konzernabschluss mit ihrem Fair Value zum Zeitpunkt des Statuswechsels anzusetzen.[461] Der Fair Value-

459 In Anlehnung an BRUNE, J. W., Einbeziehung des OCI, S. 161.

460 Vgl. IFRS 10.B98 (b) (i).

461 Vgl. IFRS 10.25 (b) i. V. m. IFRS 10.B98 (b) (iii). Für eine Konkretisierung der hierfür seitens des IASB angeführten konzeptionellen Begründung vgl. Abschnitt 422.21.

Wertansatz der Restbeteiligung stellt sodann „den Ausgangswert bzw. die fingierten Anschaffungskosten“[462] für die anschließende Folgebewertung nach der dann anzuwendenden konzernbilanziellen Einbezugsmethode dar.

Der **End- und Übergangskonsolidierungserfolg** als Differenz zwischen dem auf die Konzernobergesellschaft entfallenden auszubuchenden Nettovermögen des ausscheidenden Tochterunternehmens einerseits und dem Fair Value der empfangenen Gegenleistung zzgl. des Fair Value der Restbeteiligung andererseits ist **ergebniswirksam** in der Konzern-GuV zu erfassen.[463] Sowohl **Abgangs-** als auch **Entflechtungswert** des ausscheidenden Tochterunternehmens sind jeweils allein aus der **Sicht der Mehrheitsgesellschafter** zu ermitteln, da auch der für die veräußerten Anteile erzielte Verkaufserlös und die im Konzern verbleibende Restbeteiligung ausschließlich den Mehrheitsgesellschaftern zuzurechnen sind.[464] Die Minderheitenanteile sind hingegen – wie in Abschnitt 421.3 gezeigt wurde – erfolgsneutral auszubuchen. Der Gesamterfolg aus der End- und Übergangskonsolidierung ist somit allein den **Anteilseignern der Konzernobergesellschaft** zuzurechnen.[465]

Übersicht 4-6 fasst die auf die Kapitalkonsolidierung bezogenen Ergebniswirkungen[466] aus der End- und Übergangskonsolidierung abschließend zusammen:[467]

---

462 HAYN, B., in: Beck IFRS HB, 5. Aufl., § 37, Rn. 55.

463 Vgl. IFRS 10.25 (c) i. V. m. IFRS 10.B98 (d); HOEHNE, F., Veräußerung von Anteilen, S. 165 und 167; HAYN, B., in: Beck IFRS HB, 5. Aufl., § 37, Rn. 55. Im Gegensatz dazu ist im handelsrechtlichen Kontext nur die Endkonsolidierung der veräußerten Anteile erfolgswirksam, während die Restbeteiligung auf Basis einer erfolgsneutralen Buchwertfortführung in das neue Beteiligungsverhältnis überführt wird. Vgl. HERRMANN, D., Änderung von Beteiligungsverhältnissen, S. 121 f. und 135-138; HAYN, B., Konsolidierungstechnik, S. 374.

464 Vgl. HOEHNE, F., Veräußerung von Anteilen, S. 90; KÜTING, K./WEBER, C.-P./WIRTH, J., Bilanzierung von Anteilsverkäufen, S. 880.

465 Vgl. HENDLER, M./ZÜLCH, H., Änderung von Beteiligungsverhältnissen, S. 492.

466 Zusätzlich zu den hier dargestellten, ausschließlich aus der Kapitalkonsolidierung resultierenden Ergebniswirkungen der End- bzw. Übergangskonsolidierung ergeben sich darüber hinaus weitere Ergebniswirkungen aus der (anteiligen) Beendigung der sonstigen Konsolidierungsmaßnahmen. Vgl. hierzu ausführlich Abschnitt 423.

467 Neben der in Übersicht 4-6 dargestellten Methode der direkten Ermittlung des Gesamterfolgs aus der End- und Übergangskonsolidierung auf Basis des fortgeführten Konzernabschlusses ist es auch möglich, diesen nach der indirekten Methode ausgehend vom Veräußerungserfolg auf Ebene des Einzelabschlusses der Muttergesellschaft zu ermitteln. Dabei ist der in den Summenabschluss übernommene Veräußerungserfolg nachträglich um sämtliche Erfolgswirkungen aus der Fortschreibung des Beteiligungsbuchwerts im Einzelabschluss des Mutterunternehmens sowie um die während der Konzernzugehörigkeit der Beteiligung im Konzernabschluss erfassten Erfolgswirkungen aus der Vollkonsolidierung zu korrigieren. Vgl. KLOSE, N.-C., Konzernrechnungslegung nach IFRS, S. 171; SENGER, T./DIERSCH, U., in: Beck IFRS HB, 5. Aufl., § 35, Rn. 34-38 und 40 f.; LÜDENBACH, N./

Schema zur Ermittlung des Gesamterfolgs aus der End- und Übergangskonsolidierung		
		Fair Value der für die veräußerten Anteile erhaltenen Gegenleistung
	-	anteiliges, auf die veräußerten Anteile entfallendes Reinvermögen des Tochterunternehmens (inkl. Goodwill-Anteil) zu fortgeführten Konzernbuchwerten
(1)	=	Endkonsolidierungserfolg der veräußerten Anteile
		Buchwert des Ausgleichspostens für Anteile nicht-beherrschender Gesellschafter (inkl. auf diese ggf. entfallende OCI-Komponenten)
	-	anteiliges, auf die Anteile nicht-beherrschender Gesellschafter entfallendes Reinvermögen des Tochterunternehmens zu fortgeführten Konzernbuchwerten
(2)	=	Endkonsolidierungserfolg der Anteile nicht-beherrschender Gesellschafter (beträgt bei Anwendung der hier unterstellten *Partial Goodwill*-Methode im Regelfall 0)
		Fair Value der im Konzern zurückbehaltenen Anteile
	-	anteiliges, auf die im Konzern verbleibenden Anteile entfallendes Reinvermögen des Tochterunternehmens (inkl. Goodwill-Anteil) zu fortgeführten Konzernbuchwerten
(3)	=	Übergangskonsolidierungserfolg der verbleibenden Anteile
$\Sigma_{(1)}^{(3)}$	=	End- und Übergangskonsolidierungserfolg gem. IFRS 10.B98 (d)
(4)	+/-	Separat auszuweisende Umgliederungsbeträge bislang im OCI erfasster Erfolgsbeiträge
$\Sigma_{(1)}^{(4)}$	=	**Gesamterfolg aus der End- bzw. Übergangskonsolidierung**

Übersicht 4-6: Zusammensetzung des Gesamterfolgs aus der End- bzw. Übergangskonsolidierung[468]

421.8 Ausweis des End- und Übergangskonsolidierungserfolgs

Der Gesamterfolg aus End- und Übergangskonsolidierung muss in der Gewinn- und Verlustrechnung nicht verpflichtend in einen Endkonsolidierungserfolg einerseits und einen Übergangskonsolidierungserfolg andererseits aufgegliedert werden. Lediglich im Anhang ist der **Übergangskonsolidierungserfolg** als Differenz zwischen dem Fair Value und dem Entflechtungswert der Restbeteiligung gesondert anzugeben.[469] Neben der Angabe des Übergangskonsolidierungserfolgs muss zusätzlich im Anhang erläutert werden, in welcher GuV-Position der Erfolgsbeitrag aus der End- und Übergangskonsolidierung erfasst wurde, sofern er nicht ohnehin auf freiwilliger Basis in einer eigens dafür vorgesehenen GuV-Position ausgewiesen wird.[470] Nur aufgrund der Pflicht zur gesonderten Angabe des Übergangskonsolidierungserfolgs ist es somit erforderlich, das

HOFFMANN, W.-D./FREIBERG, J., in: Haufe IFRS-Kommentar, 14. Aufl., § 31, Rn. 164-166; HERRMANN, D., Änderung von Beteiligungsverhältnissen, S. 122 und 230-252.

468 In Anlehnung an KLOSE, N.-C., Konzernrechnungslegung nach IFRS, S. 172.

469 Vgl. IFRS 12.19 (a).

470 Vgl. IFRS 12.19 (b).

auszubuchende Reinvermögen des ausscheidenden Tochterunternehmens in einen auf die veräußerten Anteile entfallenden **Abgangswert** und einen auf die Restbeteiligung entfallenden **Entflechtungswert** aufzuspalten.[471]

422. Kritische Würdigung der Neubewertung der zurückbehaltenen Anteile zum Fair Value

422.1 Vorbemerkung

In diesem Abschnitt wird zunächst analysiert, auf Basis welcher **konzeptioneller Überlegungen** sich der IASB dazu entschlossen hat, für den Fall des Verlusts der Beherrschung über ein Tochterunternehmen eine Neubewertung der zurückbehaltenen Restbeteiligung zum Fair Value vorzuschreiben. Daran anschließend wird geprüft, ob und wieweit das vom Standardsetter formulierte **Informationsziel** unter Berücksichtigung der anzuwendenden Bilanzierungsvorschriften tatsächlich erreicht werden kann. Im Mittelpunkt der Betrachtung steht dabei vor allem die Frage, welche **bilanziellen und erfolgsrechnerischen Auswirkungen** sich aus dem Zusammenwirken der Neubewertungspflicht gem. IFRS 10.25 (b) i. V. m. IFRS 10.B98 (b) (iii) mit den **Vorschriften des IFRS 13** zur Bestimmung des Fair Value ergeben. Diese Auswirkungen der Neubewertung auf die im Konzernabschluss dargestellte (Veränderung der) Vermögens-, Finanz- und Ertragslage des Konzerns werden im Einzelnen vor dem Hintergrund des übergeordneten Rechnungslegungszwecks der Entscheidungsnützlichkeit und des zuvor identifizierten sachverhaltsspezifischen Zwecks der Übergangskonsolidierung kritisch gewürdigt.

422.2 Konzeptionelle Würdigung des Konzepts des *significant economic event*

422.21 Konkretisierung des Konzepts des *significant economic event*

Der IASB begründet die mit IAS 27 (amend. 2008) neu eingeführte Pflicht zur Neubewertung einer bei einem Abwärtswechsel ausgehend von einem Tochterunternehmen zurückbehaltenen Restbeteiligung damit, dass der **Beherrschungsverlust** eine **fundamentale Wesensänderung** der Beteiligungsbeziehung nach sich zieht, die konzernbi-

[471] Vgl. HOEHNE, F., Veräußerung von Anteilen, S. 165 und 167.

lanziell am besten durch eine Neubewertung zum Fair Value erfasst werden kann.[472] Konkret äußert sich der Standardsetter dazu in den *basis for conclusions* zu IFRS 10 wie folgt: „*Measuring the investment at fair value reflected the Board's view that the loss of control of a subsidiary is a significant economic event. The parent-subsidiary relationship ceases to exist and an investor-investee relationship begins that differs significantly from the former parent-subsidiary relationship. Therefore, the new investor-investee relationship is recognised and measured initially at the date when control is lost.*"[473] Indes konkretisiert der IASB weder in IFRS 10 noch in den zugehörigen ergänzenden Verlautbarungen, worin sich diese von ihm unterstellte Wesensänderung der Beteiligungsbeziehung konkret manifestiert und wie sich diese Wesensänderung auf den ökonomischen Wert der Beteiligung auswirkt.

Da der IASB aber mit der Pflicht zur Neubewertung der Restbeteiligung eine **Konsistenz** zu den ebenfalls im Zuge des *Business Combinations*-Projekts überarbeiteten Vorschriften zur **Bilanzierung sukzessiver Unternehmenserwerbe** schaffen wollte,[474] kann für die Klärung dieser Fragen auch auf die entsprechenden Hinweise in IFRS 3 zurückgegriffen werden. Konkret bezogen sich die Konsistenzbestrebungen des Standardsetters auf die Regelung des IFRS 3.41 f. i. V. m. IFRS 3.BC384, wonach die bereits vor einer endgültigen Beherrschungserlangung gehaltenen Anteile (sog. Altanteile) an einer zunächst nicht beherrschten Beteiligung in dem Moment neu zum Fair Value zu bewerten sind, in dem die Konzernobergesellschaft durch den Erwerb weiterer Anteile erstmalig die Beherrschung über das betroffene Beteiligungsunternehmen erlangt. In IFRS 3.BC384 präzisiert der Standardsetter, woran er die mit dem Übergang auf ein Beherrschungsverhältnis unterstellte und als Begründung für die Neubewertung angeführte **fundamentale Wesensänderung** der Beteiligungsbeziehung konkret festmacht: „*In effect, the acquirer exchanges its status as an owner of an investment asset in an entity for a controlling financial interest in all of the underlying assets and liabilities of that entity (acquiree) and the* ***right to direct how the acquiree and its management use those assets in its operations.***"[475] Der IASB stellt folglich darauf ab, dass ein Investor in seiner Funktion als beherrschender Anteilseigner nicht mehr nur anteiliger Besitzer

---

472 Vgl. IFRS 10.BCZ182.
473 IFRS 10.BCZ182.
474 Vgl. IASB (Hrsg.), Project Summary, S. 39.
475 Hervorhebung durch den Verfasser.

des Beteiligungsunternehmens ist, sondern stattdessen die **Verfügungsmacht über sämtliche Vermögenswerte und Schulden** des Beteiligungsunternehmens hat. Erst durch die Erlangung der Beherrschungsmacht, d. h. durch eine Intensivierung der Einflussnahmemöglichkeiten, ist es ihm möglich, den Ressourceneinsatz bzw. sämtliche relevanten Geschäftsaktivitäten des Beteiligungsunternehmens uneingeschränkt nach seinem eigenen Nutzenkalkül zu steuern bzw. zu optimieren.

Daraus wird ersichtlich, dass mithilfe der **Neubewertung** vor allem die **Auswirkungen** der durch den Statuswechsel hervorgerufenen **Änderung der Einflussmöglichkeiten** des Investors auf den Wert des Beteiligungsunternehmens im Konzernabschluss kenntlich gemacht werden sollen. Für die Beurteilung, ob ein Statuswechsel eine fundamentale Wesensänderung der Beteiligungsbeziehung nach sich zieht, ist es auf Basis dieser Überlegungen grundsätzlich nicht von Bedeutung, ob es sich dabei um einen Aufwärts- oder um einen Abwärtswechsel handelt. Entscheidend ist allein das mit dem Statuswechsel verbundene **Ausmaß der Änderung der Einflussmöglichkeiten** auf die Beteiligung. Folgerichtig stuft der Standardsetter in IFRS 10.BCZ182 auch den **Verlust der alleinigen Beherrschungsmöglichkeit** als ein *significant economic event* ein. Im Gegensatz zur Beherrschungserlangung dürfte sich indes der Beherrschungsverlust angesichts der damit verbundenen **Verringerung der Einflussmöglichkeiten** tendenziell negativ auf den Beteiligungswert auswirken.

In der Begründung des IASB für die Neubewertung der nach einer statusändernden Anteilsveräußerung zurückbehaltenen Restbeteiligung wird nicht näher ausgeführt, wie bzw. warum sich der Wert einer Beteiligung infolge eines abwärtsgerichteten Statuswechsels konkret ändert. Um die Relevanz der mit der Neubewertung vermittelten Abschlussinformationen beurteilen zu können, muss daher zunächst geklärt werden, aufgrund welcher Faktoren eine Mehrheitsbeteiligung typischerweise einen Mehrwert gegenüber einer Minderheitsbeteiligung liefert, der über den Wert des (anteilig) bilanzierten Nettovermögens des Beteiligungsunternehmens hinausgeht. Um zu analysieren, ob die bei einem Beherrschungsverlust seitens des Standardsetters unterstellte fundamentale Wesensänderung der Beteiligung aus ökonomischer Sicht überhaupt gerechtfertigt werden kann, wird im folgenden Abschnitt zunächst ein Überblick über **verschiedene Arten von Wertpotenzialen** gegeben, die in der Literatur typischerweise mit **Kontroll- bzw. Einflussnahmerechten** in Verbindung gebracht werden.

422.22 Wertrelevanz von Einflussnahme- bzw. Kontrollrechten

422.221. Wertrelevante Faktoren

Einem Unternehmen haftet grundsätzlich kein allgemeingültiger objektiver Wert an, d. h., es gibt nicht den einen richtigen Wert eines Unternehmens.[476] Stattdessen ist der zu ermittelnde Unternehmenswert abhängig vom zugrunde liegenden **Bewertungsanlass** bzw. dem dadurch bestimmten **Bewertungszweck** (sog. **Zweckadäquanzprinzip**).[477] Bei der Entscheidung über den **Kauf eines Unternehmens** ist der potenzielle Erwerber vor allem an einem **subjektiven Entscheidungswert** im Sinne eines **Grenzpreises**[478] interessiert, zu dem sich der Unternehmenserwerb im Vergleich zu der sich bietenden nächstbesten Alternativinvestition finanziell gerade noch lohnt.[479] In die Ermittlung eines Entscheidungswerts als maximale **Kaufpreisobergrenze** fließt nicht nur die Ertragskraft des isoliert betrachteten Bewertungsobjekts ein (sog. *stand alone*-Perspektive). Vielmehr werden im Bewertungskalkül darüber hinaus auch die subjektiven **Absichten und Möglichkeiten** des Erwerbers hinsichtlich der konkreten **Verwendung** des Bewertungsobjekts berücksichtigt.[480] Demzufolge wirken sich typischerweise auch die durch den Unternehmenserwerb potenziell zu erlangenden **Einflussnahme- bzw. Kontrollrechte** maßgeblich auf den subjektiven Entscheidungswert des Erwerbers und damit indirekt auch auf den Kaufpreis aus.[481]

In der Literatur wird der mit der **Erlangung der Beherrschungsmöglichkeit** erwartungsgemäß verbundene **Mehrwert** zumeist auf zwei wesentliche Ursachen zurückge-

---

476 Vgl. PEEMÖLLER, V. H., Wert und Werttheorien, S. 4-8.

477 Vgl. BALLWIESER, W./HACHMEISTER, D., Unternehmensbewertung, S. 1-5; MOXTER, A., Grundsätze ordnungsmäßiger Unternehmensbewertung, S. 5-8. Grundlegend zu den typischen Zwecken der Unternehmensbewertung und den diese konkretisierenden Bewertungsfunktionen nach der funktionalen Werttheorie vgl. PEEMÖLLER, V. H., Wert und Werttheorien, S. 3-14. Für einen Überblick über typische Bewertungsanlässe, die den jeweiligen Bewertungszweck determinieren vgl. PEEMÖLLER, V. H., Anlässe der Unternehmensbewertung, S. 19-28.

478 Der Grenzpreis des Erwerbers stellt dessen maximale Kaufpreisobergrenze dar, wohingegen der Grenzpreis des Veräußerers als dessen Preisuntergrenze definiert ist. Vgl. MOXTER, A., Grundsätze ordnungsmäßiger Unternehmensbewertung, S. 9-15.

479 Vgl. WOLLNY, C., Der objektivierte Unternehmenswert, S. 25-27.

480 Vgl. IDW (Hrsg.), WP Handbuch Bd. II, Abschn. A, Rn. 119; IDW (Hrsg.), IDW S 1 (2008), Rn. 57.

481 Vgl. CHERIDITO, Y./SCHNELLER, T., Discounts und Premia in der Unternehmensbewertung, S. 418; GLEIßNER, W./KNIEST, W., Unternehmensbewertung oder Aktienbewertung, S. 28; HACHMEISTER, D./RUTHARDT, F., Vom Unternehmenswert zum Anteilswert, S. 427.

führt.[482] So erhält der Erwerber durch die Kontrollerlangung zum einen die Möglichkeit, Ineffizienzen im Management bzw. in der strukturellen Ausrichtung des erworbenen Unternehmens durch **Restrukturierungsmaßnahmen** zu beseitigen und dadurch die **Unternehmenssteuerung** nach seinen individuellen Vorstellungen zu **optimieren**.[483] Sofern das erworbene Unternehmen bislang ineffizient geführt wurde, kann das die Kontrolle übernehmende Mutterunternehmen verschiedene **profitabilitäts- bzw. unternehmenswertsteigernde Maßnahmen** ergreifen, etwa zur Verbesserung der operativen Effizienz oder zur Verringerung der Kapitalkosten.[484] Neben einem effizienteren Management der vorhandenen Ressourcen fallen darunter auch **strukturverändernde Restrukturierungsmaßnahmen**, wie z. B. die Veräußerung von nicht betriebsnotwendigem Vermögen oder die Desinvestition renditeschwacher Geschäftsbereiche.[485] Die Höhe des durch solche Restrukturierungsmaßnahmen erzielbaren Wertsteigerungspotenzials hängt einerseits von der Konstitution des Akquisitionsobjekts und andererseits von den Umsetzungsmöglichkeiten bzw. -fähigkeiten des Erwerbes ab.[486]

Zum anderen stellt auch die Möglichkeit zur Realisierung von unternehmensübergreifenden **Synergieeffekten**[487] zwischen dem Erwerber und dem Akquisitionsobjekt ty-

---

482 Vgl. PRATT, S. P., Business Valuation, S. 18; MERCER, Z. C./HARMS, T. W., Business Valuation, S., 69; COENENBERG, A. G./SAUTTER, M., Strategische und finanzielle Bewertung, S. 693-695; BAETGE, J./KRUMBHOLZ, M., Akquisition und Unternehmensbewertung, S. 13 f.; BERENS, W./MERTES, M./ STRAUCH, J., Unternehmensakquisitionen, S. 36-38; PFAUTH, A., Goodwillbilanzierung nach US-GAAP, S. 126 f.; PWC (Hrsg.), Business combinations and noncontrolling interests, Rn. 7.8.1. Vgl. hierzu und im Folgenden ausführlich auch GIMPEL-HENNING, N., Sukzessive Anteilserwerbe, S. 86 f.

483 Vgl. BAETGE, J./KRUMBHOLZ, M., Akquisition und Unternehmensbewertung, S. 13 f. und 16 f.

484 Vgl. hierzu ausführlich DAMODARAN, A., Damodaran on valuation, S. 457-496; DAMODARAN, A., The dark side of valuation, S. 244-346; DOMBRET, A. R., Übernahmeprämien im Rahmen von M&A-Transaktionen, S. 90-92.

485 Vgl. COENENBERG, A. G./SAUTTER, M., Strategische und finanzielle Bewertung, S. 698 f.; TOMASZEWSKI, C., Bewertung strategischer Flexibilität, S. 28 f.; SELLHORN, T., Ansätze zur bilanziellen Behandlung des Goodwill, S. 890.

486 Vgl. COENENBERG, A. G./SAUTTER, M., Strategische und finanzielle Bewertung, S. 694; BAETGE, J./ KRUMBHOLZ, M., Akquisition und Unternehmensbewertung, S. 17.

487 Synergieeffekte sind terminologisch von sog. Synergiepotenzialen abzugrenzen. Während Synergiepotenziale das latente Vorhandensein potenziell realisierbarer Synergien bezeichnen, stellen Synergieeffekte die durch konkrete zielgerichtete Maßnahmen ex post tatsächlich realisierten Synergien dar. Vgl. BIBERACHER, J., Synergiemanagement, S. 53; RODERMANN, M., Strategisches Synergiemanagement, S. 124; WEBER, E., Synergieeffekte bei der Unternehmensbewertung, S. 104; HOFMANN, E., Realisierung von Synergien, S. 484. Ferner sind Synergien in echte und unechte Synergien zu unterteilen. Während echte Synergien erst durch den Zusammenschluss zweier oder mehrerer spezifischer Unternehmen entstehen, lassen sich unechte Synergien auch unabhängig von dem konkreten Unternehmenszusammenschluss realisieren, bspw. durch unternehmensinterne Umstrukturierungsmaßnahmen oder durch vertraglich vereinbarte Kooperation mit einem beliebigen sonsti-

pischerweise ein zentrales Motiv für den Erwerb einer Mehrheitsbeteiligung dar.[488] In der Literatur haben sich bisher weder eine einheitliche Definition des Synergiebegriffs[489] noch ein einheitlicher Ansatz zur Systematisierung von Synergien[490] herausgebildet. Die unterschiedlichen Begriffsdefinitionen überschneiden sich insofern, als (positive) Synergien allgemein als Nutzeneffekte charakterisiert werden, die aufgrund des Zusammenwirkens bzw. der Kombination verschiedener Faktoren, Ressourcen oder Geschäftseinheiten dazu führen, dass der Wert des Ganzen die Summe seiner isoliert voneinander bewerteten Teile übersteigt.[491] Synergien stellen strategische und/oder operative Vorteile dar, die weder durch das erwerbende Unternehmen noch durch das Akquisitionsobjekt alleine realisiert werden könnten.[492]

Synergien können zum einen als **güter- bzw. leistungswirtschaftliche Synergien** in Form von Ertragssteigerungen oder Kostensenkungen in unterschiedlichen betrieblichen Funktionsbereichen auftreten, d. h. etwa im Beschaffungs-, Produktions-, Absatz-, Verwaltungs-, Forschungs- und Entwicklungs- oder Personalbereich.[493] Davon abzugrenzen

---

gen Unternehmen. Vgl. IDW (Hrsg.), IDW S 1 (2008), Rn. 34; OSSADNIK, W., Synergie-Controlling, S. 1822; KLÖNNE, H., Bewertung und Verteilung von Synergieeffekten, S. 46-49. Im Folgenden wird der Synergiebegriff ausschließlich im Sinne von echten Synergien verwendet.

488 Vgl. ANGERMAYER-MICHLER, B./OSER, P., Berücksichtigung von Synergieeffekten, S. 1365; BUSSE VON COLBE, W., Berücksichtigung von Synergien, S. 603; COENENBERG, A. G./BIBERACHER, J., Synergiecontrolling, S. 756; ZWIRNER, C., Berücksichtigung von Synergieeffekten, S. 2875; BERENS, W./MERTES, M./STRAUCH, J., Unternehmensakquisitionen, S. 38-40; DAMODARAN, A., Damodaran on valuation, S. 541.

489 Vgl. ZWIRNER, C., Berücksichtigung von Synergieeffekten, S. 2875; HOFMANN, E., Synergie- und Dyssynergiemanagement, S. 236. Für eine umfassende Auflistung unterschiedlicher in der Literatur vorzufindender Synergiedefinitionen vgl. RODERMANN, M., Strategisches Synergiemanagement, S. 400-420.

490 Zu verschiedenen Ansätzen für eine Systematisierung von Synergiekonzepten vgl. KÜTING, K., Bedeutung und Analyse von Verbundeffekten, S. 178-184; BIBERACHER, J., Synergiemanagement, S. 63-93; RODERMANN, M., Strategisches Synergiemanagement, S. 39-52 und 134-151; KLÖNNE, H., Bewertung und Verteilung von Synergieeffekten, S. 43-62; STEIDL, B., Synergiemanagement, S. 16-37.

491 Vgl. OSSADNIK, W., Aufteilung von Synergieeffekten, S. 5; EBERT, M., Evaluation von Synergien, S. 18; HOFMANN, E., Synergie- und Dyssynergiemanagement, S. 236. Von den positiven Synergien sind negative Synergien bzw. Dyssynergien abzugrenzen, die sich im Wesentlichen in Integrationskosten einerseits und Koordinationskosten andererseits einteilen lassen. Vgl. hierzu LECHNER, H., Negative Synergien, S. 99-110; KLÖNNE, H., Bewertung und Verteilung von Synergieeffekten, S. 58-61. Im weiteren Verlauf der Arbeit beziehen sich die Begriffe „Synergien", „Synergiepotenziale" sowie „Synergieeffekte" aus Vereinfachungsgründen ausschließlich auf positive Synergien, da von einem rational handelnden Investor unterstellt werden kann, dass er einen Unternehmenskauf nur dann tätigt, wenn die erwarteten positiven Synergien etwaige negative Synergien übersteigen, mithin also positive Nettosynergien aus dem Unternehmenserwerb zu erwarten sind.

492 Vgl. COENENBERG, A. G./SAUTTER, M., Strategische und finanzielle Bewertung, S. 694.

493 Vgl. KÜTING, K., Bedeutung und Analyse von Verbundeffekten, S. 179-181; ARBEITSKREIS „DIE UNTERNEHMUNG IM MARKT" (Hrsg.), Synergie als Bestimmungsfaktor, S. 969 f.; BUSSE VON COL-

sind **finanzwirtschaftliche Synergien**, mithilfe derer „Wettbewerbsvorteile auf den Kapitalmärkten“[494] erzielt werden sollen.[495] Unter die Kategorie der finanzwirtschaftlichen Synergien sind demnach im Wesentlichen die Senkung der Kapitalkosten, die Reduktion von finanzwirtschaftlichen Risiken, ein effizienteres Finanzmanagement sowie steuerliche Verbundvorteile zu subsumieren.[496] Latent vorhandene Synergiepotenziale, die erst durch einen Unternehmenszusammenschluss entstehen, resultieren nur dann in positiven Synergieeffekten, wenn das Akquisitionsobjekt durch zielgerichtete Maßnahmen in die Wertschöpfungsprozesse des erwerbenden Unternehmens bzw. Konzerns integriert wird.[497] Eine solche wertsteigernde Integration ist grundsätzlich nur dann möglich, wenn der Erwerber uneingeschränkt über die erworbenen Vermögenswerte und Schulden des Akquisitionsobjekts disponieren kann, d. h., wenn er über eine Kontrollmehrheit über das Akquisitionsobjekt verfügt.

Neben positiven Wertbeiträgen aus Restrukturierungsmaßnahmen und aus der Realisierung von Synergien wird der Mehrwert aus der Kontrollerlangung in Teilen der Literatur zudem auf eine ggf. zusätzlich vorhandene – von den Wertbeiträgen aus Synergien indes nicht immer eindeutig abgrenzbare[498] – **strategische Komponente** zurückgeführt.[499] Im Zentrum der Betrachtung steht dabei der Beitrag des Akquisitionsobjekts zur Umsetzung eines vom Erwerber ggf. längerfristig geplanten strategischen Maßnah-

---

BE, W., Berücksichtigung von Synergien, S. 602; ANGERMAYER-MICHLER, B./OSER, P., Berücksichtigung von Synergieeffekten, S. 1366; KLÖNNE, H., Bewertung und Verteilung von Synergieeffekten, S. 51-55 und 57 f.

494 COENENBERG, A. G./SAUTTER, M., Strategische und finanzielle Bewertung, S. 695.

495 Vgl. DAMODARAN, A., Damodaran on valuation, S. 541-543; COENENBERG, A. G./SAUTTER, M., Strategische und finanzielle Bewertung, S. 694-699; BAETGE, J./KRUMBHOLZ, M., Akquisition und Unternehmensbewertung, S. 21.

496 Vgl. BAETGE, J./KRUMBHOLZ, M., Akquisition und Unternehmensbewertung, S. 21; KLÖNNE, H., Bewertung und Verteilung von Synergieeffekten, S. 56 f.; DAMODARAN, A., Damodaran on valuation, S. 542.

497 Vgl. WEBER, E., Synergieeffekte bei der Unternehmensbewertung, S. 104.

498 In zahlreichen Literaturbeiträgen werden strategische und synergetische Wertpotenziale nicht voneinander abgegrenzt, sondern zusammengefasst als eine einheitliche Wertkomponente betrachtet. Vgl. etwa SUCKUT, S., Unternehmensbewertung, S. 16; RUHNKE, K., Strategisch motivierte Akquisitionen, S. 1889-1891.

499 Vgl. ARBEITSKREIS „DIE UNTERNEHMUNG IM MARKT“ (Hrsg.), Synergie als Bestimmungsfaktor, S. 972; SIEBEN, G./DIEDRICH, R., Aspekte der Wertfindung, S. 219-235; PEEMÖLLER, V. H./KELLER, B./RÖDL, M., Verfahren strategischer Unternehmensbewertung, S. 74-79; VALCÁRCEL, S., Strategischer Zuschlag, S. 590; SCHNEIDER, J., Ermittlung strategischer Unternehmenswerte, S. 522 f.; TOMASZEWSKI, C., Bewertung strategischer Flexibilität, S. 33-37; DOMBRET, A. R., Übernahmeprämien im Rahmen von M&A-Transaktionen, S. 8 f., 15 und 20 f.; MERCER, Z. C./HARMS, T. W., Business Valuation, S. 70 und 83-87. Letztgenannte Autoren ordnen sowohl strategische als auch synergetische Vorteile zusammengefasst der sog. *strategic control premium* zu.

menbündels.[500] Der Erwerb einer Kontrollmehrheit an einem Akquisitionsobjekt kann aus strategischen Gründen bspw. dann vorteilhaft sein, wenn damit gerechnet wird, dass dadurch eigene Marktanteile erhöht, neue Märkte erschlossen oder bestehende Markteintrittsbarrieren überwunden werden können.[501] Darüber hinaus werden dem Erwerber durch die Erlangung der Beherrschungsmacht über ein Akquisitionsobjekt ggf. zusätzliche **Handlungsoptionen** eröffnet, um in der Zukunft in Abhängigkeit von den dann vorherrschenden Umweltbedingungen weitere **strategische Folgemaßnahmen** zu ergreifen.[502] Zu derartigen strategischen Handlungsalternativen zählen bspw. der *Squeeze-out* von Minderheitsanteilseignern oder der Erwerb eines weiteren Unternehmens, für den die unmittelbar zu bewertende Akquisition eine notwendige Voraussetzung darstellt.[503] Im Schrifttum wird zwar vielfach auf die Schwierigkeit der qualitativen und quantitativen Bestimmung strategischer Wertpotenziale aus der mit dem Akquisitionsobjekt erworbenen **unternehmerischen Flexibilität** hingewiesen.[504] Gleichwohl herrscht Einigkeit darüber, dass strategische Handlungsoptionen üblicherweise in die einem Erwerbsvorgang vorgelagerte Grenzpreisermittlung einfließen und damit auch den Transaktionspreis wesentlich beeinflussen.[505]

Übersicht 4-7 fasst die Wertpotenziale, die sich typischerweise aus der Beherrschungserlangung ergeben und die bei der Ermittlung eines subjektiven Unternehmenswerts grundsätzlich zu berücksichtigen sind, schematisch zusammen:

---

500 Vgl. SIEBEN, G./DIEDRICH, R., Aspekte der Wertfindung, S. 220; TOMASZEWSKI, C., Bewertung strategischer Flexibilität, S. 33; HELLING, N. U., Strategieorientierte Unternehmensbewertung, S. 25.

501 Vgl. TOMASZEWSKI, C., Bewertung strategischer Flexibilität, S. 33 f.; RUHNKE, K., Strategisch motivierte Akquisitionen, S. 1891; SELLHORN, T., Ansätze zur bilanziellen Behandlung des Goodwill, S. 890; SIEBEN, G./DIEDRICH, R., Aspekte der Wertfindung, S. 222-225.

502 Vgl. hierzu und zu den folgenden Beispielen IDW (Hrsg.), WP Handbuch Bd. II, Abschn. A, Rn. 129 f.; SELLHORN, T., Ansätze zur bilanziellen Behandlung des Goodwill, S. 890.

503 Vgl. DIRRIGL, H., Strategische Unternehmensbewertung, S. 422; IDW (Hrsg.), WP Handbuch Bd. II, Abschn. A, Rn. 129.

504 Vgl. PEEMÖLLER, V. H./KELLER, B./RÖDL, M., Verfahren strategischer Unternehmensbewertung, S. 79; TOMASZEWSKI, C., Bewertung strategischer Flexibilität, S. 44-50. Für einen Überblick über verschiedene Ansätze einer strategischen Unternehmensbewertung vgl. DIRRIGL, H., Strategische Unternehmensbewertung, S. 412-429; TOMASZEWSKI, C., Bewertung strategischer Flexibilität, S. 37-48.

505 So werden strategische Erwerbsmotive auch als Erklärungsansatz für die häufig zu beobachtende positive Differenz zwischen beobachtbaren Kaufpreisen und auf Basis von Ertragswert- bzw. DCF-Verfahren ermittelten Unternehmenswerten herangezogen. Vgl. SCHNEIDER, J., Ermittlung strategischer Unternehmenswerte, S. 522 f.; SIEBEN, G./DIEDRICH, R., Aspekte der Wertfindung, S. 520 f.; RUHNKE, K., Strategisch motivierte Akquisitionen, S. 1891 f.; DIRRIGL, H., Strategische Unternehmensbewertung, S. 409 f.

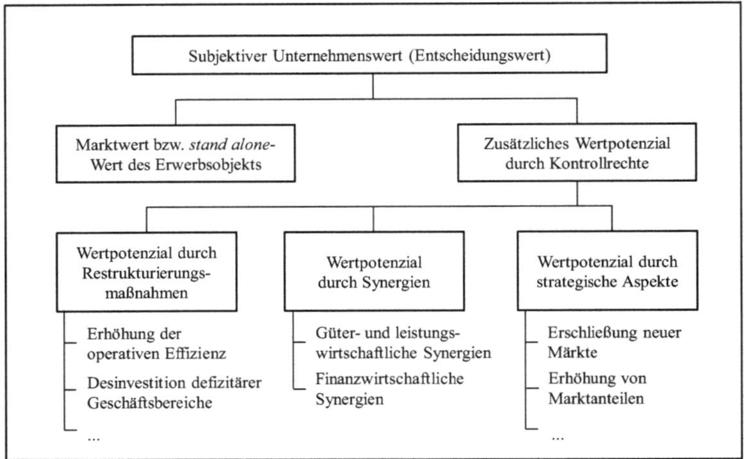

Übersicht 4-7: Wertrelevante Faktoren im Zusammenhang mit Einflussnahme- bzw. Kontrollrechten[506]

422.222. Unterscheidung zwischen Kontrollprämie und Übernahmeprämie

Die theoretischen Überlegungen zur Wertrelevanz von Kontrollrechten werden durch die in der Praxis bei M&A-Transaktionen regelmäßig zu beobachtenden **Übernahmeprämien** gestützt, die üblicherweise im Zusammenhang mit dem Erwerb einer Kontrollmehrheit gezahlt werden.[507] Wenngleich die Interpretation von Übernahmeprämien in der Literatur vielfach auf einen vom Erwerber gezahlten Aufpreis für die Kontrollerlangung verengt wird,[508] spiegeln diese nicht notwendigerweise ausschließlich den vom Käufer aufgrund der Kontrollerlangung erhofften bzw. erwarteten Mehrwert der Unternehmensbeteiligung wider.[509] Übernahmeprämien sind ganz allgemein definiert als ein auf subjektiven Grenzpreiserwägungen basierender **Kaufpreisaufschlag**, den der Käu-

---

506 Eigene Darstellung.

507 Für einen Überblick über die Ergebnisse ausgewählter empirischer Studien zur Existenz und zur Höhe von Übernahmeprämien im Rahmen internationaler M&A-Transaktionen vgl. GIMPEL-HENNING, N., Sukzessive Anteilserwerbe, S. 93 f. Zusammenfassend stellt dieser fest, dass die zitierten Studien branchen-, zeitraum- und länderübergreifend auf eine insgesamt hohe praktische Bedeutung von Übernahmeprämien hindeuten.

508 Vgl. NATH, E. W., Control Premiums and Minority Interest Discounts, S. 40; CORNELL, B., Company Valuation and Control Premiums, S. 3; HAAKER, A., Full-Goodwill-Wahlrecht nach IFRS 3, S. 240; DOMBRET, A. R., Übernahmeprämien im Rahmen von M&A-Transaktionen, S. 10.

509 Vgl. GIMPEL-HENNING, N., Sukzessive Anteilserwerbe, S. 93-95.

fer den bisherigen Anteilseignern zzgl. zum unmittelbar vor der Durchführung bzw. Ankündigung der Transaktion maßgeblichen Marktwert der Anteilsscheine entrichtet.[510] Ein solcher Kaufpreisaufschlag wird indes im Regelfall nicht nur durch den Mehrwert aus der Kontrollerlangung bestimmt, sondern darüber hinaus noch durch eine **Vielzahl weiterer Faktoren**, die in keinem unmittelbaren Zusammenhang zur Beherrschungssituation stehen.[511] Dazu gehören bspw. Erwerbsmotive, die nicht unmittelbar auf eine Unternehmenswertsteigerung durch Erlangung der Kontrollmehrheit abzielen,[512] ökonomisch nicht gerechtfertigte bzw. auf Fehleinschätzungen oder Bewertungsfehlern beruhende Über- oder Unterbewertungen des Erwerbsobjekts,[513] Liquiditätsbeschränkungen am Markt für die gehandelten Unternehmensanteile[514] oder sonstige markt-, länder-, branchen- oder transaktionsspezifische Faktoren.[515] Aus diesem Grund ist zwischen der empirisch messbaren bzw. beobachtbaren **Übernahmeprämie** als „Nettogröße unterschiedlicher, wertmäßig zum Teil entgegen gerichteter Einflussfaktoren"[516] einerseits und einer **Kontrollprämie** andererseits zu **unterscheiden**.[517] Im Unterschied zur Übernahmeprämie umfasst die Kontrollprämie nach der hier verwendeten Begriffsdefinition allein den für den **finanziellen Mehrwert der Beherrschungserlangung** hingegebenen **Kaufpreisanteil**.

---

510 Vgl. DOMBRET, A. R., Übernahmeprämien im Rahmen von M&A-Transaktionen, S. 10.

511 Vgl. HANOUNA, P./SARIN, A./SHAPIRO, A. C., Value of Corporate Control, S. 9; JENSEN, M. C./ RUBACK, R. S., The Market for Corporate Control, S. 42 und 45 f.; DAMODARAN, A., Damodaran on valuation, S. 482; DOMBRET, A. R./REINSCHMIDT, T., Übernahmeprämien als Treiber des M&A-Geschäfts, S. 315.

512 Vgl. CORNELL, B., Company Valuation and Control Premiums, S. 16 f.

513 Vgl. CORNELL, B., Company Valuation and Control Premiums, S. 12-14.

514 Vgl. PRATT, S. P., Business Valuation, S. 36-38.

515 Vgl. hierzu ausführlich DOMBRET, A. R., Übernahmeprämien im Rahmen von M&A-Transaktionen, S. 72-119.

516 GIMPEL-HENNING, N., Sukzessive Anteilserwerbe, S. 95.

517 Vgl. zu dieser begrifflichen Abgrenzung auch GIMPEL-HENNING, N., Sukzessive Anteilserwerbe, S. 87 f. HANOUNA U. A. weisen darauf hin, dass eine gezahlte Übernahmeprämie lediglich als theoretische Obergrenze für das vom Erwerber erhoffte Wertpotenzial aus der Kontrollerlangung interpretiert werden kann. Vgl. HANOUNA, P./SARIN, A./SHAPIRO, A. C., Value of Corporate Control, S. 4 und 9. Dieser Auffassung ist allerdings entgegenzuhalten, dass ein Transaktionspreis als Einigungswert in der Regel unterhalb des subjektiven Grenzpreises des Käufers liegt und somit regelmäßig nicht der gesamte vom Käufer subjektiv erwartete Mehrwert aus der Kontrollerlangung tatsächlich mit dem Kaufpreis entgolten wird. Somit kann die gezahlte Übernahmeprämie das subjektiv erwartete Wertpotenzial aus der Beherrschungserlangung auch unterschreiten. Vgl. zu dieser Interpretation DOMBRET, A. R., Übernahmeprämien im Rahmen von M&A-Transaktionen, S. 11; DAMODARAN, A., Damodaran on valuation, S. 480 f.; MA, R./HOPKINS, R., Goodwill, S. 80-82; HAAKER, A., Goodwill-Bilanzierung, S. 125.

422.23 Charakterisierung des Verlusts der Beherrschung über ein Tochterunternehmen als *significant economic event*

Gemäß dem Wortlaut von IFRS 10.BCZ182 wird für die Charakterisierung eines abwärtsgerichteten Statuswechsels als *significant economic event* allein auf den Verlust der Beherrschung abgestellt. Demnach macht es aus Sicht des IASB offenkundig keinen Unterschied, ob die Restbeteiligung nach dem Statuswechsel als einfache Beteiligung, als assoziiertes Unternehmen, als Gemeinschaftsunternehmen oder als gemeinschaftliche Tätigkeit in den Konzernabschluss einbezogen wird. Da aber das Ausmaß der nach dem Statuswechsel aus Konzernsicht verbleibenden **Einflussmöglichkeiten** auf das Beteiligungsunternehmen maßgeblich vom Umfang des zurückbehaltenen Anteilspakets abhängt, wird im Folgenden zunächst untersucht, ob der Beherrschungsverlust aus ökonomischer Sicht tatsächlich – wie vom IASB unterstellt – in **sämtlichen Übergangsfällen** zu einer **hinreichend fundamentalen Wesensänderung** der Beteiligungsbeziehung führt, die eine Neubewertung der zurückbehaltenen Anteile aus konzeptioneller Sicht rechtfertigen kann.[518]

Um zu beurteilen, ob ein Statuswechsel als ein *significant economic event* i. S. d. IFRS 10.BCZ182 einzustufen ist, ist in erster Linie auf das **Ausmaß der Änderung der Einflussnahmerechte** auf das Beteiligungsunternehmen abzustellen. Ein Übergang vom Status eines Tochterunternehmens auf eine **einfache Finanzbeteiligung** kann danach unzweifelhaft als fundamentale Wesensänderung der Beteiligungsbeziehung angesehen werden, da der Investor durch eine solche Statusänderung nahezu sämtliche Einflussmöglichkeiten auf das Beteiligungsunternehmen verliert.[519]

Sofern die Restbeteiligung nach dem Beherrschungsverlust hingegen als **assoziiertes Unternehmen** zu klassifizieren ist, kann die Konzernobergesellschaft auf der Grundlage des verbleibenden **maßgeblichen Einflusses** zwar weiterhin bei ausgewählten finanz- und geschäftspolitischen Entscheidungen mitwirken oder diese ggf. blockieren.[520] Im Unterschied zur alleinigen Beherrschung erstreckt sich die Mitwirkungs- bzw. Blockademöglichkeit indes nicht mehr auf sämtliche relevanten Geschäftsaktivitäten

---

518 Vgl. sinngemäß zur Beurteilung dieser Frage im Kontext eines sukzessiven Unternehmenserwerbs GIMPEL-HENNING, N., Sukzessive Anteilserwerbe, S. 89-92.

519 Zur Charakterisierung einfacher Finanzbeteiligungen vgl. Abschnitt 232.4.

520 Zur Charakterisierung assoziierter Unternehmen vgl. Abschnitt 232.3.

des Beteiligungsunternehmens. Zudem kann die Konzernobergesellschaft ihre auf die relevanten Geschäftsaktivitäten des Beteiligungsunternehmens gerichteten Interessen nicht mehr gegen den Willen der anderen beteiligten Parteien durchsetzen. Somit führt auch der Übergang auf ein assoziiertes Unternehmen aus Sicht des Konzerns zu einer erheblichen **Verringerung** sowohl des **Einflussbereichs** als auch der **Einflussintensität**. Vor allem tiefgreifende strukturelle Eingriffe in die Geschäfts- und Finanzpolitik des Beteiligungsunternehmens sind nach dem Statuswechsel typischerweise nur noch dann möglich, wenn auch die restlichen, über wesentliche Entscheidungsbefugnisse verfügenden Anteilseigner in gleichem Maße davon profitieren würden. Folglich dürfte nach dem Statuswechsel vor allem die Möglichkeit zur Realisierung konzernspezifischer Synergiepotenziale erheblich eingeschränkt sein. Zudem verliert die Konzernobergesellschaft durch die Verringerung der Einflussrechte u. U. potenziell wertrelevante strategische Handlungsoptionen. Insofern scheint es sachlich gerechtfertigt, auch für den Übergang von einem Tochterunternehmen auf ein assoziiertes Unternehmen eine aus Sicht des Konzerns wesentliche Verringerung des Wertpotenzials der anteilig zurückbehaltenen Minderheitsbeteiligung zu unterstellen.

Für den Fall, dass die Restbeteiligung eine **gemeinschaftliche Vereinbarung** darstellt, kann die Konzernobergesellschaft weiterhin über sämtliche relevanten Geschäftsaktivitäten des Beteiligungsunternehmens mitbestimmen.[521] Dies gilt unabhängig davon, ob die Restbeteiligung als Gemeinschaftsunternehmen oder als gemeinschaftliche Tätigkeit einzustufen ist, d. h., ob sich die mit der Beteiligungsbeziehung verbundenen Rechte und Verpflichtungen primär auf das gesamte Nettovermögen des Beteiligungsunternehmens oder auf dessen einzelne Vermögenswerte und Schulden beziehen.[522] Aufgrund des für ein gemeinschaftliches Beherrschungsverhältnis konstitutiven **Einstimmigkeitserfordernisses** ist es der Konzernobergesellschaft zwar möglich, potenziell nachteilige Maßnahmen der anderen gemeinschaftlichen Betreiber einseitig zu verhindern. Umgekehrt kann sie aber ihre eigenen mit der Beteiligung verfolgten Ziele nicht mehr losgelöst von der Zustimmung der restlichen gemeinschaftlichen Betreiber umsetzen. Insofern gelten die Überlegungen zum Übergang auf ein assoziiertes Unter-

---

521 Vgl. Abschnitt 232.2.

522 Vgl. hierzu – wenn auch im umgekehrten Fall eines Übergangs von einer gemeinschaftlichen Beherrschung auf ein Tochterunternehmen im Kontext des sukzessiven Unternehmenserwerbs – GIMPEL-HENNING, N., Sukzessive Anteilserwerbe, S. 90.

nehmen analog auch für den Übergang auf eine gemeinschaftliche Beherrschung. Angesichts dessen scheint auch die Einstufung eines Statuswechsels von einem Tochterunternehmen auf ein Gemeinschaftsunternehmen oder auf eine gemeinschaftliche Tätigkeit als *significant economic event* aus ökonomischer Sicht zumindest nachvollziehbar bzw. vertretbar.

GIMPEL-HENNING weist in diesem Zusammenhang indes zutreffend darauf hin, dass es sich bei der Beurteilung eines Statuswechsels als *significant economic event* lediglich um eine **typisierende Einschätzung** handelt, die zwar „konzeptionell überzeugt, zwangsläufig jedoch nicht allen Einzelfällen gerecht werden kann."[523] So kann das aus Sicht der Konzernobergesellschaft vor dem Statuswechsel bestehende Wertpotenzial der Beteiligung trotz des Vorliegens eines beherrschenden Einflusses im Einzelfall etwa aufgrund von bestimmten Schutzrechten, die den Minderheitsgesellschaftern gesetzlich, satzungsbedingt oder auf vertraglicher Basis zustehen, u. U. nur zum Teil realisiert werden.[524] Des Weiteren führt der Beherrschungsverlust nur dann zu einer fundamentalen ökonomischen Wesensänderung der Beteiligungsbeziehung, wenn angesichts der **spezifischen Eigenschaften des Akquisitionsobjekts** vor dem Statuswechsel tatsächlich noch wesentliche ökonomische Wertpotenziale vorhanden waren, die mit einer hinreichend hohen Wahrscheinlichkeit noch realisierbar gewesen wären.[525] Die Tatsache, dass es sich bei dem Konzept des *significant economic event* zu einem gewissen Grad um eine Typisierung handelt, wodurch die tatsächlichen Verhältnisse abhängig von den Gegebenheiten des Einzelfalls lediglich mehr oder weniger zutreffend erfasst werden können, ist gleichwohl nicht als grundsätzliche Kritik an der Vorschrift zur Neubewertung der Restbeteiligung zu werten. Eine solche Typisierung ist im Sinne einer prinzipienorientierten Rechnungslegung einer einzelfallbezogen Darstellung sogar vorzuzie-

---

523 GIMPEL-HENNING, N., Sukzessive Anteilserwerbe, S. 92.

524 Vgl. GIMPEL-HENNING, N., Sukzessive Anteilserwerbe, S. 91.

525 Vgl. PRATT, S. P., Business Valuation, S. 18; GIMPEL-HENNING, N., Sukzessive Anteilserwerbe, S. 92. Im Kontext eines latenten Wertpotenzials im Zusammenhang mit Restrukturierungsmöglichkeiten vgl. PRATT, S. P., Business Valuation; DAMODARAN, A., Damodaran on valuation, S. 481; CHERIDITO, Y./SCHNELLER, T., Discounts und Premia in der Unternehmensbewertung, S. 418; GIMPEL-HENNING, N., Sukzessive Anteilserwerbe, S. 92.

hen, um vor allem die Glaubwürdigkeit und die Vergleichbarkeit der Abschlussinformationen zu gewährleisten.[526]

Unter Berücksichtigung der in diesem Abschnitt gewonnenen Erkenntnisse scheint es aus ökonomischer Sicht durchaus gerechtfertigt bzw. sogar geboten, die durch den Verlust der alleinigen Beherrschung hervorgerufene Wesensänderung der Beteiligung im Wege einer **bilanziellen Wertanpassung** im Konzernabschluss nachzuzeichnen. Aufbauend auf diesen Überlegungen wird im Folgenden untersucht, ob und wieweit die Neubewertung zum Fair Value dazu geeignet ist, die durch den Statuswechsel hervorgerufene Wesens- bzw. Wertänderung der zurückbehaltenen Restbeteiligung zutreffend im Konzernabschluss zu erfassen.

422.3 Kritische Würdigung der bilanziellen Auswirkungen der Neubewertung

422.31 Vorbemerkung

Der Einstufung des Verlusts der alleinigen Beherrschung als *significant economic event* kann – wie gezeigt wurde – grundsätzlich gefolgt werden. Mit dem Verlust der alleinigen Beherrschung verliert die Konzernobergesellschaft unabhängig vom Umfang der zurückbehaltenen Restbeteiligung in jedem Fall die Möglichkeit, allein über die relevanten Geschäftsaktivitäten des Beteiligungsunternehmens zu bestimmen. Mit der Verringerung der Einflussnahmemöglichkeiten reduzieren sich aus Sicht der Konzernobergesellschaft die auf das Beteiligungsunternehmen gerichteten potenziell **wertsteigernden Handlungsoptionen**, sodass der Beherrschungsverlust c. p. ein **wertminderndes Ereignis** darstellt. Gleichwohl bedarf der vonseiten des IASB gezogene Schluss, dass die durch den Beherrschungsverlust hervorgerufene Wesensänderung der Beteiligungsbeziehung einen **vollständigen bilanziellen Neustart** rechtfertigt bzw. sogar erfordert, einer tiefergehenden Analyse der daraus im Einzelnen entstehenden bilanziellen und erfolgsrechnerischen Konsequenzen.

Bei der sachverhaltsspezifischen Beurteilung der **Relevanz** der Fair Value-Neubewertung ist zu beachten, dass es sich hierbei lediglich um einen **einmaligen ereignis-**

526 Vgl. GIMPEL-HENNING, N., Sukzessive Anteilserwerbe, S. 92.

abhängigen Bewertungsvorgang zum Zeitpunkt des Statuswechsels handelt. Dem Wertmaßstab des Fair Value wird zwar gemeinhin eine besonders hohe Informationsrelevanz beigemessen, da dieser idealtypisch die tatsächlichen ökonomischen Wertverhältnisse zum Bewertungsstichtag widerspiegelt und somit unmittelbare Rückschlüsse auf die künftig aus dem Bewertungsobjekt zu erwartenden Zahlungsströme zulässt.[527] Ein solcher Informationsvorteil wäre indes im hier betrachteten Kontext allein auf den Zeitpunkt des Statuswechsels beschränkt. In den darauffolgenden Perioden geht dieser Informationsvorteil sodann sukzessive wieder verloren, da nach dem Statuswechsel wieder auf ein anschaffungskostenbasiertes Bewertungsregime übergegangen wird.[528] Im Vordergrund der sachverhaltsspezifischen Beurteilung des Relevanzkriteriums steht daher weniger der Prognosewert des für die Restbeteiligung gewählten Wertansatzes. Stattdessen ist das Relevanzkriterium allein im Hinblick darauf zu beurteilen, ob und wieweit durch die Fair Value-Bewertung der Restbeteiligung der in Abschnitt 334. identifizierte sachverhaltsspezifische **Zweck der Übergangskonsolidierung** erreicht wird, nämlich die **Auswirkungen des Statuswechsels auf die wirtschaftliche Lage des Konzerns** möglichst zutreffend darzustellen.[529]

Als Ausgangspunkt für die Analyse der bilanziellen Auswirkungen der Fair Value-Neubewertung wird im nachfolgenden Abschnitt zunächst erläutert, in welcher Form und in welchem Ausmaß sich die ökonomischen Wertpotenziale aus Einflussnahme- bzw. Kontrollrechten zum Zeitpunkt der Beherrschungserlangung überhaupt im Konzernabschluss niederschlagen. Daran anschließend werden die aus der Fair Value-Konzeption des IFRS 13 resultierenden Probleme erläutert, die eine entscheidungsnützliche Darstellung der Auswirkungen des Statuswechsels auf die wirtschaftliche Lage des Konzerns in Form eines aussagekräftigen Vorher-Nachher-Vergleichs verhindern.

---

527 Vgl. HITZ, J.-M., Fair Value in der IFRS-Rechnungslegung, S. 1016 f.; KOELEN, P., Investitionstheoretische Bewertungskalküle, S. 32; STREIM, H./BIEKER, M./ESSER, M., Entscheidungsnützliche Informationen durch Fair Values, S. 458; KÜHNBERGER, M., Fair Value Accounting, S. 434; BAETGE, J./ZÜLCH, H./MATENA, S., Fair Value-Accounting (Teil A), S. 365 f.; KUẞMAUL, H./WEILER, D., Fair Value-Bewertung, S. 165.

528 Vgl. KLOSE, N.-C., Konzernrechnungslegung nach IFRS, S. 257. Dies gilt nicht für den Fall des Übergangs auf eine einfache Finanzbeteiligung. In diesem Fall würde die Neubewertung indes ohnehin durch die Folgebewertungsvorschriften des IFRS 9 erzwungen.

529 Zum Zweck der Übergangskonsolidierung vgl. Abschnitt 334.

422.32 Bilanzielle Berücksichtigung von Wertpotenzialen aus Einflussnahme- bzw. Kontrollrechten im derivativen Goodwill

Ein Unternehmenserwerb, bei dem das erwerbende Unternehmen die Beherrschung über das Kaufobjekt erlangt, ist im Konzernabschluss nach der Erwerbsmethode (*acquisition method*) gem. IFRS 3 abzubilden.[530] Dabei ist gem. IFRS 3.32 ein **derivativer Geschäfts- oder Firmenwert** zu aktivieren, sofern der für das erworbene Unternehmen hingegebene Kaufpreis zzgl. des Werts der nicht-beherrschenden Anteile das zum Zeitpunkt der Beherrschungserlangung neu bewertete Nettovermögen des Akquisitionsobjekts übersteigt. Die vom Erwerber subjektiv antizipierten Wertpotenziale aus der Beherrschungserlangung fließen somit im Konzernabschluss in den derivativen Goodwill aus dem Unternehmenserwerb ein. Da der **Kaufpreis** indes einen **Verhandlungswert** darstellt, der in aller Regel innerhalb des Korridors zwischen dem niedrigeren Grenzpreis des Verkäufers und dem höheren Grenzpreis des Käufers liegt,[531] wirkt sich der insgesamt erwartete Mehrwert aus der Kontrollerlangung nicht in voller Höhe, sondern nur anteilig in Höhe der tatsächlich gezahlten **Kontrollprämie** auf den derivativen Goodwill aus.

Auch nach Ansicht des IASB stellen die hier betrachteten Wertpotenziale aus Einflussnahme- bzw. Kontrollrechten eine wesentliche Komponente des zu aktivierenden derivativen Goodwill dar. Aufgrund seines Charakters als Residualgröße ist es zwar nicht möglich, den Goodwill willkürfrei in seine einzelnen Komponenten zu zerlegen und diese einzeln zu bewerten.[532] Dennoch wurden in der Literatur verschiedene Versuche unternommen, das hinter dem derivativen Goodwill stehende **Wertkonglomerat** gedanklich in seine wesentlichen ökonomischen Werttreiber zu zerlegen, um dadurch den **wirtschaftlichen Gehalt des Goodwill** zumindest in qualitativer Hinsicht transparent

---

530 Vgl. IFRS 3.4.

531 Eine Transaktion kommt zwischen rational handelnden Akteuren grundsätzlich nur dann zustande, wenn der Käufer dem Transaktionsobjekt – bspw. aufgrund von unternehmensindividuellen Synergiepotenzialen oder sonstiger geplanter wertsteigernder Maßnahmen – einen höheren subjektiven Wert beimisst als der Verkäufer. Vgl. TRÜTZSCHLER, K. U. A., Rechnungslegung von Akquisitionen, S. 387.

532 Vgl. WÖHE, G., Bilanzierung und Bewertung des Firmenwertes, S. 92 und 99; BALLWIESER, W., Rechnungslegung im Umbruch, S. 300; MOXTER, A., Geschäftswertbilanzierung, S. 746; TRÜTZSCHLER, K., Behandlung von Firmenwerten, S. 409; KRÄMLING, M., Der Goodwill, S. 41 f.; ZIMMERMANN, J., Widersprüchliche Signale, S. 386; KÜTING, K./KOCH, C., Goodwill in der deutschen Bilanzierungspraxis, S. 50; RICHTER, M., Die Bewertung des Goodwill, S. 25.

zu machen.[533] Der IASB systematisiert die zu aktivierenden Goodwill-Bestandteile in IFRS 3.BC313-318 – ähnlich wie der US-amerikanische FASB – aufbauend auf dem von JOHNSON/PETRONE entwickelten Komponentenansatz.[534] Danach kann der aktivierungspflichtige derivative Goodwill (sog. *Core Goodwill*) in die zwei wesentlichen Komponenten ***Going Concern*-Goodwill** einerseits und **Synergien-Goodwill** andererseits unterteilt werden.[535]

Der ***Going Concern*-Goodwill** umfasst vor allem die vom Akquisitionsobjekt **selbst geschaffenen immateriellen Vermögenswerte**, die aufgrund von Mess- bzw. Objektivierungsproblemen nicht einzeln identifizierbar und damit nicht separat bilanzierungsfähig sind.[536] Hierunter fallen bspw. Faktoren wie Standortvorteile, Lieferantenbeziehungen, Kundenstamm, Belegschaftsqualität bzw. Mitarbeiter-Know-how, Organisationseffizienz usw.[537] Hiervon konzeptionell nicht eindeutig abzugrenzen[538] ist der sog.

---

533 In diesem Zusammenhang sind vor allem die grundlegenden Systematisierungsansätze von JOHNSON/PETRONE, WÖHE und SELLHORN zu nennen. Vgl. JOHNSON, L. T./PETRONE, K. R., Is Goodwill an Asset?, S. 293-303; WÖHE, G., Bilanzierung und Bewertung des Firmenwertes, S. 89-108; SELLHORN, T., Ansätze zur bilanziellen Behandlung des Goodwill, S. 885-892. Für eine ausführliche Gegenüberstellung dieser Ansätze vgl. HAAKER, A., Goodwill-Bilanzierung, S. 126-136; KLOSE, N.-C., Konzernrechnungslegung nach IFRS, S. 101. In einer empirischen Studie zeigen HENNING/LEW/SHAW, dass auch Investoren und Analysten an Informationen über die einzelnen Wertkomponenten des Goodwill interessiert sind und diesen jeweils eine unterschiedliche Wertrelevanz beimessen. Vgl. HENNING, S. L./LEWIS, B. L./SHAW, W. H., Valuation of the Components of Purchased Goodwill, S. 375-386.

534 Zur Übernahme des Goodwill-Konzepts von JOHNSON/PETRONE zunächst durch den FASB in SFAS 141 und später in leicht abgewandelter Form durch den IASB in IFRS 3 vgl. ESSER, M., Goodwillbilanzierung, S. 150-152; RICHTER, M., Die Bewertung des Goodwill, S. 25-34; HACHMEISTER, D./KUNATH, O., Bilanzierung des Geschäfts- oder Firmenwerts, S. 64 f.; WIRTH, J., Firmenwertbilanzierung nach IFRS, S. 184-186.

535 Vgl. IAS 38.11 sowie IFRS 3.BC316. Vom *Core Goodwill* abzugrenzen und damit von einer Aktivierung als Bestandteil des derivativen Goodwill explizit ausgeschlossen sind gem. IFRS 3.BC314 i. V. m. IFRS 3.BC313 hingegen stille Reserven des erworbenen Nettovermögens sowie die identifizierbaren, bislang indes aufgrund eines Ansatzverbots nicht bilanzierten Vermögenswerte. Diese Komponenten sind bei der Erstkonsolidierung zwingend getrennt vom derivativen Goodwill zu erfassen. Weiterhin von einer Aktivierung im derivativen Goodwill ausgeschlossen sind gem. IFRS 3.BC315 i. V. m. IFRS 3.BC313 Überbewertungen, die auf Bewertungsfehler zurückzuführen sind, sowie sonstige ökonomisch nicht gerechtfertigte Überzahlungen. Vgl. HACHMEISTER, D./KUNATH, O., Bilanzierung des Geschäfts- oder Firmenwerts, S. 65.

536 Vgl. IFRS 3.BC313 i. V. m. IFRS 3.BC316. Vgl. hierzu auch JOHNSON, L. T./PETRONE, K. R., Is Goodwill an Asset?, S. 295; WÖHE, G., Bilanzierung und Bewertung des Firmenwertes, S. 92; SELLHORN, T., Ansätze zur bilanziellen Behandlung des Goodwill, S. 888 f.; ALVAREZ, M./BIBERACHER, J., Goodwill-Bilanzierung, S. 349 f.; BALLWIESER, W., Geschäftswert, S. 304.

537 Vgl. SELLHORN, T., Ansätze zur bilanziellen Behandlung des Goodwill, S. 889 f.; ALVAREZ, M./BIBERACHER, J., Goodwill-Bilanzierung, S. 350; BUSSE VON COLBE, W., Geschäfts- oder Firmenwert, Sp. 885; KLOSE, N.-C., Konzernrechnungslegung nach IFRS, S. 98 f.; BALLWIESER, W., Geschäftswert, S. 304. Im Schrifttum finden sich zahlreiche unterschiedliche Ansätze zur Kategorisierung bzw. Systematisierung immaterieller Werte. Vgl. ESSER, M., Goodwillbilanzierung, S. 11 f.; SOMMERHOFF, D., Selbst erstelltes immaterielles Anlagevermögen, S. 33 f.

Kapitalisierungsmehrwert, der den über den beizulegenden Zeitwert des isoliert bewerteten bilanziellen Nettovermögens hinausgehenden Mehrwert repräsentiert, der sich aus dem Zusammenwirken aller bilanzierten und nicht bilanzierungsfähigen Vermögenswerte und Schulden des Akquisitionsobjekts in dessen betrieblichen Kombinationsprozess ergibt.[539] Der ***Going Concern*-Goodwill** umfasst somit die Gesamtheit aller nicht bilanzierungsfähigen Werttreiber zzgl. des Kapitalisierungsmehrwerts und entspricht daher im Wesentlichen dem **originären Goodwill** des Akquisitionsobjekts.[540] Betriebswirtschaftlich kann der originäre Goodwill als Unterschiedsbetrag zwischen dem Gesamtwert des betrachteten Unternehmens im Sinne eines Zukunftserfolgswerts bei einer unveränderten Unternehmensfortführung und dessen Substanzwert interpretiert werden,[541] d. h. als „gedankliche Konstruktion zur Überbrückung der Kluft zwischen bilanzieller Einzel- und ökonomischer Gesamtbewertung“[542]. Die Summe aus dem zum beizulegenden Zeitwert bilanzierten Nettovermögen und dem *Going Concern*-Goodwill bildet den sog. ***Going Concern*-Wert** des erworbenen Unternehmens, d. h. den Unter-

---

538 Vgl. HAAKER, A., Goodwill-Bilanzierung, S. 127.

539 Vgl. WÖHE, G., Bilanzierung und Bewertung des Firmenwertes, S. 92; ESSER, M., Goodwillbilanzierung, S. 13 f.; HAAKER, A., Goodwill-Bilanzierung, S. 126 f. Während WÖHE den Kapitalisierungsmehrwert ursprünglich lediglich als den Mehrwert aus dem Zusammenwirken des bilanzierten Vermögens beschreibt, weist HAAKER zutreffend darauf hin, dass der Mehrwert aus der Kombination der Ressourcen im Wertschöpfungsprozess nicht davon abhängt, ob die einzelnen Vermögenswerte bilanzierungsfähig sind oder nicht. Folglich ist auch der Wertbeitrag zu berücksichtigen, der sich aus dem Zusammenwirken der nicht bilanzierungsfähigen immateriellen Werttreiber mit dem restlichen Vermögen des Akquisitionsobjekts ergibt. Vgl. HAAKER, A., Goodwill-Bilanzierung, S. 126 f.

540 Vgl. JOHNSON, L. T./PETRONE, K. R., Is Goodwill an Asset?, S. 296; SELLHORN, T., Ansätze zur bilanziellen Behandlung des Goodwill, S. 889; VELTE, P., Intangible Assets und Goodwill, S. 425 f.; HAAKER, A., Goodwill-Bilanzierung S. 127 und 129; MACKENSTEDT, A./FLADUNG, H.-D./HIMMEL, H., Bestimmung beizulegender Zeitwerte nach IFRS 3, S. 1047. Hierbei wird implizit unterstellt, dass sich der gesamte originäre Goodwill des Erwerbsobjekts im derivativen Goodwill niederschlägt. Implizit wird somit von einem rational handelnden Veräußerer ausgegangen, der in seinem individuellen Grenzpreiskalkül sämtliche Wertpotenziale des zu veräußernden Unternehmens berücksichtigt, auf die er infolge des Unternehmensverkaufs künftig verzichten muss.

541 Vgl. MOXTER, A., Geschäftswertbilanzierung, S. 743; BUSSE VON COLBE, W., Geschäfts- oder Firmenwert, Sp. 884 f.; BALLWIESER, W., Geschäftswert, S. 304; VELTE, P., Intangible Assets und Goodwill, S. 193-196; WÖHE, G., Bilanzierung und Bewertung des Firmenwertes, S. 91 f.; KÜTING, K., GoF in der Konsolidierungspraxis 2005, S. 1665; KAHLE, H., Goodwill-Bilanzierung nach US-GAAP, S. 849.

542 KÜTING, K./KAISER, T., Fair Value-Accounting, S. 381. Da die Höhe des derivativen Goodwill im Gegensatz zum originären Goodwill nicht vom Ertragswert, sondern vom tatsächlich für die erworbenen Unternehmensanteile bezahlten Kaufpreis abhängt, ist es theoretisch denkbar, dass der derivative Goodwill – bspw. aufgrund einer Unterschätzung des tatsächlichen Ertragspotenzials – nicht den gesamten Wertbeitrag des originären Goodwill umfasst. Vgl. ESSER, M., Goodwillbilanzierung, S. 15. Typischerweise dürfte der originäre Goodwill des Akquisitionsobjekts indes vollständig im Transaktionspreis berücksichtigt sein, sodass der originäre Goodwill lediglich eine Teilgröße des derivativen Goodwill darstellt. Vgl. BUSSE VON COLBE, W., Ausbau der Konzernrechnungslegung, S. 657.

nehmenswert, der dem Akquisitionsobjekt in einer ***stand alone*****-Betrachtung** unter der Annahme einer unveränderten Unternehmensfortführung ohne eine nennenswerte Einflussnahme des Erwerbers auf die bisherige Geschäftspolitik des erworbenen Unternehmens beizumessen ist.[543]

Neben dem *Going Concern*-Goodwill sieht der IASB die für die vorliegende Untersuchung relevanten **positiven Synergien und sonstigen Vorteile**, die erst durch die Integration des Akquisitionsobjekts in die Wertschöpfungsprozesse des Konzerns entstehen, als den zweiten elementaren Wertbestandteil des *Core Goodwill* an.[544] Der hohe Stellenwert, den der IASB der **Synergienkomponente** des Goodwill beimisst, kommt u. a. auch dadurch zum Ausdruck, dass der derivative Goodwill zum Zweck der Werthaltigkeitsprüfung auf diejenigen (Gruppen von) ZGE verteilt werden muss, auf deren Ebene erwartungsgemäß Synergien aus dem Unternehmenszusammenschluss entstehen.[545] Bezüglich der ebenfalls vom Standardsetter angesprochenen **sonstigen Vorteile** aus einem Unternehmenszusammenschluss fehlt es zwar an einer näheren Konkretisierung seitens des IASB. Gleichwohl kann unterstellt werden, dass hierunter vor allem auch die in Abschnitt 422.221 identifizierten Wertpotenziale aus Restrukturierungsmaßnahmen oder aus sonstigen strategischen Handlungsoptionen subsumiert werden können.

Zusammenfassend ist festzuhalten, dass die Höhe eines derivativen Goodwill aus einem Unternehmenserwerb – auch nach Ansicht des IASB – typischerweise zu einem wesentlichen Teil durch die zuvor identifizierten Wertpotenziale im Zusammenhang mit Einflussnahme- bzw. Kontrollrechten bestimmt wird. Gleichwohl können diese nicht von

---

543 Vgl. SELLHORN, T., Ansätze zur bilanziellen Behandlung des Goodwill, S. 889; VELTE, P., Intangible Assets und Goodwill, S. 426; WIRTH, J., Firmenwertbilanzierung nach IFRS, S. 187 f.; LOPATTA, K., Goodwillbilanzierung und Informationsvermittlung, S. 96. Zum investitionstheoretischen *Going Concern*-Wert vgl. SUCKUT, S., Unternehmensbewertung, S. 15 f. Der *Going Concern*-Wert stellt somit die theoretisch maximale Kaufpreisobergrenze dar, sofern der Erwerber beabsichtigt, das Unternehmen in unveränderter Weise fortzuführen. Vgl. SUCKUT, S., Unternehmensbewertung, S. 16; SELLHORN, T., Ansätze zur bilanziellen Behandlung des Goodwill, S. 889.

544 Vgl. IFRS 3.BC313 i. V. m. IFRS 3.BC316. Zu Synergien als Bestandteil des derivativen Goodwill vgl. weiterführend JOHNSON, L. T./PETRONE, K. R., Is Goodwill an Asset?, S. 295 f.; HAAKER, A., Goodwill-Bilanzierung, S. 115-140; SELLHORN, T., Ansätze zur bilanziellen Behandlung des Goodwill, S. 889; VELTE, P., Intangible Assets und Goodwill, S. 426 f.; ALVAREZ, M./BIBERACHER, J., Goodwill-Bilanzierung, S. 350; COLLEY, R. J./VOLCAN, A. G., Goodwill and Push-Down Accounting, S. 74; ESSER, M., Goodwillbilanzierung, S. 15; HACHMEISTER, D./KUNATH, O., Bilanzierung des Geschäfts- oder Firmenwerts, S. 65.

545 Vgl. IAS 36.80 sowie IAS 36.BC229 (d); HAAKER, A., Zuordnung des Goodwill auf CGU, S. 427.

den restlichen im derivativen Goodwill erfassten wirtschaftlichen Nutzenpotenzialen aus stillen Werttreibern des Akquisitionsobjekts unterschieden und gesondert quantifiziert werden. Darüber hinaus wird im derivativen Goodwill für gewöhnlich nur ein Teil der aus Sicht des Erwerbers insgesamt vorhandenen Wertpotenziale aus der Kontrollerlangung erfasst, da üblicherweise ein Kaufpreis verhandelt wird, der unterhalb des subjektiven Grenzpreises des Erwerbers liegt.

Übersicht 4-8 veranschaulicht die bilanzielle Erfassung von Wertpotenzialen aus Einflussnahme- bzw. Kontrollrechten im derivativen Goodwill:

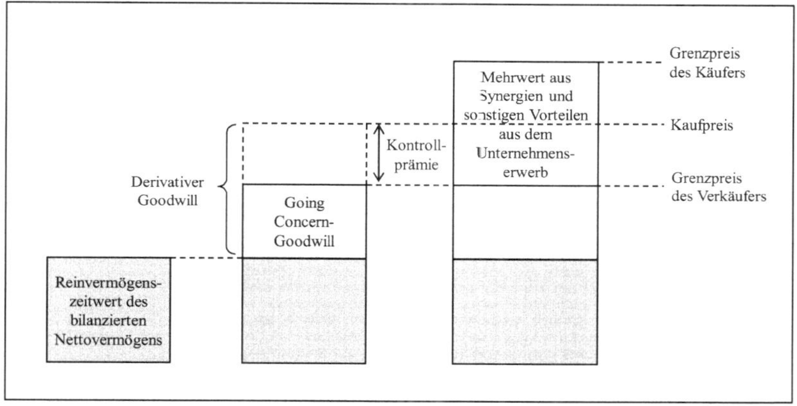

Übersicht 4-8: Bilanzielle Erfassung der Wertpotenziale aus Einflussnahme- bzw. Kontrollrechten im derivativen Goodwill[546]

Aufbauend auf diesen grundlegenden Erkenntnissen bzgl. der Form und des Ausmaßes der bilanziellen Berücksichtigung von Wertpotenzialen aus Einflussnahme- bzw. Kontrollrechten im Konzernabschluss wird im Folgenden analysiert, ob und wieweit die Neubewertung der zurückbehaltenen Anteile zum Fair Value unter Berücksichtigung der hierfür relevanten Regelungen des IFRS 13 dazu führt, dass die ökonomisch allein durch den Statusverlust bedingten Auswirkungen auf den Wert der Restbeteiligung im Konzernabschluss ersichtlich werden.

546 In Anlehnung an HAAKER, A., Goodwill-Bilanzierung, S. 124.

422.33 Beeinträchtigung des Informationsziels der Übergangskonsolidierung durch die Fair Value-Konzeption des IFRS 13

422.331. Aufdeckung stiller Werttreiber

Mit der Fair Value-Neubewertung der Restbeteiligung wird primär das Ziel verfolgt, die ökonomischen Auswirkungen der aus Konzernsicht gesunkenen Einflussmöglichkeiten durch eine entsprechende bilanzielle Wertanpassung im Konzernabschluss nachzuzeichnen.[547] In seiner Begründung für die Fair Value-Neubewertung lässt der Standardsetter indes unberücksichtigt, dass dadurch nicht nur eine tatsächlich auf die Verringerung des Einflussgrads zurückzuführende Wertminderung erfasst wird. Vielmehr sind nach den Vorgaben des IFRS 13 auf Basis einer **Gesamtbewertung** sämtliche dem **Bewertungsobjekt** anhaftenden **Spezifika** bzw. **wertbestimmenden Faktoren**, die auch die Zahlungsbereitschaft eines typischen und rational handelnden Marktteilnehmers beeinflussen würden, zu berücksichtigen.[548]

Demzufolge wird der für die Restbeteiligung zu bestimmende Fair Value auch durch solche sog. **stillen Werttreiber** beeinflusst, die wirtschaftlich erst nach dem ursprünglichen Beteiligungserwerb entstanden sind und die nach der anschaffungskostenorientierten Bewertungskonzeption der Vollkonsolidierung bislang nicht bilanziert werden durften. Der Fair Value der Restbeteiligung wird somit neben dem wertmindernden Effekt aus der Verringerung der Kontrollprämie – zumindest beim Übergang auf eine quotal oder *at equity* einzubeziehende Restbeteiligung – gleichzeitig durch den werterhöhenden Effekt aus der impliziten **Aktivierung stiller Reserven inkl. originärer Goodwill-Bestandteile** sowie durch den wertmindernden Effekt aus der **Passivierung stiller Lasten** beeinflusst.[549] Ökonomisch betrachtet sind die durch die Neubewertung aufgedeckten **stillen Werttreiber** indes gerade nicht auf den Kontrollverlust bzw. die dadurch bedingte Wesensänderung der Beteiligungsbeziehung zurückzuführen.[550] Vielmehr sind diese sukzessive in den Perioden zwischen dem historischen Erwerb des Tochterunter-

---

547 Vgl. Abschnitt 422.21.

548 Vgl. IFRS 13.11 i. V. m. IFRS 13.22 f.

549 Vgl. KLOSE, N.-C., Konzernrechnungslegung nach IFRS, S. 178; HAYN, B., in: Beck IFRS HB, 5. Aufl., § 37, Rn. 60. Im Kontext der Neubewertung von Altanteilen bei einem sukzessiven Unternehmenserwerb vgl. GIMPEL-HENNING, N., Sukzessive Anteilserwerbe, S. 96 f.

550 Vgl. im Kontext eines sukzessiven Unternehmenserwerbs so auch GIMPEL-HENNING, N., Sukzessive Anteilserwerbe, S. 97.

nehmens und dem Zeitpunkt des Statuswechsels entstanden.[551] Vor allem wenn die Unternehmensbeteiligung bereits längere Zeit vor dem Beherrschungsverlust erworben wurde, können sich die zwischenzeitlich entstandenen stillen Werttreiber zum Zeitpunkt des Beherrschungsverlusts erheblich auf den Fair Value-Wertansatz der Restbeteiligung auswirken.[552]

Aus Sicht der Abschlussadressaten ist es kaum möglich, zu beurteilen, ob bzw. in welchem Ausmaß der **Wertminderungseffekt** aus dem Verlust der Kontrolle durch den gegenläufigen Effekt aus der impliziten Aktivierung stiller Reserven inkl. originärer Goodwill-Bestandteile **verwässert** bzw. sogar gänzlich **überlagert** wird.[553] Die einmalige und zugleich intransparente Aufdeckung aller bereits in vergangenen Perioden wirtschaftlich entstandenen stillen Werttreiber des Beteiligungsunternehmens macht es somit nahezu unmöglich, die ökonomisch allein durch den Statuswechsel hervorgerufene Änderung des Wertpotenzials der verbleibenden Beteiligung nachzuvollziehen, was vor allem aus **Relevanzgesichtspunkten** kritisch zu sehen ist.

Die im Zuge der Neubewertung implizit aktivierten originären Goodwill-Bestandteile schlagen sich – sofern nach dem Statuswechsel eine quotal oder aber *at equity* zu bilanzierende Restbeteiligung verbleibt – in voller Höhe im **derivativen Goodwill** der Restbeteiligung nieder, obwohl diese tatsächlich nicht durch die Hingabe eines Kaufpreises wertmäßig objektiviert wurden. Folglich wird im Konzernabschluss nicht das dargestellt, was vorgegeben wird darzustellen, wodurch auch gegen den **Grundsatz der glaubwürdigen Darstellung** verstoßen wird.[554] Vonseiten des Standardsetters wird die offensichtliche Problematik des durch die Neubewertung herbeigeführten Verstoßes gegen das in IAS 38.48 f. kodifizierte strikte Ansatzverbot[555] eines originären Goodwill hingegen an keiner Stelle thematisiert.[556]

---

551 Für eine ausführliche Diskussion der Auswirkungen der Neubewertungspflicht auf den Periodenerfolg vgl. Abschnitt 422.4.

552 Vgl. im Kontext eines sukzessiven Unternehmenserwerbs KÜTING, K./WIRTH, J., Sukzessiver Anteilserwerb, S. 365; GIMPEL-HENNING, N., Sukzessive Anteilserwerbe, S. 97.

553 Vgl. GIMPEL-HENNING, N., Sukzessive Anteilserwerbe, S. 97.

554 Vgl. GIMPEL-HENNING, N., Sukzessive Anteilserwerbe, S. 136. Ähnlich in Bezug auf die Vermischung derivativer und originärer Goodwill-Bestandteile durch die Problematik der *backdoor capitalization* auch BAETGE, J./DITTMAR, P./KLÖNNE, H., Der impairment only approach, S. 16.

555 Die prinzipiell strenge Interpretation dieses Ansatzverbots durch den IASB äußert sich u. a. auch in dem generellen Wertaufholungsverbot eines in früheren Perioden außerplanmäßig abgeschriebenen

422.332. Wechsel der Bewertungsperspektive

Die **Vergleichbarkeit** des jeweils vor und nach dem Statuswechsel im Konzernabschluss erfassten Beteiligungswertansatzes wird darüber hinaus auch durch die bei der **Fair Value-Bewertung** zwingend einzunehmende **Marktperspektive** beeinträchtigt. Nach IFRS 13.2 ist der Fair Value als ein *„exit price"* definiert, d. h., bei dessen Bestimmung ist stets eine **marktorientierte Veräußerungsperspektive** einzunehmen.[557] Falls dabei nicht auf beobachtbare Preise aus aktuellen Markttransaktionen zurückgegriffen werden kann, ist der Fair Value anhand eines modellbasierten Bewertungsverfahrens zu bestimmen.[558] Als Inputfaktoren für die Bewertung sind – soweit wie möglich – beobachtbare Marktdaten vorrangig vor nicht beobachtbaren Bewertungsparametern zu verwenden.[559] Die Bewertung hat sich ausschließlich auf solche Inputparameter bzw. Annahmen zu stützen, die beliebige sachverständige, voneinander unabhängige und vertragswillige Marktteilnehmer unter gewöhnlichen Marktbedingungen in deren Preisfindung berücksichtigen würden.[560] Dies impliziert, dass lediglich solche Faktoren im Sinne des IFRS 13 bewertungsrelevant sind, die dem spezifischen Bewertungsobjekt unmittelbar anhaften.[561] **Unternehmensindividuelle Nutzenpotenziale**, die ausschließlich in der Sphäre des jeweiligen Bewertungssubjekts liegen oder nur durch das Zu-

derivativen Goodwill gem. IAS 36.124. Danach darf selbst beim Wegfall des ursprünglichen Wertminderungsgrunds keine Zuschreibung des Goodwill auf den ursprünglichen Wert vor der außerplanmäßigen Abschreibung erfolgen. Damit soll verhindert werden, dass durch die Wertaufholung originäre Goodwill-Bestandteile aktiviert werden. Vgl. IAS 36.125; HAAKER, A., Goodwill-Bilanzierung, S. 363 f.

556 Der Mitarbeiterstab des IASB räumt zwar in einem *staff paper* in Bezug auf den vergleichbaren Fall der Neubewertung von Altanteilen bei einem sukzessiven Unternehmenserwerb ein, dass dadurch unvermeidlich originäre Goodwill-Bestandteile aktiviert werden. Er sieht dies aber für den Fall eines sukzessiven Unternehmenserwerbs als eine gerechtfertigte Ausnahme vom generellen Ansatzverbot an, da nur durch die Fair Value-Neubewertung auch der typischerweise positive Effekt aus der Kontrollerlangung wertsteigernd berücksichtigt werden kann. Vgl. IFRS IC (Hrsg.), Staff Paper 13 (September 2013), Rn. 67-70. Diese konzeptionell ohnehin wenig überzeugende Begründung ist indes nicht auf den Fall eines abwärtsgerichteten Statuswechsels übertragbar, da sich in diesem Fall die Effekte aus der Berücksichtigung der verringerten Einflussnahmemöglichkeit einerseits und der Erfassung stiller Wertpotenziale andererseits genau entgegengesetzt auf den Goodwill-Wertansatz auswirken und sich damit – zumindest teilweise – gegenseitig kompensieren.

557 Vgl. IFRS 13.2 und IFRS 13.24; FISCHER, D. T., Fair Value Measurement, S. 236; HITZ, J.-M./ZACHOW, J., Vereinheitlichung durch IFRS 13, S. 966.

558 Vgl. IFRS 13.3.

559 Vgl. IFRS 13.3 und IFRS 13.61 sowie die Ausführungen zur Fair Value-Hierarchie in Abschnitt 422.342.

560 Vgl. IFRS 13.3 i. V. m. IFRS 13 Appendix A.

561 Vgl. IFRS 13.11 i. V. m. IFRS 13.22 f.; LÜDENBACH, N./HOFFMANN, W.-D./FREIBERG, J., in: Haufe IFRS-Kommentar, 14. Aufl., § 8a, Rn. 17 f. In IFRS 13.11 werden als solche bewertungsrelevante Eigenschaften beispielhaft der Zustand sowie der Standort des Bewertungsobjekts sowie bestehende Nutzungs- oder Veräußerungsbeschränkungen genannt.

sammenwirken von Bewertungsobjekt und Bewertungssubjekt entstehen, sind hingegen bei der Wertfindung generell zu vernachlässigen.[562]

Durch die Pflicht zur Neubewertung der im Konzern zurückbehaltenen Anteile infolge eines Statuswechsels kommt es somit zu einem grundlegenden **Wechsel der Bewertungsperspektive**.[563] Bei der ursprünglichen Erstkonsolidierung war die Beteiligung nach den Vorgaben des IFRS 3 zum **Fair Value** des für den Unternehmenserwerb **aufgewendeten Kaufpreises** zu erfassen. Der Kaufpreis wird indes maßgeblich durch unternehmensindividuelle Wertvorstellungen bzw. Grenzpreiserwägungen der Transaktionsbeteiligten sowie durch die spezifischen Gegebenheiten der Verhandlungssituation geprägt. Insofern handelt es sich aus Sicht des Erwerbers um einen Zugangswert (*entry value*) bzw. einen unternehmensspezifischen **Nutzungs- bzw. Betriebszugehörigkeitswert**, in den ursprünglich u. a. auch die vom Erwerber subjektiv erwarteten **Wertpotenziale aus der Kontrollausübung** eingeflossen sind.[564] Nach dem Statuswechsel dürfen solche unternehmensindividuellen Kontrollpotenziale aufgrund des durch IFRS 13 erzwungenen Perspektivenwechsels hingegen nicht mehr im Wertansatz der zurückbehaltenen Anteile berücksichtigt werden. Die Ermittlung des Fair Value als Veräußerungspreis gem. IFRS 13 führt indes nicht notwendigerweise zu einer gänzlichen Vernachlässigung sämtlicher Wertpotenziale aus Einflussnahmemöglichkeiten. So stellt der IASB in IFRS 13.BC39 klar, dass in den Fair Value generell diejenigen Nutzenpotenziale einfließen sollen, die ein typischer Marktteilnehmer in seiner Wertfindung berücksichtigen würde. Damit wären zumindest diejenigen Restrukturierungspotenziale zu erfassen, die allein in der Konstitution des Bewertungsobjekts begründet sind und somit auch die Kaufentscheidung eines beliebigen Marktteilnehmers beeinflussen würden. Folglich müsste ein durch beliebige Marktteilnehmer in einer hypothe-

---

[562] Vgl. LÜDENBACH, N./HOFFMANN, W.-D./FREIBERG, J., in: Haufe IFRS-Kommentar, 14. Aufl., § 8a, Rn. 18; GIMPEL-HENNING, N., Sukzessive Anteilserwerbe, S. 98.

[563] Vgl. ausführlich zu dieser Problematik im Kontext des vergleichbaren Falls eines aufwärtsgerichteten Statuswechsels bei einem sukzessiven Unternehmenserwerb GIMPEL-HENNING, N., Sukzessive Anteilserwerbe, S. 98-103.

[564] Vgl. im Kontext des Erstansatzes der Altanteile im Fall eines sukzessiven Unternehmenserwerbs so auch GIMPEL-HENNING, N., Sukzessive Anteilserwerbe, S. 100.

tischen Markttransaktion erwartungsgemäß eingepreister Paketzuschlag bei der Bestimmung des Fair Value der Restbeteiligung berücksichtigt werden.[565]

Durch den Verlust der alleinigen Beherrschung geht zwar typischerweise ein großer Teil des ursprünglich in der Kontrollprämie enthaltenen Wertpotenzials verloren. Gleichwohl können auch die nach dem Statuswechsel noch vorhandenen Einflussrechte – abhängig von der verbleibenden Beteiligungsintensität – weiterhin einen nicht unerheblichen **unternehmensindividuellen Mehrwert** darstellen, der den Marktwert des zurückbehaltenen Anteilspakets deutlich übersteigt.[566] Die Bewertung der Restbeteiligung zum Fair Value führt in solchen Fällen zu einer systematisch **unvollständigen Erfassung** der gesamten konzernindividuellen **Nutzenpotenziale** aus der Beteiligungsbeziehung.[567]

Die durch die Vorgaben des IFRS 13 erzwungene **Vernachlässigung unternehmensspezifischer Nutzenpotenziale** wirkt sich c. p. negativ auf den konzernbilanziellen Wertansatz der zurückbehaltenen Restbeteiligung aus. Dieser allein auf den einmaligen **Wechsel der Bewertungsperspektive** zurückzuführende wertmindernde Effekt ist hingegen aus ökonomischer Sicht nicht sinnvoll begründbar.[568] Der Wechsel der Bewertungsperspektive schränkt die **Vergleichbarkeit** der jeweils vor und nach dem Statuswechsel im Konzernabschluss erfassten Wertansätze der betroffenen Beteiligung folglich zusätzlich ein. Das mit der Pflicht zur Fair Value-Neubewertung der Restbeteiligung verfolgte Ziel, die ökonomischen Auswirkungen der durch den Statuswechsel verringerten Einflussmöglichkeiten durch eine entsprechende bilanzielle Wertanpassung im Konzernabschluss nachzuzeichnen, wird somit neben der Aktivierung originärer Goodwill-Bestandteile auch durch den Wechsel der Bewertungsperspektive gefährdet. Angesichts dessen ist vor allem die Relevanz der mittels der Fair Value-Neubewertung generierten Informationen grundsätzlich in Frage zu stellen. Unabhängig davon wird im folgenden Abschnitt 422.34 ergänzend analysiert, ob und wieweit mit der Fair Value-

565 Vgl. hierzu auch GIMPEL-HENNING, N., Sukzessive Anteilserwerbe, S. 99.

566 Ob und wieweit nach dem Fair Value-Konzept des IFRS 13 für die Bewertung der verbleibenden Restbeteiligung ein Paketzuschlag für die nach dem Statuswechsel weiterhin bestehenden Einflussrechte zu berücksichtigen ist, wird im nachfolgenden Abschnitt 422.34 ausführlich untersucht.

567 Vgl. GIMPEL-HENNING, N., Sukzessive Anteilserwerbe, S. 98.

568 Vgl. im Kontext sukzessiver Unternehmenserwerbe so auch GIMPEL-HENNING, N., Sukzessive Anteilserwerbe, S. 101.

Bewertung im hier betrachteten sachverhaltsspezifischen Kontext der Übergangskonsolidierung dem zweiten Fundamentalgrundsatz der glaubwürdigen Darstellung entsprochen werden kann.

422.34 Bewertungsunsicherheiten bei der Neubewertung

422.341. Vorbemerkung

Angesichts ihres **Zukunftsbezugs** zeichnen sich Fair Value-Bewertungen in aller Regel durch ein hohes Maß an **Unsicherheit** aus.[569] Die damit verbundenen **Ermessensspielräume** des Bewertenden gefährden vor allem die Zuverlässigkeit und damit die **Glaubwürdigkeit** der Bewertungsergebnisse.[570] Mit zunehmender Schätzunsicherheit erhöht sich zum einen das Potenzial für bewusste bilanzpolitische Manipulationen seitens des Managements und zum anderen auch das Risiko einer unbewusst fehlerhaften Bewertung. Der IASB versucht diesem Problem vor allem dadurch entgegenzuwirken, dass er in IFRS 13 einen weitgehenden Verzicht auf unternehmensinterne Bewertungsparameter zugunsten einer möglichst marktorientierten Bewertung fordert, um auf diese Weise ein hinreichendes Maß an **Neutralität** bzw. **Objektivierbarkeit** der Bewertungsergebnisse zu gewährleisten.[571]

In diesem Abschnitt wird daher analysiert, ob und wieweit eine solche vom Standardsetter angestrebte **Marktobjektivierung** im hier betrachteten sachverhaltsspezifischen Kontext der Neubewertung einer nach einem Abwärtswechsel zurückbehaltenen Restbeteiligung erreicht werden kann. Dafür wird einleitend ein Überblick über die in IFRS 13 verankerte dreistufige **Fair Value-Hierarchie** gegeben. Anschließend wird das für den hier betrachteten Sachverhalt maßgebliche **Bewertungsobjekt** definiert. Die Festlegung des Bewertungsobjekts ist ausschlaggebend dafür, welche **spezifischen Eigenschaften des Bewertungsobjekts** im Bewertungskalkül zu berücksichtigen sind. Aufbauend auf diesen konzeptionellen Grundlagen der Fair Value-Bilanzierung nach IFRS 13 wird für

---

569 Vgl. STREIM, H./BIEKER, M./ESSER, M., Entscheidungsnützliche Informationen durch Fair Values, S. 458; KÜTING, K./PFITZER, N./WEBER, C.-P., IFRS oder HGB?, S. 218 f.; SEIFERT, M., Erfassung von Unsicherheit, S. 106-111.

570 Vgl. BAETGE, J./ZÜLCH, H./MATENA, S., Fair Value-Accounting (Teil B), S. 420 f.; BAETGE, J./ ZÜLCH, H., Fair Value-Accounting, S. 559 f.; WAGENHOFER, A., Fair Value-Bewertung, S. 187 f.; BALLWIESER, W./KÜTING, K./SCHILDBACH, T., Fair Value – erstrebenswerter Wertansatz?, S. 529.

571 Vgl. KIRSCH, H.-J. U. A., in: Baetge u. a., Rechnungslegung nach IFRS, 2. Aufl., IFRS 13, Rn. 17 und 65.

verschiedene Bewertungsansätze[572] vergleichend analysiert, in welchem Maße diese trotz der vorgeschriebenen Marktorientierung durch subjektiv ausübbare **Ermessensspielräume** gekennzeichnet sind, die das Informationsziel der Übergangskonsolidierung zusätzlich gefährden.

422.342. Fair Value-Hierarchie des IFRS 13

IFRS 13 gibt für die Ermittlung des Fair Value kein spezifisches Bewertungsverfahren vor. Grundsätzlich kommen dafür sämtliche der in der Bewertungspraxis gängigen marktpreisorientierten Ansätze (sog. *market approach*)[573], kapitalwertorientierten Ansätze (sog. *income approach*)[574] oder kostenorientierten Ansätze (sog. *cost approach*)[575] in Betracht.[576] Durch IFRS 13 werden die Grundsätze spezifiziert, die bei der Anwendung von betriebswirtschaftlichen Methoden der Unternehmensbewertung für Zwecke der IFRS-Rechnungslegung zu beachten sind.[577] Nach IFRS 13.61 hat das bilanzierende Unternehmen aus den im Einzelfall angemessenen Bewertungsverfahren dasjenige zu wählen, durch das die Verwendung von am Markt beobachtbaren Inputparametern möglichst maximiert wird. Für die Wahl des anzuwendenden Bewertungsverfahrens sind die für die Bewertung relevanten verfügbaren Inputparameter abhängig von ihrem **Marktbezug** jeweils einer von drei Kategorien zuzuordnen (sog. **Fair Value-Hierarchie**).[578]

---

572 Dabei werden nur marktpreisorientierte sowie kapitalwertbasierte Verfahren betrachtet, da sich kostenorientierte Bewertungsansätze, auf Basis derer sich allenfalls ein Reproduktions- bzw. Substanzwert ermitteln lässt, grundsätzlich nicht für die Fair Value-Bewertung von gesellschaftsrechtlichen Beteiligungen eignen. Vgl. CASSEL, J., Unternehmensbewertung im IFRS-Abschluss, S. 260 f.; JÄGER, R./HIMMEL, H., Fair Value-Bewertung, S. 428; KLOSE, N.-C., Konzernrechnungslegung nach IFRS, S. 163 f.

573 Bei marktpreisorientierten Verfahren stützt sich die Fair Value-Bewertung auf beobachtbare Markttransaktionen für gleiche oder ähnliche Bewertungsobjekte. Vgl. IFRS 13.B5-B7.

574 Kapitalwertorientierte Verfahren dienen dazu, einen Zukunftserfolgswert zu ermitteln. Sie umfassen vor allem Barwertkalküle, durch die künftig erwartete Zahlungsstrom- bzw. Ergebnisgrößen auf den Bewertungsstichtag diskontiert werden (z. B. DCF-Kalküle oder Ertragswertverfahren), Optionspreisverfahren oder das Verfahren der Residualwertmethode. Vgl. IFRS 13.B10-B33.

575 Unter kostenorientierten Ansätzen sind Verfahren zu subsumieren, durch die ein Rekonstruktions- bzw. Wiederbeschaffungszeitwert für das Bewertungsobjekt ermittelt werden soll. Vgl. IFRS 13.B8 f.

576 Vgl. IFRS 13.62 sowie IFRS 13.BC140. Für eine Gegenüberstellung dieser drei verschiedenen Verfahrenskategorien vgl. CASSEL, J., Unternehmensbewertung im IFRS-Abschluss, S. 261; KIRSCH, H.-J. U. A., in: Baetge u. a., Rechnungslegung nach IFRS, 2. Aufl., IFRS 13, Rn. 53-61.

577 Vgl. KÜTING, K./CASSEL, J., Hierarchie der Unternehmensbewertungsverfahren, S. 322.

578 Vgl. IFRS 13.72-90.

Sofern auf aktiven Märkten[579] beobachtbare Preise für identische Bewertungsobjekte zur Verfügung stehen, sind diese als **Level-1-Inputparameter** einzustufen.[580] Solche Preise sind grundsätzlich **unverändert** in die Bewertung einzubeziehen, da sie nach Ansicht des IASB den verlässlichsten Nachweis für den ökonomisch richtigen Fair Value darstellen.[581]

Auf der zweiten Hierarchiestufe folgen am Markt direkt oder aber nur indirekt beobachtbare Parameter, die nicht die restriktiven Voraussetzungen der ersten Stufe erfüllen und folglich nur in modifizierter Form in die Ermittlung des Fair Value einfließen dürfen (**Level-2-Inputparameter**).[582] Hierunter fallen bspw. notierte Marktpreise für ähnliche Bewertungsobjekte auf aktiven Märkten[583] oder notierte Marktpreise für gleiche oder ähnliche Bewertungsobjekte auf inaktiven Märkten.[584] Neben Marktpreisen fallen darunter auch sonstige direkt beobachtbare Größen, wie etwa Zinssätze, implizite Volatilitäten oder *Credit Spreads*,[585] sowie indirekt beobachtbare, aus Marktdaten hergeleitete Einflussgrößen.[586]

Geringste Priorität wird den **Level-3-Inputparametern** eingeräumt, die lediglich solche Größen umfassen, die weder direkt noch indirekt am Markt beobachtbar sind.[587] Darunter sind im Wesentlichen Schätzungen des Managements bzgl. künftiger Cashflows oder Ergebnisgrößen zu subsumieren.[588] Auf solche Inputparameter ist gem. IFRS 13.87 nur dann zurückzugreifen, wenn keine geeigneten direkt oder indirekt beobachtbaren Inputparameter verfügbar sind. In IFRS 13.87 wird zudem klargestellt, dass unternehmensinterne Daten nur insoweit bei der Bestimmung des Fair Value berücksichtigt werden dürfen, als diese annahmegemäß auch in das Bewertungskalkül beliebiger Marktteilnehmer

579 Ein aktiver Markt wird in IFRS 13 Appendix A definiert als ein Markt, auf dem das Bewertungsobjekt mit einer hinreichenden Häufigkeit und zu einem hinreichend hohen Volumen gehandelt wird, sodass eine Preisfeststellung jederzeit problemlos möglich ist.

580 Vgl. IFRS 13.76 f. In bestimmten Ausnahmefällen sind indes auch Level-1-Inputparameter anzupassen. Vgl. hierzu die abschließende Aufzählung dieser Ausnahmefälle in IFRS 13.79.

581 Vgl. IFRS 13.77; FISCHER, D. T., Fair Value Measurement, S. 238.

582 Vgl. IFRS 13.81. Ausführlich zur Charakterisierung von Level-2-Inputfakoren vgl. KIRSCH, H.-J. U. A., in: Baetge u. a., Rechnungslegung nach IFRS, 2. Aufl., IFRS 13, Rn. 81-86.

583 Vgl. IFRS 13.82 (a).

584 Vgl. IFRS 13.82 (b).

585 Vgl. IFRS 13.82 (c).

586 Vgl. IFRS 13.82 (d).

587 Vgl. IFRS 13.86. Für eine ausführliche Charakterisierung von Level-3-Inputfakoren vgl. KIRSCH, H.-J. U. A., in: Baetge u. a., Rechnungslegung nach IFRS, 2. Aufl., IFRS 13, Rn. 87-93a.

588 Vgl. KÜTING, K./CASSEL, J., Hierarchie der Unternehmensbewertungsverfahren, S. 327.

einfließen würden. Sofern Anzeichen dafür bestehen, dass die aus marktorientierter Sicht verfügbaren Eingangsgrößen von den unternehmensinternen Informationen abweichen, sind letztere für Zwecke der Fair Value-Bewertung nach IFRS 13 an die hypothetische Marktperspektive anzupassen.[589]

Um den Abschlussadressaten den Grad der **Glaubwürdigkeit des Bewertungsergebnisses** kenntlich zu machen, ist der zugehörige Bewertungsvorgang insgesamt einer der drei Hierarchiestufen zuzuordnen.[590] Sofern in die Bewertung Inputparameter aus verschiedenen Hierarchiestufen einfließen, hat sich die Einordnung des Bewertungsvorgangs nach dem qualitativ minderwertigsten aller für die Bewertung insgesamt wesentlichen Inputparameter zu richten.[591]

422.343. Abgrenzung des maßgeblichen Bewertungsobjekts

Für die Bestimmung des Fair Value gem. IFRS 13 ist es zunächst ganz allgemein erforderlich, das für den jeweils betrachteten Sachverhalt maßgebliche **Bewertungsobjekt** (*unit of measurement*) zu **definieren**.[592] Das Bewertungsobjekt kann grundsätzlich sowohl ein eigenständiger Vermögensgegenstand bzw. eine eigenständige Schuld sein, bspw. ein einzelnes Finanzinstrument, oder aber eine zusammengefasste Gruppe von Vermögenswerten und/oder Schulden.[593] Im Zusammenhang mit der Fair Value-Bewertung von Beteiligungen bzw. gesellschaftsrechtlichen Anteilspaketen ist folglich in einem ersten Schritt zu klären, ob **die einzeln handelbaren Unternehmensanteile** oder aber die **Beteiligung als Ganzes** das relevante Bewertungsobjekt darstellt.[594] Im erstgenannten Fall kann der Fair Value der Beteiligung – sofern das zu bewertende Unternehmen an der Börse notiert ist – auf der Grundlage der **anteiligen Marktkapitalisierung** und damit als Produkt aus dem beobachtbaren Börsenpreis für einen einzelnen

---

589 Vgl. IFRS 13.89.

590 Vgl. IFRS 13.72 f. An diese Klassifizierung knüpft auch der Umfang der geforderten Anhangberichterstattung über die angewandte Bewertungsmethode sowie über die Art und Qualität der verwendeten Inputparameter an. Vgl. HITZ, J.-M./ZACHOW, J., Vereinheitlichung durch IFRS 13, S. 970 f.; FREIBERG, J., Fair value: mark-to-muppets, S. 157; CASTEDELLO, M./KLINGBEIL, C., IFRS 13: Anwendungsfragen, S. 486; KIRSCH, H.-J. U. A., in: Baetge u. a., Rechnungslegung nach IFRS, 2. Aufl., IFRS 13, Rn. 65.

591 Vgl. IFRS 13.73; FISCHER, D. T., Fair Value Measurement, S. 238.

592 Vgl. IFRS 13.B2 (a); LÜDENBACH, N./HOFFMANN, W.-D./FREIBERG, J., in: Haufe IFRS-Kommentar, 14. Aufl., § 8a, Rn. 19.

593 Vgl. IFRS 13.13.

594 Vgl. FREIBERG, J., Die fair value-Bewertung, S. 42.

Anteilsschein und der Zahl der vom Konzern insgesamt an der Beteiligung gehaltenen Anteile berechnet werden.[595] Falls hingegen die Beteiligung als Ganzes das relevante Bewertungsobjekt darstellt, so sind ggf. zusätzlich zur Marktkapitalisierung die Wertpotenziale aus den mit der Beteiligung verbundenen Einflussrechten durch sog. **Paketzuschläge** zu berücksichtigen.[596]

Das für die Fair Value-Bewertung nach IFRS 13 maßgebliche **Bewertungsobjekt** (*unit of measurement*) bestimmt sich grundsätzlich nach dem für Ansatzzwecke definierten **Bilanzierungsobjekt** (*unit of account*).[597] Das Bilanzierungsobjekt wird hingegen nicht in IFRS 13, sondern in demjenigen Standard festgelegt, der eine Bewertung des zugrunde liegenden Sachverhalts zum Fair Value vorschreibt bzw. erlaubt.[598] Das für die Fair Value-Bewertung der Restbeteiligung im Kontext eines abwärtsgerichteten Statuswechsels maßgebliche Bewertungsobjekt wird somit durch IFRS 10.25 (b) i. V. m. IFRS 10.B98 (b) (iii) vorgegeben. Nach dem Wortlaut dieser Vorschriften ist im Zuge des Statuswechsels *„any investment retained in the former subsidiary"*[599] zum Fair Value zu bewerten. Folglich ist im hier betrachteten sachverhaltsspezifischen Kontext der Neubewertung einer Restbeteiligung die **Beteiligung als Ganzes** als das maßgebliche **Bewertungsobjekt** anzusehen und nicht die einzelnen gesellschaftsrechtlichen Anteilsscheine.[600]

Aus dieser Konkretisierung des für die Neubewertung maßgeblichen Bewertungsobjekts folgt, dass die aus Konzernsicht nach dem Statuswechsel noch **verbleibenden Einflussmöglichkeiten** zwingend als **wertrelevantes Charakteristikum** in die Be-

---

595 Vgl. KÜTING, K./CASSEL, J., Anteilige Marktkapitalisierung, S. 1633-2640.

596 Vgl. FREIBERG, J., Die fair value-Bewertung, S. 42. Der Mitarbeiterstab des IASB nimmt bzgl. der Berücksichtigung von Einflussnahmerechten bei der Bestimmung des Fair Value von Unternehmensbeteiligungen in einem *staff paper* wie folgt Stellung: *„One of the key characteristics of an investment is the level of control or influence of an investor in an investee. The investor's level of control or influence over an investee leads to investments in subsidiaries, joint ventures and associates each having a different nature (each of these is different from an investment in an individual financial instrument, which is usually covered by IFRS 9). This supports the view that the unit of account of financial assets that are the subject of those Standards should be the investment as a whole, not the individual financial instrument(s) that make up the investment."* (IASB (Hrsg.), Staff Paper 5 (February 2013), Rn. 18.)

597 Vgl. IFRS 13.14; FISCHER, D. T., Fair Value Measurement, S. 235.

598 Vgl. IFRS 13.14 i. V. m. IFRS 13.BC47; FREIBERG, J., Die fair value-Bewertung, S. 43.

599 IFRS 10.B98 (b) (iii).

600 Vgl. CASSEL, J., Unternehmensbewertung im IFRS-Abschluss, S. 343 f.; KÜTING, K./CASSEL, J., Anteilige Marktkapitalisierung, S. 2638.

stimmung des Fair Value der Restbeteiligung einzubeziehen sind, soweit die damit verbundenen Wertpotenziale auch von typischen Marktteilnehmern in deren hypothetischer Preisfindung berücksichtigt würden.[601] Dieser Aspekt ist für die nachfolgende vergleichende Analyse des mit den unterschiedlichen Bewertungsverfahren erreichbaren Objektivierungsgrads von zentraler Bedeutung.

422.344. Bewertungsunsicherheiten bei einer kaufpreisbasierten Bewertung

Für die wohl weit überwiegende Mehrzahl aller Fälle,[602] in denen das anteilig aus dem Konzern ausscheidende Beteiligungsunternehmen **nicht börsennotiert** ist und damit keine unmittelbar beobachtbaren Marktpreise vorliegen, scheint es zunächst naheliegend, den Fair Value der zurückbehaltenen Anteile auf der Grundlage des für die **veräußerten Anteile** erzielten **Veräußerungserlöses** zu bestimmen.[603] So weist selbst der IASB in seiner Projektzusammenfassung *Business Combinations Phase II – Project summary, feedback and effect analysis* darauf hin, dass der für die veräußerten Anteile erzielte Verkaufspreis aus seiner Sicht einen zentralen **Indikator** für den Fair Value der im Konzern zurückbehaltenen Anteile darstellt.[604] Bei dieser Einschätzung lässt der IASB indes zahlreiche **bewertungsspezifische Probleme** unberücksichtigt.[605] Der erzielte Verkaufspreis ist zwar das Ergebnis einer aktuellen Markttransaktion mit einem konzernaußenstehenden Dritten. Gleichwohl bezieht er sich allein auf die veräußerten Anteile und damit nicht auf das hier maßgebliche **Bewertungsobjekt** der im Konzern verbleibenden Restbeteiligung. So stellt der tatsächlich gezahlte Transaktionspreis einen aus Erwerbersicht **unternehmensspezifischen Zugangswert** dar, der in hohem Maße durch die individuellen Verwendungsabsichten und subjektiven Wertvorstellungen des

---

601 Vgl. CASSEL, J., Unternehmensbewertung im IFRS-Abschluss, S. 343; KÜTING, K./CASSEL, J., Anteilige Marktkapitalisierung, S. 2637 f. Im Kontext sukzessiver Unternehmenserwerbe so auch GIMPEL-HENNING, N., Sukzessive Anteilserwerbe, S. 112 f.

602 Vgl. KÜTING, K./WIRTH, J., Sukzessiver Anteilserwerb, S. 365; GIMPEL-HENNING, N., Sukzessive Anteilserwerbe, S. 119.

603 Vgl. HOEHNE, F., Veräußerung von Anteilen, S. 194 und 198. Im Kontext eines sukzessiven Unternehmenserwerbs, bei dem eine indirekte Ermittlung des Fair Value der Altanteile auf der Grundlage des für die zuletzt erworbenen Neuanteile hingegebenen Kaufpreises denkbar scheint, vgl. ähnlich auch KÜTING, K./WIRTH, J., Sukzessiver Anteilserwerb, S. 365 f.; KLOSE, N.-C., Konzernrechnungslegung nach IFRS, S. 159-162; GIMPEL-HENNING, N., Sukzessive Anteilserwerbe, S. 119 f.

604 Vgl. IASB (Hrsg.), Project Summary, S. 39.

605 Vgl. HOEHNE, F., Veräußerung von Anteilen, S. 193.

Erwerbers bestimmt ist.[606] Zudem ist ein Transaktionspreis immer auch durch die individuellen Besonderheiten der Verhandlungssituation geprägt, wie etwa dem Verhandlungsgeschick oder der Kompromissbereitschaft der Transaktionsparteien.[607] Für die Ermittlung des Fair Value der Restbeteiligung müssten solche subjektiven Einflussfaktoren und sonstigen transaktionsspezifischen Aspekte folglich nach den Vorgaben des IFRS 13 an die Umstände einer gewöhnlichen Markttransaktion und die dabei zu unterstellenden Einschätzungen bzw. Annahmen typischer Marktteilnehmer angepasst werden.[608] Der auf Basis einer linearen Hoch- bzw. Rückrechnung volumengerecht angepasste Verkaufspreis spiegelt somit nicht die spezifischen Besonderheiten der zu bewertenden Restbeteiligung wider und kann allenfalls als **Level-2-Inputparameter** eingestuft werden.[609]

Zudem wäre im Einzelfall zu prüfen, ob der Verkaufspreis für Zwecke der Fair Value-Bewertung der zurückbehaltenen Anteile um **Paketzuschläge** oder **-abschläge** korrigiert werden muss, um das Wertpotenzial der aus Sicht des Konzerns weiterhin vorhandenen **Einflussmöglichkeiten** korrekt zu erfassen.[610] IFRS 13.69 enthält hierzu den allgemeinen Hinweis, dass die der zweiten oder dritten Stufe der Fair Value-Hierarchie zuzuordnenden Eingangsparameter durch Auf- oder Abschläge angepasst werden müssen, soweit damit ein spezifisches Merkmal des Bewertungsobjekts erfasst wird bzw. die Anpassung mit Blick auf die jeweilige Bilanzierungseinheit gerechtfertigt ist.[611] Sofern bspw. mehr als 50 % der Gesamtbeteiligung an einen einzelnen Erwerber veräußert werden, der dadurch die alleinige Beherrschungsmacht erlangt, ist im Veräußerungserlös typischerweise eine **Kontrollprämie** enthalten. Ein solcher für die Beherr-

606 Vgl. GIMPEL-HENNING, N., Sukzessive Anteilserwerbe, S. 120; KLOSE, N.-C., Konzernrechnungslegung nach IFRS, S. 163.

607 Vgl. BALLWIESER, W., Bewertung von Unternehmen und Kaufpreisgestaltung, S. 84; KRAUS-GRÜNEWALD, M., Gibt es einen objektiven Unternehmenswert?, S. 1839 und 1844; HOEHNE, F., Veräußerung von Anteilen, S. 198; KLOSE, N.-C., Konzernrechnungslegung nach IFRS, S. 179.

608 Vgl. in Bezug auf die Fair Value-Bewertung der Altanteile bei einem sukzessiven Unternehmenserwerb so auch GIMPEL-HENNING, N., Sukzessive Anteilserwerbe, S. 120.

609 Vgl. GIMPEL-HENNING, N., Sukzessive Anteilserwerbe, S. 120.

610 Vgl. GIMPEL-HENNING, N., Sukzessive Anteilserwerbe, S. 120 f.

611 Beispielhaft werden in diesem Zusammenhang ein Aufschlag für einen beherrschenden Unternehmensanteil sowie ein Abschlag für einen nicht-beherrschenden Anteil angeführt. Ergänzend stellt der Standardsetter in IFRS 13.BC159 klar, dass er bewusst keine umfassenderen Beschreibungen möglicher Auf- und Abschläge in IFRS 13 aufgenommen hat, um eine dadurch ggf. bedingte präskriptive Wirkung zu vermeiden. Damit wird die Beurteilung der Angemessenheit von Auf- oder Abschlägen bewusst ins sachverhalts- und einzelfallspezifische Ermessen der Bilanzierenden gestellt.

schungserlangung bezahlter **Preisaufschlag** darf indes bei der Fair Value-Bewertung der zurückbehaltenen Minderheitsbeteiligung nicht – bzw. zumindest nicht in voller Höhe – berücksichtigt werden.[612] Sofern die zurückbehaltene Minderheitsbeteiligung weiterhin **wesentliche Einflussrechte** gewährt, die auch ein typischer Marktteilnehmer i. S. d. IFRS 13 in seiner Preisfindung berücksichtigen würde, wäre die für die veräußerten Anteile erhaltene Kontrollprämie ggf. nur anteilig zu korrigieren.[613] Im umgekehrten Fall sind bspw. auch Fälle denkbar, in denen keine Mehrheitsbeteiligung an einen einzelnen Erwerber veräußert wird, sodass bei der kaufpreisbasierten Fair Value-Bewertung der Restbeteiligung ggf. sogar ein Paketzuschlag auf den zunächst linear hochgerechneten Veräußerungspreis berücksichtigt werden müsste.[614]

Hinsichtlich der Notwendigkeit zur Berücksichtigung eines solchen Paketzuschlags bzw. -abschlags kann auch auf die Vorschriften des IFRS 3 für den ähnlich gelagerten Fall der Bewertung von Anteilen nicht-beherrschender Gesellschafter bei Anwendung der *Full Goodwill*-Methode verwiesen werden.[615] So stellt der IASB in IFRS 3.45 explizit klar, dass der Fair Value der Minderheitenanteile an einem erworbenen Tochterunternehmen vor allem deswegen nicht unmittelbar aus dem für die Erlangung der Mehrheitsbeteiligung hingegebenen Kaufpreis hergeleitet werden kann, da sich die beiden Wertgrößen im Regelfall durch einen Kontrollzuschlag bzw. Minderheitenabschlag voneinander unterscheiden.[616]

In der Praxis ist eine objektiv richtige und nachvollziehbare Korrektur des Transaktionspreises um sämtliche subjektiven Charakteristika des Bewertungsobjekts und alle

---

612 Vgl. HOEHNE, F., Veräußerung von Anteilen, S. 199.

613 Vgl. hierzu für den vergleichbaren Fall einer Fair Value-Neubewertung der Altanteile bei einem sukzessiven Unternehmenserwerb GIMPEL-HENNING, N., Sukzessive Anteilserwerbe, S. 112 f. und 121.

614 Dies wäre bspw. der Fall, wenn sich die Beteiligungsquote des Konzerns aufgrund einer nur geringen Anteilsveräußerung von 51 % auf 49 % verringert und die ursprünglich als Tochterunternehmen einbezogene Beteiligung nach dem Statuswechsel als assoziiertes Unternehmen zu klassifizieren ist. Während der Erwerber des 2 %-Anteils in diesem Fall keine Kontrollprämie bezahlt, gewährt die verbleibende 49 %-Beteiligung typischerweise weiterhin umfassende Einflussnahmerechte, die bei der Bestimmung des Fair Value der Restbeteiligung nach den Vorgaben des IFRS 13 zwingend im Bewertungskalkül zu erfassen wären.

615 Vgl. HOEHNE, F., Veräußerung von Anteilen, S. 200; KLOSE, N.-C., Konzernrechnungslegung nach IFRS, S. 159 f. und 178. Die Grundproblematik ist für beide Bilanzierungssachverhalte dahingehend identisch, dass in beiden Fällen die Fair Value-Bewertung einer Minderheitsbeteiligung vorgeschrieben ist, für die nicht unmittelbar auf einen aktuellen Transaktionspreis zurückgegriffen werden kann. Vgl. KLOSE, N.-C., Konzernrechnungslegung nach IFRS, S. 160.

616 Vgl. hierzu auch KÜTING, K./WEBER, C.-P./WIRTH, J., Goodwillbilanzierung, S. 141.

sonstigen transaktionsspezifischen Parameter nicht möglich. Mangels der Kenntnis der subjektiven Präferenzen und Wertvorstellungen der an der Transaktion beteiligten Erwerber ist eine ggf. im Veräußerungserlös enthaltene Kontrollprämie nicht von anderen preisbeeinflussenden Faktoren isolierbar bzw. gesondert quantifizierbar.[617] Angesichts der erheblichen **Bewertungsunsicherheiten** und der daraus resultierenden umfangreichen **Ermessensspielräume** in Bezug auf die notwendigen Anpassungen des Transaktionspreises dürfte die kaufpreisbasierte Bewertung somit im Regelfall auf der **untersten Stufe der Fair Value-Hierarchie** einzuordnen sein.[618] Aufgrund des mangelnden Verlässlichkeitsgrads stellt die kaufpreisbasierte Bewertung nach der hier vertretenen Auffassung somit keine geeignete Methode für die Bestimmung des Fair Value der Restbeteiligung dar.[619] Der um Paketzuschläge bzw. -abschläge und sonstige transaktionsspezifische Aspekte angepasste Veräußerungserlös sollte allenfalls zur **Plausibilitätsbeurteilung** der mithilfe anderer Verfahren ermittelten Bewertungsergebnisse herangezogen werden.[620]

422.345. Bewertungsunsicherheiten bei einer Börsenkurs-gestützten Bewertung

Sofern es sich bei der anteilig veräußerten Beteiligung um ein **börsennotiertes Unternehmen** handelt, dessen Anteile auf einem aktiven Markt gehandelt werden, liegt es nahe, den Fair Value der zurückbehaltenen Restbeteiligung nach der **anteiligen Marktkapitalisierung** zu bestimmen, d. h. als Produkt aus dem beobachtbaren Börsenkurs einer einzelnen Aktie und dem Volumen der nach dem Statuswechsel noch vom Konzern gehaltenen Anteilsscheine. Da indes die zurückbehaltene Restbeteiligung als Ganzes und nicht die einzelnen Anteilsscheine das maßgebliche Bewertungsobjekt darstellt, kann der Börsenkurs mit Blick auf die Bewertung der Restbeteiligung wiederum nicht als Level-1-Parameter, sondern allenfalls als **Level-2-Inputparameter** angesehen werden.[621]

---

617 Vgl. HOEHNE, F., Veräußerung von Anteilen, S. 205 f.
618 Vgl. im Kontext sukzessiver Unternehmenserwerbe so auch GIMPEL-HENNING, N., Sukzessive Anteilserwerbe, S. 121.
619 Gleicher Auffassung vgl. auch HOEHNE, F., Veräußerung von Anteilen, S. 205 f.; KLOSE, N.-C., Konzernrechnungslegung nach IFRS, S. 178.
620 Vgl. HOEHNE, F., Veräußerung von Anteilen, S. 206.
621 Vgl. GIMPEL-HENNING, N., Sukzessive Anteilserwerbe, S. 109.

Die Börse stellt lediglich einen Markt für Minderheitenanteile dar und keinen Markt für ganze Beteiligungen.[622] Der **Börsenkurs** gibt folglich nur den **Preis einer einzelnen Aktie** wieder und ist somit unbeeinflusst von Wertpotenzialen aus Einflussrechten, die sich erst durch die Kombination eines hinreichend großen Bündels an Anteilsscheinen ergeben.[623] Im Fair Value der Restbeteiligung sind diese Wertpotenziale aus den verbleibenden Einflussmöglichkeiten hingegen zwingend zu berücksichtigen, sofern sie als eine **spezifische Eigenschaft des zu bewertenden Anteilspakets** anzusehen sind.[624] Dies dürfte regelmäßig dann der Fall sein, wenn die Höhe der Restbeteiligung zumindest noch einen maßgeblichen Einfluss oder aber gemeinschaftliche Beherrschung gewährt.[625] Konkret muss der Börsenkurs dann um einen entsprechenden **Paketzuschlag** angepasst werden, wenn ein solcher Preisaufschlag auch durch einen beliebigen sonstigen Marktteilnehmer i. S. d. IFRS 13 für die mit dem zu bewertenden Anteilspaket verbundenen Einflussrechte bezahlt würde.[626]

Fraglich ist in diesem Zusammenhang, ob Paketzuschläge auch dann zu berücksichtigen sind, wenn nach dem Statuswechsel lediglich eine einfache Finanzbeteiligung zurückbehalten wird. Gemäß IFRS 13.80 bestimmt sich der Fair Value von Unternehmensbeteiligungen, die die Tatbestandsvoraussetzungen einer nach IFRS 9 zu bilanzierenden einfachen Finanzbeteiligung erfüllen und deren Anteile zudem auf einem aktiven Markt gehandelt werden, allein nach deren **anteiliger Marktkapitalisierung**.[627] Auf Paketzuschläge oder -abschläge ist in solchen Fällen explizit zu verzichten. Dies liegt darin begründet, dass nach IFRS 9 das **einzelne Finanzinstrument** das maßgebliche **Bewertungsobjekt** darstellt und das Konstrukt einer **Beteiligung** lediglich als **Ansammlung**

---

622 Vgl. KÜTING, K./CASSEL, J., Anteilige Marktkapitalisierung, S. 2636; WIEDMANN, H./ADERS, C./ WAGNER, M., Bewertung von Unternehmen und Unternehmensanteilen, S. 725; CHERIDITO, Y./ HADEWICZ, T., Marktorientierte Unternehmensbewertung, S. 322; TRÜTZSCHLER, K. U. A., Rechnungslegung von Akquisitionen, S. 387.

623 Vgl. CASSEL, J., Unternehmensbewertung im IFRS-Abschluss, S. 334 und 336; TRÜTZSCHLER, K. U. A., Rechnungslegung von Akquisitionen, S. 387; CHERIDITO, Y./HADEWICZ, T., Marktorientierte Unternehmensbewertung S. 322; BALLWIESER, W./HACHMEISTER, D., Unternehmensbewertung, S. 215 f.

624 Vgl. IFRS 13.69; KÜTING, K./CASSEL, J., Anteilige Marktkapitalisierung, S. 2637 f.

625 Vgl. CASSEL, J., Unternehmensbewertung im IFRS-Abschluss, S. 336.

626 Vgl. GIMPEL-HENNING, N., Sukzessive Anteilserwerbe, S. 112 f.; KÜTING, K./CASSEL, J., Anteilige Marktkapitalisierung, S. 2637.

627 Vgl. KÜTING, K./CASSEL, J., Anteilige Marktkapitalisierung, S. 2635.

gleichartiger Finanzinstrumente interpretiert wird.[628] Mit Blick auf das Bewertungsobjekt besteht für den hier betrachteten Fall folglich ein Regelungskonflikt zwischen den allgemeinen Regelungen zur Bilanzierung einfacher Finanzbeteiligungen nach IFRS 9 bzw. IFRS 13 und den für den Spezialfall statusändernder Anteilsveräußerungen maßgeblichen Vorgaben von IFRS 10.25 (b) i. V. m. IFRS 10.B98 (b) (iii). Nach der hier vertretenen Ansicht ist dieser Konflikt nach dem Grundsatz *lex specialis derogat legi generali* zugunsten der sachverhaltsspezifischen Regelung des IFRS 10.25 (b) i. V. m. IFRS 10.B98 (b) (iii) zu lösen, sodass auch im hier betrachteten Übergangsfall die **Beteiligung als Ganzes** das **maßgebliche Bewertungsobjekt** darstellt.[629] Somit ist im Einzelfall zu prüfen, ob eine Korrektur des beobachtbaren Börsenkurses um einen Wertzuschlag aufgrund von weiterhin bestehenden Einflussmöglichkeiten sachgerecht bzw. erforderlich ist. Gleichwohl dürfte eine solche Anpassung in aller Regel aus Wesentlichkeitsgründen verzichtbar sein.

Für die Korrektur der anteiligen Marktkapitalisierung um Wertzuschläge aufgrund von Einflussrechten kann auch bei börsennotierten Beteiligungsunternehmen nicht unmittelbar auf Marktdaten zurückgegriffen werden. Am Markt sind allenfalls **Übernahmeprämien** aus aktuellen Transaktionen von Anteilen vergleichbarer Unternehmen beobachtbar, die sich typischerweise aus einer **Vielzahl von sich zum Teil gegenseitig kompensierenden Einflussfaktoren** zusammensetzen und somit nicht (allein) den Mehrwert der Einflussmöglichkeiten widerspiegeln.[630] Somit ist die Börsenkurs-gestützte Fair Value-Bewertung der zurückbehaltenen Anteile in ähnlichem Maße von Unsicherheiten und Ermessensspielräumen gekennzeichnet wie die kaufpreisbasierte Bewertung. Je nachdem, in welchem Umfang Wertkorrekturen auf den Börsenkurs vorzunehmen sind, ist die Börsenkurs-gestützte Bewertung somit ebenfalls entweder der **zweiten oder dritten Stufe der Fair Value-Hierarchie** zuzuordnen.[631]

---

628 Vgl. IFRS 9.1.1 i. V. m. IAS 32.11; KÜTING, K./CASSEL, J., Anteilige Marktkapitalisierung, S. 2635; GIMPEL-HENNING, N., Sukzessive Anteilserwerbe, S. 110 f.

629 Vgl. im Ergebnis so auch KÜTING, K./CASSEL, J., Anteilige Marktkapitalisierung, S. 2635-2638.

630 Zur terminologischen Abgrenzung von Übernahmeprämien und Kontrollprämien vgl. Abschnitt 422.222.

631 Vgl. GIMPEL-HENNING, N., Sukzessive Anteilserwerbe, S. 116 f.

422.346. Bewertungsunsicherheiten bei einer Multiplikator-gestützten Bewertung

Ebenfalls unter die marktpreisorientierten Verfahren fallen sog. Vergleichswertverfahren, wie etwa die in der Praxis für die Bewertung von nicht marktnotierten Unternehmen häufig angewendete **Multiplikatormethode**.[632] Die Grundidee der Multiplikatormethode besteht darin, den Unternehmenswert des Bewertungsobjekts aus beobachtbaren Börsenpreisen oder aus Transaktionspreisen für vergleichbare Unternehmen herzuleiten. Hierfür wird der beobachtbare Markt- bzw. Transaktionspreis eines jeden Vergleichsunternehmens zu einer ebenfalls beobachtbaren unternehmensbezogenen Bezugsgröße (bspw. Umsatz, Jahresüberschuss, EBITDA etc.) ins Verhältnis gesetzt, bevor der auf diese Weise ermittelte Durchschnitts-Multiplikator sodann mit der entsprechenden Bezugsgröße des zu bewertenden Unternehmens multipliziert wird.[633] Da sich dem Bewertenden bei der Anwendung der Multiplikatormethode indes bereits bei der Wahl der relevanten Vergleichsunternehmen sowie auch bei der Wahl der verwendeten Bezugsgröße(n) **erhebliche Ermessensspielräume** eröffnen, sollten diese Verfahren nach der h. M. grundsätzlich allenfalls zu **Plausibilisierungszwecken** herangezogen werden.[634] Für den hier betrachteten Fall der Fair Value-Bewertung einer nach einem Statuswechsel zurückbehaltenen Restbeteiligung erhöhen sich die der Multiplikatormethode inhärenten Manipulationsspielräume noch einmal zusätzlich dadurch, dass auch die auf Basis dieser Methode ermittelten Werte wiederum durch **Paketzu- bzw. -abschläge** angepasst werden müssten, um das Wertpotenzial der weiterhin mit

---

632 Vgl. IFRS 13.B5 f.; KÜTING, K./CASSEL, J., Hierarchie der Unternehmensbewertungsverfahren, S. 322; COENENBERG, A. G./SCHULTZE, W., Multiplikator-Verfahren, S. 697 f.; SCHWETZLER, B., Unternehmensbewertung mit Multiples, S. 574. Zur Anwendung der Multiplikatormethode bei der Bewertung von Altanteilen im Kontext sukzessiver Unternehmenserwerbe vgl. GIMPEL-HENNING, N., Sukzessive Anteilserwerbe, S. 122 f.

633 Vgl. COENENBERG, A. G./SCHULTZE, W., Multiplikator-Verfahren, S. 697 f.; CHERIDITO, Y./ HADEWICZ, T., Marktorientierte Unternehmensbewertung, S. 321-323.

634 Vgl. MANDL, G./RABEL, K., Unternehmensbewertung, S. 274; COENENBERG, A. G./SCHULTZE, W., Multiplikator-Verfahren, S. 700; LÖHNERT, P. G./BÖCKMANN, U. J., Multiplikatorverfahren, S. 790; TRÜTZSCHLER, K. U. A., Rechnungslegung von Akquisitionen, S. 388. Auch das IDW vertritt in seinem Standard IDW S1 *Grundsätze zur Durchführung von Unternehmensbewertungen* generell die Auffassung, dass tatsächlich gezahlte Preise für Unternehmen und Unternehmensanteile bei der Ermittlung eines objektivierten Unternehmenswerts nur der Plausibilitätskontrolle dienen und eine eigenständige Unternehmensbewertung des relevanten Bewertungsobjekts nicht ersetzen können. Vgl. IDW (Hrsg.), IDW S 1 (2008), Rn. 13.

der Restbeteiligung verbundenen Einflussrechte adäquat zu berücksichtigen.[635] Für den hier betrachteten Sachverhalt der Bewertung der nach einem abwärtsgerichteten Statuswechsel anteilig zurückbehaltenen Restbeteiligung wäre die Multiplikatormethode somit in jedem Fall der **dritten Stufe der Fair Value-Hierarchie** zuzuordnen.[636]

422.347. Bewertungsunsicherheiten bei einer kapitalwertbasierten Bewertung

Da ein Markt für ganze Unternehmensbeteiligungen nicht existiert und somit für die zum Fair Value zu bewertende Restbeteiligung kein direkt beobachtbarer Marktpreis verfügbar ist, kommt neben einer kaufpreis- oder marktpreisbasierten Bewertung v. a. eine eigenständige Bewertung der Restbeteiligung auf Basis eines **Kapitalwertverfahrens** (sog. *mark-to-model*-Bewertung) in Betracht. In der Bewertungspraxis bilden das Ertragswertverfahren und DCF-Verfahren die wohl gängigsten Formen der kapitalwertbasierten Bewertungsverfahren.[637] Mithilfe von Kapitalwertverfahren wird ein stichtagsbezogener **Zukunftserfolgswert** auf der Grundlage eines Barwertkalküls ermittelt, wobei die künftig zu erwartenden Einzahlungs- oder Ertragsüberschüsse mit einem risikoadjustierten Zinssatz auf den Bewertungsstichtag diskontiert werden.[638] Der Wert einer Unternehmensbeteiligung kann grundsätzlich entweder nach der **direkten Methode** als Barwert der unmittelbar aus dem Anteilspaket künftig zu erwartenden Zahlungsströme oder aber nach der **indirekten Methode** als Anteil des Gesamtunternehmenswerts berechnet werden.[639] Sofern der Fair Value der Restbeteiligung auf Basis der indirekten Methode bestimmt wird, kann dieser wiederum nicht einfach beteiligungsproportional, d. h. aus dem Produkt der verbleibenden Anteilsquote und dem Gesamtunternehmenswert, berechnet werden. Vielmehr wäre auch in diesem Fall ein adäquater **Paket- bzw. Minderheitenabschlag** auf den beteiligungsproportionalen Anteil am Ge-

---

635 Vgl. in Bezug auf die Multiplikator-gestützte Bewertung von Altanteilen bei einem sukzessiven Unternehmenserwerb so auch GIMPEL-HENNING, N., Sukzessive Anteilserwerbe, S. 122 f.

636 Vgl. in Bezug auf die Multiplikator-basierte Fair Value-Bewertung von Altanteilen bei einem sukzessiven Unternehmenserwerb so auch GIMPEL-HENNING, N., Sukzessive Anteilserwerbe, S. 123.

637 Vgl. HOEHNE, F., Veräußerung von Anteilen, S. 209. Daneben zählt der IASB gem. IFRS 13.B11 überdies noch die Residualwertmethode sowie Optionspreismodelle zu den kapitalwertorientierten Bewertungsansätzen, die aber für die Bewertung von Unternehmensanteilen von vergleichsweise geringer Bedeutung sind.

638 Vgl. IFRS 13.B10 und IFRS 13.B12-B30.

639 Vgl. WIECHERS, K., Bewertung von Anteilen an Unternehmen, S. 913 f.

samtunternehmenswert zu berücksichtigen, um der gesunkenen Einflussintensität in angemessener Weise Rechnung zu tragen.[640]

Neben den damit verbundenen sachverhaltsspezifischen Ermessensspielräumen zeichnen sich kapitalwertbasierte Bewertungsverfahren ganz allgemein durch ein **hohes Maß an Bewertungsunsicherheiten** aus.[641] Sowohl die subjektive Schätzung der künftigen Zahlungsströme bzw. Ergebnisgrößen als auch die Bestimmung des darauf anzuwendenden Diskontierungszinssatzes sind in hohem Maße abhängig von **Ermessensentscheidungen** des Bewertenden und damit äußerst **manipulationsanfällig.** Aus diesem Grund sind solche Bewertungsverfahren generell der **dritten Stufe der Fair Value-Hierarchie** zuzuordnen.[642]

Um diese Bewertungsunsicherheiten einzudämmen und ein Mindestmaß an Objektivierung sicherzustellen, ist nach IFRS 13.87 auch bei einer modellbasierten Fair Value-Bestimmung zwingend die **Perspektive typischer sachverständiger Marktteilnehmer** einzunehmen. Danach dürfen unternehmensinterne bzw. subjektive Annahmen und Prämissen des Managements nicht in die Bewertung einfließen, soweit diese sich offensichtlich nicht mit den fiktiv zu unterstellenden Annahmen typischer Marktteilnehmer decken.[643] Daneben sind gem. IFRS 13.89 exklusiv auf das bilanzierende Unternehmen beschränkte wirtschaftliche Nutzenpotenziale aus der zu bewertenden Unternehmensbeteiligung – bspw. in Form von unternehmensspezifischen Synergien – im Bewertungskalkül zu vernachlässigen, soweit diese nicht auch aus Sicht beliebiger Marktteilnehmer realisierbar wären.

---

640 Vgl. für den umgekehrten Fall einer kapitalwertbasierten Neubewertung bei einem sukzessiven Unternehmenserwerb so auch GIMPEL-HENNING, N., Sukzessive Anteilserwerbe, S. 124.

641 Vgl. kritisch zur Anwendung von DCF-Kalkülen für die Fair Value-Bewertung im IFRS-Abschluss aufgrund der hohen Bewertungsunsicherheiten BAETGE, J., Verwendung von DCF-Kalkülen, S. 13-23.

642 Vgl. KÜTING, K./CASSEL, J., Hierarchie der Unternehmensbewertungsverfahren, S. 327; CASTEDELLO, M./KLINGBEIL, C., IFRS 13: Anwendungsfragen, S. 486; HOEHNE, F., Veräußerung von Anteilen, S. 209; GIMPEL-HENNING, N., Sukzessive Anteilserwerbe, S. 124.

643 Vgl. IFRS 13.89; CASTEDELLO, M./KLINGBEIL, C., IFRS 13: Anwendungsfragen, S. 484 f.; SCHILDBACH, T., Fair Value Accounting, S. 121. IFRS 13.89 stellt indes klar, dass das bilanzierende Unternehmen keine aus Kosten- und Aufwandsgesichtspunkten unangemessenen Anstrengungen unternehmen muss, um mögliche Abweichungen der Annahmen typischer Marktteilnehmer von denen des Bewertungssubjekts zu identifizieren. Allerdings sind Informationen über mögliche Unterschiede in den Annahmen dann zwingend zu berücksichtigen, sofern sie unmittelbar verfügbar sind oder unter einem vertretbaren Aufwand beschafft werden können.

Das Problem der Wertverzerrungen aufgrund von subjektiven Annahmen und Schätzungen des Bewertenden wird durch das Abstellen auf eine hypothetische Marktperspektive indes nur vordergründig gemildert. Tatsächlich eröffnet die Vernachlässigung von unternehmensinternen Planungs- bzw. Steuerungsinformationen zugunsten von hypothetischen Markteinschätzungen, die letztlich ebenso auf subjektiven Urteilen bzw. Annahmen des Bewertenden beruhen, u. U. sogar noch zusätzliche bilanzpolitisch nutzbare Ermessensspielräume.[644] Somit ist nicht auszuschließen, dass mit der vom Standardsetter angestrebten **Objektivierung** durch die **Fiktion einer hypothetischen Markttransaktion** im Einzelfall das genaue Gegenteil erreicht wird. SCHILDBACH sieht hierin gar „die Voraussetzungen für eine exzessive Bilanzpolitik mit perfekter Tarnung [...] in beispielloser Form erfüllt."[645]

422.348. Zwischenfazit

Im Ergebnis ist festzuhalten, dass die nach IFRS 13 einzunehmende **Marktperspektive** für die Neubewertung der Restbeteiligung **keinen wesentlichen Beitrag** zur **Objektivierung** und damit zur **Glaubwürdigkeit** des Fair Value-Wertansatzes der Restbeteiligung leistet. Selbst kaufpreisbasierte oder Börsenkurs-gestützte Bewertungsansätze sind typischerweise von **umfangreichen Ermessensspielräumen** gekennzeichnet, da bei der Bewertung stets sowohl den Spezifika der jeweiligen Markt- bzw. Transaktionssituation als auch den individuellen Charakteristika des Bewertungsobjekts Rechnung getragen werden muss. Vor allem die subjektive Bestimmung der mit Blick auf die verbleibenden Einflussrechte vorzunehmenden Wertkorrekturen ist **stark ermessensbehaftet** und damit äußerst **manipulationsanfällig**.

Kaufpreis- bzw. marktpreisbasierte Bewertungsverfahren sind somit keinesfalls grundsätzlich gegenüber Kapitalwertverfahren vorzuziehen.[646] Vielmehr müsste stattdessen in jedem Einzelfall gesondert analysiert werden, ob die kaufpreis- bzw. marktpreisbasierten Ansätze im Vergleich zu einer kapitalwertbasierten Unternehmensbewertung tat-

---

644 Vgl. SCHILDBACH, T., Fair Value, S. 19; KÜTING, K./DAWO, S., Gestaltungspotenziale im Rahmen der IFRS, S. 1212; KIRSCH, H.-J. U. A., in: Baetge u. a., Rechnungslegung nach IFRS, 2. Aufl., IFRS 13, Rn. 90; GIMPEL-HENNING, N., Sukzessive Anteilserwerbe, S. 125.

645 SCHILDBACH, T., Fair Value Accounting, S. 123. Auslassung durch den Verfasser.

646 Vgl. im Ergebnis so auch HOEHNE, F., Veräußerung von Anteilen, S. 205 und 210-212. Für den ähnlich gelagerten Fall der Fair Value-Bewertung von Altanteilen bei einem sukzessiven Unternehmenserwerb so auch GIMPEL-HENNING, N., Sukzessive Anteilserwerbe, S. 127.

sächlich zu glaubwürdigeren Wertansätzen führen. Angesichts der hohen Bewertungsunsicherheiten wäre es ratsam, den Fair Value nicht allein auf der Basis eines einzigen Bewertungsverfahrens zu ermitteln. Stattdessen könnten mehrere Bewertungsverfahren parallel angewendet werden und die damit jeweils ermittelten Bewertungsergebnisse ggf. zu einem Durchschnittswert verdichtet werden.[647] Gleichwohl würde das **Problem der mangelnden Glaubwürdigkeit** selbst durch die parallele Anwendung verschiedener Bewertungsverfahren allenfalls geringfügig gemildert, da bei sämtlichen Bewertungsverfahren grundsätzlich die gleichen subjektiven Annahmen und Einschätzungen des Bilanzierenden – zumindest bzgl. des mit den verbleibenden Einflussrechten verbundenen Wertbeitrags – zu berücksichtigen wären. Die Neubewertung der nach einem abwärtsgerichteten Statuswechsel im Konzern zurückbehaltenen Restbeteiligung ist folglich nicht nur aus Relevanzgesichtspunkten, sondern auch mit Blick auf die Glaubwürdigkeit der dadurch vermittelten Abschlussinformationen äußert kritisch zu sehen.

422.4 Kritische Würdigung der Auswirkungen der Neubewertung auf die Erfolgserfassung

422.41 Beurteilung der Entscheidungsnützlichkeit des Neubewertungserfolgs

Die Neubewertung einer nach dem Beherrschungsverlust zurückbehaltenen Restbeteiligung wirkt sich nicht nur auf die Vermögens- und Finanzlage des Konzerns aus, sondern auch auf dessen **Ertragslage**. Nach IFRS 10.25 (c) i. V. m. IFRS 10.B98 (d) ist die aus der Neubewertung resultierende Differenz zwischen dem Fair Value und dem Entflechtungswert der zurückbehaltenen Anteile zum Zeitpunkt des Statuswechsels als **Übergangskonsolidierungserfolg** in der **Gewinn- und Verlustrechnung** zu erfassen. Angesichts der bereits dargestellten Probleme hinsichtlich der Relevanz und der Glaubwürdigkeit der durch die Neubewertung vermittelten Informationen stellt sich auch die Frage nach dem ökonomischen Aussagegehalt des daraus resultierenden Erfolgsbeitrags.

Problematisch ist v. a., dass der Wertanpassungseffekt aus der Neubewertung erfolgsrechnerisch in voller Höhe dem Ergebnis in der Periode des Statuswechsels zugerechnet

---

647 Vgl. GIMPEL-HENNING, N., Sukzessive Anteilserwerbe, S. 127. Vgl. sachverhaltsunspezifisch hierzu auch WIELAND-BLÖSE, A., in: Thiele/von Keitz/Brücks, IFRS 13, Rn. 248.

wird, obgleich sich darin zu einem großen Teil **bislang nicht bilanzierte Wertpotenziale** niederschlagen, die wirtschaftlich bereits in **früheren Perioden** entstanden sind.[648] Den Abschlussadressaten ist es somit nicht möglich, die tatsächlich allein durch den Kontrollverlust bedingte Wertabnahme bzw. den dadurch entstandenen negativen Ergebniseffekt vom gegenläufigen positiven Ergebniseffekt aus der Erfassung bereits in früheren Perioden entstandener **stiller Werttreiber** bzw. **originärer Goodwill-Bestandteile** zu separieren.[649] Durch die ereignisabhängige Aufdeckung vormals nicht bilanzierter stiller Wertpotenziale wird der Übergangskonsolidierungserfolg c. p. positiv verzerrt.

Darüber hinaus wird die Aussagefähigkeit des Übergangskonsolidierungserfolgs v. a. dadurch beeinträchtigt, dass die nach IFRS 13 bei der Bewertung zwingend einzunehmende Marktperspektive einen **Wechsel der Bewertungsperspektive** zur Folge hat.[650] Der Übergangskonsolidierungserfolg resultiert somit aus der **Differenz zweier völlig verschiedener Wertkonstrukte**, nämlich dem unternehmensspezifischen Betriebszugehörigkeitswert der anteilig zurückbehaltenen Beteiligung unmittelbar vor dem Statuswechsel einerseits und ihrem marktorientierten Veräußerungswert unmittelbar nach dem Statuswechsel andererseits. Durch die kategorische **Vernachlässigung unternehmensspezifischer Nutzenpotenziale** wird der Wert der Restbeteiligung aus ökonomischer Sicht c. p. nach unten verzerrt.

Der gem. IFRS 12.19 gesondert im Anhang anzugebende Erfolgsbeitrag aus der Neubewertung stellt folglich eine **nicht periodengerecht abgegrenzte Nettogröße** dar, die durch verschiedene Einflussfaktoren und durch unterschiedliche Wertmaßstäbe bestimmt wird. Der Übergangskonsolidierungserfolg kann daher nicht als aussagekräftiger Indikator für die ökonomisch allein durch den Statuswechsel bedingte Änderung des mit der Beteiligung verbundenen Wertpotenzials herangezogen werden. Somit ist der Neubewertungserfolg auch für die Kapitalanlageentscheidungen der Abschlussadressaten nur wenig **entscheidungsrelevant**. Darüber hinaus beeinträchtigen die mit der Fair Value-Bewertung zwangsläufig einhergehenden Ermessensspielräume die **Glaubwür-**

---

648 Vgl. hierzu Abschnitt 422.331.

649 Vgl. so auch für den umgekehrten Fall einer Neubewertung von Altanteilen bei einem sukzessiven Unternehmenserwerb GIMPEL-HENNING, N., Sukzessive Anteilserwerbe, S. 144.

650 Vgl. hierzu Abschnitt 422.332.

digkeit des in der Gewinn- und Verlustrechnung zu erfassenden Erfolgsbeitrags aus der Neubewertung.

Aufgrund der fortdauernden Konzernzugehörigkeit der nach dem Statuswechsel zurückbehaltenen Restbeteiligung kann zudem typisierend unterstellt werden, dass die Kapitalgeber der Konzernobergesellschaft – zumindest für den Übergang von der Vollkonsolidierung auf eine quotal oder *at equity* einzubeziehende Restbeteiligung – weiterhin primär an den **nachhaltigen Ertragsüberschüssen** aus der **operativen Geschäftstätigkeit** der Beteiligung interessiert sind. Im Vordergrund der bilanziellen Gewinnermittlung sollte folglich auch nach dem Statuswechsel eine möglichst **zutreffende Periodisierung** der mit der eigentlichen Unternehmensleistung verbundenen Erfolgsbeiträge stehen. Mithin kann den Abschlussadressaten auch ein Interesse an der **Vergleichbarkeit** der mit dem Beteiligungsengagement jeweils vor und nach dem Statuswechsel verbundenen Erfolgsbeiträge unterstellt werden. Eine solche intertemporäre Vergleichbarkeit der Beteiligungserfolge in den Zeiträumen vor und nach dem Statuswechsel kann indes nur dann erreicht werden, wenn das Prinzip der **Bewertungsstetigkeit** eingehalten wird.

Die Bewertungsstetigkeit wird indes durch die Pflicht zur Fair Value-Bewertung der nach dem abwärtsgerichteten Statuswechsel zurückbehaltenen Anteile durchbrochen. Mit Ausnahme der Beteiligungsbilanzierung nach IFRS 9 basieren sämtliche konzernbilanziellen Einbezugsmethoden auf einer **einzelbewertungsbezogenen Gewinnermittlungskonzeption.**[651] Bei der Fair Value-Bewertung der Restbeteiligung zum Zeitpunkt des Statuswechsels ist hingegen eine **Gesamtbewertungsperspektive** einzunehmen. Dadurch werden in der Periode des Statuswechsels neben den Erfolgsbeiträgen aus dem operativen Leistungsprozess der Beteiligung auch solche aus bloßen „Wertänderungen am ruhenden Vermögen“[652] erfasst. Diese Wertänderungen werden im Zuge der neuerlichen Konsolidierung der Restbeteiligung auf die (anteilig) dahinterstehenden Vermögenswerte und Schulden bzw. auf den derivativen Goodwill verteilt. Dadurch kommt es folglich zu einem **Bruch** mit den bisherigen **konzernbilanziell erfassten Wertansätzen**. Die im Wege der neuerlichen Kapitalkonsolidierung ermittelten Wert-

651 Vgl. hierzu die Abschnitte 242-244.
652 MOXTER, A., Betriebswirtschaftliche Gewinnermittlung, S. 118.

ansätze bilden sodann die Ausgangsgrößen für die Folgebewertung im Zeitraum nach dem Statuswechsel.

Während bspw. bei zu fortgeführten Anschaffungskosten bilanzierten Vermögenswerten des Tochterunternehmens vor dem Statuswechsel die tatsächlich für den Erwerb des Vermögenswerts bezahlten Anschaffungsausgaben über den Zeitraum der voraussichtlichen Nutzungsdauer aufwandswirksam abgeschrieben wurden, umfassen die Abschreibungsbeträge nach dem Statuswechsel darüber hinaus ggf. zusätzlich die stillen Reserven, die durch die Neubewertung der Restbeteiligung aufgedeckt wurden. Abhängig vom Umfang der durch die Neubewertung aufgedeckten stillen Reserven kann es folglich dazu kommen, dass die den Erfolgsbeiträgen aus der Beteiligungsbeziehung gem. dem Grundsatz der sachlichen Abgrenzung (*matching principle*)[653] periodengerecht zuzuordnenden Aufwendungen nach dem Statuswechsel deutlich höher ausfallen als im Zeitraum vor dem Statuswechsel. Die Neubewertung verzerrt somit nicht nur das Konzernergebnis in der Periode des Statuswechsels, sondern **beeinträchtigt** zudem auch die **periodenübergreifende Vergleichbarkeit** der in den Zeiträumen vor und nach dem Statuswechsel durch das Beteiligungsengagement tatsächlich erwirtschafteten Erfolgsbeiträge.

422.42 Beurteilung des Ausweises des Neubewertungserfolgs in der Gewinn- und Verlustrechnung

In seiner Projektzusammenfassung *Business Combinations Phase II – Project summary, feedback and effect analysis* räumt der IASB ein, dass sich die Mehrzahl der im Konsultationsprozess eingegangenen Stellungnahmen deutlich gegen eine GuV-wirksame Neubewertung der Restbeteiligung aussprachen.[654] Die Kommentierenden begründeten

[653] Der Grundsatz der sachlichen Abgrenzung (*matching principle*) bestimmt allgemein den Realisationszeitpunkt von Aufwendungen. Danach sind Aufwendungen verursachungsgerecht in der Periode in der Erfolgsrechnung zu erfassen, in der auch die unmittelbar sachlich damit zusammenhängenden Erträge realisiert werden. Vgl. BAETGE, J./ZÜLCH, H., in: Wysocki u. a., HdJ, Abt. I/2, Rn. 218; WAGENHOFER, A., Internationale Rechnungslegungsstandards, S. 150 und 160 f.; LÜDENBACH, N./ HOFFMANN, W.-D./FREIBERG, J., in: Haufe IFRS-Kommentar, 14. Aufl., § 1, Rn. 114; SCHMID, M. F., Prognosefähiger Erfolg nach IAS/IFRS, S. 103. Das *matching principle* ist indes als solches nicht explizit im IFRS-Regelwerk definiert. Vielmehr leitet es sich aus dem in CF.OB17 und IAS 1.27 kodifizierten Prinzip der Periodenabgrenzung (*accrual accounting*) ab. Vgl. BAETGE, J./ZÜLCH, H., in: Wysocki u. a., HdJ, Abt. I/2, Rn. 218; WAGENHOFER, A., Internationale Rechnungslegungsstandards, S. 150.

[654] Vgl. IASB (Hrsg.), Project Summary, S. 38.

ihre ablehnende Haltung v. a. damit, dass durch die GuV-wirksame Neubewertung gegen die im *Conceptual Framework* kodifizierten allgemeinen **Prinzipien der Erfolgsrealisation** verstoßen würde, da die zurückbehaltenen Anteile zum Übergangskonsolidierungszeitpunkt nicht Gegenstand einer Transaktion mit konzernaußenstehenden Dritten sind.[655] Ein großer Teil der Stellungnehmenden sowie auch ein IASB-Mitglied sprachen sich stattdessen für eine Erfassung der Neubewertungsdifferenz im OCI aus.[656] Diesen Vorschlag lehnte der IASB hingegen mit der Begründung ab, dass ein solches Vorgehen der Interpretation des Beherrschungsverlusts als ein *significant economic event* widersprechen würde.[657] Hierbei handelt es sich um eine inhaltlich äußerst unbefriedigende Begründung seitens des IASB, da in keiner Weise auf die Bedenken hinsichtlich der Erfassung unrealisierter Erfolgsbeiträge Bezug genommen wird.[658] Zudem erläutert der IASB nicht, warum eine Erfassung der Neubewertungsdifferenz im OCI aus seiner Sicht der Klassifikation des Statuswechsels als *significant economic event* zwingend entgegenstehen würde.

Wohl auch mangels einer fundierten Begründung durch den IASB wird die GuV-wirksame Erfassung der Neubewertungsdifferenz in einigen Literaturbeiträgen konzeptionell damit erklärt, dass die durch den Statuswechsel bedingte **Wesensänderung** der Beteiligungsbeziehung mit einem **Tauschvorgang** gleichgesetzt werden kann.[659] Nach

655 Vgl. IASB (Hrsg.), Project Summary, S. 38; IAS 27.BC55 (amend. 2008); HOEHNE, F., Veräußerung von Anteilen, S. 214. Vor allem aus diesem Grund haben sich auch im Zuge des erst jüngst abgeschlossenen *Post-implementation Review* zu IFRS 3 erneut zahlreiche Kommentierende gegen eine GuV-wirksame Erfassung einer Neubewertungsdifferenz sowohl bei einem sukzessiven Unternehmenserwerb als auch bei einer statusändernden Anteilsveräußerung ausgesprochen. Vgl. IASB (Hrsg.), Staff Paper 12F (September 2014), Rn. 77-80.

656 Vgl. IASB (Hrsg.), Project Summary, S. 39; IFRS 10.DO13.

657 Vgl. IASB (Hrsg.), Project Summary, S. 39. Im Wortlaut argumentiert der IASB dabei wie folgt: *„Including any such gain or loss in other comprehensive income would be inconsistent with the fact that the nature of the investment has changed fundamentally – from having control over the assets and liabilities of the business to a non-controlling investment. We therefore retained the proposed accounting.“*

658 Vgl. so auch HOEHNE, F., Veräußerung von Anteilen, S. 216.

659 Vgl. LÜDENBACH, N./HOFFMANN, W.-D., Übergangskonsolidierung nach ED IFRS 3, S. 1807-1809. In der Literatur wird diese Idee der Tauschfiktion vor allem im Zusammenhang mit dem zum hier betrachteten Fall vergleichbaren Problem der GuV-wirksamen Fair Value-Neubewertung von Altanteilen bei einem sukzessiven Unternehmenserwerb diskutiert. Vgl. LÜDENBACH, N./ HOFFMANN, W.-D., Übergangskonsolidierung nach ED IFRS 3, S. 1807 f.; HACHMEISTER, D./ HERMENS, A.-S., Bilanzpolitik durch veränderte Einflussnahme, S. 45 f.; GRÜNBERGER, D./ GRÜNBERGER, H., Business Combinations (Phase II), S. 219; KLOSE, N.-C., Konzernrechnungslegung nach IFRS, S. 263 f.; EBELING, R. M./GAßMANN, J./ROTHENSTEIN, M., Konsolidierungstechnik beim sukzessiven Unternehmenserwerb, S. 1037. Für eine Beurteilung der konzeptionellen Bezug-

dieser Auffassung wird das anteilig auf die Restbeteiligung entfallende und ursprünglich nach Maßgabe der Vollkonsolidierung bilanzierte Nettovermögen des ausscheidenden Tochterunternehmens infolge des Statuswechsels gegen eine völlig neue Investmentbeziehung getauscht. Nach den für Tauschvorgänge geltenden Regelungen der IFRS ist der im Zuge des Tauschs erhaltene Vermögenswert mit dem Fair Value des hingegebenen Vermögenswerts zu bewerten, wobei die Differenz zwischen dem Fair Value und dem Buchwert des hingegebenen Vermögenswerts als Aufwand oder Ertrag **ergebniswirksam in der Gewinn- und Verlustrechnung zu erfassen** ist.[660]

Zumindest für den Übergang von einem Tochterunternehmen auf eine quotal oder *at equity* einzubeziehende Restbeteiligung kann einer solchen **Interpretation** des Statuswechsels als **tauschähnlicher Vorgang** indes nach der hier vertretenen Auffassung nicht gefolgt werden. In diesen Übergangsfällen sind die Vermögenswerte und Schulden des Beteiligungsunternehmens auch nach dem Statuswechsel weiterhin – zumindest anteilig – dem Verfügungsbereich des Konzerns zuzurechnen.[661] Der Statuswechsel führt folglich gerade nicht zu einem Tausch verschiedener Vermögenswerte bzw. Schulden. Die GuV-wirksame Erfassung der Neubewertungsdifferenz ist folglich auch nicht durch den **Verweis auf die Grundsätze der Bilanzierung einer Tauschtransaktion** zu rechtfertigen.[662]

Für die Beurteilung, ob eine alternative Erfassung der Neubewertungsdifferenz im OCI aus konzeptioneller Sicht einer GuV-wirksamen Erfassung vorzuziehen ist, muss die dem IFRS-Regelwerk zugrunde liegende **Erfolgsspaltungskonzeption** näher betrachtet werden. Im geltenden *Conceptual Framework* (2010) fehlt es mit Blick auf die Zuordnung von Erfolgsbeiträgen zum Gewinn bzw. Verlust einerseits und zum OCI anderer-

---

nahme auf die Regelungen für Tauschtransaktionen im Kontext des sukzessiven Unternehmenserwerbs vgl. GIMPEL-HENNING, N., Sukzessive Anteilserwerbe, S. 141-143.

660 Vgl. zur Bilanzierung von Tauschgeschäften nach IFRS FREIBERG, J., Gewinnrealisation bei Tauschgeschäften, S. 171-173; HOFFMANN, W.-D., Tauschgeschäfte, S. 33 f.

661 Vgl. im Kontext des umgekehrten Falls eines sukzessiven Unternehmenserwerbs so auch KLOSE, N.-C., Konzernrechnungslegung nach IFRS, S. 264; GIMPEL-HENNING, N., Sukzessive Anteilserwerbe, S. 142 f. Im Falle der quotalen Bilanzierung werden diese explizit im Konzernabschluss ausgewiesen, während sie bei einer Bilanzierung nach der Equity-Methode zumindest implizit weiterhin im Beteiligungsbuchwert erfasst werden.

662 Vgl. im Kontext eines sukzessiven Unternehmenserwerbs so auch GIMPEL-HENNING, N., Sukzessive Anteilserwerbe, S. 142 f.

seits an einem klaren theoretischen Konzept.[663] Vielmehr ist die Zuordnung von Erfolgsbestandteilen zu einer der beiden Erfolgskategorien bislang ausschließlich kasuistisch in den einzelnen Standards geregelt.[664] Aus diesen Einzelfallregelungen wird indes ersichtlich, dass hinsichtlich der Erfolgsspaltung nicht zwingend auf den **Realisationsgrad** von Erfolgsbeiträgen abgestellt wird.[665] Folglich kann eine Erfassung des Übergangskonsolidierungserfolgs im OCI nicht allein durch den Verweis auf die fehlende Realisation dieses Erfolgsbeitrags zum Zeitpunkt des Statuswechsels begründet werden.

In seinem Projekt zur Überarbeitung des *Conceptual Framework* hat der IASB das Problem eines bislang fehlenden übergreifenden Erfolgsspaltungskonzepts aufgegriffen und hierzu „einen ersten konzeptionellen Grundstein"[666] gelegt. In dem im Mai 2015 veröffentlichten *Exposure Draft „Conceptual Framework for Financial Reporting"* (ED/2015/3) wird die **Gewinn- und Verlustrechnung** erstmals explizit als das zentrale Rechenwerk zur Ermittlung des eigentlichen **Periodenerfolgs** definiert.[667] Der Gewinn bzw. Verlust soll zum einen die operative **Unternehmensperformance** wiedergeben[668] und zum anderen als Grundlage sowohl für die **Prognose** künftiger nachhaltig zu erzielender **Zahlungsströme** (Bewertungsfunktion) als auch für die **Beurteilung der Leis-**

---

663 Vgl. IASB (Hrsg.), DP/2013/1: A Review of the Conceptual Framework, Rn. 8.2; BALLWIESER, W., IFRS-Rechnungslegung, S. 44; KÜHNBERGER, M., Fair Value Accounting, S. 440. Die wesentliche Gemeinsamkeit der nach den bestehenden Einzelfallregelungen im OCI zu erfassenden Erfolgsbestandteile besteht darin, dass sie im Falle einer GuV-wirksamen Erfassung die Prognoserelevanz der Gewinngröße einschränken würden. Vgl. HÜNING, M., Kongruenzprinzip nach IFRS, S. 152; HAAKER, A./FREIBERG, J., OCI als Mülleimer, S. 213 f.

664 Vgl. BALLWIESER, W., IFRS-Rechnungslegung, S. 44.

665 Die meisten Einzelfallregelungen sehen zwar für solche Erfolgsbestandteile aus Fair Value-Schwankungen eine Erfassung im OCI vor, deren Realisation erwartungsgemäß nicht unmittelbar bevorsteht. Dies gilt für Erfolgsbeiträge aus der Neubewertung von Vermögenswerten des Sachanlagevermögens oder von immateriellen Vermögenswerten des Anlagevermögens bei Anwendung des Neubewertungsmodells, für Erfolgsbeiträge aus Änderungen des effektiv abgesicherten Teils bei Cashflow-Hedges, für Erfolgsbeiträge aus der Bewertung von Finanzinstrumenten der Kategorie *available for sale* oder für Ergebniseffekte aus Schätzungsänderungen bzgl. der Nettoschuld aus leistungsorientierten Pensionsverpflichtungen. Gleichwohl ist mit Blick auf die in den Einzelstandards geregelte Zuordnung von Erfolgsbeiträgen aus periodischen Fair Value-Schwankungen zum Gewinn- oder Verlust oder zum OCI nicht in allen Fällen (allein) der Realisationsgrad ausschlaggebend. So sind bspw. Erfolgsbeiträge aus Wertschwankungen von zum Fair Value bewerteten Renditeimmobilien gem. IAS 40.35 bzw. von biologischen Vermögenswerten gem. IAS 41.26 unabhängig von deren Realisationsgrad stets in der Gewinn- und Verlustrechnung zu erfassen. Vgl. HETTICH, S., Zweckadäquate Gewinnermittlungsregeln, S. 166; HALLER, A./SCHLOßGANGL, M., Shortcomings of performance reporting, S. 284; ANTONAKOPOULOS, N., Erfolgsquellenanalyse nach IFRS, S. 122; KÜHNBERGER, M., Fair Value Accounting, S. 440.

666 KUHNER, C./BOTHEN, D., Bedeutung der Other-Comprehensive Income-Positionen, S. 161.

667 Vgl. ED.CF.7.21.

668 Vgl. ED.CF.7.20 (a).

tung des Managements (Rechenschaftsfunktion) dienen.[669] Nach ED.CF.7.23 sind grundsätzlich sämtliche Aufwendungen und Erträge einer Periode in der Gewinn- und Verlustrechnung zu erfassen.[670] Eine Erfassung von Erfolgsbeiträgen im OCI kommt allenfalls dann in Betracht, wenn diese aus einer **Bewertung** von Vermögenswerten oder Schulden **zum beizulegenden Zeitwert** („*current values*") resultieren[671] und wenn die Erfassung dieser Wertschwankungen im OCI gleichzeitig die **Relevanz** der durch die Gewinn- und Verlustrechnung vermittelten Informationen steigern würde.[672] Dem OCI kommt demzufolge lediglich der Charakter einer **Residualgröße** zu.

Insgesamt bleibt aber auch das in ED/2015/3 enthaltene Erfolgsspaltungskonzept weitgehend abstrakt.[673] Der Standardsetter verzichtet weiterhin bewusst darauf, auf Ebene des *Conceptual Framework* sachverhaltsübergreifend konkrete Kriterien vorzugeben, die zu einer Erfassung von Erfolgsbestandteilen im OCI führen.[674] Stattdessen bleibt es den Abschlusserstellern selbst überlassen, im Einzelfall zu beurteilen, ob sich durch eine Erfassung der aus dem betrachteten Bilanzierungssachverhalt resultierenden Erfolgswirkungen im OCI die Relevanz des in der Gewinn- und Verlustrechnung ausgewiesenen Periodenergebnisses erhöhen würde.

Übertragen auf den hier betrachteten Sachverhalt der Neubewertung einer infolge eines abwärtsgerichteten Statuswechsels zurückbehaltenen Restbeteiligung wäre nach der hier vertretenen Ansicht eine **Erfassung des Neubewertungserfolgs im OCI** eindeutig gegenüber einem Ausweis in der Gewinn- und Verlustrechnung zu **favorisieren**. Der Neubewertungserfolg stellt einen nicht nachhaltigen und nicht periodengerecht abgegrenzten **außerordentlichen Erfolgsbeitrag** dar, der aufgrund der im vorangegangenen

---

669 Vgl. ED.CF.7.20 (b).

670 Vgl. ED.CF.7.23.

671 Vgl. ED.CF.7.24 (a).

672 Vgl. ED.CF.7.24 (b). Zu der hinter dieser Regelung stehenden Idee vgl. auch HOOGERVORST, H., The dangers of ignoring unrealised income, S. 4-8. Sämtliche zunächst GuV-neutral im OCI erfassten Erträge bzw. Aufwendungen sollen prinzipiell zu einem späteren Zeitpunkt durch ein sog. *reclassification adjustment* in die Gewinn- und Verlustrechnung umgegliedert werden. Der Zeitpunkt der Umgliederung bestimmt sich danach, wann dadurch potenziell die Relevanz des in der Gewinn- und Verlustrechnung ausgewiesenen Periodenerfolges erhöht werden könnte. Vgl. ED.CF.7.26. Auf ein *reclassification adjustment* kann hingegen ausnahmsweise verzichtet werden, sofern keine eindeutige angemessene Grundlage für eine sachgerechte Reklassifizierung der im OCI erfassten Erfolgsbestandteile identifiziert werden kann. Vgl. ED.CF.7.27.

673 Vgl. so auch ERB, C./PELGER, C., Vorstellungen vom neuen Rahmenkonzept, S. 1064.

674 Vgl. KUHNER, C./BOTHEN, D., Bedeutung der Other-Comprehensive Income-Positionen, S. 166.

Abschnitt ausführlich dargelegten Gründe so gut wie keinen ökonomischen Aussagegehalt besitzt und der darüber hinaus äußerst unsicher ist. Folglich würde die separate Erfassung des Neubewertungserfolgs im OCI einerseits die **Prognosequalität** des in der Gewinn- und Verlustrechnung ausgewiesenen nachhaltigen Periodenergebnisses und andererseits auch dessen Eignung als Maßstab für die **Beurteilung der operativen Leistung des Managements** erhöhen.[675]

423. Analyse und Würdigung der Auswirkungen der Neubewertung auf die sonstigen Konsolidierungsmaßnahmen

423.1 Vorbemerkung

Die Pflicht zur Neubewertung der Restbeteiligung zum Fair Value wirkt sich nicht nur auf die Kapitalkonsolidierung aus, sondern auch auf die durch den Statuswechsel ggf. bedingte (anteilige) Beendigung sonstiger Konsolidierungsmaßnahmen. Gleichwohl enthält das IFRS-Regelwerk keine Hinweise dazu, wie bei einem abwärtsgerichteten Statuswechsel ausgehend von einem bislang vollkonsolidierten Tochterunternehmen mit den **sonstigen Konsolidierungsmaßnahmen** umzugehen ist.[676] Fraglich ist v. a., ob bzw. in welcher Höhe die während der Vollkonsolidierung durch die Schuldenkonsolidierung und die Zwischenergebniseliminierung neutralisierten **Erfolgsbeiträge** zum Zeitpunkt des Statuswechsels konzernbilanziell zu realisieren sind. Im Folgenden wird dieses Problem unter Berücksichtigung der Besonderheiten der Equity-Methode und der quotalen Konsolidierung umfassend analysiert.[677] Im Mittelpunkt der Betrachtung steht dabei die Frage, welche Auswirkungen sich konkret aus der Pflicht zur Neubewertung der zurückbehaltenen Anteile bzw. des dahinterstehenden anteiligen Reinvermögens auf die Erfolgsbeiträge aus der (anteiligen) Beendigung der sonstigen Konsolidierungsmaßnahmen ergeben.

---

675 Vgl. in Bezug auf den Erfolgsausweis im Zusammenhang mit der Neubewertung von Altanteilen bei einem sukzessiven Unternehmenserwerb ähnlich auch GIMPEL-HENNING, N., Sukzessive Anteilserwerbe, S. 143 f.

676 Vgl. KLOSE, N.-C., Konzernrechnungslegung nach IFRS, S. 175 und 311.

677 Da bei einem Übergang von einem Tochterunternehmen auf eine einfache Finanzbeteiligung ohnehin sämtliche Konsolidierungsmaßnahmen vollständig zu beenden sind, wird dieser Übergangsfall in der nachfolgenden Analyse nicht gesondert berücksichtigt.

423.2 Zwischenergebniseliminierung

423.21 Methodische Grundlagen der Zwischenergebniseliminierung

IFRS 10.B86 (c) schreibt für vollkonsolidierte Tochterunternehmen vor, dass **Gewinne oder Verluste aus konzerninternen Geschäftsvorfällen**, die im Buchwert eines aus der Lieferung bzw. Leistung entstehenden Vermögenswerts enthalten sind, unabhängig von der Beteiligungsquote im Konzernabschluss **in voller Höhe eliminiert** werden müssen.[678] Dabei macht es ausweislich des Wortlauts von IFRS 10.B86 (c) keinen Unterschied, ob es sich bei der zugrunde liegenden Lieferung bzw. Leistungen um eine ***upstream*-Transaktion** (Lieferung bzw. Leistung vom Beteiligungsunternehmen an das beteiligte Unternehmen) oder um eine ***downstream*-Transaktion** (Lieferung bzw. Leistung vom beteiligten Unternehmen an das Beteiligungsunternehmen) handelt.[679]

Mithilfe der **Zwischenergebniseliminierung** sollen Erfolgsbeiträge aus konzerninternen Lieferungs- oder Leistungsbeziehungen im Konzernabschluss so lange eliminiert werden, bis die zugehörigen Lieferungen oder Leistungen den Verfügungsbereich des Konzerns endgültig verlassen und die Erfolgsbeiträge somit auch **aus Konzernsicht realisiert** sind.[680] Bei einer konzerninternen Transaktion mit Gewinnaufschlag auf Seiten des liefernden bzw. leistenden Unternehmens geht über dessen Einzelabschluss ein aus Konzernsicht zu hoher Erfolgsbeitrag in den Summenabschluss ein und über den Einzelabschluss des die Lieferung bzw. Leistung empfangenden Unternehmens ein zu

678 IFRS 10.B86 (c) stellt zudem klar, dass Verluste aus konzerninternen Lieferungen bzw. Leistungen auf eine ggf. vorzunehmende Wertminderung nach IAS 36 hindeuten können. In Höhe des Umfangs, in dem ein Wertminderungsbedarf besteht, ist daher von einer Zwischenverlusteliminierung abzusehen. Vgl. Baetge, J./Hayn, S./Ströher, T., in: Baetge u. a., Rechnungslegung nach IFRS, 2. Aufl., IFRS 10, Rn. 281; Senger, T./Diersch, U., in: Beck IFRS HB, 5. Aufl., § 35, Rn. 106; Lüdenbach, N./Hoffmann, W.-D./Freiberg, J., in: Haufe IFRS-Kommentar, 14. Aufl., § 32, Rn. 142.

679 Vgl. Baetge, J./Hayn, S./Ströher, T., in: Baetge u. a., Rechnungslegung nach IFRS, 2. Aufl., IFRS 10, Rn. 287. In IFRS 10 ist indes nicht geregelt, ob eliminierte Zwischenergebnisse aus *upstream*-Transaktionen vollständig den Mehrheitsgesellschaftern oder ggf. anteilig den nicht-beherrschenden Gesellschaftern des liefernden Tochteruntertunternehmens zuzurechnen sind. Die h. M. spricht sich für eine beteiligungsproportionale Zuordnung der Effekte aus der Zwischenergebniseliminierung bei der Verteilung des Periodenergebnisses auf Mehrheits- und Minderheitsgesellschafter aus. Vgl. Lüdenbach, N./Hoffmann, W.-D./Freiberg, J., in: Haufe IFRS-Kommentar, 14. Aufl., § 32, Rn. 150-152; Baetge, J./Hayn, S./Ströher, T., in: Baetge u. a., Rechnungslegung nach IFRS, 2. Aufl., IFRS 10, Rn. 288; Senger, T./Diersch, U., in: Beck IFRS HB, 5. Aufl., § 35, Rn. 113 f.

680 Vgl. Baetge, J./Kirsch, H.-J./Thiele, S., Konzernbilanzen, S. 253-255; Baetge, J./Hayn, S./Ströher, T., in: Baetge u. a., Rechnungslegung nach IFRS, 2. Aufl., IFRS 10, Rn. 282; Küting, K./Weber, C.-P., Der Konzernabschluss, S. 512 f.; Watrin, C./Hoehne, F./Lammert, J., in: MüKo Bilanzrecht Bd. 1, IAS 27, Rn. 198.

hoher Bestandswert des aus der Transaktion resultierenden bilanzierungsfähigen Vermögenswerts.[681] Im **Entstehungsjahr** ist dieser Zwischengewinn **ergebniswirksam** zu konsolidieren, indem der in den Summenabschluss übernommene Bestandswert des betroffenen Vermögenswerts um den Zwischengewinn sowie ggf. um sonstige aus Konzernsicht nicht aktivierbare Kostenbestandteile[682] auf einen Wertansatz zu **Konzernanschaffungs- bzw. -herstellungskosten** korrigiert wird.[683] Im Gegenzug ist der **Jahreserfolg auf Ebene des Summenabschlusses** um denselben Betrag zu korrigieren.[684] Da sich Erfolgsbeiträge aus konzerninternen Transaktionen im Einzelabschluss des liefernden bzw. leistenden Unternehmens nur einmalig im Entstehungsjahr ergebniswirksam niederschlagen, ist das eliminierte Zwischenergebnis in den **Folgeperioden erfolgsneutral,** d. h. ohne Berührung der Gewinn- und Verlustrechnung oder des OCI, entweder in einem gesonderten Korrekturposten zum Eigenkapital zu erfassen oder mit dem Konzernergebnisvortrag oder den Konzerngewinnrücklagen zu verrechnen.[685] Zwischenergebnisse, die beim empfangenden Unternehmen zum Ansatz eines **nicht abnutzbaren Vermögenswerts** des Anlage- oder Umlaufvermögens führen, werden erst

---

681 Vgl. BAETGE, J./KIRSCH, H.-J./THIELE, S., Konzernbilanzen, S. 254.

682 Letztlich umfassen die zu eliminierenden Zwischenergebnisse nicht nur Gewinne und Verluste im engeren Sinne, sondern sämtliche Differenzen zwischen den in den Summenabschluss übernommenen Wertansätzen aus den Einzelabschlüssen und den korrespondierenden Konzernanschaffungs- bzw. -herstellungskosten. Vgl. KÜTING, K./WEBER, C.-P., Der Konzernabschluss, S. 513 f.; VON WYSOCKI, K./WOHLGEMUTH, M./BRÖSEL, G., Konzernrechnungslegung, S. 223; HAYN, B., Konsolidierungstechnik, S. 120; BAETGE, J./HAYN, S./STRÖHER, T., in: Baetge u. a., Rechnungslegung nach IFRS, 2. Aufl., IFRS 10, Rn. 282 und 286.

683 Vgl. BAETGE, J./HAYN, S./STRÖHER, T., in: Baetge u. a., Rechnungslegung nach IFRS, 2. Aufl., IFRS 10, Rn. 282 sowie 284-286.

684 In der Literatur werden bzgl. der konsolidierungstechnischen Verrechnung der zum Bestandswert korrespondierenden Erfolgsgröße zwei unterschiedliche Ansätze diskutiert. Abhängig von der zugrunde liegenden Konsolidierungsmethodik ist einerseits eine **Gegenbuchung** gegen den auch im Einzelabschluss betroffenen **Erfolgsposten** in der **Konzern-Gesamtergebnisrechnung** denkbar. Vgl. hierzu SENGER, T./DIERSCH, U., in: Beck IFRS HB, 5. Aufl., § 35, Rn. 113; LÜDENBACH, N./HOFFMANN, W.-D./FREIBERG, J., in: Haufe IFRS-Kommentar, 14. Aufl., § 32, Rn. 149; WINKELJOHANN, N./SCHELLHORN, M., in: Beck Bilanzkomm., 10. Aufl., § 304 HGB, Rn. 50; IDW (Hrsg.), WP Handbuch Bd. I, Abschn. M, Rn. 662. Alternativ ist eine Vorgehensweise denkbar, in der das Zwischenergebnis nicht über die einzelnen Erfolgsposten der Konzern-Gesamtergebnisrechnung, sondern stattdessen **direkt** über die Position des **Konzernjahreserfolgs** in der Summenbilanz verrechnet wird. Vgl. hierzu BAETGE, J./KIRSCH, H.-J./THIELE, S., Konzernbilanzen, S. 255 und 283 f.; BAETGE, J./HAYN, S./STRÖHER, T., in: Baetge u. a., Rechnungslegung nach IFRS, 2. Aufl., IFRS 10, Rn. 281 und 286; BUSSE VON COLBE, W. U. A., Konzernabschlüsse, S. 418-420. Im zweiten Fall ist die Zwischenergebniseliminierung zusätzlich separat in der Konzern-Gesamtergebnisrechnung durchzuführen, sodass der Jahreserfolg auf Ebene der Konzern-Gesamtergebnisrechnung wieder mit demjenigen auf Ebene der Konzernbilanz übereinstimmt.

685 Vgl. BAETGE, J./KIRSCH, H.-J./THIELE, S., Konzernbilanzen, S. 285; VON WYSOCKI, K./WOHLGEMUTH, M./BRÖSEL, G., Konzernrechnungslegung, S. 237; BUSSE VON COLBE, W. U. A., Konzernabschlüsse, S. 460-462.

beim Abgang des zugehörigen Vermögenswerts infolge eines Außenumsatzes in voller Höhe realisiert.[686] Sofern die eliminierten positiven (negativen) Zwischenergebnisse hingegen auf einen konzernintern gelieferten **abnutzbaren Vermögenswert des Anlagevermögens** entfallen, werden diese sukzessive in Form von konzernspezifischen und im Vergleich zum Einzelabschluss niedrigeren (höheren) planmäßigen Abschreibungen über die voraussichtlichen Nutzungsdauer realisiert.[687]

Da grundsätzlich sämtliche eliminierten Zwischenergebnisse in einer späteren Periode wieder realisiert werden, entspricht der im Konzernabschluss erfasste Erfolgsbeitrag langfristig dem auf Ebene des Einzelabschlusses des liefernden Unternehmens erfassten Erfolgsbeitrag.[688] Somit werden Erfolgsbeiträge aus konzerninternen Lieferungen bzw. Leistungen mithilfe der Zwischenergebniseliminierung im Konzernabschluss lediglich **anders periodisiert** als im Einzelabschluss.[689] Diese Anforderung sollte auch für Fälle gelten, in denen noch vor dem Realisationszeitpunkt ein Statuswechsel eintritt. Die Übergangskonsolidierung sollte also sicherstellen, dass das **konzernspezifische Kongruenzprinzip** gewahrt bleibt.

423.22 Zwischenergebniseliminierung bei Transaktionen mit *at equity* einbezogenen Beteiligungen

IAS 28 schreibt vor, dass bei Anwendung der Equity-Methode verpflichtend eine beteiligungsproportionale Zwischenergebniseliminierung vorzunehmen ist. Nach IAS 28.28 sind **Gewinne und Verluste** aus konzerninternen Transaktionen zwischen dem Mutterunternehmen (oder einem vollkonsolidierten Tochterunternehmen) und einem nach der Equity-Methode einbezogenen Beteiligungsunternehmen unabhängig von der Liefer- bzw. Leistungsrichtung, d. h. sowohl aus *upstream-* als auch aus *downstream-*

---

686 Vgl. BAETGE, J./KIRSCH, H.-J./THIELE, S., Konzernbilanzen, S. 285; SCHILDBACH, T., Der Konzernabschluss, S. 283 f.; WINKELJOHANN, N./SCHELLHORN, M., in: Beck Bilanzkomm., 10. Aufl., § 304 HGB, Rn. 51.

687 Vgl. SCHILDBACH, T., Der Konzernabschluss, S. 284 und 287 f.; VON WYSOCKI, K./WOHLGEMUTH, M./BRÖSEL, G., Konzernrechnungslegung, S. 233 f. Korrespondierend dazu verringert sich der im Eigenkapital erfasste Verrechnungsposten periodisch um die Differenz zwischen den jährlichen Abschreibungsbeträgen im Einzel- und Konzernabschluss. Vgl. WINKELJOHANN, N./SCHELLHORN, M., in: Beck Bilanzkomm., 10. Aufl., § 304 HGB, Rn. 52.

688 Vgl. KÜTING, K./WEBER, C.-P., Der Konzernabschluss, S. 513.

689 Vgl. VON WYSOCKI, K./WOHLGEMUTH, M./BRÖSEL, G., Konzernrechnungslegung, S. 234; KÜTING, K./WEBER, C.-P., Der Konzernabschluss, S. 513.

Transaktionen, **anteilig in Höhe der Beteiligungsquote** zu eliminieren.[690] Ein zunächst anteilig eliminiertes Zwischenergebnis aus einer Transaktion mit einem *at equity* bilanzierten Beteiligungsunternehmen gilt somit erst dann als **realisiert**, wenn die dem Zwischenergebnis zugrunde liegende Lieferung **an konzernaußenstehende Dritte veräußert** wird.[691]

IAS 28 enthält indes keine Regelungen zum **buchungstechnischen Vorgehen** bei der Zwischenergebniseliminierung.[692] Da ein konzernintern gelieferter Vermögenswert bei ***downstream*-Transaktionen** an ein assoziiertes oder Gemeinschaftsunternehmen aufgrund des Ein-Zeilen-Ausweises der Equity-Methode nicht unmittelbar um den beteiligungsproportionalen Gewinnaufschlag bzw. Verlustabschlag korrigiert werden kann, erfolgt die Wertkorrektur in diesem Fall mittelbar über eine Anpassung des Equity-Beteiligungsbuchwerts.[693] Die Gegenbuchung kann entweder über die gem. IAS 1.82 (c) gesondert vorgesehene GuV-Position für Gewinn- und Verlustanteile aus *at equity* bilanzierten Beteiligungen erfolgen oder aber über die individuelle GuV-Position, in der das Zwischenergebnis im Einzelabschluss des liefernden Unternehmens erfasst wurde.[694] Bei einer ***upstream*-Transaktion** kann die Zwischenergebniskorrektur hingegen sowohl gegen den gelieferten Vermögenswert als auch gegen den Equity-

---

690 Sofern im Zusammenhang mit Zwischenverlusten indes substanzielle Anzeichen dafür vorliegen, dass für den gelieferten Vermögenswert eine Wertminderung gem. IAS 36 vorliegt, ist bei *downstream*-Transaktionen in voller Höhe und bei *upstream*-Transaktionen in Höhe der Beteiligungsquote auf eine Zwischenverlusteliminierung zu verzichten. Vgl. IAS 28.29; HAYN, B., in: Beck IFRS HB, 5. Aufl., § 36, Rn. 61; BAETGE, J./KLAHOLZ, T./GRAUPE, F., in: Baetge u. a., Rechnungslegung nach IFRS, 2. Aufl., IAS 28, Rn. 121a. Zudem kann im Einzelfall mit Verweis auf den Wesentlichkeitsgrundsatz auf eine Zwischenergebniseliminierung verzichtet werden. Vor allem bei *upstream*-Transaktionen kann es zudem in der Praxis vorkommen, dass aufgrund von Informationsbeschränkungen bzgl. der Preiskalkulation des *at equity* einbezogenen Beteiligungsunternehmens auf eine Zwischenergebniseliminierung verzichtet werden muss. Vgl. BAETGE, J./KLAHOLZ, T./ GRAUPE, F., in: Baetge u. a., Rechnungslegung nach IFRS, 2. Aufl., IAS 28, Rn. 121 und 130; HAYN, B., in: Beck IFRS HB, 5. Aufl., § 36, Rn. 63; LÜDENBACH, N./HOFFMANN, W.-D./FREIBERG, J., in: Haufe IFRS-Kommentar, 14. Aufl., § 33, Rn. 79.

691 Vgl. KÖSTER, O., in: MüKo Bilanzrecht Bd. 1, IAS 28, Rn. 71; LÜDENBACH, N./HOFFMANN, W.-D./ FREIBERG, J., in: Haufe IFRS-Kommentar, 14. Aufl., § 32, Rn. 141. Für den Fall, dass sich das Zwischenergebnis auf einen abnutzbaren Vermögenswert des Anlagevermögens bezieht, wird der Zwischenergebnisanteil in den Folgeperioden über die planmäßige Abschreibung entsprechend der voraussichtlichen Nutzungsdauer des Vermögenswerts realisiert. Vgl. BAETGE, J./KLAHOLZ, T./ GRAUPE, F., in: Baetge u. a., Rechnungslegung nach IFRS, 2. Aufl., IAS 28, Rn. 121; KÖSTER, O., in: MüKo Bilanzrecht Bd. 1, IAS 28, Rn. 71.

692 Vgl. HAYN, B., in: Beck IFRS HB, 5. Aufl., § 36, Rn. 64.

693 Vgl. LÜDENBACH, N./HOFFMANN, W.-D./FREIBERG, J., in: Haufe IFRS-Kommentar, 14. Aufl., § 33, Rn. 75.

694 Vgl. HAYN, B., in: Beck IFRS HB, 5. Aufl., § 36, Rn. 64.

Beteiligungsbuchwert gebucht werden.[695] Die Gegenbuchung kann mangels gesondert ausgewiesener GuV-Positionen des liefernden Beteiligungsunternehmens wiederum nur gegen die Position für Gewinn- und Verlustanteile aus *at equity* bilanzierten Beteiligungen vorgenommen werden.[696]

423.23 Zwischenergebniseliminierung bei Transaktionen mit quotal einbezogenen Beteiligungen

Auch bei einer quotalen Bilanzierung nach IFRS 11 sind Erfolgsbeiträge aus innerkonzernlichen Lieferungen und Leistungen zwischen einer *joint operation* und dem daran beteiligten Konzernmutterunternehmen anteilig im Wege einer Zwischenergebniseliminierung zu neutralisieren, bis sie extern am Markt realisiert sind.[697] Dies gilt gleichermaßen für *upstream*- wie auch für *downstream*-Transaktionen.[698] Im Ergebnis entspricht die Methodik bei der quotalen Zwischenergebniseliminierung weitestgehend dem in Abschnitt 423.21 ausführlich dargestellten Verfahren bei der Vollkonsolidierung.

423.24 Fortführung der Zwischenergebniseliminierung beim Übergang von der Vollkonsolidierung auf eine Bilanzierung nach der Equity-Methode oder auf eine quotale Bilanzierung

Nach einem Statuswechsel ausgehend von einem ehemals vollkonsolidierten Tochterunternehmen auf eine anschließend *at equity* oder aber quotal einzubeziehende Restbeteiligung werden die Vermögenswerte des Beteiligungsunternehmens weiterhin **anteilig** dem **Verfügungsbereich des Konzerns** zugerechnet. In diesem Zusammenhang stellt sich die Frage, wie bei der Übergangskonsolidierung mit darauf entfallenden **während der Vollkonsolidierung eliminierten Zwischenergebnissen** zu verfahren ist. Fraglich

---

695 Vgl. BAETGE, J./KLAHOLZ, T./GRAUPE, F., in: Baetge u. a., Rechnungslegung nach IFRS, 2. Aufl., IAS 28, Rn. 121; LÜDENBACH, N./HOFFMANN, W.-D./FREIBERG, J., in: Haufe IFRS-Kommentar, 14. Aufl., § 33, Rn. 75; HAYN, B., in: Beck IFRS HB, 5. Aufl., § 36, Rn. 64; KÖSTER, O., in: MüKo Bilanzrecht Bd. 1, IAS 28, Rn. 70.

696 Vgl. LÜDENBACH, N./HOFFMANN, W.-D./FREIBERG, J., in: Haufe IFRS-Kommentar, 14. Aufl., § 33, Rn. 75.

697 Vgl. IFRS 11.B34 und IFRS 11.B36; SEEL, C., Joint Ventures, S. 232.

698 Ähnlich wie bei der Equity-Bilanzierung sind Zwischenverluste unmittelbar ergebniswirksam zu erfassen, falls der Nettoveräußerungswert des zugehörigen Vermögenswerts gesunken ist oder eine Wertminderung des Vermögenswerts festgestellt wird. Vgl. IFRS 11.B35 sowie IFRS 11.B37.

ist dabei konkret, ob die während der Vollkonsolidierung eliminierten Zwischenergebnisse bei der Übergangskonsolidierung **in voller Höhe oder nur anteilig** entsprechend der Veräußerungsquote **zu realisieren** sind.

Bei der Beantwortung dieser Frage muss zunächst dahingehend unterschieden werden, ob ein bislang eliminiertes Zwischenergebnis auf eine *upstream*- oder auf eine *downstream*-Transaktion zurückzuführen ist.[699] Sofern sich eine Zwischenergebniseliminierung auf eine Lieferung bzw. Leistung vom ausscheidenden Tochterunternehmen an das Mutterunternehmen bezieht **(*upstream*-Transaktion)**, verbleibt ein daraus entstehender Vermögenswert unabhängig vom Ausscheiden des Tochterunternehmens im Zuge einer Anteilsveräußerung auch nach dem Statuswechsel weiterhin vollständig im Verfügungsbereich des Konzerns. Die Konzernanschaffungs- bzw. -herstellungskosten des gelieferten Vermögenswerts werden durch das Ausscheiden des liefernden Unternehmens aus dem Vollkonsolidierungskreis nicht beeinflusst.[700] Infolgedessen ist die Zwischenergebniseliminierung aus *upstream*-Transaktionen nach der h. M. **über den Zeitpunkt des Statuswechsels hinaus** so lange **fortzuführen**, bis die Konzernobergesellschaft den Vermögenswert an einen konzernaußenstehenden Dritten veräußert und der entsprechende Erfolgsbeitrag somit auch aus Konzernsicht realisiert ist.[701] Insofern sind während der Vollkonsolidierung eliminierte **Zwischenergebnisse aus *upstream*-Transaktionen** bei der Übergangskonsolidierung **nicht gesondert zu berücksichtigen**.[702]

---

699 Vgl. – wenn auch ausschließlich bezogen auf den Fall eines Statuswechsels auf eine *at equity* zu bilanzierende Beteiligung, nach der hier vertretenen Auffassung aber sinngemäß auch für den Übergangsfall auf eine quotale Bilanzierung gültig – HAYN, B., in: Beck IFRS HB, 5. Aufl., § 37, Rn. 56; BAETGE, J./HAYN, S./STRÖHER, T., in: Baetge u. a., Rechnungslegung nach IFRS, 2. Aufl., IFRS 10, Rn. 377; ZORN, T., Endkonsolidierung, S. 147; HOEHNE, F., Veräußerung von Anteilen, S. 134 f. sowie 183; WATRIN, C./HOEHNE, F./POTT, C., Endkonsolidierung nach IAS 27, S. 740-742. Im handelsrechtlichen Kontext vgl. hierzu auch HERRMANN, D., Änderung von Beteiligungsverhältnissen, S. 77-80 sowie 84 f.; HAYN, B., Konsolidierungstechnik, S. 252.

700 Vgl. EBELING, R. M., Einheitsfiktion, S. 267; HAYN, B., Konsolidierungstechnik, S. 254.

701 Vgl. BAETGE, J./HAYN, S./STRÖHER, T., in: Baetge u. a., Rechnungslegung nach IFRS, 2. Aufl., IFRS 10, Rn. 377; HAYN, B., in: Beck IFRS HB, 5. Aufl., § 37, Rn. 56. Vgl. im handelsrechtlichen Kontext so auch HERRMANN, D., Änderung von Beteiligungsverhältnissen, S. 77 und 247; EBELING, R. M., Einheitsfiktion, S. 358-360; KÖNIGSMAIER, H., Zwischenergebniseliminierung und Endkonsolidierung, S. 195 f.; ULLRICH, T. M., Endkonsolidierung, S. 83 f.; ADS, 6. Aufl., § 304 HGB, Rn. 128; WINKELJOHANN, N./SCHELLHORN, M., in: Beck Bilanzkomm., 10. Aufl., § 304 HGB, Rn. 65.

702 Anderer Auffassung vgl. HOEHNE, F., Veräußerung von Anteilen, S. 184 f. sowie WATRIN, C./ HOEHNE, F./RIEGER, S., Übergangskonsolidierung nach IAS 27, S. 310 f., die aus der allgemeinen

Anders gestaltet sich hingegen die Behandlung vormals eliminierter Zwischenergebnisse aus Lieferungen bzw. Leistungen vom Mutterunternehmen an das ausscheidende Tochterunternehmen **(*downstream*-Transaktionen)**. Durch die teilweise Anteilsveräußerung scheidet die *downstream*-Lieferung bzw. -Leistung anteilig aus dem Verfügungsbereich des Konzerns aus.[703] Mit Blick auf das Realisationsprinzip kann aus Konzernsicht nur derjenige Anteil der bislang neutralisierten Zwischenergebnisse als **extern am Markt realisiert** angesehen werden, der **auf die veräußerten Anteile entfällt**. In Höhe der Restbeteiligungsquote an dem nunmehr *at equity* oder quotal zu bilanzierenden Unternehmen sind die Zwischenergebnisse hingegen aus Konzernsicht noch nicht realisiert, da die zugehörigen *downstream*-Lieferungen bzw. Leistungen weiterhin anteilig dem Konzernverbund angehören.[704]

Unter Verweis auf IAS 28.28, der ganz allgemein eine beteiligungsproportionale Zwischenergebniseliminierung bei Transaktionen mit *at equity* bilanzierten Beteiligungsunternehmen vorschreibt, sprechen sich HOEHNE bzw. WATRIN/HOEHNE/RIEGER bei einem Statuswechsel von einem Tochterunternehmen auf eine *at equity* bilanzierte Beteiligung auch für eine lediglich **anteilige Realisation** von **Zwischenergebnissen aus *downstream*-Transaktionen** aus.[705] Die während der Vollkonsolidierung entstandenen und zunächst eliminierten Zwischenergebnisse sollten demzufolge zum Zeitpunkt des Statuswechsels nur insoweit realisiert werden, als sie proportional auf die veräußer-

---

Pflicht zur anteiligen Zwischenergebniseliminierung bei Anwendung der Equity-Methode nach IAS 28.28 folgern, dass die bislang eliminierten Zwischenergebnisse aus *upstream*-Transaktionen im Zuge der Übergangskonsolidierung **anteilig zu realisieren** wären. Die Autoren verkennen dabei, dass sich der Regelungsinhalt von IAS 28.28 ausschließlich auf solche Zwischenergebnisse bezieht, die **während der Anwendung der Equity-Methode**, d. h. nach dem Zeitpunkt des Statuswechsels, entstanden sind. Insofern kann der dargelegten Auffassung nicht gefolgt werden. Vgl. die Auffassung der genannten Autoren mit der gleichen Begründung ebenso ablehnend LÜDENBACH, N./ HOFFMANN, W.-D./FREIBERG, J., in: Haufe IFRS-Kommentar, 14. Aufl., § 31, Rn. 172.

703 Vgl. hierzu – wenn auch im handelsrechtlichen Kontext – HERRMANN, D., Änderung von Beteiligungsverhältnissen, S. 78-80; BAETGE, J., Änderungen bestehender Beteiligungsverhältnisse, S. 541; BAETGE, J./HERRMANN, D., Probleme der Endkonsolidierung, S. 229; HAYN, B., Konsolidierungstechnik, S. 252-254.

704 Vgl. HERRMANN, D., Änderung von Beteiligungsverhältnissen, S. 79 f. Aus dem gleichen Grund ist bei Transaktionen zwischen dem Mutterunternehmen (bzw. einem vollkonsolidierten Tochterunternehmen) und einer *at equity* oder quotal einzubeziehenden Beteiligung grundsätzlich nur eine Zwischenergebniseliminierung nach Maßgabe der Beteiligungsquote vorzunehmen.

705 Vgl. HOEHNE, F., Veräußerung von Anteilen, S. 184-186; WATRIN, C./HOEHNE, F./RIEGER, S., Übergangskonsolidierung nach IAS 27, S. 310 f. Die Autoren betrachten in diesem Zusammenhang allein den Übergangsfall ausgehend von einem Tochterunternehmen auf eine dann nach der Equity-Methode einzubeziehende Restbeteiligung. Die dort angestellten Überlegungen sind indes gleichermaßen auf den Fall eines Statuswechsels von einem vormals vollkonsolidierten Tochterunternehmen auf eine dann quotal zu bilanzierende *joint operation* übertragbar.

ten Anteile entfallen. Die auf die Restbeteiligung entfallenden Zwischenergebnisse wären demnach über den Statuswechsel hinaus weiterhin so lange in einer **Nebenrechnung** zu eliminieren, bis die zugehörigen Vermögenswerte tatsächlich vollständig aus dem Verfügungsbereich des Konzerns ausscheiden. Die Bezugnahme der Autoren auf IAS 28.28 ist nach der hier vertretenen Auffassung indes nicht sachgerecht. IAS 28.28 bezieht sich ausschließlich auf solche Zwischenergebnisse, die aus Transaktionen des Mutterunternehmens mit *at equity* einbezogenen Beteiligungsunternehmen resultieren. Die mit Blick auf die Übergangskonsolidierung relevanten Zwischenergebnisse sind indes auf innerkonzernliche Lieferungen bzw. Leistungen zwischen dem Mutterunternehmen und dem vormals vollkonsolidierten Tochterunternehmen zurückzuführen.

Die Forderung nach einer lediglich anteiligen Zwischenergebnisrealisation zum Zeitpunkt des Statuswechsels ist zwar mit Blick auf einen **periodengerechten Erfolgsausweis** nachvollziehbar, indes sprechen erhebliche Gründe gegen eine solche Vorgehensweise. So stellt seit der grundlegenden Neuausrichtung der Konzernrechnungslegung durch das *Business Combinations*-Projekt der **Fair Value** der zurückbehaltenen Anteile den **Ausgangswert** für die Folgebilanzierung der Restbeteiligung nach dem Statuswechsel dar.[706] Infolge der Neubewertungspflicht ist in Höhe der verbleibenden Beteiligungsquote eine erneute Kapitalaufrechnung auf Basis der zum Übergangszeitpunkt geltenden Wertverhältnisse vorzunehmen. Die **Neubewertung** der anteilig auf die Restbeteiligung entfallenden Vermögenswerte und Schulden zum Fair Value führt zu einem vollständigen **Bruch mit den bisherigen Wertansätzen** aus der Vollkonsolidierung. Die Zwischenergebniseliminierung basiert hingegen gerade auf diesen **historischen Wertverhältnissen** aus der Vollkonsolidierung. Durch die Neubewertung zum Fair Value sind die bei der quotalen Bilanzierung explizit, bei der Equity-Bilanzierung implizit im Beteiligungsbuchwert enthaltenen anteiligen Vermögenswerte gem. den Vorgaben des IFRS 13 mit ihrem absatzmarktorientierten **Veräußerungswert** zu bewerten.

---

[706] Nach altem Recht stellte hingegen nach IAS 27.32 (rev. 2003) der Entflechtungswert der verbleibenden Restbeteiligung den Ausgangswert für die Folgebilanzierung nach der Equity-Methode dar. Dies hatte zur Folge, dass die fortgeführten Konzernbuchwerte der einzelnen Vermögenswerte und Schulden unmittelbar vor dem Statuswechsel unverändert in die Nebenbuchhaltung für die Equity-Fortschreibung zu übernehmen waren, sodass im Rahmen der Übergangskonsolidierung keine gesonderte Equity-Konsolidierung vorzunehmen war. Vgl. LÜDENBACH, N./HOFFMANN, W.-D., Übergangskonsolidierung nach ED IFRS 3, S. 1808 f.; MILLA, A./BUTOLLO, B., Übergangskonsolidierung nach IFRS, S. 88-90; KLOSE, N.-C., Konzernrechnungslegung nach IFRS, S. 171.

Der GuV-wirksam zu erfassende Neubewertungseffekt führt somit **faktisch** zu einer **vollumfänglichen Zwischenergebnisrealisation** zum Zeitpunkt des Statuswechsels. Aus der Neubewertung ergibt sich erfolgsrechnerisch der gleiche Effekt wie im Falle einer vollständigen Veräußerung der betreffenden Vermögenswerte zum Zeitpunkt des Statuswechsels.

Insofern ist LÜDENBACH/HOFFMANN/FREIBERG zuzustimmen, wonach durch die Pflicht zur Neubewertung der zurückbehaltenen Anteile bilanziell ein **vollumfängliches Ausscheiden** der bisherigen Beteiligung und der gleichzeitige Zugang einer gänzlich neuen Beteiligung **fingiert** wird.[707] Der Fair Value-Wertansatz der Restbeteiligung ist somit nach der derzeitigen Regelungslage als „Pendant zum Veräußerungserlös für die veräußerten Anteile“[708] oder als „fiktiver, tauschähnlicher Veräußerungspreis“[709] anzusehen.

Sollte die Zwischenergebniseliminierung hingegen – wie von HOEHNE bzw. WATRIN/HOEHNE/RIEGER gefordert – über den Statuswechsel hinaus **beteiligungsproportional fortgeführt** werden, müsste der Übergangskonsolidierungserfolg um den weiterhin zu neutralisierenden Zwischenergebnisanteil korrigiert werden. Technisch wäre dies nur über eine Korrektur des Fair Value der Restbeteiligung um den anteilig weiterhin zu eliminierenden Zwischenergebnisanteil möglich. Die Korrektur des Fair Value-Wertansatzes der Restbeteiligung müsste dann aber auch auf die nach dem Statuswechsel weiterhin anteilig erfassten konzernbilanziellen Wertansätze der zugehörigen Vermögenswerte heruntergebrochen werden. Die zum Zeitpunkt des Statuswechsels neu ermittelten Fair Values der einzelnen Vermögenswerte müssten dabei anteilig um die auf **historischen Wertverhältnissen** basierenden, weiterhin zu eliminierenden Zwischenergebnisanteile korrigiert werden. Dadurch würde es zwangsläufig zu einer **Vermischung von unterschiedlichen Wertverhältnissen** kommen, die v. a. mit Blick auf die Folgebewertung dieser Vermögenswerte zu **fragwürdigen** bzw. aus Informationsgesichtspunkten **wenig aussagekräftigen Ergebniseffekten** führen würde.

---

707 Vgl. LÜDENBACH, N./HOFFMANN, W.-D./FREIBERG, J., in: Haufe IFRS-Kommentar, 14. Aufl., § 31, Rn. 172.

708 HAYN, B., in: Beck IFRS HB, 5. Aufl., § 37, Rn. 55.

709 LÜDENBACH, N./HOFFMANN, W.-D./FREIBERG, J., in: Haufe IFRS-Kommentar, 14. Aufl., § 31, Rn. 171.

423.3 Schuldenkonsolidierung

423.31 Methodische Grundlagen der Schuldenkonsolidierung

Ansprüche und Verpflichtungen, die zwischen vollständig oder anteilig dem wirtschaftlichen Verbund Konzern zugehörigen Unternehmen bestehen, stellen nach dem Einheitsgrundsatz **Ansprüche und Verpflichtungen des Konzerns gegenüber sich selbst** dar.[710] Um **Doppelerfassungen** von Vermögens- und Kapitalbestandteilen zu vermeiden, sind solche innerkonzernlichen Schuldverhältnisse im Rahmen der **Schuldenkonsolidierung** durch gegenseitige Verrechnung aus dem Konzernabschluss zu eliminieren.[711] Für Tochterunternehmen ist die Pflicht zur Durchführung einer Schuldenkonsolidierung in IFRS 10.B86 (c) normiert.[712]

Sofern sich die korrespondierenden innerkonzernlichen Ansprüche und Verpflichtungen wertmäßig in gleicher Höhe gegenüberstehen, erfolgt die Konsolidierung **erfolgsneutral** durch bloßes **Weglassen** der entsprechenden Posten (sog. erfolgsneutrale Schuldenkonsolidierung).[713] Aus verschiedenen Gründen kann es indes dazu kommen, dass sich die entsprechenden Ansprüche und Verpflichtungen nicht in exakt der gleichen Höhe gegenüberstehen. Die dadurch entstehenden **Aufrechnungsdifferenzen** lassen sich nach ihrer Entstehungsursache in unechte, stichtagsbedingte und echte Aufrechnungsdifferenzen unterscheiden.[714] Unechte Aufrechnungsdifferenzen, die auf buchungstechnische Fehler bzw. Unzulänglichkeiten zurückzuführen sind, und stichtagsbedingte Aufrechnungsdifferenzen, die aus zeitlichen Buchungsunterschieden aufgrund abweichender Abschlussstichtage resultieren, stellen kein spezifisches Problem der

---

710 Vgl. VON WYSOCKI, K./WOHLGEMUTH, M./BRÖSEL, G., Konzernrechnungslegung, S. 259; BAETGE, J./KIRSCH, H.-J./THIELE, S., Konzernbilanzen, S. 228.

711 Vgl. SCHILDBACH, T., Der Konzernabschluss, S. 247; VON WYSOCKI, K./WOHLGEMUTH, M./ BRÖSEL, G., Konzernrechnungslegung, S. 259; HERRMANN, D., Änderung von Beteiligungsverhältnissen, S. 87.

712 Nach allgemeiner Auffassung bestehen hinsichtlich der Buchungstechnik bei der Schuldenkonsolidierung nach IFRS keine nennenswerten Unterschiede zu der vom handelsrechtlichen Schrifttum entwickelten Methodik. Vgl. BAETGE, J./KIRSCH, H.-J./THIELE, S., Konzernbilanzen, S. 253; SCHILDBACH, T., Der Konzernabschluss, S. 266; VON WYSOCKI, K./WOHLGEMUTH, M./BRÖSEL, G., Konzernrechnungslegung, S. 279.

713 Vgl. SENGER, T./DIERSCH, U., in: Beck IFRS HB, 5. Aufl., § 35, Rn. 78; VON WYSOCKI, K./ WOHLGEMUTH, M./BRÖSEL, G., Konzernrechnungslegung, S. 267; SCHILDBACH, T., Der Konzernabschluss, S. 247; BAETGE, J./KIRSCH, H.-J./THIELE, S., Konzernbilanzen, S. 228 f.; KÜTING, K./ WEBER, C.-P., Der Konzernabschluss, S. 506.

714 Vgl. BAETGE, J./KIRSCH, H.-J./THIELE, S., Konzernbilanzen, S. 236-240; KÜTING, K./WEBER, C.-P., Der Konzernabschluss, S. 506-510; VON WYSOCKI, K./WOHLGEMUTH, M./BRÖSEL, G., Konzernrechnungslegung, S. 267-270; SCHILDBACH, T., Der Konzernabschluss, S. 256-258.

Schuldenkonsolidierung dar und sind bereits vor Durchführung der Schuldenkonsolidierung durch Nachbuchungen in der HB II zu korrigieren.[715] Diese Arten von Aufrechnungsdifferenzen werden im Folgenden nicht weiter berücksichtigt.

Im Gegensatz dazu sind **echte Aufrechnungsdifferenzen**, die aufgrund von **unterschiedlichen Ansatz- bzw. Bewertungsvorschriften** für die korrespondierenden Ansprüche und Verpflichtungen entstehen, im Wege der Schuldenkonsolidierung zu eliminieren (sog. erfolgswirksame Schuldenkonsolidierung).[716] Echte Aufrechnungsdifferenzen entstehen bspw. dann, wenn eine Forderung eines konzernzugehörigen Gläubigerunternehmens gegen ein anderes Konzernunternehmen im Einzelabschluss des Gläubigerunternehmens wertberichtigt wurde, während die korrespondierende Verbindlichkeit beim Schuldnerunternehmen weiterhin in voller Höhe bilanziert wird.[717] Darüber hinaus kann eine echte Aufrechnungsdifferenz z. B. durch die Bildung einer Rückstellung für ungewisse Verpflichtungen gegenüber einem anderen Konzernunternehmen entstehen, der kein äquivalenter bilanzierungsfähiger Anspruch gegenübersteht.[718] Sofern der die echte Aufrechnungsdifferenz verursachende Aufwand oder Ertrag im IFRS-Einzelabschluss in der Gewinn- und Verlustrechnung erfasst wurde, ist die echte Aufrechnungsdifferenz **in der Periode ihrer Entstehung GuV-wirksam** aus dem Summenabschluss zu **stornieren**.[719] Wurden die Erfolgswirkungen hingegen im IFRS-Einzel-

---

715 Vgl. BAETGE, J./KIRSCH, H.-J./THIELE, S., Konzernbilanzen, S. 237 f.; BAETGE, J./HAYN, S./STRÖHER, T., in: Baetge u. a., Rechnungslegung nach IFRS, 2. Aufl., IFRS 10, Rn. 274 f.; SENGER, T./DIERSCH, U., in: Beck IFRS HB, 5. Aufl., § 35, Rn. 93 f.; HERRMANN, D., Änderung von Beteiligungsverhältnissen, S. 88; GROSS, G./SCHRUFF, L./VON WYSOCKI, K., Der Konzernabschluß, S. 161; KÜTING, K./WEBER, C.-P., Der Konzernabschluss, S. 507; ADS, 6. Aufl., § 299 HGB, Rn. 88-91 sowie ADS, 6. Aufl., § 303 HGB, Rn. 33.

716 Vgl. BAETGE, J./HAYN, S./STRÖHER, T., in: Baetge u. a., Rechnungslegung nach IFRS, 2. Aufl., IFRS 10, Rn. 276; VON WYSOCKI, K./WOHLGEMUTH, M./BRÖSEL, G., Konzernrechnungslegung, S. 270; KÜTING, K./WEBER, C.-P., Der Konzernabschluss, S. 507; SCHILDBACH, T., Der Konzernabschluss, S. 258 f.; VON WYSOCKI, K./WOHLGEMUTH, M./BRÖSEL, G., Konzernrechnungslegung, S. 270.

717 Vgl. HERRMANN, D., Änderung von Beteiligungsverhältnissen, S. 88.

718 Zu diesen und weiteren Gründen für echte Aufrechnungsdifferenzen vgl. BAETGE, J./KIRSCH, H.-J./THIELE, S., Konzernbilanzen, S. 239 f.; KÜTING, K./WEBER, C.-P., Der Konzernabschluss, S. 507; BUSSE VON COLBE, W. U. A., Konzernabschlüsse, S. 347-350; SCHILDBACH, T., Der Konzernabschluss, S. 257 f.; SCHERRER, G., Konzernrechnungslegung, S. 378.

719 Vgl. SENGER, T./DIERSCH, U., in: Beck IFRS HB, 5. Aufl., § 35, Rn. 96.

abschluss GuV-neutral im OCI erfasst, so ist die zugehörige Aufrechnungsdifferenz im Entstehungsjahr im Summenabschluss aus dem Konzern-OCI zu stornieren.[720]

Sofern der Konzernabschluss zu jedem Abschlussstichtag erneut derivativ aus den Einzelabschlüssen der Konzernunternehmen erstellt wird, muss die Schuldenkonsolidierung für denselben Geschäftsvorfall in den nachfolgenden Perioden so lange wiederholt werden, bis das Schuldverhältnis endet.[721] Da aus dem für die Aufrechnungsdifferenz ursächlichen Buchungsvorgang im Einzelabschluss nur ein einmaliger Ergebniseffekt entsteht, darf die Schuldenkonsolidierung bei unverändertem Fortbestand des Schuldverhältnisses in den **Folgeperioden** ebenso **keine Erfolgswirkung** mehr entfalten. Eine erneute erfolgswirksame Verrechnung würde dazu führen, dass der Konzernerfolg mehrfach hintereinander in dieselbe Richtung verzerrt würde,[722] wodurch das **konzernspezifische Kongruenzprinzip** durchbrochen würde.[723] Stattdessen sind die echten Aufrechnungsdifferenzen in den Folgeperioden **erfolgsneutral** mit dem **Eigenkapital** zu verrechnen.[724] Lediglich wenn sich die echten Aufrechnungsdifferenzen aufgrund einer Änderung der konsolidierten Ansprüche bzw. Verpflichtungen in den Folgeperioden ändern, sind die daraus auf Einzelabschluss-Ebene entstehenden Erfolgswirkungen wiederum durch eine erfolgswirksame Korrekturbuchung aus dem Summenabschluss zu eliminieren.[725] Bei der regulären **Beendigung des Schuldverhältnisses** kehren die dadurch auf Ebene der Einzelabschlüsse des Gläubiger- und Schuldnerunternehmens

---

720 Dies ist bspw. der Fall, wenn ein Schuldnerunternehmen eine bis zur Endfälligkeit zum Rückzahlungsbetrag bewertete Anleihe begibt und das Gläubigerunternehmen diese als *available for sale* klassifiziert und die damit verbundenen Ergebniseffekte aus periodischen Wertänderungen in den Folgeperioden GuV-neutral im OCI zu erfassen hat. Vgl. SENGER, T./DIERSCH, U., in: Beck IFRS HB, 5. Aufl., § 35, Rn. 96.

721 Vgl. hierzu und im folgenden BAETGE, J./KIRSCH, H.-J./THIELE, S., Konzernbilanzen, S. 242; BAETGE, J./HAYN, S./STRÖHER, T., in: Baetge u. a., Rechnungslegung nach IFRS, 2. Aufl., IFRS 10, Rn. 278.

722 Vgl. BAETGE, J./KIRSCH, H.-J./THIELE, S., Konzernbilanzen, S. 242; SCHILDBACH, T., Der Konzernabschluss, S. 259; HERRMANN, D., Änderung von Beteiligungsverhältnissen, S. 89.

723 Vgl. VON WYSOCKI, K./WOHLGEMUTH, M./BRÖSEL, G., Konzernrechnungslegung, S. 271.

724 Wie bei der Behandlung von Zwischenergebnissen in den Folgeperioden bis zu deren Realisation kommt dabei entweder eine Erfassung in einem gesonderten Korrekturposten für Konsolidierungsdifferenzen, im Konzernergebnisvortrag oder in den Konzerngewinnrücklagen in Betracht. Vgl. BAETGE, J./KIRSCH, H.-J./THIELE, S., Konzernbilanzen, S. 242-244; BAETGE, J./HAYN, S./STRÖHER, T., in: Baetge u. a., Rechnungslegung nach IFRS, 2. Aufl., IFRS 10, Rn. 279; SENGER, T./DIERSCH, U., in: Beck IFRS HB, 5. Aufl., § 35, Rn. 97; VON WYSOCKI, K./WOHLGEMUTH, M./BRÖSEL, G., Konzernrechnungslegung, S. 273.

725 Vgl. BAETGE, J./HAYN, S./STRÖHER, T., in: Baetge u. a., Rechnungslegung nach IFRS, 2. Aufl., IFRS 10, Rn. 280; SENGER, T./DIERSCH, U., in: Beck IFRS HB, 5. Aufl., § 35, Rn. 97; VON WYSOCKI, K./WOHLGEMUTH, M./BRÖSEL, G., Konzernrechnungslegung, S. 272.

entstehenden Ergebniseffekte die noch vorhandene echte Aufrechnungsdifferenz im Konzernabschluss buchungstechnisch wieder um.[726] Damit stellt die Schuldenkonsolidierung sicher, dass aus Sicht des Konzerns über die gesamte Dauer der Schuldbeziehung hinweg insgesamt **keine Erfolgswirkungen aus konzerninternen Schuldverhältnissen** entstehen.

423.32 Schuldenkonsolidierung bei *at equity* einbezogenen Beteiligungen

In IAS 28 finden sich keine expliziten Vorgaben dazu, ob und in welchem Ausmaß bei Anwendung der Equity-Methode eine Schuldenkonsolidierung vorzunehmen ist. IAS 28.26 enthält in diesem Zusammenhang lediglich den folgenden Hinweis: *„Many of the procedures that are appropriate for the application of the equity method are similar to the consolidation procedures described in IFRS 10."* Unklar bleibt indes, welche Konsolidierungsverfahren hiermit konkret gemeint sind.[727]

Mit Blick auf den **Einheitsgrundsatz** wäre eine beteiligungsproportionale Konsolidierung von Schuldverhältnissen zwischen dem Mutterunternehmen und einer *at equity* einbezogenen Beteiligung grundsätzlich zu befürworten, da die korrespondierenden Ansprüche und Verpflichtungen in Höhe der Beteiligungsquote aus Konzernsicht **gegenüber sich selbst bestehen.**[728] Da bei der Beteiligungsbilanzierung nach der Equity-Methode indes nicht die einzelnen Vermögenswerte und Schulden des Beteiligungsunternehmens, sondern lediglich ein Beteiligungsbuchwert im Konzernabschluss erfasst

---

726 Der bei der Beendigung des Schuldverhältnisses auf Einzelabschluss-Ebene entstehende Erfolgsbeitrag ist im Konzernabschluss wiederum durch eine erfolgswirksame Auflösung der Aufrechnungsdifferenz in der Periode der Beendigung des Schuldverhältnisses zu eliminieren. Vgl. HERRMANN, D., Änderung von Beteiligungsverhältnissen, S. 89; BAETGE, J./KIRSCH, H.-J./THIELE, S., Konzernbilanzen, S. 245; HARMS, J. E., in: Küting/Weber, HdK, 2. Aufl., § 303, Rn. 35 f.; BUSSE VON COLBE, W. U. A., Konzernabschlüsse, S. 346 f.

727 Diese Unklarheit wird zusätzlich verstärkt durch den folgenden Hinweis in IAS 39, der im Zuge des *Annual Improvements*-Prozesses 2007-2009 in IAS 39.BC24D eingefügt wurde: „Der Board wies darauf hin, dass Paragraph 20 des IAS 28 [nunmehr Paragraph IAS 28.26, Anm. d. Verf.] nur die für die Bilanzierung von Anteilen an assoziierten Unternehmen eingesetzte **Methode** erläutert. Dies sollte nicht darauf schließen lassen, dass die **Grundsätze** für Unternehmenszusammenschlüsse und Konsolidierungen analog auf die Bilanzierung von Anteilen an assoziierten Unternehmen und Gemeinschaftsunternehmen angewendet werden können." Aus diesen Ausführungen kann nur geschlossen werden, dass der Board mit IAS 28.26 bei Regelungslücken des IAS 28 im Einzelfall keine undifferenzierte Übernahme der **Bilanzierungsprinzipien** aus IFRS 10 bzw. IFRS 3 intendiert. Vgl. hierzu auch BAETGE, J./KLAHOLZ, T./GRAUPE, F., in: Baetge u. a., Rechnungslegung nach IFRS, 2. Aufl., IAS 28, Rn. 61; ERNST & YOUNG (Hrsg.), International GAAP 2016, S. 732 f.

728 Vgl. dies ebenso grundsätzlich befürwortend HAYN, B., in: Beck IFRS HB, 5. Aufl., § 36, Rn. 65; BAETGE, J./KIRSCH, H.-J./THIELE, S., Konzernbilanzen, S. 372.

wird (sog. *one-line consolidation*), scheidet eine erfolgsneutrale Schuldenkonsolidierung methodenbedingt aus.[729] Nach der im Schrifttum überwiegend vertretenen Auffassung sind indes zumindest **echte Aufrechnungsdifferenzen** im Wege einer (modifizierten bzw. reduzierten) Schuldenkonsolidierung **zu eliminieren**.[730] Auf diese Weise wird sichergestellt, dass zumindest die **Erfolgswirkungen** aus innerkonzernlichen Schuldverhältnissen mit *at equity* bilanzierten Unternehmen im Konzernabschluss **eliminiert** werden.[731] In der Praxis wird indes im Regelfall aus Wesentlichkeitsgründen sowie aufgrund von Informationsbeschaffungsproblemen auch auf eine beteiligungsproportionale Konsolidierung echter Aufrechnungsdifferenzen verzichtet.

423.33 Beendigung der bisherigen Schuldenkonsolidierung beim Übergang von der Vollkonsolidierung auf die Bilanzierung nach der Equity-Methode

423.331. Beendigung der erfolgsneutralen Schuldenkonsolidierung

Da – wie in Abschnitt 423.32 gezeigt wurde – eine **erfolgsneutrale Schuldenkonsolidierung** bei Anwendung der **Equity-Methode** technisch nicht durchführbar ist, ist diese bei einem Übergang von der Vollkonsolidierung auf eine Bilanzierung nach der Equity-Methode **vollständig zu beenden**.[732] Dabei sind die aus Sicht der Konzernobergesellschaft gegen das anteilig ausscheidende Beteiligungsunternehmen bestehenden und bislang konsolidierten Ansprüche bzw. Verpflichtungen zum Zeitpunkt der Übergangskonsolidierung erstmals in voller Höhe im Konzernabschluss zu erfassen.[733] Eine anteilige

---

[729] Vgl. BAETGE, J./KLAHOLZ, T./GRAUPE, F., in: Baetge u. a., Rechnungslegung nach IFRS, 2. Aufl., IAS 28, Rn. 131; HAYN, B., in: Beck IFRS HB, 5. Aufl., § 36, Rn. 65; KÜTING, K./WEBER, C.-P., Der Konzernabschluss, S. 591; IDW (Hrsg.), WP Handbuch Bd. I, Abschn. N, Rn. 986; KÖSTER, O., in: MüKo Bilanzrecht Bd. 1, IAS 28, Rn. 73; ERNST &YOUNG (Hrsg.), International GAAP 2016, S. 756.

[730] Vgl. BAETGE, J./HAYN, S./STRÖHER, T., in: Baetge u. a., Rechnungslegung nach IFRS, 2. Aufl., IFRS 10, Rn. 376; HAYN, B., in: Beck IFRS HB, 5. Aufl., § 36, Rn. 65 f.;KÜTING, K./WEBER, C.-P., Der Konzernabschluss, S. 191 f.; IDW (Hrsg.), WP Handbuch Bd. I, Abschn. N, Rn. 986; KÖSTER, O., in: MüKo Bilanzrecht Bd. 1, IAS 28, Rn. 74; PELLENS, B. U. A., Internationale Rechnungslegung, S. 840.

[731] Aufgrund des fehlenden konzernbilanziellen Ansatzes der einzelnen Vermögenswerte und Schulden des *at equity* einbezogenen Beteiligungsunternehmens sind die zu eliminierenden Aufrechnungsdifferenzen in diesem Fall direkt gegen den Equity-Beteiligungsbuchwert zu buchen. Vgl. HAYN, B., in: Beck IFRS HB, 5. Aufl., § 36, Rn. 138; KÖSTER, O., in: MüKo Bilanzrecht Bd. 1, IAS 28, Rn. 74.

[732] BUSSE VON COLBE U. A. sprechen in diesem Zusammenhang von einer sog. „Entschuldenkonsolidierung". Vgl. BUSSE VON COLBE, W. U. A., Konzernabschlüsse, S. 281.

[733] Vgl. WATRIN, C./HOEHNE, F./POTT, C., Endkonsolidierung nach IAS 27, S. 738; HOEHNE, F., Veräußerung von Anteilen, S. 127 und 181 f.; ZORN, T., Endkonsolidierung, S. 135. Vgl. im handels-

Verrechnung mit den korrespondierenden Positionen auf Seiten des nach dem Statuswechsel *at equity* einbezogenen Beteiligungsunternehmens ist methodenbedingt nicht möglich, da diese nicht gesondert im Konzernabschluss erfasst werden. Der konzernbilanzielle Wertansatz der betroffenen Vermögenswerte bzw. Schulden auf Seiten der Konzernobergesellschaft entspricht dann jeweils dem Wertansatz in dessen IFRS-Einzelabschluss.[734]

Soweit sich innerkonzernliche Ansprüche und korrespondierende Verpflichtungen in exakt der gleichen Höhe gegenüberstehen, darf sich das Schuldverhältnis insgesamt nicht auf den Konzernerfolg auswirken. Dies gilt – abgesehen von Zinseffekten – auch für den Fall, dass sich vor Beendigung der Schuldbeziehung bspw. durch eine teilweise Anteilsveräußerung der konzernbilanzielle Status des Beteiligungsunternehmens ändert. Gleichwohl werden der **End- bzw. Übergangskonsolidierungserfolg** und damit das Konzernergebnis im Zeitpunkt des Statuswechsels auf indirekte Weise durch das Schuldverhältnis beeinflusst.[735] Nach IFRS 10.B98 bestimmt sich der **End- bzw. Übergangskonsolidierungserfolg** als Differenz zwischen dem für die ausscheidenden Anteile erhaltenen Veräußerungserlös zzgl. des Fair Value der Restbeteiligung auf der einen Seite und dem zu fortgeführten Konzernbuchwerten – d. h. zu **Wertansätzen nach Schuldenkonsolidierung** – auszubuchenden Reinvermögen des ausscheidenden Tochterunternehmens (Abgangs- bzw. Entflechtungswert) auf der anderen Seite. Wurde bspw. eine aus Sicht des Tochterunternehmens gegen das Mutterunternehmen bestehende Verbindlichkeit vor dem Statuswechsel zunächst mit der korrespondierenden Forderung auf Seiten des Mutterunternehmens verrechnet, so ist der Abgangs- bzw. Entflechtungswert des ausscheidenden Reinvermögens um die darin nicht enthaltene Verbind-

rechtlichen Kontext auch BAETGE, J./HERRMANN, D., Probleme der Endkonsolidierung, S. 229; EBELING, R. M., Einheitsfiktion, S. 262; HAYN, B., Konsolidierungstechnik, S. 259. Das Vorgehen bei der Beendigung der erfolgsneutralen Schuldenkonsolidierung beim Übergang von einem Tochterunternehmen auf eine *at equity* zu bilanzierende Restbeteiligung unterscheidet sich insofern nicht vom Vorgehen bei einer vollständigen Veräußerung der Beteiligung.

734 Vgl. HOEHNE, F., Veräußerung von Anteilen, S. 131; WATRIN, C./HOEHNE, F./POTT, C., Endkonsolidierung nach IAS 27, S. 739; ZORN, T., Endkonsolidierung, S. 135-137; WARMBOLD, S., Endkonsolidierung, S. 179; HERRMANN, D., Änderung von Beteiligungsverhältnissen, S. 92; HAYN, B., Konsolidierungstechnik, S. 259 f.; HAYN, B./KÜTING, K., Beendigung der Vollkonsolidierung, S. 2076.

735 Vgl. HOEHNE, F., Veräußerung von Anteilen, S. 128; WATRIN, C./HOEHNE, F./POTT, C., Endkonsolidierung nach IAS 27, S. 38 f.

lichkeit zu hoch.[736] Effektiv scheidet infolge der teilweisen Anteilsveräußerung eine geringere Vermögensmasse aus dem Konzernverbund aus, als durch den (zu hohen) bilanziellen Abgangs- bzw. Entflechtungswert suggeriert wird. Ein Teil des bilanziell ausscheidenden Vermögens, der betraglich genau der konsolidierten Verbindlichkeit entspricht, steht auch nach dem Statuswechsel weiterhin wirtschaftlich dem Konzern zu. Im Ergebnis führt dies dazu, dass ein genau um den Betrag der Verbindlichkeit **zu geringer End- bzw. Übergangskonsolidierungserfolg** erfasst wird. Dieser Effekt ist erfolgsrechnerisch dadurch zu korrigieren, dass das Wiederaufleben der **korrespondierenden Forderung** auf Seiten des Mutterunternehmens ertragswirksam gegen den End- bzw. Übergangskonsolidierungserfolg gebucht wird. Auf diese Weise wird sichergestellt, dass sich allein aus dem innerkonzernlichen Schuldverhältnis auf Konzernabschluss-Ebene insgesamt **keine Erfolgswirkungen** ergeben.[737] In der Konzernbilanz wird die effektiv anteilig weiterbestehende Schuldbeziehung zwischen der Konzernobergesellschaft und dem *at equity* einbezogenen Beteiligungsunternehmen nach dem Statuswechsel so dargestellt, als würde es sich dabei um ein Schuldverhältnis mit einer konzernaußenstehenden Partei handeln.

423.332. Beendigung der erfolgswirksamen Schuldenkonsolidierung

Stehen sich bei einem innerkonzernlichen Schuldverhältnis die korrespondierenden **Ansprüche und Verpflichtungen** aufgrund eines einseitigen erfolgswirksamen Buchungsvorgangs beim Mutterunternehmen oder bei der Beteiligung **nicht exakt betragsgleich gegenüber**, so sind die resultierenden **echten Aufrechnungsdifferenzen** in der Periode ihrer Entstehung im Konzernabschluss erfolgswirksam zu konsolidieren.[738] Mit Blick auf den Einheitsgrundsatz darf das Konzernergebnis durch solche Erfolgsbeiträge nicht beeinflusst werden, da das gesamte Schuldverhältnis aus Sicht des Konzerns nicht existiert. Sofern sich indes vor Beendigung des innerkonzernlichen Schuldverhältnisses der Status der Beteiligung auf ein *at equity* zu bilanzierendes Gemeinschafts- oder assoziiertes Unternehmen ändert, wandelt sich das innerkonzernliche Schuldver-

---

736 Vgl. hierzu und im Folgenden auch HAYN, B., Konsolidierungstechnik, S. 259; HOEHNE, F., Veräußerung von Anteilen, S. 128.

737 Vgl. WATRIN, C./HOEHNE, F./RIEGER, S., Übergangskonsolidierung nach IAS 27, S. 738 f.; HOEHNE, F., Veräußerung von Anteilen, S. 127 f.

738 Vgl. Abschnitt 423.31.

hältnis anteilig zu einem konzernexternen Schuldverhältnis. In diesem Zusammenhang ist **fraglich**, wie zum Zeitpunkt des Statuswechsels mit bislang konsolidierten echten Aufrechnungsdifferenzen umzugehen ist.[739] Hinsichtlich des buchungstechnischen Vorgehens bei der **(anteiligen) Realisation echter Aufrechnungsdifferenzen** ist zu unterscheiden, ob die dafür ursächliche Ansatz- bzw. Bewertungsmaßnahme durch das Mutterunternehmen oder vonseiten des ausscheidenden Tochterunternehmens vorgenommen wurde.[740] Der Unterschied wird im Folgenden anhand zweier **Anwendungsbeispiele** verdeutlicht.

Beispiel 4-1: Rückstellung des ausscheidenden Tochterunternehmens gegenüber dem Konzernmutterunternehmen

Resultiert die Aufrechnungsdifferenz aus einer **durch das ausscheidende Tochterunternehmen** gegenüber dem Mutterunternehmen gebildeten **Rückstellung** in Höhe von 100 GE, der kein bilanzierungsfähiger Anspruch auf Seiten des Mutterunternehmens gegenübersteht, so wird der zugehörige Aufwand aus der Rückstellungsbildung im Konzernabschluss zunächst eliminiert, sodass daraus in der Entstehungsperiode aus Sicht des Konzerns kein Erfolgsbeitrag zu erfassen ist. Annahmegemäß werden in einer Folgeperiode 60 % der Anteile an dem zuvor zu 100 % im Konzernbesitz befindlichen Tochterunternehmen veräußert. Die nach dem Statuswechsel zurückbehaltene Restbeteiligung ist in Höhe der verbleibenden Beteiligungsquote von 40 % *at equity* einzubeziehen.

Wird die Rückstellung nach dem Übergangskonsolidierungszeitpunkt planmäßig fällig, so führt dies zu einem Ertrag auf Seiten der Konzernobergesellschaft in Höhe von 100 GE. Effektiv wird das Konzernergebnis bei Fälligkeit der Rückstellung dadurch

---

[739] Im Folgenden wird unterstellt, dass mit dem bilanziellen Einbezug der Restbeteiligung nach der Equity-Methode eine beteiligungsproportionale Konsolidierung echter Aufrechnungsdifferenzen einhergeht. Sofern darauf aus Wesentlichkeitsgründen oder aufgrund von Informationsbeschaffungsproblemen verzichtet wird, sind bislang konsolidierte echte Aufrechnungsdifferenzen aus der Vollkonsolidierung zum Zeitpunkt des Statuswechsels in jedem Fall vollständig aufzulösen.

[740] Vgl. WARMBOLD, S., Endkonsolidierung, S. 178 f.; WATRIN, C./HOEHNE, F./POTT, C., Endkonsolidierung nach IAS 27, S. 739; HOEHNE, F., Veräußerung von Anteilen, S. 131 und 181; HAYN, B., Konsolidierungstechnik, S. 259. HAYN merkt in diesem Zusammenhang zutreffend an, dass die in der Literatur häufig vorzufindende Differenzierung danach, ob das ausscheidende Tochterunternehmen eine Gläubiger- oder Schuldnerstellung einnimmt, zu kurz greift. Entscheidend ist stattdessen allein, bei welchem Unternehmen die Bewertungsmaßnahme durchgeführt wurde, die für das Entstehen der Aufrechnungsdifferenz ursächlich war.

aber um 40 GE zu hoch ausgewiesen, da die Rückstellung in Höhe der Restbeteiligungsquote von 40 % aus Konzernsicht weiterhin gegenüber sich selbst besteht. Diesem Ertrag steht im Konzernabschluss kein kompensatorischer Aufwand gegenüber, da die ursprüngliche aufwandswirksame Erfassung der Rückstellung zuvor im Konzernabschluss ertragswirksam storniert wurde. Ohne weitere Korrekturen würde dies dazu führen, dass der Totalgewinn aus Sicht des Konzerns insgesamt zu hoch ausgewiesen würde, was einen **Verstoß gegen das konzernspezifische Kongruenzprinzip** zur Folge hätte.

Ein solcher Kongruenzverstoß kann nur durch eine **aufwandswirksame Korrekturbuchung** im Konzernabschluss in Höhe von 40 GE verhindert werden. Für den Fall einer erfolgsneutralen Buchwertfortführung wäre dies nur möglich, indem der **Equity-Beteiligungsbuchwert** bereits **zum Zeitpunkt des Statuswechsels** durch eine aufwandswirksame Korrekturbuchung um den künftig zu erwartenden anteiligen Ertrag in Höhe von 40 GE **gemindert** wird.[741] Dies würde den Übergangskonsolidierungserfolg und damit das Konzernergebnis in der Periode des Statuswechsels um 40 GE verringern und damit den positiven Ertragsüberschuss von 40 GE im Auszahlungszeitpunkt der Rückstellung zumindest über die Totalperiode hinweg ausgleichen. Im Falle einer Neubewertung der Restbeteiligung zum Fair Value, wie sie durch IFRS 10.25 (b) vorgesehen ist, stellt sich der gleiche Effekt ohne eine weitere Korrekturbuchung ein. Im Zuge der durch die Neubewertung erforderlichen Equity-Konsolidierung der Restbeteiligung auf Basis der Wertverhältnisse zum Übergangszeitpunkt wird die zuvor vollständig eliminierte Rückstellung anteilig in Höhe der Restbeteiligungsquote von 40 % wieder aufwandswirksam aufgedeckt, wodurch der Equity-Beteiligungsbuchwert genau um die mit Blick auf den Totalerfolg zu korrigierenden 40 GE gemindert wird. Folglich wirft die **Neubewertungspflicht** in diesem Fall – anders als bei der Zwischenergebniseliminierung von *downstream*-Transaktionen – **keine zusätzlichen Probleme** im Vergleich zu einer erfolgsneutralen Buchwertfortführung auf.

Beispiel 4-2: Rückstellung des Konzernmutterunternehmens gegenüber dem ausscheidenden Tochterunternehmen

---

[741] Vgl. BUSSE VON COLBE, W. U. A., Konzernabschlüsse, S. 281 f.

Für den umgekehrten Fall, dass die **Rückstellung** i. H. v. 100 GE **vom Mutterunternehmen** gegenüber dem ausscheidenden Tochterunternehmen bilanziert wurde, ist diese wiederum zunächst im Konzernabschluss erfolgswirksam zu konsolidieren. Annahmegemäß werden anschließend 60 % der Anteile an dem zuvor vollständig im Konzernbesitz befindlichen Tochterunternehmen veräußert. Die verbleibende Restbeteiligung wird *at equity* bilanziert.

Zum Zeitpunkt des Statuswechsels ist die Rückstellung zunächst in Höhe der nunmehr gegenüber konzernexternen Parteien bestehenden Verpflichtung, d. h. zu 60 % bzw. i. H. v. 60 GE, erstmalig aufwandswirksam im Konzernabschluss zu erfassen.[742] Der bei Fälligkeit der Rückstellung auf Seiten des Beteiligungsunternehmens insgesamt zu erfassende Ertrag i. H. v. 100 GE entfällt in Höhe der Restbeteiligungsquote von 40 %, d. h. zu 40 GE, auf den Konzern selbst. Diese zunächst in die Summen-GuV eingehende Ertragskomponente wird im Konzernabschluss ohne eine weitere Anpassungsbuchung wiederum nicht durch einen entsprechenden Aufwand kompensiert. Eine über die Totalperiode hinweg korrekte Erfolgserfassung kann in diesem Fall nur dadurch gewährleistet werden, dass die Rückstellung zum Zeitpunkt des Statuswechsels nicht nur in Höhe der auf die konzernexterne(n) Partei(en) entfallenden 60 GE, sondern zum vollen Betrag i. H. v. 100 GE aufwandswirksam im Konzernabschluss erfasst wird.[743] Hierdurch fällt zwar der Konzernerfolg in der Periode des Statuswechsels um 40 GE zu niedrig aus, da die Rückstellung zu diesem Zeitpunkt aus Sicht des Konzerns weiterhin zu 40 % gegenüber sich selbst besteht. Gleichwohl kann nur auf diese Weise das konzernspezifische Kongruenzprinzip gewahrt werden. Diese Ausführungen gelten unabhängig davon, ob die anteilig zurückbehaltene Restbeteiligung zum Zeitpunkt des Statuswechsels erfolgsneutral zu Buchwerten fortgeführt wird oder ob diese zum Fair Value neubewertet wird. Für den Fall, dass für das Entstehen einer echten Aufrechnungsdifferenz ein **Buchungsvorgang auf Seiten der Konzernobergesellschaft** ur-

---

742 Vgl. hierzu auch BAETGE, J./HERRMANN, D., Probleme der Endkonsolidierung, S. 229; HERRMANN, D., Änderung von Beteiligungsverhältnissen, S. 91-93; HAYN, B., Konsolidierungstechnik, S. 259-263; HARMS, J. E., in: Küting/Weber, HdK, 2. Aufl., § 303, Rn. 54.

743 Der Aufwand aus der erstmaligen Einbuchung der Rückstellung in den Konzernabschluss sollte in diesem Fall nicht im Übergangskonsolidierungserfolg, sondern – wie bei der erstmaligen Erfassung der Rückstellung im Einzelabschluss der Konzernobergesellschaft – verursachungsgerecht in der dafür vorgesehenen GuV-Position des gewöhnlichen Betriebsergebnisses ausgewiesen werden. Vgl. so auch HOEHNE, F., Veräußerung von Anteilen, S. 132; WATRIN, C./HOEHNE, F./POTT, C., Endkonsolidierung nach IAS 27, S. 739 f.; ZORN, T., Endkonsolidierung, S. 135.

sächlich ist, ergeben sich aus der **Neubewertung** der zurückbehaltenen Anteile folglich **keine Auswirkungen** auf die Beendigung der erfolgswirksamen Schuldenkonsolidierung.

423.34 Schuldenkonsolidierung bei quotal einbezogenen Beteiligungen

Obgleich IFRS 11 lediglich eine beteiligungsproportionale Zwischenergebniseliminierung explizit vorschreibt und keine Vorgaben zur Durchfürhung einer Schuldenkonsolidierung enthält,[744] ist nach der im Schrifttum einhellig vertretenen Auffassung[745] auch bei der quotalen Konsolidierung eine beteiligungsproportionale Schuldenkonsolidierung vorzunehmen. Entsprechend dem Vorgehen bei der Vollkonsolidierung ist dabei sowohl eine erfolgsneutrale Schuldenkonsolidierung von sich betragsgleich gegenüberstehenden Ansprüchen und Verpflichtungen als auch eine erfolgswirksame Eliminierung echter Aufrechnungsdifferenzen erforderlich.

423.35 Anteilige Fortführung der bisherigen Schuldenkonsolidierung beim Übergang von der Vollkonsolidierung auf die quotale Bilanzierung

Beim **Übergang** von der Vollkonsolidierung **auf einen quotalen Einbezug** nach IFRS 11 ist die erfolgsneutrale Schuldenkonsolidierung mit Blick auf den Einheitsgrundsatz **nicht vollständig zu beenden**, sondern anteilig in Höhe der nach dem Statuswechsel verbleibenden Beteiligungsquote fortzuführen. Dabei sind die aus Sicht der Konzernobergesellschaft gegen die Beteiligung bestehenden und bislang vollständig **erfolgsneutral gegeneinander aufgerechneten Ansprüche bzw. Verpflichtungen** – anders als beim Übergang auf eine *at equity*-Bilanzierung – nach dem Statuswechsel nicht in voller Höhe, sondern nur quotal entsprechend der Anteilsquote der konzernexternen Gesellschafter des Beteiligungsunternehmens im Konzernabschluss zu erfassen.[746]

---

744 Vgl. IFRS 11.B34-B37 sowie die Ausführungen in Abschnitt 243.

745 Vgl. FREIBERG, J., Ausstrahlung der (Voll-)Konsolidierungsmethoden, S. 177; KÜTING, K./SEEL, C., Quotale Einbeziehung nach IFRS 11, S. 594; SEEL, C., Joint Ventures, S. 232; HÖFNER, S., Joint Operations nach IFRS 11, S. 68; WEBER, C.-P. U. A., Abbildung bei divergierenden Quoten, S. 244; PELLENS, B. U. A., Internationale Rechnungslegung, S. 821; PWC (Hrsg.), Manual of accounting 2015, Rn. 28.89.

746 Vgl. WATRIN, C./HOEHNE, F./POTT, C., Endkonsolidierung nach IAS 27, S. 738; HOEHNE, F., Veräußerung von Anteilen, S. 127 und 181 f.; ZORN, T., Endkonsolidierung, S. 135. Vgl. im handels-

Das erfolgswirksame Wiederaufleben der anteiligen Forderung bzw. Verbindlichkeit des Mutterunternehmens im Konzernabschluss wird durch einen entgegengesetzten erfolgswirksamen Effekt aus der Ausbuchung des anteilig ausscheidenden Nettovermögens zu konsolidierten Wertverhältnissen ausgeglichen.[747] In Höhe der Restbeteiligungsquote sind die sich auch nach dem Statuswechsel noch anteilig gegenüberstehenden Ansprüche und Verpflichtungen weiterhin miteinander zu verrechnen. Aufgrund der nunmehr in IFRS 10.25 (b) vorgeschriebenen **Neubewertungspflicht** kann es indes dazu kommen, dass sich zuvor betraglich exakt kompensierende Ansprüche und Verpflichtungen nach dem Statuswechsel nicht mehr genau in der gleichen Höhe gegenüberstehen. Solche Neubewertungsdifferenzen zwischen den korrespondierenden anteiligen Ansprüchen und Verpflichtungen haben den gleichen Charakter wie echte Aufrechnungsdifferenzen und sind daher im Wege einer erneuten erfolgswirksamen Schuldenkonsolidierung zu eliminieren.

Mit Blick auf die Behandlung **echter Aufrechnungsdifferenzen**, die bereits vor dem Statuswechsel entstanden sind, ist wiederum zu unterscheiden, ob diese auf eine Buchung des Mutterunternehmens oder des ausscheidenden Tochterunternehmens zurückzuführen sind.[748] Dies soll wiederum anhand zweier vergleichender Beispiele veranschaulicht werden.

Beispiel 4-3: Rückstellung des ausscheidenden Tochterunternehmens gegenüber dem Konzernmutterunternehmen

Im ersten Fall ist die Aufrechnungsdifferenz – in Anlehnung an das Beispiel des Übergangsfalls auf ein *at equity* zu bilanzierendes Unternehmen – auf eine durch das **ausscheidende Tochterunternehmen** gegenüber dem Mutterunternehmen gebildete **Rückstellung** in Höhe von 100 GE zurückzuführen. Der damit verbundene Aufwand

---

rechtlichen Kontext so auch BAETGE, J./HERRMANN, D., Probleme der Endkonsolidierung, S. 229; EBELING, R. M., Einheitsfiktion, S. 262; HAYN, B., Konsolidierungstechnik, S. 259. Das Vorgehen bei der Beendigung der erfolgsneutralen Schuldenkonsolidierung beim Übergang von einem Tochterunternehmen auf eine *at equity* zu bilanzierende Beteiligung unterscheidet sich insofern nicht vom Vorgehen bei einer vollständigen Veräußerung der Beteiligung.

747 Vgl. hierzu die Ausführungen zur Beendigung der erfolgsneutralen Schuldenkonsolidierung beim Übergang auf eine Bilanzierung nach der Equity-Methode in Abschnitt 423.331.

748 Vgl. WATRIN, C./HOEHNE, F./POTT, C., Endkonsolidierung nach IAS 27, S. 739; WATRIN, C./ HOEHNE, F./RIEGER, S., Übergangskonsolidierung nach IAS 27, Rn. 301.

wird in der Entstehungsperiode im Konzernabschluss im Wege der erfolgswirksamen Schuldenkonsolidierung eliminiert. Annahmegemäß werden in einer späteren Periode 50 % der Anteile an dem zuvor zu 100 % im Konzernbesitz befindlichen Tochterunternehmen veräußert. Nach dem Statuswechsel ist die verbleibende 50 %-Beteiligung als *joint operation* zu klassifizieren und quotal in den Konzernabschluss einzubeziehen.

Die auch nach dem Statuswechsel noch anteilig gegenüber dem Mutterunternehmen bestehende Rückstellung in Höhe von 50 GE ist bis zum Fälligkeitszeitpunkt weiterhin als echte Aufrechnungsdifferenz zu konsolidieren. Zum Fälligkeitszeitpunkt erfasst das Mutterunternehmen einen ertragswirksamen Zahlungseingang in Höhe von 100 GE, der im Konzernabschluss in Höhe der Restbeteiligungsquote von 50 % durch eine aufwandswirksame Ausbuchung des zuvor für die Aufrechnungsdifferenz gebildeten Korrekturpostens im Eigenkapital zu stornieren ist. Im Konzernergebnis schlägt sich somit über die gesamte Dauer des Schuldverhältnisses insgesamt nur ein Ertrag in Höhe von 50 GE nieder, der auf die den Fremdgesellschaftern der *joint operation* zuzurechnende Zahlung entfällt. Falls der zum Zeitpunkt des Statuswechsels ermittelte Fair Value der quotal erfassten Rückstellung von deren bisherigem konzernbilanziellen Wertansatz abweicht, ist die daraus resultierende Aufrechnungsdifferenz zum Übergangskonsolidierungszeitpunkt um diesen Betrag erfolgswirksam anzupassen. Die **Neubewertung** der Restbeteiligung bzw. des dahinterstehenden anteiligen Reinvermögens zum Fair Value wirft insofern bzgl. der anteiligen Fortführung der erfolgswirksamen Schuldenkonsolidierung **keine Probleme** auf.

Beispiel 4-4: Rückstellung des Konzernmutterunternehmens gegenüber dem ausscheidenden Tochterunternehmen

Für den umgekehrten Fall, dass die **Rückstellung vom Mutterunternehmen** gegenüber dem ausscheidenden Tochterunternehmen bilanziert und zunächst auf Konzernabschluss-Ebene erfolgswirksam konsolidiert wurde, ist diese zum Zeitpunkt des Statuswechsels aufwandswirksam in Höhe der Veräußerungsquote im Konzernabschluss zu erfassen. Der restliche Teil der Rückstellung, der aus Konzernsicht gegenüber sich selbst besteht, muss über den Statuswechsel hinaus bis zum Fälligkeitszeitpunkt weiterhin als echte Aufrechnungsdifferenz konsolidiert werden. Der bei Fälligkeit der Rückstellung im Summenabschluss auf Ebene der *joint operation* zu erfassende Ertrag in

Höhe von 50 GE muss im Konzernabschluss wiederum storniert werden, indem die zuvor erfasste Aufrechnungsdifferenz erfolgswirksam aufgelöst wird. Insgesamt schlägt sich das Schuldverhältnis im Konzernerfolg somit lediglich in Form eines Aufwands in Höhe von 50 GE nieder, d. h. in Höhe der Verpflichtung, die aus Konzernsicht ex post gegenüber externen Dritten zu erfüllen ist. Die Neubewertung der zurückbehaltenen Anteile im Zuge der Übergangskonsolidierung wirkt sich somit auch beim Abwärtswechsel auf eine *joint operation* nicht auf die Schuldenkonsolidierung aus, sofern die Aufrechnungsdifferenz auf eine einseitige Buchung im Einzelabschluss der Konzernobergesellschaft zurückzuführen ist.

423.4 Aufwands- und Ertragskonsolidierung

Neben der Pflicht zu einer Zwischenergebniseliminierung und einer Schuldenkonsolidierung schreibt IFRS 10.B86 (c) auch eine Aufwands- und Ertragskonsolidierung vor. Die **Aufgabe** der Aufwands- und Ertragskonsolidierung besteht darin, **Erfolgsbeiträge** aus konzerninternen Transaktionen in der **Konzernerfolgsrechnung** zu **eliminieren**, die mangels einer Transaktion mit konzernaußenstehenden Dritten aus der Sicht des Konzerns (noch) nicht realisiert sind.[749] Durch die **Aufwands- und Ertragskonsolidierung** werden nur solche innerkonzernlichen Aufwendungen und Erträge gegeneinander aufgerechnet, die sich **betragsgleich**[750] gegenüberstehen und die nicht bereits im Wege der erfolgswirksamen Schuldenkonsolidierung oder der Zwischenergebniseliminierung eliminiert wurden.[751] Diese Konsolidierungsmaßnahme beeinflusst demnach nicht die

---

[749] Vgl. BAETGE, J./KIRSCH, H.-J./THIELE, S., Konzernbilanzen, S. 290; BUSSE VON COLBE, W. U. A., Konzernabschlüsse, S. 425; SCHILDBACH, T., Der Konzernabschluss, S. 296; SENGER, T./DIERSCH, U., in: Beck IFRS HB, 5. Aufl., § 35, Rn. 100.

[750] Vgl. EBELING, R. M., in: Baetge u. a., Bilanzrecht Kommentar, § 305 HGB, Rn. 5. Dies betrifft bspw. Mieterträge und korrespondierende Mietaufwendungen aus konzerninternen Mietverhältnissen oder Zinserträge und korrespondierende Zinsaufwendungen aus konzerninternen Kreditverhältnissen.

[751] Vgl. EBELING, R. M., in: Baetge u. a., Bilanzrecht Kommentar, § 305 HGB, Rn. 5. Dabei wird eine integrierte Konsolidierungstechnik unterstellt, bei der die Erfolgswirkungen aus der Zwischenergebniseliminierung sowie der erfolgswirksamen Schuldenkonsolidierung direkt über die entsprechenden Erfolgspositionen in der Konzernerfolgsrechnung erfasst werden und nicht ausschließlich auf Ebene der Summenbilanz gegen den aggregierten Konzernjahreserfolg gebucht werden. Im letztgenannten Fall wären die Zwischenergebniseliminierung sowie die erfolgswirksame Schuldenkonsolidierung in der Konzernerfolgsrechnung gesondert im Wege einer sog. **erfolgswirksamen Aufwands- und Ertragskonsolidierung** nachzuholen. Die bereits dargestellten Auswirkungen aus der (anteiligen) Realisation vormals eliminierter Zwischenergebnisse bzw. echter Aufrechnungsdifferenzen würden sich dadurch indes nicht ändern.

Höhe des Konzernerfolgs, sondern lediglich dessen Bestandteile bzw. Struktur.[752] Somit wirkt sich die (anteilige) Beendigung der erfolgsneutralen Aufwands- und Ertragskonsolidierung infolge eines Statuswechsels – im Gegensatz zur (anteiligen) Beendigung der Zwischenergebniseliminierung bzw. erfolgswirksamen Schuldenkonsolidierung – nicht auf den Übergangskonsolidierungserfolg aus.[753]

423.5 Zwischenfazit

Die Analyse der Auswirkungen der Neubewertungspflicht auf die sonstigen Konsolidierungsmaßnahmen hat gezeigt, dass angesichts des damit verbundenen vollständigen Bruchs mit den ursprünglichen konzernbilanziellen Wertansätzen eine anteilige Fortführung der **Zwischenergebniseliminierung aus *downstream*-Transaktionen** über den Übergangskonsolidierungszeitpunk hinaus konzeptionell nicht sachgerecht ist. Die bestehenden Vorschriften zur Übergangskonsolidierung erzwingen faktisch unter dem Deckmantel des Fair Value-orientierten bilanziellen Einbezugs der verbleibenden Anteile eine **vollumfängliche Realisation** von vor dem Statuswechsel eliminierten Zwischenergebnissen aus *downstream*-Transaktionen.[754] Dies führt zu einem **vorzeitigen Ausweis nicht realisierter Erfolgsbeiträge**, da die zugehörigen Vermögenswerte auch nach der Übergangskonsolidierung bilanziell weiterhin anteilig dem Verfügungsbereich des Konzerns zuzurechnen sind. Eine anteilige Fortführung bislang eliminierter Zwischenergebnisse ist v. a. aus Relevanzgesichtspunkten abzulehnen, da die damit zwangsläufig verbundene Mischung aktueller und historischer Wertverhältnisse zu einem ökonomisch weitgehend aussagelosen Wertansatz der Restbeteiligung führen würde. Mit Blick auf die (anteilige) Beendigung der Schuldenkonsolidierung sowie der Aufwands- und Ertragskonsolidierung konnten hingegen keine Probleme identifiziert werden, die allein auf die Pflicht zur Neubewertung zurückzuführen wären.

---

752 Vgl. EBELING, R. M., in: Baetge u. a., Bilanzrecht Kommentar, § 305 HGB, Rn. 5.

753 Vgl. HOEHNE, F., Veräußerung von Anteilen, S. 186.

754 Vgl. im Ergebnis gleicher Auffassung LÜDENBACH, N./HOFFMANN, W.-D./FREIBERG, J., in: Haufe IFRS-Kommentar, 14. Aufl., § 31, Rn. 172 sowie ohne explizite Begründung auch HAYN, B., in: Beck IFRS HB, 5. Aufl., § 37, Rn. 56; BAETGE, J./HAYN, S./STRÖHER, T., in: Baetge u. a., Rechnungslegung nach IFRS, 2. Aufl., IFRS 10, Rn. 377. Die allgemeine Pflicht nach IAS 28.28 zur beteiligungsproportionalen Eliminierung von Zwischenergebnissen ab dem Zeitpunkt der Equity-Bilanzierung bleibt hiervon indes unberührt.

424. Abschließende Würdigung

424.1 Beurteilung der Entscheidungsnützlichkeit der durch die Neubewertung vermittelten Informationen

Mit Blick auf die **Wertrelevanz von Einflussnahme- bzw. Kontrollrechten** konnte gezeigt werden, dass die vonseiten des IASB typisierend vorgenommene Einstufung des **Verlusts der alleinigen Beherrschung** als *significant economic event* aus ökonomischer Sicht grundsätzlich gerechtfertigt werden kann. Gleichwohl kann das eigentliche **Ziel der Übergangskonsolidierung**, die ökonomische Wesensänderung der Beteiligung im Konzernabschluss kenntlich zu machen, durch die Fair Value-Bewertung der im Konzern verbleibenden Beteiligung **nicht erreicht** werden. So wurde gezeigt, dass durch die einmalige Fair Value-Bewertung der Restbeteiligung typischerweise **stille Reserven inkl. originärer Goodwill-Bestandteile** aufgedeckt werden, die den im Mittelpunkt des Informationsinteresses stehenden wertmindernden Effekt aus dem Verlust der Beherrschung (zum Teil) kompensieren.

Durch die bei einem Übergang auf eine quotal oder *at equity* zu bilanzierende Restbeteiligung erforderliche Neukonsolidierung kommt es überdies zu einem **Bruch mit den bisherigen konzernbilanziellen Wertansätzen** der anteilig auf die Restbeteiligung entfallenden Vermögenswerte und Schulden. Die **Neubewertung verhindert** folglich einen **periodenübergreifenden Vergleich** sowohl der konzernbilanziellen Wertansätze als auch der aus Sicht des Konzerns mit der Beteiligung jeweils vor und nach dem Statuswechsel erwirtschafteten Erfolgsbeiträge.

Ein aussagekräftiger **Vorher-Nachher-Vergleich** wird überdies durch die Fair Value-Konzeption des IFRS 13 erschwert. Während der konzernbilanzielle Beteiligungswert vor dem Statuswechsel als **konzernspezifischer Betriebszugehörigkeitswert** interpretiert werden kann, welcher maßgeblich durch die spezifischen Erwartungen und Nutzungsabsichten des Konzernmanagements geprägt ist, ist für die Fair Value-Bewertung nach den Vorgaben des IFRS 13 die **Perspektive eines typischen Marktteilnehmers** einzunehmen. Dabei sind rein unternehmens- bzw. konzernspezifische Nutzenpotenziale zwingend zu vernachlässigen.

Darüber hinaus ist zu kritisieren, dass die Neubewertung in erheblichem Umfang zu einer **Erfassung unrealisierter Erfolgsbeiträge** im Konzernergebnis führt. Neben diesen v. a. aus Relevanzgesichtspunkten problematischen Aspekten gewährt die Neubewertung dem Bilanzierenden zudem umfangreiche bilanzpolitisch nutzbare **Ermessensspielräume**, die v. a. die **Neutralität** und damit die **Glaubwürdigkeit** der im Abschluss vermittelten Informationen gefährden.

Die einmalige Fair Value-Bewertung kann nach der hier vertretenen Ansicht auch nicht mit Verweis auf einen potenziellen Informationsvorteil durch den Ausweis möglichst aktueller Wertansätze begründet werden. Nach einer solchen Argumentation wäre letztlich auch eine fortwährende reguläre Folgebewertung von Tochterunternehmen, gemeinschaftlichen Vereinbarungen und assoziierten Unternehmen zum Fair Value zu befürworten. Der Standardsetter hat sich für diese Arten von Beteiligungsverhältnissen indes – aus guten Gründen – bewusst gegen eine zeitwertorientierte und für eine anschaffungskostenbasierte Bilanzierungskonzeption entschieden.

Aufbauend auf diesen Erkenntnissen wird im Folgenden abschließend das vom IASB mit der Neubewertung zusäzlich verfolgte **Ziel der Schaffung einer Konsistenz** zur Bilanzierung sukzessiver Unternehmenserwerbe kritisch gewürdigt, bevor im Anschluss daran die übrigen Übergangsfälle einzeln behandelt werden.

424.2 Beurteilung des vom IASB formulierten Ziels der Konsistenz zur Bilanzierung sukzessiver Unternehmenserwerbe

In seiner Projektzusammenfassung zur Phase II des *Business Combinations*-Projekts macht der IASB deutlich, dass die Einführung der Neubewertungspflicht u. a. auch dadurch motiviert war, eine **Konsistenz** zu den ebenfalls neu geschaffenen Bilanzierungsregeln für sukzessive Unternehmenserwerbe zu schaffen.[755] Um zu beurteilen, ob eine konsistente Bilanzierung dieser beiden grundlegend verschiedenen ökonomischen Sachverhalte überhaupt sachlich gerechtfertigt werden kann, werden zunächst die vom IASB für die Neubewertung der Altanteile bei einem sukzessiven Erwerb angeführten Argumente näher beleuchtet.

Bei Betrachtung der Entstehungsgeschichte der Vorschriften zur Bilanzierung sukzessiver Unternehmenserwerbe wird deutlich, dass die Pflicht zur Neubewertung von bereits

[755] Vgl. hierzu ausführlich Abschnitt 422.21.

vor der endgültigen Beherrschungserlangung gehaltenen Altanteilen nicht ausschließlich mit Verweis auf die ökonomische Wesensänderung der Beteiligung begründet wurde. So räumt der Standardsetter in den *basis for conclusions* zu IFRS 3 ein, dass er durch die Neubewertungspflicht v. a. die **Komplexität** der bis dahin geltenden Regelungen **reduzieren** wollte.[756] Durch die einheitliche Fair Value-Bewertung zum Zeitpunkt der Beherrschungserlangung wurde nämlich die noch in IFRS 3 (2004) vorgesehene, äußerst aufwendige **tranchenweise Ermittlung des Unterschiedsbetrags** aus der Kapitalkonsolidierung abgelöst. Danach war bei einem schrittweisen Unternehmenserwerb zum Zeitpunkt der endgültigen Beherrschungserlangung retrospektiv für jeden früheren Teilerwerbsvorgang eine separate Kapitalkonsolidierung auf der Grundlage der historischen Wertverhältnisse an den einzelnen Erwerbsstichtagen vorzunehmen.[757] Der bei der Erstkonsolidierung im Zeitpunkt der Beherrschungserlangung zu aktivierende Goodwill setzte sich somit kumulativ aus mehreren Unterschiedsbeträgen verschiedener Teilerwerbsvorgänge zusammen, die jeweils auf der Grundlage unterschiedlicher Wertverhältnisse zu ermitteln waren. Durch die einheitliche Neubewertung sämtlicher Anteilstranchen zum Fair Value entfällt nunmehr die Notwendigkeit, retrospektiv die historischen Wertverhältnisse zu den u. U. lange Zeit zurückliegenden Erwerbsstichtagen rekonstruieren zu müssen.[758] Dadurch sollen v. a. die **Komplexität** und die **Kosten** der Bilanzierung sukzessiver Unternehmenserwerbe **reduziert** werden.[759] Daneben wird durch die Fair Value-Bewertung sämtlicher Altanteilstranchen zum Zeitpunkt der Beherrschungserlangung auch gewährleistet, dass der derivative Goodwill aus einem sukzessiven Unternehmenserwerb nunmehr auf **einheitlichen Wertverhältnissen** beruht,

---

756 Vgl. IFRS 3.BC328.

757 Vgl. ausführlich zum Vorgehen bei der tranchenweisen Kapitalkonsolidierung LÜDENBACH, N./HOFFMANN, W.-D., Übergangskonsolidierung nach ED IFRS 3, S. 1806 f.; THEILE, C./PAWELZIK, K. U., Fair Value-Beteiligungsbuchwerte, S. 94 f.; GIMPEL-HENNING, N., Sukzessive Anteilserwerbe, S. 74 f. und 82; KÜTING, K./ELPRANA, K./WIRTH, J., Sukzessive Anteilserwerbe, S. 479-481; MILLA, A./BUTOLLO, B., Übergangskonsolidierung nach IFRS, S. 82 f.

758 Die Rekonstruktion der historischen Wertverhältnisse war indes nur dann problematisch, wenn die Altanteile vor der Beherrschungserlangung als einfache Finanzbeteiligung zu klassifizieren und damit zum Fair Value zu bewerten waren. Sofern die bereits vor der Beherrschungserlangung gehaltene Beteiligung hingegen nach der Equity-Methode bzw. quotal in den Konzernabschluss einbezogen wurde, mussten die für die Ermittlung des Unterschiedsbetrags relevanten Zeitwerte der anteilig erworbenen Vermögenswerte bzw. Schulden ohnehin bereits zum Zeitpunkt des Erstansatzes der Beteiligung ermittelt werden, sodass bei der späteren Berechnung des Goodwill auf diese Werte zurückgegriffen werden konnte. Vgl. GIMPEL-HENNING, N., Sukzessive Anteilserwerbe, S. 75; THEILE, C./PAWELZIK, K. U., Fair Value-Beteiligungsbuchwerte, S. 97 f.

759 Vgl. IFRS 3.BC328 und IFRS 3.BC437 (e); GIMPEL-HENNING, N., Sukzessive Anteilserwerbe, S. 82.

wodurch sich dessen **ökonomischer Aussagegehalt** deutlich erhöht.[760] Durch die Fair Value-Bewertung wird ein aus ökonomischer Sicht weitgehend aussageloser **„Werte-Mix" vermieden**, was nach Ansicht des Standardsetters zu einer besseren Verständlichkeit und zu einer höheren Relevanz der Abschlussinformationen beiträgt.[761]

Die Einführung der Neubewertungspflicht im Kontext eines sukzessiven Unternehmenserwerbs war demzufolge maßgeblich dadurch motiviert, die Nachteile der tranchenweisen Ermittlung des Unterschiedsbetrags aus der Kapitalkonsolidierung zu beseitigen. Die Neubewertung stellt sicher, dass der konzernbilanzielle Wertansatz des Tochterunternehmens ab dem Zeitpunkt der Beherrschungserlangung auf **einheitlichen Wertverhältnissen** basiert. Folglich kann das im Erwerbsfall gültige Argument der Vermeidung eines Werte-Mixes nicht gleichermaßen als Rechtfertigung für die analoge Fair Value-Bewertung im Falle einer späteren Anteilsveräußerung dienen.

Das Konsistenzbestreben des IASB kann somit allenfalls mit Blick auf die beim **Über- oder Unterschreiten der „Kontroll-Schwelle"** vonseiten des IASB unterstellte **fundamentale Wesensänderung** der Beteiligungsbeziehung legitimiert werden. Der diesbezüglichen Argumentation des Standardsetters kann zwar insoweit gefolgt werden, als es für die Einstufung eines Statuswechsels als *significant economic event* grundsätzlich nicht von Bedeutung sein kann, ob es sich dabei um einen Aufwärts- oder um einen Abwärtswechsel handelt. Gleichwohl kann daraus nach der hier vertretenen Meinung nicht der Schluss gezogen werden, dass in beiden Fällen die Neubewertung zum Fair Value die zweckmäßigste Bilanzierungsvariante darstellt, um die Änderung des ökonomischen Gehalts der Beteiligungsbeziehung möglichst zutreffend im Konzernabschluss abzubilden.

Wie in Abschnitt 422.21 gezeigt wurde, soll mit der Neubewertung v. a. die Änderung des ökonomischen Wertpotenzials der anteilig veräußerten Beteiligung infolge der durch den Statuswechsel geänderten Mitsprache- bzw. Einflussrechte erfasst werden. Folglich sollte die Neubewertung im Fall der erstmaligen **Beherrschungserlangung** c. p. zu einer bilanziellen **Wertsteigerung** führen, wohingegen sich der **Beherr-**

---

760 Vgl. IFRS 3.BC437 (e); GIMPEL-HENNING, N., Sukzessive Anteilserwerbe, S. 74 f. und 82 f.

761 Vgl. IFRS 3.BC437 (e).

schungsverlust c. p. **wertmindernd** auf die Restbeteiligung auswirken müsste. In seiner Begründung für die Neubewertung lässt der Standardsetter indes unberücksichtigt, dass der Fair Value-Wertansatz durch eine **Vielzahl wertbestimmender Faktoren** beeinflusst wird, wodurch das eigentliche Informationsziel der Übergangskonsolidierung kaum erreicht werden kann. So konnte in der vorangegangenen Analyse gezeigt werden, dass sich v. a. die im Bewertungskalkül zu berücksichtigenden **stillen Reserven inkl. originärer Goodwill-Bestandteile** werterhöhend auf den Fair Value auswirken. Bei einer statusändernden Anteilsveräußerung wiegt dieser Effekt nochmals schwerer als bei einem sukzessiven Unternehmenserwerb. Anders als bei einem sukzessiven Unternehmenserwerb wirken sich der (werterhöhende) Effekt aus der Aufdeckung stiller Reserven inkl. originärer Goodwill-Bestandteile und der (wertmindernde) Effekt aus der Verringerung der Kontrollmöglichkeiten genau entgegengesetzt auf den in der Konzernbilanz erfassten Beteiligungswert aus. Da sich somit beide Effekte (teilweise) kompensieren, fällt es den Adressaten nochmals schwerer als bei einem sukzessiven Unternehmenserwerb, sich anhand des Konzernabschlusses einen Eindruck über die Auswirkungen des Statuswechsels auf das Wertpotenzial der betroffenen Beteiligung zu verschaffen.

Während den Nachteilen einer Neubewertung im Fall des sukzessiven Unternehmenserwerbs noch die erläuterten Vorteile in Form eines auf einheitlichen Wertverhältnissen basierenden Goodwill- bzw. Beteiligungswertansatzes sowie einer Komplexitäts- und Kostenreduktion im Vergleich zur tranchenweisen Bilanzierung gegenüberstehen, resultieren daraus für den Veräußerungsfall **keine vergleichbaren positiven Nebeneffekte**. Die vom Standardsetter angestrebte **Konsistenz** der Bilanzierung von sukzessiven Unternehmenserwerben und statusändernden Anteilsveräußerungen sollte sich daher nach der hier vertretenen Meinung nicht auf den für die Beteiligungsbewertung zum Zeitpunkt des Statuswechsels maßgeblichen **Wertmaßstab** beziehen. Stattdessen sollte sich das Konsistenzbestreben lediglich auf das in beiden Fällen grundsätzlich gleiche **Abbildungsziel** richten, nämlich die Auswirkungen des Statuswechsels auf das Wertpotenzial der (Rest-)Beteiligung im Konzernabschluss kenntlich zu machen. An diesem Ziel orientiert sich auch der in Kapitel 5 entwickelte Vorschlag für eine Verbesserung der bestehenden Vorschriften zur Bilanzierung statusändernder Anteilsveräußerungen im IFRS-Konzernabschluss.

43 Abwärtswechsel ausgehend von einer *at equity* einbezogenen Beteiligung

431. Übergang von einem Gemeinschaftsunternehmen auf ein assoziiertes Unternehmen

431.1 Analyse der bestehenden Regelungen

Für einen Abwärtswechsel ausgehend von einem Gemeinschaftsunternehmen auf ein assoziiertes Unternehmen, d. h. unter Beibehaltung der Equity-Bilanzierung, ist auf eine Neubewertung bzw. Neukonsolidierung der zurückbehaltenen Restbeteiligung zu verzichten.[762] Stattdessen ist der bisherige Equity-Beteiligungsbuchwert gem. IAS 28.24 nach Maßgabe der verbleibenden Anteilsquote fortzuschreiben. Folglich ist bei der bilanziellen Abbildung dieses Übergangsfalls lediglich eine erfolgswirksame Endkonsolidierung der veräußerten Anteile erforderlich, nicht aber eine auf die verbleibenden Anteile bezogene Übergangskonsolidierung.[763]

Bei der **Endkonsolidierung** ist der Equity-Beteiligungsbuchwert um den anteilig ausscheidenden Teil des in der Equity-Nebenbuchhaltung fortgeschriebenen Nettovermögens des Beteiligungsunternehmens zu vermindern.[764] Die Differenz zwischen dem für die ausscheidenden Anteile erzielten Veräußerungserlös und dem zu fortgeführten Konzernbuchwerten ermittelten Abgangswert ist erfolgswirksam in der Konzern-GuV zu erfassen.[765] Darüber hinaus sind die den ausscheidenden Anteilen zuzurechnenden OCI-Bestandteile des *at equity* bilanzierten Beteiligungsunternehmens entsprechend dem Vorgehen bei einer Einzelveräußerung der zugehörigen Vermögenswerte oder Schulden

---

[762] Vgl. KÜTING, K./HÖFNER, S., Statuswechsel eines Gemeinschaftsunternehmens zum assoziierten Unternehmen, S. 92.

[763] Vgl. KÜTING, K./HÖFNER, S., Statuswechsel eines Gemeinschaftsunternehmens zum assoziierten Unternehmen, S. 92; HAYN, B., in: Beck IFRS HB, 5. Aufl., § 36, Rn. 118.

[764] Vgl. BAETGE, J./KLAHOLZ, T./GRAUPE, F., in: Baetge u. a., Rechnungslegung nach IFRS, 2. Aufl., IAS 28, Rn. 146; HAYN, B., in: Beck IFRS HB, 5. Aufl., § 36, Rn. 118.

[765] Vgl. BAETGE, J./KLAHOLZ, T./GRAUPE, F., in: Baetge u. a., Rechnungslegung nach IFRS, 2. Aufl., IAS 28, Rn. 146; KPMG (Hrsg.), Insights into IFRS 2015/16, S. 529. IAS 28 schreibt zwar die GuV-wirksame Erfassung des Endkonsolidierungserfolgs nicht explizit vor. Gleichwohl lässt sich die Pflicht hierzu implizit aus der Anforderung des IAS 28.25 herleiten, wonach auch die bislang im OCI erfassten Eigenkapitaländerungen des *at equity* bilanzierten Beteiligungsunternehmens zum Zeitpunkt des Statuswechsels anteilig in die Gewinn- und Verlustrechnung umzugliedern sind, sofern ein *reclassification adjustment* in den jeweils maßgeblichen Einzelstandards vorgesehen ist. Vgl. ERNST & YOUNG (Hrsg.), International GAAP 2016, S. 772 f.

entweder als *reclassification adjustment* in die Gewinn- und Verlustrechnung umzugliedern oder mit den Gewinnrücklagen zu verrechnen.[766]

In den *basis for conclusions* zu IAS 28 erläutert der Standardsetter, warum er für diesen Übergangsfall von einer Neubewertung der Restbeteiligung abgesehen hat und sich stattdessen für eine erfolgsneutrale Buchwertfortführung entschieden hat. Darin stuft der IASB den Verlust der gemeinschaftlichen Beherrschung oder eines maßgeblichen Einflusses zwar ganz allgemein als bedeutende, im Vergleich zum Verlust der alleinigen Beherrschung aber völlig unterschiedliche („*fundamentally different*") wirtschaftliche Ereignisse ein.[767] Nach Ansicht des Standardsetters rechtfertigt die durch den Abwärtswechsel von einem Gemeinschaftsunternehmen auf ein assoziiertes Unternehmen hervorgerufene **Wesensänderung der Beteiligung** – anders als beim Verlust der alleinigen Beherrschung – keine Neubewertung.[768] Diese Einschätzung wird indes nicht mit einem Verweis auf das vergleichsweise geringe Ausmaß des durch einen solchen Statuswechsel hervorgerufenen Einflussverlusts begründet. Stattdessen verweist der Standardsetter in seiner Begründung lediglich darauf, dass sich durch den Statuswechsel innerhalb des Anwendungsbereichs der Equity-Methode weder die **Zusammensetzung des Konzerns** noch die maßgebliche **konzernbilanzielle Einbezugsmethode** ändern.[769] In IAS 28.BC30 erläutert der Standardsetter seine Überlegungen hierzu wie folgt: *„In the case of loss of joint control when significant influence is maintained, the Board acknowledged that the investor-investee relationship changes and, consequently, so does the nature of the investment. However, in this instance, both investments (ie the joint venture and the associate) continue to be measured using the equity method. Considering that there is neither a change in the group boundaries nor a change in the measurement requirements, the Board concluded that losing joint control and retaining significant influence is not an event that warrants remeasurement of the retained interest at fair value."*

[766] Vgl. IAS 28.25; HAYN, B., in: Beck IFRS HB, 5. Aufl., § 36, Rn. 118.
[767] Vgl. IAS 28.BC28.
[768] Vgl. IAS 28.BC30.
[769] Vgl. KÜTING, K./HÖFNER, S., Statuswechsel eines Gemeinschaftsunternehmens zum assoziierten Unternehmen, S. 92.

Die fehlende Bezugnahme des Standardsetters auf das **Ausmaß** der durch den Statuswechsel bedingten **Verringerung der Einflussintensität** kann mutmaßlich darauf zurückgeführt werden, dass sich der Board nicht selbst widersprechen wollte. Bis zur Einführung von IFRS 11 im Jahr 2011 wurden nämlich der Verlust der alleinigen Beherrschung und der Verlust der gemeinschaftlichen Beherrschung noch als **wirtschaftlich ähnliche Ereignisse** eingestuft, die demzufolge auch auf die gleiche Weise zu bilanzieren waren.[770] Danach sah IAS 31.45 auch für den hier betrachteten Übergangsfall von einem Gemeinschaftsunternehmen auf ein assoziiertes Unternehmen eine ergebniswirksame Neubewertung der zurückbehaltenen Restbeteiligung zum Fair Value vor.[771] Die Neubewertungspflicht galt unabhängig davon, ob das Gemeinschaftsunternehmen unter Ausübung des durch IAS 31.30 gewährten Wahlrechts mittels der Quotenkonsolidierung oder aber nach der Equity-Methode in den Konzernabschluss einbezogen wurde.[772]

Aus dem der Veröffentlichung von IFRS 11 vorausgegangenen *Exposure Draft ED 9 Joint Arrangements* wird darüber hinaus ersichtlich, dass die Entscheidung für eine erfolgsneutrale Buchwertfortführung ohnehin weniger durch konzeptionelle Überlegungen motiviert war, sondern vielmehr durch das Bestreben, Erleichterungen für die Abschlussersteller zu schaffen.[773] So begründete der IASB in *ED 9* die erfolgsneutrale Buchwertfortführung noch wie folgt: *„If an investor loses joint control but retains significant influence, the Board's proposals mean that the investor accounts for its investment using the equity method both before and after the loss of joint control. The Board proposes, **for practical reasons**, that in such circumstances an investor should not measure at fair value the investment it retains on the loss of joint control."*[774] Erst als Reaktion auf die im Konsultationsprozess zu *ED 9* eingegangenen Stellungnahmen, die sich kritisch zur offensichtlichen Inkonsistenz dieser vom IASB angeführten Begründung mit der in IAS 31.BC16 enthaltenen pauschalen Qualifizierung des Verlusts der gemeinschaftlichen Beherrschung als *significant economic event* äußerten, wurde das

---

770 Vgl. IAS 31.BC16; KÜTING, K./HÖFNER, S., Statuswechsel eines Gemeinschaftsunternehmens zum assoziierten Unternehmen, S. 90; GIMPEL-HENNING, N., Sukzessive Anteilserwerbe, S. 187 f.

771 Vgl. IAS 31.45.

772 Vgl. KÜTING, K./HÖFNER, S., Statuswechsel eines Gemeinschaftsunternehmens zum assoziierten Unternehmen, S. 91.

773 Vgl. IASB (Hrsg.), ED 9: Joint Arrangements, BC19; IASB (Hrsg.), Staff Paper 17B (February 2010), Rn. 7; GIMPEL-HENNING, N., Sukzessive Anteilserwerbe, S. 222.

774 IASB (Hrsg.), ED 9: Joint Arrangements, BC19. Hervorhebung durch den Verfasser.

Argument der gleichbleibenden Einbezugsmethode bzw. des unveränderten Konsolidierungskreises in IAS 28.BC30 aufgenommen und die Einstufung des Verlusts der gemeinschaftlichen Beherrschung als *significant economic event* ersatzlos gestrichen.[775]

Die nunmehr in den *basis for conclusions* zu IAS 28 angeführte Begründung des IASB für eine erfolgsneutrale Buchwertfortführung kann indes aus konzeptioneller Sicht nicht überzeugen, da sie den **ökonomischen Gehalt** des zu bilanzierenden Sachverhalts **gänzlich unberücksichtigt** lässt.[776] Vor allem liefert der Standardsetter keine Begründung dafür, warum in diesem Fall die (gleichbleibende) konzernbilanzielle Einbezugsmethode das ausschlaggebende Kriterium für die anzuwendende Bilanzierungssystematik darstellt und nicht – wie bei einem Abwärtswechsel ausgehend von einem Tochterunternehmen – die durch den Statuswechsel ggf. ausgelöste ökonomische Wesensänderung der Beteiligung. Im folgenden Abschnitt wird daher zunächst untersucht, ob und wieweit die erfolgsneutrale Buchwertfortführung auch mit Blick auf die durch einen solchen Statuswechsel typischerweise hervorgerufene Änderung der Einflussmöglichkeiten des beteiligten Unternehmens gerechtfertigt werden kann.

431.2 Beurteilung der durch den Statuswechsel ausgelösten ökonomischen Wesensänderung der Beteiligung

Für einen abwärtsgerichteten Statuswechsel ausgehend von einem Tochterunternehmen kann die seitens des Standardsetters vorgenommene Charakterisierung als *significant economic event* – wie in Abschnitt 422.23 gezeigt wurde – aufgrund des dadurch typischerweise bedingten erheblichen Verlusts von Einflusspotenzialen grundsätzlich überzeugen. Durch den Verlust der alleinigen Entscheidungsgewalt über die relevanten Geschäftsaktivitäten verliert die Konzernobergesellschaft in jedem Fall die Möglichkeit, potenziell wertsteigernde Maßnahmen, bspw. zur Beseitigung von Ineffizienzen oder zur Realisierung von Synergiepotenzialen, unabhängig von der Zustimmung sonstiger Miteigentümer durchführen zu können.

---

775 Vgl. IASB (Hrsg.), Staff Paper 17B (February 2010), Rn. 3-27; GIMPEL-HENNING, N., Sukzessive Anteilserwerbe, S. 224.

776 Vgl. sinngemäß für den umgekehrten Fall eines Übergangs von einem assoziierten auf ein Gemeinschaftsunternehmen so auch GIMPEL-HENNING, N., Sukzessive Anteilserwerbe, S. 223.

Durch den Übergang von einem Gemeinschaftsunternehmen auf ein assoziiertes Unternehmen ändert sich die Einflussmöglichkeit der Konzernobergesellschaft insoweit, als sie dadurch die Möglichkeit verliert, sämtliche relevanten Geschäftsaktivitäten des Beteiligungsunternehmens mitzubestimmen und die darauf bezogenen Entscheidungen der anderen gemeinschaftlichen Betreiber durch eine einseitige Blockadehaltung zu verhindern.[777] Durch den verbleibenden maßgeblichen Einfluss verfügt die Konzernobergesellschaft lediglich noch über ein Mitbestimmungs- bzw. Blockaderecht für bestimmte und nicht mehr für sämtliche wesentlichen Entscheidungen der Geschäfts- bzw. Finanzpolitik des Beteiligungsunternehmens.[778] Auf der Grundlage des nach dem Statuswechsel nur noch maßgeblichen Einflusses kann die Konzernobergesellschaft potenziell nachteilige Entscheidungen anderer beteiligter Parteien somit im Regelfall nicht mehr eigenmächtig verhindern.

Gleichwohl ist es der Konzernobergesellschaft in dem hier betrachteten Übergangsfall weder vor noch nach dem Statuswechsel möglich, sämtliche relevanten Aktivitäten des Beteiligungsunternehmens ohne die Zustimmung der anderen beteiligten Parteien nach den eigenen Vorstellungen zu steuern und den Mehrwert hieraus exklusiv für sich zu beanspruchen. So wird die Konzernobergesellschaft auch schon vor dem Statuswechsel durch das Blockaderecht der anderen gemeinschaftlichen Betreiber daran gehindert, solche tiefgreifenden strukturellen Eingriffe in die Geschäftsaktivitäten des Beteiligungsunternehmens vorzunehmen, die bspw. in Form von Synergieeffekten allein aus Sicht der Konzernobergesellschaft vorteilhaft wären. Demzufolge ist der Verlust der gemeinschaftlichen Beherrschung tendenziell mit geringeren ökonomischen Werteinbußen verbunden als der Verlust der alleinigen Beherrschung. Auf Basis dieser Überlegungen scheint die Entscheidung des IASB, den Statuswechsel von einem Gemeinschaftsunternehmen auf ein assoziiertes Unternehmen nicht mehr als *significant economic event* zu klassifizieren und konsequenterweise von einer GuV-wirksamen Neube-

[777] Vgl. zur Charakterisierung der gemeinschaftlichen Beherrschung Abschnitt 232.21.

[778] Vgl. zur Charakterisierung des maßgeblichen Einflusses Abschnitt 232.3.

wertung der zurückbehaltenen Anteile abzusehen, auch aus ökonomischer Sicht grundsätzlich nachvollziehbar.[779]

431.3 Kritische Würdigung

Durch die Entscheidung des IASB, beim Übergang von einem Gemeinschaftsunternehmen auf ein assoziiertes Unternehmen von der Pflicht zu einer Fair Value-Bewertung der zurückbehaltenen Anteile abzusehen, werden viele der zuvor für den Abwärtswechsel ausgehend von einem Tochterunternehmen erläuterten negativen Auswirkungen auf die Relevanz und die Glaubwürdigkeit der im Konzernabschluss vermittelten Informationen vermieden.

So wäre im Fall einer Neubewertung auch eine neuerliche Equity-Konsolidierung der Restbeteiligung auf Basis der Wertverhältnisse zum Zeitpunkt des Statuswechsels vorzunehmen. Dadurch würde der Equity-Wertansatz wiederum durch **stille Reserven und Lasten** beeinflusst, denen es einerseits an einer wertmäßigen Objektivierung mangelt und die andererseits zu einem überwiegenden Teil wirtschaftlich nicht der Periode des Statuswechsels zuzuordnen sind. Diese den Beteiligungswert tendenziell erhöhenden Faktoren wären somit dem Effekt aus der Verringerung der Einflussmöglichkeiten genau entgegengerichtet. Dies wiegt für den hier betrachteten Übergangsfall umso schwerer, als der Wechsel von einer gemeinschaftlichen Beherrschung auf einen maßgeblichen Einfluss – wie im vorangegangenen Abschnitt gezeigt wurde – typischerweise nur einen vergleichsweise **geringen Wertminderungseffekt** zur Folge haben dürfte. Somit wäre die aus der Neubewertung resultierende Wertanpassung u. U. sogar zu einem ganz überwiegenden Teil auf die Erfassung stiller Reserven und Lasten zurückzuführen. Eine Fair Value-Bewertung eignet sich daher in diesem Fall tendenziell noch weniger als bei einem Abwärtswechsel ausgehend von einem Tochterunternehmen dazu, die allein durch den Statuswechsel hervorgerufene Verringerung des mit der Restbeteiligung verbundenen ökonomischen Wertpotenzials im Konzernabschluss kenntlich zu machen.

---

779 Vgl. für den umgekehrten Fall eines Aufwärtswechsels von einem assoziierten Unternehmen auf ein Gemeinschaftsunternehmen im Ergebnis so auch GIMPEL-HENNING, N., Sukzessive Anteilserwerbe, S. 223 f.

Die seit 2011 nunmehr gem. IAS 28.24 vorgeschriebene **anteilige Fortführung des bisherigen Beteiligungsbuchwerts** hat demgegenüber den Vorteil, dass dadurch keine unrealisierten Ertragspotenziale in Form von stillen Reserven inkl. originärer Goodwill-Bestandteile aufgedeckt werden, die wirtschaftlich nicht erst durch den Statuswechsel entstanden sind. Zudem wird durch die Buchwertfortführung ein Wechsel in der Bewertungsperspektive und damit auch ein Bruch mit den bisherigen Wertverhältnissen vermieden, sodass eine **periodenübergreifende Vergleichbarkeit** der im Konzernabschluss ausgewiesenen Beteiligungswertansätze sowie der zugehörigen Beteiligungserfolge über den Zeitpunkt des Statuswechsels hinaus gewährleistet ist. Daneben hat die Buchwertfortführung den Vorteil, dass es sich bei dem fortgeführten Equity-Buchwert um eine auf den ursprünglichen Anschaffungskosten basierende und damit **hinreichend objektivierte Größe** handelt,[780] die im Vergleich zu einem Fair Value-Wertansatz weit weniger stark von subjektiven Annahmen und Schätzungen des Bilanzierenden abhängt. Dadurch werden im Vergleich zu einer Neubewertung zum Fair Value v. a. die Nachprüfbarkeit und damit auch die Glaubwürdigkeit des bilanzierten Beteiligungsbuchwerts gestärkt.

Ferner ist es im Fall einer erfolgsneutralen Buchwertfortführung – anders als bei einer Neubewertung zum Fair Value – nicht erforderlich, die den zurückbehaltenen Anteilen zuzurechnenden **OCI-Bestandteile** bereits zum Zeitpunkt des Statuswechsels in die Gewinn- und Verlustrechnung umzugliedern, obwohl diese zu diesem Zeitpunkt noch gar nicht durch eine konzernexterne Transaktion realisiert wurden.

Schließlich hat die erfolgsneutrale Buchwertfortführung auch mit Blick auf die **Zwischenergebniseliminierung** den Vorteil, dass die vor dem Statuswechsel eliminierten Zwischenergebnisse aus *downstream*-Transaktionen zwischen der Konzernobergesellschaft und dem *at equity* bilanzierten Gemeinschaftsunternehmen zum Zeitpunkt des Statuswechsels lediglich anteilig in Höhe der Veräußerungsquote realisiert werden. Im Gegensatz zu einer Neubewertung der Restbeteiligung, die faktisch zu einer vollständigen Zwischenergebnisrealisation zum Zeitpunkt des Statuswechsels führen würde,[781]

[780] Eine nach der Equity-Methode zu bilanzierende Beteiligung ist im Zugangszeitpunkt gem. IAS 28.10 grundsätzlich zu Anschaffungskosten im Konzernabschluss zu erfassen.

[781] Vgl. hierzu Abschnitt 423.24.

wird durch die Buchwertfortführung eine **periodengerechte Realisation** von zunächst im Wege der Zwischenergebniseliminierung neutralisierten Erfolgsbeiträgen erreicht. Bei der Buchwertfortführung werden diejenigen Zwischenergebnisse über den Zeitpunkt des Statuswechsels hinaus weiterhin neutralisiert, die auf Vermögenswerte entfallen, die auch nach dem Statuswechsel noch anteilig dem Verfügungsbereich des Konzerns zuzurechnen sind. Dem Prinzip der periodengerechten Erfolgsabgrenzung entsprechend schlagen sich diese erst dann im Konzernergebnis nieder, wenn das Beteiligungsunternehmen die zugehörigen Vermögenswerte an einen konzernaußenstehenden Dritten veräußert oder wenn die gesamte Beteiligung veräußert wird. Mit Blick auf die Ergebniserfassung ist somit zusammenfassend festzuhalten, dass nur eine erfolgsneutrale Buchwertfortführung zu einer periodenübergreifend **konsistenten Erfolgsabgrenzung** führt.

Den erläuterten Vorteilen einer erfolgsneutralen Buchwertfortführung steht der einzige Nachteil gegenüber, dass der Effekt aus der Verringerung der Einflussmöglichkeiten auf den Wert der zurückbehaltenen Restbeteiligung – sollte dieser im Einzelfall doch wesentlich sein – nicht unmittelbar aus dem Konzernabschluss ersichtlich wird. In dem in Kapitel 5 zu entwickelnden Vorschlag für eine Änderung der derzeitigen Bilanzierungssystematik wird versucht, diesem Aspekt in einer angemessenen Weise Rechnung zu tragen, ohne dabei die grundlegenden Vorteile einer Buchwertfortführung zu gefährden.

432. Übergang von einem Gemeinschafts- oder assoziierten Unternehmen auf eine einfache Finanzbeteiligung

432.1 Analyse der bestehenden Regelungen

Sofern eine teilweise Veräußerung von Anteilen an einem *at equity* bilanzierten Gemeinschafts- oder assoziierten Unternehmen dazu führt, dass nach der Anteilstransaktion aus Konzernsicht kein maßgeblicher Einfluss mehr auf die verbleibende Beteiligung ausgeübt werden kann, ist diese als einfache Finanzbeteiligung zu klassifizieren.[782] Nach IAS 28.22 (b) sind die zurückbehaltenen Anteile im Zeitpunkt des Übergangs neu zum Fair Value zu bewerten. Der dabei ermittelte Fair Value stellt sodann den Ausgangswert für die anschließende zeitwertbasierte Folgebewertung der einfachen

[782] Vgl. hierzu Abschnitt 231.

Finanzbeteiligung nach IFRS 9 dar. Die Differenz zwischen dem für die ausscheidenden Anteile erzielten Veräußerungserlös zzgl. des Fair Value der zurückbehaltenen Anteile und dem zu fortgeführten Konzernbuchwerten auszubuchenden Equity-Beteiligungsbuchwert ist gem. IAS 28.22 (b) als Gesamterfolg aus der End- und Übergangskonsolidierung ergebniswirksam in der Gewinn- und Verlustrechnung zu erfassen.

Anders als bei einem Abwärtswechsel ausgehend von einem Tochterunternehmen existiert für den hier betrachteten Statuswechsel indes keine Vorschrift, die eine Aufteilung des Gesamterfolgs aus der End- und Übergangskonsolidierung in einen Endkonsolidierungserfolg einerseits und einen aus der Neubewertung entstehenden Übergangskonsolidierungserfolg andererseits verlangt. Bei der Ausbuchung der Equity-Beteiligung sind zudem auch sämtliche der zuvor während der Equity-Bilanzierung im OCI erfassten Erfolgsbestandteile entsprechend dem Vorgehen bei einer Einzelveräußerung der zugehörigen Vermögenswerte bzw. Schulden entweder als *reclassification adjustment* in die Gewinn- und Verlustrechnung umzugliedern oder aber direkt mit den Gewinnrücklagen zu verrechnen.[783]

Der IASB begründet die Neubewertung der zurückbehaltenen Anteile in diesem Fall nicht mit dem Verweis auf die ökonomische Wesensänderung der Beteiligungsbeziehung. Stattdessen sieht der Standardsetter eine Berücksichtigung des Ausmaßes der durch den Statuswechsel hervorgerufenen Wesensänderung der Beteiligungsbeziehung in diesem Fall als *„unnecessary"* an, da die für die Bilanzierung der Restbeteiligung maßgeblichen Vorschriften des IFRS 9 ohnehin eine Folgebewertung zum Fair Value vorschreiben.[784]

432.2 Kritische Würdigung

Die in IAS 28.22 (b) vorgeschriebene Neubewertung der nach einem Statuswechsel von einer *at equity* bilanzierten Beteiligung auf eine einfache Finanzbeteiligung zurückbehaltenen Anteile ist nach der hier vertretenen Ansicht grundsätzlich zu befürworten. Der Übergang auf eine Bilanzierung nach IFRS 9 führt zu einer grundlegenden **Änderung der maßgeblichen Bilanzierungs- bzw. Bewertungssystematik**. Während nach der

[783] Vgl. IAS 28.22 (c) und IAS 28.23.
[784] Vgl. IAS 28.BC29.

Konzeption der Equity-Methode – zumindest mittelbar – die anteiligen Vermögenswerte und Schulden des Beteiligungsunternehmens die maßgeblichen Bewertungsobjekte darstellen, beziehen sich die Bewertungsvorschriften des IFRS 9 auf die Unternehmensbeteiligung als solches bzw. auf die diese repräsentierenden Finanzinstrumente. Aufgrund dieses fundamentalen Wechsels in der zugrunde liegenden Bewertungskonzeption ist ein **aussagekräftiger Vergleich** der Beteiligungswertansätze und der Beteiligungserfolge vor und nach dem Statuswechsel bei einem solchen Übergangsfall grundsätzlich **nicht möglich**. Bei einem Abwärtswechsel auf eine nach IFRS 9 zu bilanzierende einfache Finanzbeteiligung kann folglich das Ausmaß der dadurch bedingten Wesensänderung der Beteiligung – anders als bei einem Wechsel zwischen zwei konzeptionell hinreichend ähnlichen konzernbilanziellen Einbezugsmethoden – grundsätzlich nicht im Konzernabschluss kenntlich gemacht werden. Die Neubewertung ist in diesem Fall somit ausschließlich durch die nach dem Statuswechsel maßgeblichen Folgebilanzierungsvorschriften des IFRS 9 zu rechtfertigen.

Würde als **Ausgangswert** für die Folgebilanzierung der Restbeteiligung nicht deren Fair Value, sondern deren konzernbilanzieller Entflechtungswert herangezogen, so wäre die **zunächst unterlassene Wertanpassung** ohnehin unmittelbar in der logischen Sekunde nach dem Statuswechsel **nachzuholen**. Dies würde aber dazu führen, dass der außerordentliche und ökonomisch weitgehend aussagelose Erfolgsbeitrag aus dem einmaligen Wechsel der Bewertungskonzeption nicht von den im Zuge der Folgebewertung nach IFRS 9 zu erfassenden regulären Erfolgsbeiträgen aus periodischen Fair Value-Wertschwankungen zu unterscheiden wäre. Der außerordentliche Erfolgsbeitrag aus dem Wechsel der Bewertungskonzeption kann nur durch eine Fair Value-Bewertung unmittelbar zum Zeitpunkt des Statuswechsels gesondert erfasst werden.

Während die Fair Value-Bewertung zum Zeitpunkt des Statuswechsels somit grundsätzlich zu befürworten ist, sind die bestehenden Regelungen bzgl. des damit verbundenen Erfolgsausweises kritisch zu sehen. Wie bereits in Abschnitt 422.4 gezeigt wurde, stellt der aus dem grundlegenden Wechsel der Bewertungskonzeption resultierende Wertanpassungseffekt eine nicht periodenbezogene Nettogröße dar, die durch eine Vielzahl teils gegenläufiger Einflussfaktoren bestimmt wird und daher ökonomisch nur wenig aussagekräftig ist. Abhängig vom Umfang des Wertanpassungseffekts kann die derzeit vorgeschriebene GuV-wirksame Erfassung des Wertanpassungseffekts die Relevanz des in der Gewinn- und Verlustrechnung insgesamt ausgewiesenen Periodenerfolgs erheblich einschränken. Eine **Erfassung des Neubewertungserfolgs im OCI** würde sowohl die **Prognosequalität** des in der Gewinn- und Verlustrechnung ausgewiesenen Periodenergebnisses als auch dessen Eignung als Maßstab für die **Beurteilung der operativen Leistung des Managements in der Berichtsperiode** erhöhen und wäre daher auch mit Blick auf die im *Exposure Draft „Conceptual Framework for Financial Reporting"* (ED/2015/3) formulierten Kriterien für eine OCI-Erfassung zu befürworten.[785]

Das Problem der Verzerrung des Periodenergebnisses durch die derzeit vorgesehene GuV-wirksame Erfassung des Neubewertungserfolgs wird durch die fehlende Pflicht zu einer Aufteilung des Gesamterfolgs aus der End- und Übergangskonsolidierung zusätzlich verschärft. Mangels einer solchen Trennung ist es den Abschlussadressaten nicht möglich, den zum Zeitpunkt des Statuswechsels tatsächlich realisierten Erfolg aus der Veräußerung der ausscheidenden Anteile vom reinen Bewertungserfolg aus der Neubewertung der zurückbehaltenen Anteile zu unterscheiden. Folglich sind die Auswirkungen des außerordentlichen Erfolgsbeitrags aus der Fair Value-Bewertung auf den Periodengewinn bzw. -verlust für Dritte nicht nachvollziehbar. Die bestehenden Regelungen zur Erfolgserfassung bergen somit ein großes **bilanzpolitisches Gestaltungspotenzial**, das durch eine gesonderte Erfassung des Neubewertungserfolgs im OCI und eine ergänzende Anhangangabe erheblich reduziert werden könnte.

44 Abwärtswechsel ausgehend von einer quotal einbezogenen *joint operation*

441. Regelungslücken in IFRS 11

Die Bilanzierung von quotal einzubeziehenden gemeinschaftlichen Tätigkeiten (*joint operations*) bestimmt sich grundsätzlich nach den Regelungen des IFRS 11. Indes finden sich weder im Standard noch in den zugehörigen ergänzenden Verlautbarungen Vorgaben dazu, wie ein abwärtsgerichteter Statuswechsel, der mit einem Verlust der gemeinschaftlichen Beherrschung über eine *joint operation* einhergeht, im Konzernabschluss abzubilden ist.[786] Im Mai 2014 wurde IFRS 11 durch das *Amendment*

785 Vgl. hierzu die Ausführungen in Abschnitt 422.42.

786 Vgl. IFRS IC (Hrsg.), Staff Paper 6 (July 2015), Rn. 19 und Appendix A.

„Accounting for Acquisitions of Interests in Joint Operations" um Regelungen zur **bilanziellen Abbildung eines Erwerbs** von Anteilen an einer gemeinschaftlichen Tätigkeit **ergänzt**, um eine seitens des IASB für diesen Sachverhalt befürchtete *diversity in practice* zu vermeiden.[787] Nach den durch dieses *Amendment* neu eingeführten Paragraphen IFRS 11.21A sowie IFRS 11.B33A hat sich die Bilanzierung eines solchen Erwerbsvorgangs – für den Fall, dass die gemeinschaftliche Tätigkeit die Definition eines Geschäftsbetriebs i. S. d. IFRS 3 erfüllt –[788] grundsätzlich nach den Prinzipien zur Bilanzierung von Unternehmenszusammenschlüssen gem. IFRS 3 und sonstiger damit zusammenhängender Standards zu richten, sofern diese den Regelungen des IFRS 11 nicht entgegenstehen.[789] Durch diesen Verweis auf die analoge Anwendung der Regelungen des IFRS 3 kann zumindest für den Fall eines aufwärtsgerichteten Statuswechsels zu einer *joint operation* gefolgert werden, dass die ggf. bereits vor dem Statuswechsel gehaltenen Anteile zum Zeitpunkt des Statuswechsels neu zum Fair Value zu bewerten sind.[790] Der Regelungsbereich der (statusänderndnden) Veräußerung von Anteilen an einer *joint operation* blieb indes von diesem *Amendment* unberührt.

Im Sommer 2015 wies das IFRS IC seinen Mitarbeiterstab an, die bestehenden Regelungslücken hinsichtlich der (Neu-)Bewertung von Altanteilen oder von anteilig zurückbehaltenen Anteilen für sämtliche denkbaren aufwärts- und abwärtsgerichteten Übergangsfälle zusammenzutragen und zu analysieren.[791] Für den hier betrachteten Fall einer **statusändernden Veräußerung** von Anteilen an einer *joint operation* stellte der Mitarbeiterstab des IFRS IC dabei trotz der bestehenden Regelungslücken keinen dringenden Anpassungsbedarf für IFRS 11 fest.[792] Dies begründet er damit, dass sich

---

787 Vgl. GIMPEL-HENNING, N., Sukzessive Anteilserwerbe, S. 159-161. Für einen zusammenfassenden Überblick über die vorherrschende *diversity in practice* vor der Verabschiedung des *Amendment* vgl. ZEYER, F./FRANK, T., Klarstellung an IFRS 11, S. 266 f.

788 Da bei dem hier betrachteten Fall eines durch eine Anteilstransaktion hervorgerufenen Statuswechsels die gemeinschaftliche Tätigkeit zwingend als separate rechtliche Einheit strukturiert sein muss, dürfte für diesen Fall grundsätzlich auch die Definition eines Geschäftsbetriebs nach IFRS 3 erfüllt sein. Vgl. so auch GIMPEL-HENNING, N., Sukzessive Anteilserwerbe, S. 160. Bzgl. der Annahme, dass das Vorliegen einer rechtlichen Einheit auf einen Geschäftsbetrieb i. S. d. IFRS 3 hinweist vgl. SENGER, T./BRUNE, J. W., in: Beck IFRS HB, 5. Aufl., § 34, Rn. 3.

789 Vgl. hierzu ausführlich GIMPEL-HENNING, N., Sukzessive Anteilserwerbe, S. 158-161.

790 Vgl. GIMPEL-HENNING, N., Sukzessive Anteilserwerbe, S. 161 und 179.

791 Vgl. IFRS IC (Hrsg.), Staff Paper 6 (July 2015), Rn. 3; IFRS IC (Hrsg.), IFRIC Update (May 2015), S. 4.

792 Vgl. hierzu und zur nachfolgend seitens des Mitarbeiterstabs angeführten Begründung IFRS IC (Hrsg.), Staff Paper 6 (July 2015), Rn. 19 und 30 (b).

für den Statuswechsel von einer *joint operation* auf eine **einfache Finanzbeteiligung** die Pflicht zu einer Fair Value-Bewertung der Restbeteiligung ohnehin implizit aus IFRS 9.5.1.1 ergibt, wonach der Erstansatz von finanziellen Vermögenswerten grundsätzlich zum Fair Value zu erfolgen hat.[793] Für den zweiten denkbaren Fall des Übergangs auf eine nach der **Equity-Methode** zu bilanzierende Restbeteiligung stellt der Mitarbeiterstab fest, dass diesbezüglich trotz der bestehenden Regelungslücke keine *diversity in practice* zu beobachten sei.[794] Die im Zuge einer Befragung seitens des Mitarbeiterstabs gewonnenen Erkenntnisse deuten vielmehr darauf hin, dass dieser Übergangsfall in praxi weit überwiegend in **Form einer erfolgsneutralen Buchwertfortführung** abgebildet wird. Aus diesen Gründen und da die Bilanzierung von auf- und abwärtsgerichteten Statuswechseln zwischen einer *joint operation* und einer *at equity* bilanzierten Beteiligung ohnehin im gesonderten Forschungsprojekt des IASB zur Equity-Methode behandelt werden sollen, verzichtete das IFRS IC zunächst auf die Klärung der hier betrachteten Regelungslücke in IFRS 11.[795]

Die Frage, ob der Verlust einer gemeinschaftlichen Beherrschung über eine *joint operation* – ähnlich wie der Verlust der alleinigen Beherrschung über ein Tochterunternehmen – ein *significant economic event* darstellt, das eine fundamentale Wesensänderung der Beteiligungsbeziehung nach sich zieht, wurde somit bislang weder vonseiten des IASB noch durch das IFRS IC geklärt. Gleichwohl stellte der Mitarbeiterstab des IFRS IC jüngst im Zusammenhang mit der übergreifenden Frage nach einer möglichst zweckgerechten Bilanzierung von aufwärts- und abwärtsgerichteten Statuswechseln explizit fest, dass für die Entscheidung zwischen einer Neubewertung zum Fair Value und einer erfolgsneutralen Buchwertfortführung in erster Linie das Kriterium des ***significant economic event***, d. h. das Ausmaß der durch den Statuswechsel ausgelösten ökonomischen Wesensänderung der Beteiligung, ausschlaggebend sein sollte.[796] Die jeweils vor und nach einem Statuswechsel maßgeblichen **konzernbilanziellen Einbe-**

793 Vgl. IFRS IC (Hrsg.), Staff Paper 6 (July 2015), Appendix A.

794 Vgl. IFRS IC (Hrsg.), Staff Paper 6 (July 2015), Rn. 19 und 30 (b).

795 Vgl. IFRS IC (Hrsg.), Staff Paper 6 (July 2015), Rn. 30; IFRS IC (Hrsg.), Staff Paper 5 (September 2015), Rn. 3.

796 Vgl. IFRS IC (Hrsg.), Staff Paper 5 (September 2015), Rn. 68 (a); IFRS IC (Hrsg.), Staff Paper 5B (September 2015), Rn. 16 (a).

zugsmethoden sollten hingegen allenfalls nachrangig berücksichtigt werden.[797] Als ein weiteres zu berücksichtigendes Kriterium wird überdies der nach dem Statuswechsel maßgebliche **Bewertungsmaßstab** genannt, wobei diesbezüglich zwischen den beiden Grundtypen des *cost model* einerseits und des *fair value model* andererseits unterschieden wird.[798]

Die Unterscheidung zwischen den beiden letztgenannten Beurteilungskriterien der vor und nach dem Statuswechsel anzuwendenden **Einbezugsmethode** einerseits und des vor und nach dem Statuswechsel jeweils maßgeblichen **Bewertungsmaßstabs** andererseits kann nur so gedeutet werden, dass es aus Sicht des IFRS IC einen Unterschied macht, ob infolge des Statuswechsels zwischen zwei anschaffungskostenbasierten Einbezugsmethoden zu wechseln ist, oder aber zwischen einer anschaffungskostenbasierten und einer Fair Value-basierten Einbezugsmethode. Im nachfolgenden Abschnitt 442. wird versucht, die Regelungslücken in IFRS 11 hinsichtlich der Bilanzierung eines Abwärtswechsels ausgehend von einer *joint operation* unter Berücksichtigung der allgemeinen Vorgaben des IAS 8 zur Schließung von Regelungslücken in den IFRS zweckgerecht auszufüllen.

442. Schließung der bestehenden Regelungslücken

442.1 Übergang von einer *joint operation* auf ein assoziiertes Unternehmen

Bei der Entwicklung eines zweckgerechten Bilanzierungsvorschlags für den bislang ungeregelten Fall eines abwärtsgerichteten Statuswechsels ausgehend von einer *joint operation* auf ein assoziiertes Unternehmen sind die allgemeinen Vorgaben gem. IAS 8.10-12 zum Vorgehen bei der Schließung von Regelungslücken in den IFRS zu beachten.[799] Die Entwicklung von geeigneten Rechnungslegungsmethoden für ungeregelte Bilanzierungssachverhalte muss gem. IAS 8.10 auf das übergeordnete Ziel ausgerichtet sein, den Abschlussadressaten entscheidungsnützliche Informationen bereitzu-

---

797 Vgl. IFRS IC (Hrsg.), Staff Paper 5 (September 2015), Rn. 47 und 68 (a); IFRS IC (Hrsg.), Staff Paper 5B (September 2015), Rn. 18-20.

798 Vgl. IFRS IC (Hrsg.), Staff Paper 5 (September 2015), Rn. 68 (b); IFRS IC (Hrsg.), Staff Paper 5B (September 2015), Rn. 16 (b).

799 Für einen Überblick über die durch IAS 8 vorgegebene Methodik bei der Auslegung und Schließung von Regelungslücken in den IFRS vgl. GIMPEL-HENNING, N., Sukzessive Anteilserwerbe, S. 28-34.

stellen.[800] Ergänzend gibt der Standardsetter in IAS 8.11 f. eine verbindliche Rangfolge für die bei der Lückenschließung zu berücksichtigenden Quellen vor. Gemäß IAS 8.11 (a) hat sich der Abschlussersteller in erster Linie an denjenigen Vorschriften der bestehenden Standards zu orientieren, die ähnliche bzw. verwandte Fragen behandeln.[801] Einem solchen **Analogieschluss** liegt das Ziel zugrunde, gleichartige Sachverhalte im IFRS-Abschluss möglichst auf die gleiche Weise abzubilden.[802] Sofern mehrere Vorschriften existieren, die ähnliche Sachverhalte regeln, sollte grundsätzlich diejenige Vorschrift herangezogen werden, deren Regelungsbereich dem ungeregelten Sachverhalt am ähnlichsten ist.[803] Sofern ein Analogieschluss nicht möglich ist, sind gem. IAS 8.11 (b) die im *Conceptual Framework* enthaltenen allgemeinen Definitionen, Erfassungskriterien und Bewertungsprinzipien für Vermögenswerte, Schulden, Erträge und Aufwendungen heranzuziehen. Ergänzend kann das Management gem. IAS 8.12 bei der Urteilsfindung auch auf aktuelle Verlautbarungen anderer Standardsetter oder anerkannte Branchenpraktiken zurückgreifen, sofern diese nicht zu potenziell analogiefähigen Regelungen gem. IAS 8.11 (a) oder zu den allgemeinen Rechnungslegungsprinzipien der IFRS im Konflikt stehen.[804]

Für die im hier betrachteten Kontext zu schließende Regelungslücke in IFRS 11 liegen mit den in IFRS 10 und IAS 28 geregelten Übergangsfällen ausgehend von einem Tochter- oder Gemeinschaftsunternehmen nach Ansicht des Verfassers zwei **hinreichend ähnliche Sachverhalte** vor, die einen **Analogieschluss** grundsätzlich zulassen. Als analogiefähige Vorschriften kommen somit entweder IFRS 10.25 (b) zur Bilanzierung eines Statuswechsels von einem Tochterunternehmen auf ein assoziiertes Unternehmen oder aber IAS 28.24 zur Bilanzierung eines Statuswechsels von einem Gemeinschaftsunternehmen auf ein assoziiertes Unternehmen in Betracht. Da diese beiden Paragraphen indes eine unterschiedliche Behandlung der zurückbehaltenen Anteile vorschrei-

800 Vgl. WAWRZINEK, W./LÜBBIG, M., in: Beck IFRS HB, 5. Aufl., § 2, Rn. 115; PELLENS, B. U. A., Internationale Rechnungslegung, S. 63.

801 Vgl. BLAUM, U./HOLZWARTH, J./WENDLANDT, G., in: Baetge u. a., Rechnungslegung nach IFRS, 2. Aufl., IAS 8, Rn. 54.

802 Vgl. RUHNKE, K./NERLICH, C., Regelungslücken innerhalb der IFRS, S. 393; GIMPEL-HENNING, N., Sukzessive Anteilserwerbe, S. 30.

803 Vgl. BLAUM, U./HOLZWARTH, J./WENDLANDT, G., in: Baetge u. a., Rechnungslegung nach IFRS, 2. Aufl., IAS 8, Rn. 58.

804 Vgl. hierzu ausführlich BLAUM, U./HOLZWARTH, J./WENDLANDT, G., in: Baetge u. a., Rechnungslegung nach IFRS, 2. Aufl., IAS 8, Rn. 60-71; WAWRZINEK, W./LÜBBIG, M., in: Beck IFRS HB, 5. Aufl., § 2, Rn. 115 f.

ben, muss zunächst geklärt werden, welcher der beiden Übergangsfälle dem hier betrachteten ungeregelten Fall insgesamt ähnlicher ist.

Eine **Analogie zu IFRS 10.25 (b)** könnte v. a. damit begründet werden, dass sich die quotale Konsolidierung und die Vollkonsolidierung **methodisch sehr stark ähneln**. Sowohl bei der Vollkonsolidierung als auch bei der quotalen Konsolidierung sind die (anteiligen) Vermögenswerte, Schulden, Erträge und Aufwendungen des Beteiligungsunternehmens – anders als bei der Equity-Bilanzierung oder der Bilanzierung nach IFRS 9 – einzeln im Konzernabschluss zu erfassen. Demgegenüber spricht für eine **Analogie zu IAS 28.24** v. a. die Tatsache, dass sowohl *joint operations* als auch Gemeinschaftsunternehmen von der Konzernobergesellschaft gemeinschaftlich beherrscht werden, d. h., dass sich beide Beteiligungsformen durch die **gleiche Einflussintensität** auszeichnen. Auch wenn sich die Rechte und Verpflichtungen des an der gemeinschaftlichen Beherrschung einer *joint operation* beteiligten Unternehmens unmittelbar auf deren einzelne Vermögenswerte und Schulden beziehen, kann über deren Einsatz – ebenso wie bei einem Gemeinschaftsunternehmen – lediglich auf kollektiver Basis entschieden werden.[805]

Wie jüngst auch vom Mitarbeiterstab des IFRS IC bestätigt wurde, sollte für die Entwicklung einer zweckgerechten Bilanzierungsweise für bislang ungeregelte Übergangsfälle in erster Linie darauf abgestellt werden, ob der Statuswechsel als ein *significant economic event* zu klassifizieren ist.[806] Für die Charakterisierung eines Statuswechsels als *significant economic event* ist – wie in Abschnitt 422.21 gezeigt wurde – v. a. das **Ausmaß** der damit verbundenen **Änderung der Einflussmöglichkeiten** der Konzernobergesellschaft ausschlaggebend. Da der Abwärtswechsel von einer *joint operation* hinsichtlich der dadurch ausgelösten Verringerung der Einflussmöglichkeiten mit dem in IAS 28 geregelten Fall eines Abwärtswechsels von einem Gemeinschaftsunternehmen gleichzusetzen ist, ist die Regelungslücke in IFRS 11 nach der hier vertretenen Auffassung im Wege einer **Analogie zu IAS 28.24** zu schließen. Folglich sollte also auch der Abwärtswechsel von einer quotal bilanzierten *joint operation* auf ein *at equity* bilanziertes Gemeinschaftsunternehmen im Wege einer **erfolgsneutralen Buchwert-**

805 Vgl. hierzu Abschnitt 232.2.
806 Vgl. hierzu Abschnitt 441.

fortführung abgebildet werden. Diese Auffassung wird zudem dadurch gestützt, dass auch das IFRS IC die Ähnlichkeit der jeweils vor und nach dem Statuswechsel anzuwendenden Einbezugsmethoden als ein im Vergleich zum *significant economic event*-Konzept lediglich nachrangiges Kriterium einstuft.[807]

Auch mit Blick auf das in IAS 8.10 geforderte Ziel, durch die für den ungeregelten Sachverhalt zu entwickelnde Bilanzierungsweise **möglichst entscheidungsnützliche Informationen** bereitzustellen, ist eine **Buchwertfortführung** gegenüber einer Neubewertung zu favorisieren. Die quotale Bilanzierung basiert – ähnlich wie die Vollkonsolidierung und implizit auch die Equity-Bilanzierung – auf einer anschaffungskostenbezogenen Einzelbewertungskonzeption. Folglich würde sich eine einmalige Neubewertung zum Zeitpunkt des Statuswechsels in gleichem Maße negativ auf die Relevanz und die Glaubwürdigkeit der Abschlussinformationen auswirken wie bei einem Statuswechsel von einem Tochter- oder Gemeinschaftsunternehmen auf ein assoziiertes Unternehmen.[808]

Zudem ist eine Neubewertung in dem hier betrachteten Übergangsfall auch mit Blick auf die damit potenziell verbundenen **Auswirkungen auf die wirtschaftliche Lage** des Konzerns weniger dringlich als bei einem Verlust der alleinigen Beherrschung. Wie in Abschnitt 431.2 gezeigt werden konnte, wirkt sich der **Verlust der gemeinschaftlichen Beherrschung** typischerweise deutlich weniger stark auf das Wertpotenzial der anteilig zurückbehaltenen Restbeteiligung aus als der Verlust der alleinigen Beherrschung. Weder durch die gemeinschaftliche Beherrschung noch durch den verbleibenden maßgeblichen Einfluss ist es der Konzernobergesellschaft möglich, die relevanten Geschäftsaktivitäten des Beteiligungsunternehmens gegen den Willen der anderen beteiligten Parteien nach den konzerneigenen Interessen auszurichten. Das für die gemeinschaftliche Beherrschung charakteristische **Einstimmigkeitserfordernis** dürfte tiefgreifende strukturelle Eingriffe der Konzernobergesellschaft in die Geschäfts- und Finanzpolitik des Beteiligungsunternehmens, bspw. um konzernspezifische Synergiepotenziale zu heben,

807 Vgl. hierzu Abschnitt 441.

808 Vgl. zu den Nachteilen der Neubewertung bei einem Abwärtswechsel ausgehend von einem Tochterunternehmen zusammenfassend Abschnitt 424.1. Zu den Vorteilen einer Buchwertfortführung gegenüber einer Neubewertung beim Übergang von einem Gemeinschaftsunternehmen auf ein assoziiertes Unternehmen vgl. Abschnitt 431.3.

weitgehend verhindern.[809] Auf Basis dieser Überlegungen kann typisierend unterstellt werden, dass sich der Verlust der gemeinschaftlichen Beherrschung über eine *joint operation* im Vergleich zum Verlust der alleinigen Beherrschung deutlich weniger stark auf den Wert der anteilig zurückbehaltenen Restbeteiligung auswirkt, sodass auf eine bilanzielle Wertanpassung in diesem Fall eher verzichtet werden kann. Nach der hier vertretenen Ansicht stellt die Buchwertfortführung somit auch für den Fall eines Statuswechsels von einer *joint operation* auf ein assoziiertes Unternehmen eine im Vergleich zur Neubewertung insgesamt entscheidungsnützlichere Bilanzierungsvariante dar.

442.2 Übergang von einer *joint operation* auf eine einfache Finanzbeteiligung

Ebensowenig wie für den Übergang von einer *joint operation* auf ein assoziiertes Unternehmen finden sich in IFRS 11 Vorschriften zur bilanziellen Abbildung eines Übergangs von einer *joint operation* auf eine einfache Finanzbeteiligung. Gleichwohl kann aufgrund der im vorangegangenen Abschnitt dargelegten Gründe auch für die Schließung dieser Regelungslücke auf die entsprechenden Vorschriften des IAS 28 zurückgegriffen werden, die den aus ökonomischer Sicht vergleichbaren Fall eines Abwärtswechsels von einem Gemeinschaftsunternehmen auf eine einfache Finanzbeteiligung regeln. IAS 28.22 (b) schreibt für diesen Fall eine Fair Value-Bewertung der zurückbehaltenen Anteile zum Zeitpunkt des Statuswechsels vor. Dies wird in IAS 28.BC29 damit begründet, dass die zurückbleibende einfache Finanzbeteiligung nach den Vorgaben des IFRS 9 ohnehin zum Fair Value zu bewerten ist. Da dies gleichermaßen auf den Fall eines Übergangs von einer quotal konsolidierten *joint operation* auf eine einfache Finanzbeteiligung zutrifft, bestehen nach der hier vertretenen Ansicht auch für diesen Fall **faktisch keine Abbildungsalternativen zur Fair Value-Bewertung** der Restbeteiligung zum Zeitpunkt des Statuswechsels.[810] Die in Abschnitt 432.2 bei der kritischen Würdigung der Regelungen des IAS 28.22 (b) gewonnenen Erkenntnisse gelten insofern uneingeschränkt auch für den hier betrachteten Übergangsfall.

---

809 Vgl. hierzu sinngemäß für den umgekehrten Fall der erstmaligen Erlangung einer gemeinschaftlichen Beherrschung GIMPEL-HENNING, N., Sukzessive Anteilserwerbe, S. 169 f. und 223.

810 Kritisch ist dabei aber die in IAS 28.22 (b) vorgeschriebene ergebniswirksame Erfassung des Wertanpassungseffekts in der Gewinn- und Verlustrechnung zu sehen. Vgl. Abschnitt 432.2.

45 Abschließende Würdigung

Die fallübergreifende Analyse und Würdigung der bestehenden Vorschriften zur Bilanzierung statusändernder Anteilsveräußerungen im IFRS-Konzernabschluss hat gezeigt, dass diese mit Blick auf das übergeordnete Ziel der Entscheidungsnützlichkeit nur eingeschränkt überzeugen können. Besonders die Neubewertung bei einem Statuswechsel von einem Tochterunternehmen auf eine quotal oder *at equity* zu bilanzierende Restbeteiligung ist kritisch zu sehen. So konnte gezeigt werden, dass eine bilanzielle Wertanpassung der zurückbehaltenen Anteile in diesen Fällen zwar ökonomisch durchaus begründet ist, die Neubewertung zum Fair Value aber keine geeignete Bilanzierungsweise darstellt, um die allein durch den Statuswechsel hervorgerufene Änderung des Wertpotenzials der Restbeteiligung im Konzernabschluss kenntlich zu machen. Dies liegt vor allem daran, dass durch den Wechsel von einer anschaffungskostenbasierten Einzelbewertungskonzeption auf eine zeitwertbasierte Gesamtbewertung stille Reserven inkl. originärer Goodwill-Bestandteile aufgedeckt und dadurch unrealisierte Erfolgsbeiträge erfasst werden, die ökonomisch zu einem überwiegenden Teil gerade nicht auf den Statuswechsel zurückzuführen sind.[811] Der mit Blick auf die zurückbehaltenen Anteile eigentlich im Mittelpunkt des Informationsinteresses der Abschlussadressaten stehende wertmindernde Effekt aus der Verringerung der Einflussmöglichkeiten wird dadurch konterkariert.

Anders als der Abwärtswechsel ausgehend von einem Tochterunternehmen ist der Übergang von einem Gemeinschaftsunternehmen auf ein assoziiertes Unternehmen im Wege einer erfolgsneutralen Buchwertfortführung abzubilden. Angesichts der theoretisch auch für diesen Übergangsfall geltenden Schwachpunkte einer einmaligen Fair Value-Bewertung zum Zeitpunkt des Statuswechsels ist eine Buchwertfortführung mit Blick auf die Relevanz und die Glaubwürdigkeit der Abschlussinformationen grundsätzlich zu begrüßen.[812] Dies gilt umso mehr, als eine bilanzielle Wertanpassung in diesem Fall aufgrund der vergleichsweise geringen Änderung der Einflussmöglichkeiten des Konzerns ohnehin weniger dringlich erscheint. Aus denselben Gründen sollte auch bei einem Übergang von einer *joint operation* auf ein assoziiertes Unternehmen auf eine

---

[811] Vgl. hierzu und zu den weiteren Nachteilen der Fair Value-Neubewertung Abschnitt 424.1.

[812] Vgl. hierzu die Abschnitte 432.2 und 442.2.

Neubewertung der Restbeteiligung verzichtet werden.[813] Ein Nachteil der erfolgsneutralen Buchwertfortführung besteht indes darin, dass dadurch die Auswirkungen des Statuswechsels auf das Wertpotenzial der Restbeteiligung – auch für den Fall, dass diese entgegen der typisierenden Einschätzung im Einzelfall doch wesentlich sind – im Konzernabschluss generell nicht kenntlich gemacht werden.

Beim Übergang auf eine einfache Finanzbeteiligung ist für die zurückbehaltenen Anteile wiederum zum Zeitpunkt des Statuswechsels eine Neubewertung zum Fair Value vorzunehmen. Die für die anderen Übergangsfälle identifizierten Nachteile einer Neubewertung zum Zeitpunkt des Statuswechsels sind hingegen nicht auf den Fall eines Abwärtswechsels auf eine einfache Finanzbeteiligung übertragbar, da die Restbeteiligung nach dem Statuswechsel ohnehin zum Fair Value zu bewerten ist. Vielmehr ist die Neubewertung bereits im Übergangszeitpunkt in diesem Fall aus dem Grund zu befürworten, dass nur auf diese Weise der außerordentliche Erfolgsbeitrag aus dem grundlegenden Wechsel in der Bewertungskonzeption gesondert im Konzernabschluss erfasst werden kann.[814]

Angesichts der in dieser Arbeit bislang gewonnenen Erkenntnisse ist die durch die bestehenden Vorschriften verursachte **Inkonsistenz** in der Bilanzierung der verschiedenen Übergangsszenarien kritisch zu hinterfragen. Die geltenden Regelungen führen dazu, dass die verschiedenen Übergangsfälle unterschiedlich im Konzernabschluss dargestellt werden, ohne dass dies – über sämtliche Übergangsfälle hinweg – mit Blick auf den übergeordneten Zweck der Entscheidungsnützlichkeit gerechtfertigt werden kann. Aus diesem Grund wird im nachfolgenden Kapitel 5 ein **alternativer Bilanzierungsvorschlag** entwickelt, durch den zum einen das Ausmaß der bestehenden Regelungsinkonsistenzen verringert werden soll und zum anderen die wesentlichen Schwachpunkte der bestehenden Regelungen – soweit als möglich – vermieden werden sollen.

---

813 Vgl. hierzu Abschnitt 442.1.

814 Vgl. hierzu Abschnitt 432.2 und 442.2.

5 Vorschlag für eine Änderung der bestehenden Vorschriften zur Bilanzierung von statusändernden Anteilsveräußerungen

51 Zentrale Anforderungen an den zu entwickelnden Bilanzierungsvorschlag

Wie die Analyse der bestehenden Regelungen zur Bilanzierung statusändernder Anteilsveräußerungen gezeigt hat, ist für bestimmte Übergangsfälle eine ergebniswirksame Neubewertung der zurückbehaltenen Anteile zum Fair Value erforderlich, wohingegen andere Fälle im Wege einer erfolgsneutralen Buchwertfortführung abzubilden sind. Vor allem für die Übergangsfälle ausgehend von einem vormals vollkonsolidierten Tochterunternehmen stellt der Standardsetter bei seiner Begründung für die Neubewertung in erster Linie auf die **Änderung des ökonomischen Gehalts** der Beteiligung ab. Für die anderen Übergangsfälle wird hingegen primär darauf abgestellt, ob und auf welche Weise sich durch den Statuswechsel die für die Beteiligungsbilanzierung maßgebliche **Konsolidierungs- bzw. Bewertungsmethode** ändert. Die sich daraus ergebende Inkonsistenz in der bilanziellen Behandlung der verschiedenen Übergangsfälle kann – wie in der Würdigung des bestehenden Regelungskanons gezeigt werden konnte – nicht bzw. nur sehr eingeschränkt durch das übergeordnete Ziel der Entscheidungsnützlichkeit begründet werden.

Nach der hier vertretenen Ansicht kann eine fallübergreifend konsistente und entscheidungsnützliche Bilanzierung statusändernder Anteilsveräußerungen nur dann erreicht werden, wenn die zu entwickelnden Bilanzierungsregeln – soweit als möglich – **beiden Aspekten**, d. h. sowohl den **konzeptionellen Charakteristika** der jeweils vor und nach dem Statuswechsel maßgeblichen **Einbezugsmethoden** als auch der durch den Statuswechsel hervorgerufenen Änderung des **ökonomischen Gehalts der Beteiligung**, gleichermaßen Rechnung tragen. Zugleich gilt es, die zuvor identifizierten **wesentlichen Schwachpunkte** der bestehenden Regelungen hinsichtlich der Relevanz und der Glaubwürdigkeit der auf den Statuswechsel bezogenen Abschlussinformationen möglichst zu **vermeiden**. Diese Anforderungen bilden den übergeordneten Rahmen für die im Folgenden zu entwickelnden detaillierten Vorschläge zu einer Verbesserung der Entscheidungsnützlichkeit der Bilanzierungsvorschriften für statusändernde Anteilsveräußerungen im IFRS-Konzernabschluss.

52 Buchwertfortführung inkl. Werthaltigkeitstest beim Übergang auf eine quotal oder *at equity* zu bilanzierende Restbeteiligung

521. Grundlegende Überlegungen

Wie in Abschnitt 24 gezeigt wurde, besteht eine wesentliche **konzeptionelle Gemeinsamkeit** der Vollkonsolidierung, der quotalen Konsolidierung und der Equity-Bilanzierung darin, dass diese Einbezugsmethoden jeweils auf einer **Einzelbewertungskonzeption** basieren. Dabei stellen die einzelnen (anteiligen) **Vermögenswerte und Schulden** des Beteiligungsunternehmens die maßgeblichen **Bewertungsobjekte** dar und nicht die Beteiligung als Ganzes.[815] Wenngleich sich die einzelnen Einbezugsmethoden v. a. in Bezug auf den Ausweis der hinter der Beteiligung stehenden Vermögenswerte- und Schulden unterscheiden, basieren diese grundsätzlich auf den gleichen **Bewertungsprinzipien** und damit auch auf den gleichen **Prinzipien der Erfolgserfassung**. Darüber hinaus wird der konzernbilanzielle Wertansatz der Beteiligung bei allen drei Einbezugsmethoden – anders als bei der für einfache Finanzbeteiligungen maßgeblichen Fair Value-Bewertung gem. IFRS 9 – entscheidend durch die **konzernspezifischen Nutzungsabsichten** beeinflusst. So wird der Erstansatz der Beteiligung bei allen drei Methoden durch den dafür aufgewendeten Kaufpreis bestimmt, der wiederum maßgeblich durch die individuellen Vorstellungen und Erwartungen des Erwerbers – u. a. auch hinsichtlich der Wertpotenziale aus den mit der Beteiligung verbundenen Einflussrechten – geprägt ist. Andererseits beeinflussen betriebs- bzw. konzernindividuelle Verwendungsabsichten auch die Folgebewertung der Beteiligung, bspw. bei der Bestimmung der Abschreibungsdauer für abnutzbare Vermögenswerte des Anlagevermögens oder aber bei der Berechnung des *value in use* im Rahmen des regelmäßig durchzuführenden *Impairment*-Tests nach IAS 36.

Im Falle eines abwärtsgerichteten Statuswechsels innerhalb des Anwendungsbereichs dieser drei Einbezugsmethoden wirkt sich das Beteiligungsengagement somit vor und nach dem Statuswechsel effektiv auf die gleiche Weise auf die im Abschluss gezeigte wirtschaftlichen Lage des Konzerns aus. Die einmalige **Fair Value-Bewertung** der zurückbehaltenen Restbeteiligung im Übergangszeitpunkt **verhindert** indes aufgrund des dadurch ausgelösten Bruchs mit den bisherigen Wertverhältnissen eine über den

---

[815] Vgl. hierzu die Ausführungen in den Abschnitten 242-244.

Zeitpunkt des Statuswechsels hinausgehende **periodenübergreifende Vergleichbarkeit** der auf die Beteiligungsbeziehung gerichteten Abschlussinformationen.

Angesichts dessen sollte nach der hier vertretenen Ansicht für sämtliche Übergangsfälle, in deren Folge die Konzernobergesellschaft mindestens einen maßgeblichen Einfluss auf die Restbeteiligung behält und diese folglich entweder quotal oder *at equity* zu bilanzieren ist, auf eine **Neubewertung** der zurückbehaltenen Anteile **verzichtet** werden. Stattdessen sollten die im Konzernabschluss bzw. in der Equity-Nebenbuchhaltung erfassten (anteiligen) Vermögenswerte und Schulden des Beteiligungsunternehmens über den Zeitpunkt des Statuswechsels hinaus zu ihren **bisherigen Konzernbuchwerten** fortgeschrieben werden. Um zugleich aber auch die ggf. durch den Statuswechsel hervorgerufene **Änderung des ökonomischen Wertpotenzials** der Restbeteiligung zu erfassen, sollte diese zusätzlich einem **Werthaltigkeitstest nach IAS 36** unterzogen werden. Der Statuswechsel sollte dabei als ein sog. *triggering event* i. S. d. IAS 36.12 f. angesehen werden, das einen Werthaltigkeitstest zwingend erforderlich macht.

Ein Werthaltigkeitstest nach IAS 36 hat gegenüber einer Neubewertung zum Fair Value gleich **mehrere Vorteile**. So stellt die imparitätische Bewertungskonzeption des IAS 36 sicher, dass dabei – anders als bei einer Fair Value-Bewertung – **ausschließlich negative Wertänderungen** erfasst werden. Der *Impairment*-Test nach IAS 36 basiert zwar ebenso wie die Fair Value-Bewertung auf einem **Gesamtbewertungskonzept**.[816] Dies impliziert, dass der als Zukunftserfolgswert auf Basis von DCF-Kalkülen zu bestimmende **erzielbare Betrag** zwangsläufig auch durch nicht bilanzierungsfähige immaterielle Werttreiber beeinflusst wird.[817] Auch bei einem Werthaltigkeitstest nach IAS 36 kann somit nicht ausgeschlossen werden, dass die bei der Bestimmung des erzielbaren Betrags methodenbedingt zu berücksichtigenden Bestandteile des originären Goodwill den eigentlich zu erfassenden wertmindernden Effekt aus der Verringerung der Ein-

---

816 Vgl. Abschnitt 421.51.

817 Vgl. zu diesem gemeinhin als sog. *„backdoor capitalization"* bezeichneten Problem BAETGE, J./DITTMAR, P./KLÖNNE, H., Der impairment only approach, S. 16; BUSSE VON COLBE, W., Nonamortization-Impairment-Ansatz, S. 877; SAELZLE, R./KRONNER, M., Impairment-only-Ansatz, S. 161; BEYER, B., Bilanzierung des Goodwills nach IFRS, S. 236-238; HAAKER, A., Goodwill-Bilanzierung, S. 58 f.; KÜTING, K./WEBER, C.-P./WIRTH, J., Goodwill-Bilanzierung nach SFAS 142, S. 192; POTTGIEßER, G./VELTE, P./WEBER, S. C., Ermessensspielräume des Impairment-Only-Approach, S. 1749; PROTZEK, H., Impairment Only-Ansatz, S. 497; DOBLER, M., Goodwill nach IFRS 3, S. 29.

flussmöglichkeiten (teilweise) kompensieren. Anders als bei einer Fair Value-Bewertung kann es dabei aber zumindest nicht zu einer Zuschreibung des Beteiligungsbuchwerts bzw. des darauf entfallenden derivativen Goodwill über die ursprünglichen fortgeführten Konzernbuchwerte hinaus kommen. Folglich verhindert die vorgeschlagene Bilanzierungsweise auch die Erfassung bislang unrealisierter (positiver) Erfolgsbeiträge, wodurch das Potenzial für ergebnisverzerrende bilanzpolitische Maßnahmen seitens des Konzernmanagements deutlich eingeschränkt wird.

Ein weiterer wesentlicher **Vorteil** des Wertminderungstests gegenüber einer Neubewertung zum Fair Value besteht darin, dass dadurch **keine Neukonsolidierung** der Restbeteiligung inkl. einer Aufdeckung der während der Konzernzugehörigkeit entstandenen stillen Reserven und Lasten erforderlich wird. Durch die einmalige Aufdeckung stiller Reserven und Lasten im Zuge einer Neukonsolidierung werden Erfolgsbeiträge erfasst, die aus Konzernsicht mangels einer Veräußerungstransaktion mit einem konzernaußenstehenden Dritten zum Zeitpunkt des Statuswechsels eigentlich noch nicht realisiert sind. Ferner ändert sich dadurch auch die Erfolgsperiodisierung, was wiederum dazu führt, dass die aus Konzernsicht mit der Beteiligung jeweils vor und nach dem Statuswechsel erwirtschafteten Erfolgsbeiträge nicht mehr miteinander vergleichbar sind.[818] Durch die vorgeschlagene Buchwertfortführung inkl. eines Werthaltigkeitstests nach IAS 36 würden derartige **ergebnisverzerrende Effekte vermieden**. Zugleich würde dadurch die **periodenübergreifende Vergleichbarkeit** der auf die anteilig veräußerte Beteiligung bezogenen Abschlussinformationen über den Zeitpunkt des Statuswechsels hinaus **gewährleistet**. Im Folgenden wird die in diesem Abschnitt bereits in Grundzügen vorgeschlagene Bilanzierungssystematik für die einzelnen Übergangsfälle näher konkretisiert, bevor in Abschnitt 53 abschließend auch für den Fall eines Abwärtswechsels auf eine einfache Finanzbeteiligung ein Vorschlag für eine – wenn auch vergleichsweise geringfügige – Modifikation der bestehenden Vorschriften diskutiert wird.

---

818 Vgl. zu den negativen Auswirkungen der Neubewertung auf die Erfolgsperiodisierung Abschnitt 422.4.

522. Übergang auf eine *joint operation*

Beim **Übergang** von einem Tochterunternehmen auf eine quotal zu konsolidierende ***joint operation*** muss – auch im Falle einer Buchwertfortführung – zunächst der auf die **veräußerten Anteile** entfallende Goodwill nach der Methode des relativen Unternehmenswertvergleichs gem. IAS 36.86 (b) aus der zugehörigen ZGE herausgelöst werden. Anders als nach der derzeitigen Rechtslage wäre es bei einer Buchwertfortführung indes nicht mehr erforderlich, auch den auf die Restbeteiligung entfallenden Goodwill-Anteil aus der ZGE herauszulösen und aus dem Konzernabschluss auszubuchen.

In IFRS 11.B33A (d)-(e) wird klargestellt, dass auch ein Goodwill aus dem Erwerb von Anteilen an einer *joint operation* nach den **Vorschriften des IAS 36** zu bilanzieren ist. Wenngleich sich die Regelungen in IFRS 11.B33A (d)-(e) explizit nur auf den Fall eines **Erwerbs von Anteilen an einer *joint operation*** beziehen, bestehen nach der hier vertretenen Auffassung keine Gründe, die eine hiervon abweichende Vorgehensweise für den Fall eines Abwärtswechsels auf eine *joint operation* rechtfertigen würden. Daraus kann gefolgert werden, dass der anteilig auf die Restbeteiligung entfallende Goodwill auch nach dem Statuswechsel weiterhin als ein integraler Bestandteil des Gesamt-Goodwill der übergeordneten ZGE anzusehen ist. Der ergänzend zur Buchwertfortführung vorgeschlagene **Werthaltigkeitstest** kann sich folglich nicht allein auf den der *joint operation* zuzurechnenden Goodwill-Anteil beziehen. Vielmehr wäre die gesamte firmenwerttragende ZGE einem Werthaltigkeitstest zu unterziehen.

Bei der Werthaltigkeitsprüfung gem. IAS 36 ist der Buchwert der firmenwerttragenden ZGE ihrem **erzielbaren Betrag** gegenüberzustellen.[819] Der erzielbare Betrag entspricht wiederum dem höheren der beiden Beträge aus dem beizulegenden Zeitwert der gesamten ZGE abzüglich etwaiger Abgangskosten (*fair value less costs of disposal*) und ihrem Nutzungswert (*value in use*).[820] Sofern der erzielbare Betrag der ZGE ihren Buchwert unterschreitet, ist in Höhe der Differenz eine außerplanmäßige Abschreibung vorzunehmen.[821] Gemäß IAS 36.104 (a) wäre die Wertminderung zunächst in voller Höhe gegen den Goodwill der ZGE zu buchen. Erst ein ggf. darüber hinausgehender Wert-

819 Vgl. IAS 36.90.
820 Vgl. IAS 36.74.
821 Vgl. IAS 36.90 i. V. m. IAS 36.104.

minderungsbedarf wäre nach den Regelungen des IAS 36.104 (b) i. V. m. IAS 36.105 auf die übrigen Vermögenswerte der ZGE zu verteilen.

Angesichts der unternehmensindividuellen Beschaffenheit von ZGE liegen für diese in aller Regel keine direkt oder indirekt beobachtbaren Marktpreise vor, sodass für die Bestimmung sowohl des *value in use* als auch des *fair value less costs of disposal* auf **investitionstheoretische Kapitalwertkalküle** zurückgegriffen werden muss.[822] Beide Wertmaßstäbe basieren demnach typischerweise auf einem zukunftsorientierten **Gesamtbewertungskonzept**.[823] Aus diesem Grund kann der für eine ZGE insgesamt identifizierte Wertberichtigungsbedarf in aller Regel nicht willkürfrei den einzelnen ökonomischen Ereignissen bzw. Faktoren zugeordnet werden, die für die Wertminderung ursächlich sind. Auch für den hier betrachteten Fall, dass der *Impairment*-Test mit dem einzigen Ziel durchgeführt wird, den Effekt aus den gesunkenen Einflussmöglichkeiten zu erfassen, kann folglich nicht ausgeschlossen werden, dass sich darüber hinaus noch weitere Ereignisse bzw. Faktoren negativ auf den erzielbaren Betrag auswirken.

Um das gesamte Ausmaß einer zum Zeitpunkt des Statuswechsels evtl. zu erfassenden Wertminderung transparent zu machen, sollte der Wertminderungsaufwand – sofern nicht aus Wesentlichkeitsaspekten darauf verzichtet werden kann – gesondert im Konzernanhang angegeben werden. Ergänzend könnte zumindest qualitativ erläutert werden, ob die Wertminderung tatsächlich überwiegend auf den Effekt aus der Verringerung der Kontrollmöglichkeiten zurückzuführen ist.

523. Übergang auf eine *at equity* zu bilanzierende Restbeteiligung

Sofern ein **Abwärtswechsel** ausgehend von einem **Tochterunternehmen** oder von einer ***joint operation*** auf ein *at equity* zu bilanzierendes Gemeinschafts- oder assoziiertes Unternehmen im Wege einer Buchwertfortführung abgebildet würde, müsste neben dem auf die veräußerten Anteile entfallenden Goodwill auch der anteilig der **Restbeteiligung zuzuordnende Goodwill** bilanziell aus der Struktur der zugehörigen ZGE herausgelöst werden. Dies liegt daran, dass der Goodwill einer *at equity* bilanzierten Beteiligung

822 Vgl. Abschnitt 421.51.

823 Vgl. KIRSCH, H.-J./KOELEN, P., IFRS-Rechnungslegung und Unternehmensbewertung, S. 287; KÜTING, K./HAYN, M., Gesamtbewertungskonzept IFRS, S. 1215.

nach IAS 28.32 (a) nur als impliziter Bestandteil des Equity-Beteiligungsbuchwerts zu erfassen ist. Da sich der beim Erwerb des Unternehmens ursprünglich aktivierte Goodwill auf Ebene der firmenwerttragenden ZGE im Zeitablauf typischerweise mit anderen derivativen Geschäfts- oder Firmenwerten sowie mit dem während der Konzernzugehörigkeit selbst geschaffenen Goodwill vermischt, kann der auf die Restbeteiligung entfallende Goodwill-Anteil indes nicht einfach als proportionaler Anteil des ursprünglich zugegangenen Goodwill berechnet werden. Vielmehr sollte hierfür – ebenso wie auch für die Ermittlung des auf die veräußerten Anteile entfallenden Goodwill-Anteils – wiederum auf die **Methode des relativen Unternehmenswertvergleichs** zurückgegriffen werden. Der nach dieser Methode bestimmte Goodwill-Anteil wäre sodann zusammen mit den beteiligungsproportional fortgeführten sonstigen Vermögenswerten und Schulden der Restbeteiligung in der Equity-Nebenbuchhaltung zu erfassen. Anschließend wäre dann der gesamte Equity-Beteiligungsbuchwert nach den spezifischen Regelungen des IAS 28.42 auf Werthaltigkeit zu testen.[824]

Bei einem **Statuswechsel** ausgehend von einem **Gemeinschaftsunternehmen** auf ein assoziiertes Unternehmen, d. h. bei einem Übergang innerhalb des Anwendungsbereichs der Equity-Methode, ist der auf die Restbeteiligung entfallende Goodwill auch vor dem Statuswechsel bereits anteilig im Equity-Beteiligungsbuchwert enthalten. Folglich wären in diesem Fall zusätzlich zur Ausbuchung des veräußerten Teils der Equity-Beteiligung keine weiteren Maßnahmen mehr erforderlich, bevor die zurückbehaltene Restbeteiligung dem Werthaltigkeitstest gem. IAS 28.42 unterzogen werden kann.

Die Methodik des Werthaltigkeitstests nach IAS 28.42 folgt grundsätzlich den Regelungen des IAS 36, d. h., auch in diesem Fall ist ein erzielbarer Betrag zu bestimmen, der sodann mit dem Buchwert der Equity-Beteiligung zu vergleichen ist.[825] Anders als bei der Werthaltigkeitsprüfung einer firmenwerttragenden ZGE ist ein dabei festgestell-

---

[824] Vgl. zur Werthaltigkeitsprüfung einer nach der Equity-Methode einbezogenen Beteiligung BAETGE, J./KLAHOLZ, T./GRAUPE, F., in: Baetge u. a., Rechnungslegung nach IFRS, 2. Aufl., IAS 28, Rn. 119. Sofern ein Gemeinschafts- oder assoziiertes Unternehmen im Ausnahmefall keine Mittelzuflüsse aus der fortgesetzten Nutzung erzeugt, die weitestgehend unabhängig von den Mittelzuflüssen anderer Vermögenswerte des bilanzierenden Unternehmens bzw. Konzerns sind, bildet die Equity-Beteiligung zusammen mit diesen anderen Vermögenswerten eine ZGE, die dann Gegenstand des Werthaltigkeitstests ist. Vgl. IAS 28.43.

[825] Vgl. BAETGE, J./KLAHOLZ, T./GRAUPE, F., in: Baetge u. a., Rechnungslegung nach IFRS, 2. Aufl., IAS 28, Rn. 166; LÜDENBACH, N./HOFFMANN, W.-D./FREIBERG, J., in: Haufe IFRS-Kommentar, 14. Aufl., § 33, Rn. 101.

ter Wertminderungsbedarf indes nicht auf den in der Nebenbuchhaltung erfassten Goodwill bzw. auf die übrigen Vermögenswerte des Beteiligungsunternehmens aufzuteilen. Stattdessen ist der Equity-Buchwert als solcher GuV-wirksam abzuschreiben, ohne dass sich daraus unmittelbare Auswirkungen auf die reguläre Equity-Fortschreibung in den Folgeperioden ergeben.[826] Der bei diesem ereignisabhängigen *Impairment*-Test zum Zeitpunkt des Statuswechsels festgestellte Wertminderungsaufwand sollte wiederum – zumindest sofern dieser insgesamt wesentlich ist – gesondert als Übergangskonsolidierungserfolg im Konzernanhang angegeben werden, um den Abschlussadressaten die negativen Auswirkungen des Statuswechsels auf den Wert des zurückbehaltenen Anteilspakets kenntlich zu machen.

53 GuV-neutrale Fair Value-Bewertung beim Übergang auf eine einfache Finanzbeteiligung

Wie bei der Analyse der bestehenden Vorschriften zur Übergangskonsolidierung gezeigt wurde, sind die bei einem Statuswechsel von einer vollkonsolidierten oder einer *at equity* bilanzierten Beteiligung auf eine einfache Finanzbeteiligung zurückbehaltenen Anteile zum Zeitpunkt des Statuswechsels GuV-wirksam zum Fair Value zu bewerten.[827] Die Neubewertung der zurückbehaltenen Anteile zum Fair Value stellt für den Übergang auf eine einfache Finanzbeteiligung nach der hier vertretenen Ansicht die einzig sachgerechte Bilanzierungsweise dar. Dies gilt unabhängig davon, welcher konzernbilanziellen Stufe die Beteiligung vor dem Statuswechsel zuzuordnen war. Würde statt dem Fair Value der zu fortgeführten Konzernbuchwerten ermittelte Entflechtungswert der Restbeteiligung als Ausgangswert für deren nachfolgende Bilanzierung gem. IFRS 9 herangezogen, so würde die im Zeitpunkt des Statuswechsels zunächst unterlassene Wertanpassung automatisch durch die zeitwertbasierte Folgebewertung nachgeholt. Dies wäre indes mit dem erheblichen Nachteil verbunden, dass der aus dem einmaligen **Wechsel der Bewertungskonzeption** resultierende Ergebniseffekt nicht von den

---

826 Vgl. HAYN, B., in: Beck IFRS HB, 5. Aufl., § 36, Rn. 69. Nach der h. M. ist die Wertberichtigung in der Form eines negativen Korrekturpostens in der Equity-Nebenbuchhaltung zu erfassen. Vgl. LÜDENBACH, N./HOFFMANN, W.-D./FREIBERG, J., in: Haufe IFRS-Kommentar, 14. Aufl., § 33, Rn. 103.

827 Der Fall eines Abwärtswechsels ausgehend von einer quotal konsolidierten *joint operation* ist hingegen bislang nicht geregelt. Vgl. Abschnitt 441.

Ergebniswirkungen aus der **regulären FairValue-Folgebilanzierung** der Restbeteiligung nach dem Statuswechsel **unterschieden** werden könnte.

Durch den Wechsel von einer anschaffungskostenorientierten auf eine zeitwertbasierte Bilanzierungs- bzw. Bewertungskonzeption ändert sich die Art der Vermögens- und Erfolgserfassung grundlegend. Während bei der Vollkonsolidierung, bei der quotalen Konsolidierung sowie – zumindest mittelbar – auch bei der Equity-Bilanzierung die einzelnen (anteilig) der Beteiligung zuzurechnenden Vermögenswerte und Schulden die maßgeblichen Bewertungsobjekte darstellen, beziehen sich die Vorschriften des IFRS 9 auf die an dem Beteiligungsunternehmen gehaltenen Anteilsscheine. Der Fair Value einer einfachen Finanzbeteiligung repräsentiert folglich einen **Anteil am Gesamtunternehmenswert** des betroffenen Beteiligungsunternehmens. Der Wertanpassungseffekt beim Übergang von einer anschaffungskostenorientierten Bewertung auf die Fair Value-Bewertung wird daher in erheblichem Umfang durch **Wertpotenziale** verursacht, die auf der Grundlage der vor dem Statuswechsel geltenden Bilanzierungs- bzw. Bewertungskonzeption aus Objektivierungsgründen nicht aktiviert werden durften.

Aus diesem Grund sollte der aus dem einmaligen Übergang auf die Fair Value-Bewertung resultierende **Wertanpassungseffekt** – anders als nach den derzeit geltenden Vorschriften – nicht in der Gewinn- und Verlustrechnung, sondern **im OCI erfasst** werden. Es handelt sich dabei um einen nicht periodengerecht abgegrenzten und durch verschiedene Einflussfaktoren determinierten **außerordentlichen Erfolgsbeitrag**, dessen ökonomischer Aussagegehalt äußerst gering ist. Eine gesonderte Erfassung dieses aus dem grundlegenden Wechsel der Bewertungskonzeption resultierenden Erfolgsbeitrags im OCI würde dessen **außerordentlichen Charakter** verdeutlichen und v. a. die **Prognosequalität** und damit die **Relevanz** des in der Gewinn- und Verlustrechnung ausgewiesenen Periodenergebnisses erhöhen. Zusätzlich sollte der Neubewertungserfolg – unter dem Vorbehalt der Wesentlichkeit – auch im Anhang quantifiziert werden, da dieser aufgrund des durch den Statuswechsel erzwungenen Bruchs mit der Bewertungsstetigkeit in ganz besonderem Maße unsicherheits- und damit auch ermessensbehaftet ist.

6 Zusammenfassung

Ebenso wie Unternehmensakquisitionen stellen umgekehrt auch Unternehmens- bzw. Anteilsveräußerungen ein probates Mittel für Konzerne dar, flexibel und effektiv auf geänderte Markt- bzw. Wettbewerbsbedingungen zu reagieren. Sofern bei einer solchen Desinvestitionsmaßnahme nur ein Teil der Anteile an einem Beteiligungsunternehmen veräußert wird und sich dadurch der konzernbilanzielle Status der zurückbehaltenen Restbeteiligung ändert, muss dies im Wege einer sog. Übergangskonsolidierung im Konzernabschluss abgebildet werden. Die bestehenden Vorschriften zur Bilanzierung statusändernder Anteilsveräußerungen sehen für verschiedene Übergangsszenarien unterschiedliche Bilanzierungssystematiken vor. Gleichwohl mangelt es den verschiedenen fallspezifischen Regelungen an einer einheitlichen konzeptionellen Grundlage. Zudem sind einzelne Übergangsfälle bislang gänzlich ungeregelt.

Dies wurde in der vorliegenden Arbeit zum Anlass genommen, die geltenden Regelungen für sämtliche Übergangsszenarien zu analysieren und mit Blick auf den übergeordneten Zweck der Entscheidungsnützlichkeit kritisch zu würdigen. Im Mittelpunkt der Betrachtung stand dabei die Frage, ob durch eine Neubewertung der Restbeteiligung zum Fair Value im Vergleich zu einer Buchwertfortführung entscheidungsnützlichere Informationen über die Auswirkungen des Statuswechsels auf die wirtschaftliche Lage des Konzerns vermittelt werden können. Daneben wurden die Regelungslücken für Übergangsfälle ausgehend von einer *joint operation* unter Berücksichtigung der dafür vorgesehenen Leitlinien des IAS 8 mithilfe von Analogieschlüssen zweckgerecht ausgefüllt. Aufbauend auf den bei der Analyse und Würdigung gewonnenen Erkenntnissen wurden abschließend Vorschläge für eine Änderung des bestehenden Regelungskanons entwickelt, deren Umsetzung aus Sicht des Verfassers die fallübergreifende Konsistenz und die Entscheidungsnützlichkeit der Berichterstattung über statusändernde Anteilsveräußerungen im IFRS-Konzernabschluss verbessern würde. Die wesentlichen Ergebnisse dieser Arbeit lassen sich wie folgt zusammenfassen:

Zur Analyse und Würdigung der bestehenden Regelungen

- Sofern die Konzernobergesellschaft infolge einer teilweisen Anteilsveräußerung die alleinige Beherrschung über ein Tochterunternehmen verliert, ist die zurückbehaltene Restbeteiligung – unabhängig vom Umfang der weiterhin vom Konzern gehaltenen Anteile – zum Zeitpunkt des Statuswechsels verpflichtend zum Fair Value zu bewerten. Der Fair Value stellt sodann den Ausgangswert für den neuerlichen Einbezug bzw. für die Folgebilanzierung der Restbeteiligung gem. der nach dem Statuswechsel anzuwendenden Konsolidierungs- bzw. Bewertungsmethode dar. Die Differenz zwischen dem Fair Value und dem auf Buchwertbasis bestimmten konzernbilanziellen Entflechtungswert der Restbeteiligung ist zusammen mit dem Erfolgsbeitrag aus der Veräußerung der übrigen Anteile GuV-wirksam im Konzernergebnis zu erfassen.

- Der IASB begründet die Neubewertungspflicht damit, dass der Verlust der Beherrschung ein *significant economic event* darstellt, wodurch sich das Wesen der Beteiligung fundamental ändert. Mit Blick auf die Wertrelevanz von Kontroll- bzw. Einflussrechten konnte gezeigt werden, dass der Verlust der alleinigen Beherrschung aus ökonomischer Sicht tatsächlich als ein wertminderndes Ereignis eingestuft werden kann, das eine negative Wertanpassung der zurückbehaltenen Restbeteiligung grundsätzlich rechtfertigt. Die Neubewertung muss sich folglich an dem Ziel messen lassen, möglichst relevante und zugleich glaubwürdige Informationen über die Auswirkungen des Statuswechsels auf die wirtschaftliche Lage des Konzerns zu vermitteln.

- Bei der detaillierten Analyse der bilanziellen und erfolgsrechnerischen Auswirkungen der Neubewertung unter Berücksichtigung der dabei zu beachtenden Bewertungsleitlinien des IFRS 13 konnte indes gezeigt werden, dass das zuvor identifizierte Informationsziel der Übergangskonsolidierung durch die Neubewertungspflicht nur eingeschränkt erreicht werden kann. So sind nach der Fair Value-Konzeption des IFRS 13 sämtliche dem Bewertungsobjekt unmittelbar anhaftende Charakteristika als wertbestimmende Faktoren im Bewertungskalkül zu berücksichtigen. Dies hat zur Folge, dass durch die Neubewertung auch die in der Vergangenheit während der Konzernzugehörigkeit des Beteiligungsunternehmens entstandenen stillen Reserven und Lasten inkl. des zwischenzeitlich selbst geschaffenen Goodwill aufgedeckt werden. Diese wirtschaftlich gerade nicht auf den Statuswechsel zurückzuführenden Einflussfaktoren verwässern den im Zentrum des Informationsinteresses stehenden Wertminderungseffekt aus dem Verlust der alleinigen Beherrschung. Die Vergleichbarkeit der Beteiligungswertansätze unmittelbar vor und nach dem Statuswechsel wird zusätzlich dadurch erschwert, dass die Fair Value-Bewertung zu einem grundlegenden Wechsel der Bewertungsperspektive führt. Angesichts der für die Fair Value-Bewertung gem. IFRS 13 vorgeschriebenen marktorientierten Veräußerungsperspektive sind die üblicherweise vor dem Statuswechsel noch im derivativen Goodwill enthaltenen konzernspezifischen Nutzenpotenziale der Beteiligung bei der Bestimmung des Fair Value der Restbeteiligung zwingend zu vernachlässigen.

- Die Fair Value-Bewertung des zurückbehaltenen Anteilspakets ist zudem durch ein hohes Maß an bilanzpolitisch nutzbaren Ermessensspielräumen gekennzeichnet. So konnte gezeigt werden, dass der Fair Value nicht einfach durch eine lineare Hoch- bzw. Rückrechnung des für die veräußerten Anteile erzielten Verkaufserlöses oder aber – im Falle einer Börsennotierung des Beteiligungsunternehmens – auf der Grundlage der anteiligen Marktkapitalisierung bestimmt werden kann. Vielmehr sind beobachtbare Transaktions- bzw. Börsenpreise ggf. um Paketzu- bzw. -abschläge zu korrigieren, um das Wertpotenzial der mit dem verbleibenden Anteilspaket weiterhin verbundenen Einflussrechte zu erfassen. Sofern weder direkt noch indirekt beobachtbare Transaktions- bzw. Marktpreise zur Verfügung stehen, ist der Fair Value auf Basis einer Unternehmensbewertung zu ermitteln. Die mit der Fair Value-Bewertung einhergehenden Ermessensspielräume gefährden v. a. die Neutralität und damit die Glaubwürdigkeit des bilanziellen Wertansatzes der Restbeteiligung sowie des Erfolgsbeitrags aus der Übergangskonsolidierung.

- Darüber hinaus ändert sich durch die Neubewertung bzw. die dadurch erforderliche neuerliche Kapitalkonsolidierung auch die Erfolgsperiodisierung, wodurch die periodenübergreifende Vergleichbarkeit der aus Sicht des Konzerns mit der Beteiligung jeweils vor und nach dem Statuswechsel erwirtschafteten Erfolgsbeiträge sinkt. Die nach den geltenden Regelungen vorgesehene GuV-wirksame Erfassung des Neubewertungserfolgs führt zudem dazu, dass der Gewinn bzw. Verlust in der Periode des Statuswechsels durch den Effekt aus der kumulierten Aufdeckung unrealisierter Wertpotenziale verzerrt wird. Der ökonomische Aussagegehalt des sich aus der Differenz zwischen zwei völlig unterschiedlichen Wertkonstrukten ergebenden Neubewertungserfolgs ist zudem äußerst begrenzt. Durch eine Erfassung des Neubewertungserfolgs im OCI könnte folglich v. a. die Relevanz des Ergebnisausweises gesteigert werden.

- Beim Übergang von einem Gemeinschaftsunternehmen auf ein assoziiertes Unternehmen ist hingegen von einer Neubewertung abzusehen. Stattdessen ist die anteilig zurückbehaltene Restbeteiligung erfolgsneutral auf Basis der bisherigen Konzernbuchwerte fortzuführen. Der IASB begründet diese Vorgehensweise lediglich mit dem Verweis auf die gleichbleibende Einbezugsmethode, ohne dabei aber auf die ökonomische Substanz eines solchen Statuswechsels Bezug zu nehmen. Angesichts der zahlreichen im Kontext des Regelungsbereichs von IFRS 10 gezeigten Nachteile einer Fair Value-Bewertung ist die Entscheidung für eine erfolgsneutrale Buchwertfortführung in diesem Fall grundsätzlich zu begrüßen. Mit Blick auf die durch den Statuswechsel hervorgerufene Wesensänderung der Beteiligung konnte zudem gezeigt werden, dass durch den Verlust der gemeinschaftlichen Beherrschung tendenziell deutlich weniger Einfluss- und damit Wertpotenziale verloren gehen als durch den Verlust der alleinigen Beherrschung. Insofern scheint eine bilanzielle Wertanpassung in diesem Fall auch mit Blick auf das Konzept des *significant economic event* weniger dringlich als im Fall eines Abwärtswechsels ausgehend von einem Tochterunternehmen.

- Bei einem Übergang von einem *at equity* bilanzierten Gemeinschafts- oder assoziierten Unternehmen auf eine einfache Finanzbeteiligung ist das zurückbehaltene Anteilspaket zum Zeitpunkt des Statuswechsels wiederum GuV-wirksam zum Fair Value zu bewerten. Die Notwendigkeit einer Neubewertung ergibt sich in diesen Übergangsfällen bereits unmittelbar aus der Tatsache, dass die Restbeteiligung nach dem Statuswechsel ohnehin gem. IFRS 9 zum Fair Value bilanziert werden muss. Unabhängig von der Behandlung der Restbeteiligung zum Zeitpunkt des Statuswechsels verhindert der grundlegende Wechsel von einer anschaffungskostenbasierten auf eine zeitwertbezogene Bilanzierung einen aussagekräftigen periodenübergreifenden Vergleich der jeweils vor und nach dem Statuswechsel auf die Beteiligungsbeziehung gerichteten Abschlussinformationen. Durch die Fair Value-Bewertung zum Zeitpunkt des Statuswechsels ist es indes möglich, den einmaligen Ergebniseffekt aus dem Wechsel des Bewertungsmaßstabs gesondert zu erfassen und von den Ergebnisbeiträgen aus der regulären periodischen Folgebilanzierung der Restbeteiligung nach IFRS 9 zu isolieren. Gleichwohl wäre eine Erfassung dieses außerordentlichen und nicht periodengerecht abgegrenzten Erfolgsbeitrags im OCI v. a. aus Relevanzgründen zu favorisieren.

- Die Bilanzierung eines Abwärtswechsels ausgehend von einer quotal konsolidierten *joint operation* auf ein *at equity* zu bilanzierendes assoziiertes Unternehmen ist bislang ungeregelt. Gleichwohl konnte die bestehende Regelungslücke im Wege einer Analogie zu den entsprechenden Vorschriften des IAS 28 ausgefüllt werden, die die Bilanzierung eines Abwärtswechsels ausgehend von einem Gemeinschaftsunternehmen auf ein assoziiertes Unternehmen regeln. Beide Fälle ähneln sich v. a. hinsichtlich des Ausmaßes der durch den Statuswechsel bedingten Wesensänderung der betroffenen Beteiligung. Der Übergang von einer *joint operation* auf ein assoziiertes Unternehmen sollte somit ebenfalls im Wege einer erfolgsneutralen Buchwertfortführung abgebildet werden. Für den ebenfalls ungeregelten Fall eines Übergangs von einer *joint operation* auf eine nach IFRS 9 zu bilanzierende einfache Finanzbeteiligung stellt wiederum die Fair Value-Bewertung zum Zeitpunkt des Statuswechsels die einzig sachgerechte Bilanzierungsweise dar.

- Zusammenfassend ist festzuhalten, dass die geltenden Bilanzierungsvorschriften für statusändernde Anteilsveräußerungen das Ziel verfehlen, die Auswirkungen eines Statuswechsels auf das Wesen bzw. den Wert der zurückbehaltenen Restbeteiligung im Konzernabschluss kenntlich zu machen. Auf der einen Seite stellt die aus einer Neubewertung zum Fair Value resultierende Wertanpassung angesichts des damit verbundenen Wechsels in der Bewertungskonzeption ein Konglomerat aus verschiedenen Einflussfaktoren dar, die zu einem überwiegenden Teil wirtschaftlich gerade nicht auf den Statuswechsel zurückzuführen sein dürften. Auf der anderen Seite wird bei einer erfolgsneutralen Buchwertfortführung pauschal auf eine Wertanpassung verzichtet. Angesichts dessen ist die nach der derzeitigen Rechtslage vorgesehene bilanzielle Ungleichbehandlung der verschiedenen Übergangsszenarien grundsätzlich in Frage zu stellen.

Zu den Vorschlägen für eine Änderung der bestehenden Regelungen

- Da die Vollkonsolidierung, die quotale Konsolidierung sowie auch die Equity-Bilanzierung im Wesentlichen auf den gleichen Bewertungs- und damit auch Erfolgserfassungsprinzipien basieren, sollte ein Statuswechsel innerhalb des Anwendungsbereichs dieser drei Einbezugsmethoden grundsätzlich im Wege einer Buchwertfortführung abgebildet werden. Nur auf diese Weise kann eine zeitliche bzw. periodenübergreifende Vergleichbarkeit der im Konzernabschluss dargestellten Auswirkungen des Beteiligungsengagements auf die wirtschaftliche Lage des Konzerns erreicht werden.

- Um zugleich aber auch mögliche Auswirkungen des Statuswechsels auf den Wert der zurückbehaltenen Anteile zu erfassen, sollte die Restbeteiligung zum Zeitpunkt des Statuswechsels zusätzlich einem *Impairment*-Test nach den Vorgaben des IAS 36 unterzogen werden. Wenngleich auch der bei einem Werthaltigkeitstest nach IAS 36 zu ermittelnde erzielbare Betrag typischerweise durch selbst geschaffene stille Werttreiber beeinflusst wird, so wird dadurch zumindest eine über den bisherigen Beteiligungswertansatz hinausgehende Zuschreibung verhindert. Anders als bei der Neubewertung zum Fair Value würden darüber hinaus auch keine stillen Reserven und Lasten der anteilig auf die Beteiligung entfallenden Vermögenswerte und Schulden aufgedeckt. Folglich wäre durch diese Bilanzierungsweise eine periodengerechte Erfolgserfassung über den Zeitpunkt des Statuswechsels hinaus gewährleistet.

- Abhängig vom Übergangsfall ist entweder der auf Ebene der übergeordneten firmenwerttragenden ZGE erfasste Goodwill oder aber – im Falle des Übergangs auf eine *at equity* zu bilanzierende Restbeteiligung – der gesamte Equity-Beteiligungsbuchwert dem Werthaltigkeitstest zu unterziehen. Der aus diesem ereignisabhängigen *Impairment*-Test resultierende Wertminderungsaufwand sollte – unter dem Vorbehalt der Wesentlichkeit – gesondert im Konzernanhang quantifiziert und ggf. zusätzlich erläutert werden.

- Bei einem Abwärtswechsel auf eine einfache Finanzbeteiligung stellt die Fair Value-Bewertung der zurückbehaltenen Anteile die einzig sachgerechte Bilanzierungsweise dar. Angesichts des mit einem solchen Statuswechsel verbundenen Wechsels der zugrunde liegenden Bilanzierungs- bzw. Bewertungskonzeption sind die wirtschaftlich allein durch den Statuswechsel begründeten Änderungen des Werts der Restbeteiligung in diesen Fällen ohnehin nicht im Konzernabschluss darstellbar. Durch die Neubewertung unmittelbar zum Zeitpunkt des Statuswechsels ist es hingegen zumindest möglich, den einmaligen außerordentlichen Erfolgsbeitrag aus dem Wechsel der Bewertungsmethode von den Erfolgsbeiträgen aus der nachfolgenden regulären Fair Value-Folgebilanzierung gem. IFRS 9 zu isolieren. Aufgrund seines außerordentlichen Charakters sollte der Erfolgsbeitrag aus dem Übergang auf eine zeitwertbasierte Bewertung indes im OCI und nicht – wie bislang vorgeschrieben – in der Gewinn- und Verlustrechnung erfasst werden.

Angesichts der in dieser Arbeit identifizierten zahlreichen Schwächen der bestehenden Vorschriften zur Bilanzierung statusändernder Anteilsveräußerungen wäre es aus Sicht des Verfassers zu begrüßen, wenn der IASB diesen Regelungsbereich erneut aufgreifen und die derzeitigen Vorschriften zur Übergangskonsolidierung grundlegend zur Disposition stellen würde. Mit den anstehenden sog. *Post-implementation Reviews* (PIR)[828] zu IFRS 10 und IFRS 11, die nach dem Arbeitsplan des IASB noch im Jahr 2016 beginnen sollen, sowie dem aktuell noch andauernden Forschungsprojekt zur Equity-Methode würden sich hierfür geeignete Möglichkeiten bieten, die der IASB nutzen könnte, um die fallübergreifende Konsistenz und die Entscheidungsnützlichkeit der Berichterstattung über statusändernde Anteilsveräußerungen im IFRS-Konzernabschluss zu verbessern.

[828] Die Durchführung eines *Post-implementation Review* stellt einen integralen Bestandteil des Standardsetzungsprozesses dar. Dabei sollen die wesentlichen Auswirkungen von neu herausgegebenen Standards auf verschiedene Gruppen von Stakeholdern analysiert werden und wesentliche damit verbundene Problembereiche, bspw. hinsichtlich der Implementierung des Standards oder übermäßiger Kostenbelastungen, identifiziert werden. Vgl. MEYER, M., Business Combinations auf dem Prüfstand, S. 388.

Quellenverzeichnis

Verzeichnis der Kommentare und Handbücher zur Bilanzierung

ADLER, HANS/DÜRING, WALTHER/SCHMALTZ, KURT (Hrsg.), Rechnungslegung und Prüfung der Unternehmen. Kommentar zum HGB, AktG, GmbHG, PublG nach den Vorschriften des Bilanzrichtlinien-Gesetzes, 6. Aufl., Stuttgart 1994/2001 (ADS, 6. Aufl.).

BAETGE, JÖRG/KIRSCH, HANS-JÜRGEN/THIELE, STEFAN (Hrsg.), Bilanzrecht. Handelsrecht mit Steuerrecht und den Regelungen des IASB, Loseblatt, Bonn/Berlin 2002 ff. (zitiert: BEARBEITER, in: Baetge u. a., Bilanzrecht Kommentar).

BAETGE, JÖRG/WOLLMERT, PETER/KIRSCH, HANS-JÜRGEN/OSER, PETER/BISCHOF, STEFAN (Hrsg.), Rechnungslegung nach IFRS. Kommentar auf der Grundlage des deutschen Bilanzrechts, Loseblatt, 2. Aufl., Stuttgart 2003 ff. (zitiert: BEARBEITER, in: Baetge u. a., Rechnungslegung nach IFRS, 2. Aufl.).

BOHL, WERNER/RIESE, JOACHIM/SCHLÜTER, JÖRG (Hrsg.), Beck'sches IFRS-Handbuch. Kommentierung der IFRS/IAS, 5. Aufl., München 2016 (zitiert: BEARBEITER, in: Beck IFRS HB, 5. Aufl.).

DELOITTE (Hrsg.), iGAAP 2016. A guide to IFRS reporting (Volume A), Croydon 2016 (iGAAP 2016).

ERNST & YOUNG (Hrsg.), International GAAP 2016. Generally Accepted Accounting Principles under International Financial Reporting Standards, Chichester 2016 (International GAAP 2016).

GROTTEL, BERND/SCHMIDT, STEFAN/SCHUBERT, WOLFGANG J./WINKELJOHANN, NORBERT (Hrsg.), Beck'scher Bilanz-Kommentar. Handels- und Steuerbilanz, Paragraphen 238 bis 339, 342 bis 342e HGB, 10. Aufl., München 2016 (zitiert: BEARBEITER, in: Beck Bilanzkomm., 10. Aufl.).

HENNRICHS, JOACHIM/KLEINDIEK, DETLEF/WATRIN, CHRISTOPH (Hrsg.), Münchener Kommentar zum Bilanzrecht. Band 1 IFRS, Loseblatt, München 2008 ff. (zitiert: BEARBEITER, in: MüKo Bilanzrecht Bd. 1).

HEUSER, PAUL J./THEILE, CARSTEN (Hrsg.), IFRS-Handbuch. Einzel- und Konzernabschluss, 5. Aufl., Köln 2012 (zitiert: BEARBEITER, in: Heuser/Theile, IFRS-Handbuch, 5. Aufl.).

KPMG (Hrsg.), Insights into IFRS. KPMG's practical guide to International Financial Reporting Standards, 11. Aufl., London 2015 (Insights into IFRS 2015/16).

KÜTING, KARLHEINZ/WEBER, CLAUS-PETER (Hrsg.), Handbuch der Konzernrechnungslegung. Kommentar zur Bilanzierung und Prüfung, Bd. II, 2. Aufl., Stuttgart 1998 (zitiert: BEARBEITER, in: Küting/Weber, HdK, 2. Aufl.).

LÜDENBACH, NORBERT/HOFFMANN, WOLF-DIETER/FREIBERG, JENS (Hrsg.), Haufe IFRS-Kommentar. Das Standardwerk, 14. Aufl., Freiburg 2016 (zitiert: BEARBEITER, in: Haufe IFRS-Kommentar, 14. Aufl.).

PwC (Hrsg.), Manual of accounting. IFRS 2015, Haywards Heath 2014 (Manual of accounting 2015).

THIELE, STEFAN/VON KEITZ, ISABEL/BRÜCKS, MICHAEL (Hrsg.), Internationales Bilanzrecht. Rechnungslegung nach IFRS, Loseblatt, Bonn/Berlin 2008 ff. (zitiert: BEARBEITER, in: Thiele/von Keitz/Brücks).

VON WYSOCKI, KLAUS/SCHULZE-OSTERLOH, JOACHIM/HENNRICHS, JOACHIM/KUHNER, CHRISTOPH (Hrsg.), Handbuch des Jahresabschlusses. Rechnungslegung nach HGB und internationalen Standards, Loseblatt, Köln 1984 ff. (zitiert: BEARBEITER, in: Wysocki u. a., HdJ).

Verzeichnis der Aufsätze, Monographien und sonstigen Fachbeiträge

ACHLEITNER, ANN-KRISTIN/WAHL, SIMON, Corporate Restructuring in Deutschland. Eine Analyse der Möglichkeiten und Grenzen der Übertragbarkeit US-amerikanischer Konzepte wertsteigernder Unternehmensrestrukturierungen auf Deutschland, Sternenfels 2003 (Corporate Restructuring).

ALVAREZ, MANUEL/BIBERACHER, JOHANNES, Goodwill-Bilanzierung nach US-GAAP. Anforderungen an Unternehmenssteuerung und -berichterstattung, in: BB 2002, S. 346-353 (Goodwill-Bilanzierung).

ANGERMAYER-MICHLER, BIRGIT/OSER, PETER, Berücksichtigung von Synergieeffekten bei der Unternehmensbewertung, in: Praxishandbuch der Unternehmensbewertung. Grundlagen und Methoden, Bewertungsverfahren, Besonderheiten bei der Bewertung, hrsg. v. Peemöller, Volker H., 6. Aufl., Herne 2015, S. 1363-1382 (Berücksichtigung von Synergieeffekten).

ANTONAKOPOULOS, NADINE, Gewinnkonzeptionen und Erfolgsdarstellung nach IFRS. Analyse der direkt im Eigenkapital erfassten Erfolgsbestandteile, Wiesbaden 2007 (Gewinnkonzeptionen und Erfolgsdarstellung).

ANTONAKOPOULOS, NADINE, Erfolgsquellenanalyse nach IFRS auf Basis des Gesamterfolgs (total comprehensive income), in: KoR 2010, S. 121-129 (Erfolgsquellenanalyse nach IFRS).

ARBEITSKREIS „DIE UNTERNEHMUNG IM MARKT“ (Hrsg.), Synergie als Bestimmungsfaktor des Tätigkeitsbereiches (Geschäftsfelder und Funktionen) von Unternehmungen, in: ZfbF 1992, S. 963-973 (Synergie als Bestimmungsfaktor).

BADER, AXEL/SCHREDER, MAX, Full goodwill-Methode vs. partial goodwill-Methode nach IFRS 3. Bilanzpolitische Spielräume und Akzeptanz in der Bilanzierungspraxis, in: PiR 2012, S. 276-282 (Full goodwill-Methode).

BAETGE, JÖRG, Möglichkeiten der Objektivierung des Jahreserfolges, Düsseldorf 1970 (Möglichkeiten der Objektivierung).

BAETGE, JÖRG, Rechnungslegungszwecke des aktienrechtlichen Jahresabschlusses, in: Bilanzfragen, Festschrift zum 65. Gebrutstag von Prof. Dr. Ulrich Leffson, hrsg. v. Baetge, Jörg/Moxter, Adolf/Schneider, Dieter, Düsseldorf 1976, S. 11-30 (Rechnungslegungszwecke).

BAETGE, JÖRG, Grundsätze ordnungsmäßiger Buchführung, in: DB, Beilage Nr. 26 1986, S. 1-15 (Grundsätze ordnungsmäßiger Buchführung).

BAETGE, JÖRG, Änderungen bestehender Beteiligungsverhältnisse im Konzernabschluss, in: Bilanzrecht und Kapitalmarkt, Festschrift zum 65. Geburtstag von Professor Dr. Dr. h.c. Dr. h.c. Adolf Moxter, hrsg. v. Ballwieser, Wolfgang u. a., Düsseldorf 1994, S. 531-549 (Änderungen bestehender Beteiligungsverhältnisse).

BAETGE, JÖRG, Verwendung von DCF-Kalkülen bei der Bilanzierung nach IFRS, in: WPg 2009, S. 13-23 (Verwendung von DCF-Kalkülen).

BAETGE, JÖRG/DITTMAR, PETER/KLÖNNE, HENNER, Der impairment only approach vor den Grundsätzen der internationalen Rechnungslegung, in: Rechungslegung, Prüfung und Unternehmensbewertung, Festschrift zum 65. Geburtstag von Professor Dr. Dr. h.c. Wolfgang Ballwieser, hrsg. v. Dobler, Michael u. a., Stuttgart 2014, S. 1-22 (Der impairment only approach).

BAETGE, JÖRG/HERRMANN, DAGMAR, Probleme der Endkonsolidierung im Konzernabschluß, in: WPg 1995, S. 225-232 (Probleme der Endkonsolidierung).

BAETGE, JÖRG/KIRSCH, HANS-JÜRGEN/THIELE, STEFAN, Bilanzen, 13. Aufl., Düsseldorf 2014 (Bilanzen).

BAETGE, JÖRG/KIRSCH, HANS-JÜRGEN/THIELE, STEFAN, Konzernbilanzen, 11. Aufl., Düsseldorf 2015 (Konzernbilanzen).

BAETGE, JÖRG/KRUMBHOLZ, MARCUS, Überblick über Akquisition und Unternehmensbewertung, in: Akquisition und Unternehmensbewertung, hrsg. v. Baetge, Jörg, Düsseldorf 1991, S. 1-30 (Akquisition und Unternehmensbewertung).

BAETGE, JÖRG/THIELE, STEFAN, Gesellschafterschutz versus Gläubigerschutz. Rechenschaft versus Kapitalerhaltung, in: Handelsbilanzen und Steuerbilanzen, Festschrift zum 70. Geburtstag von Prof. Dr. h.c. Heinrich Beisse, hrsg. v. Budde, Wolfgang D./ Moxter, Adolf/Offerhaus, Klaus, Düsseldorf 1997, S. 11-24 (Gesellschafterschutz versus Gläubigerschutz).

BAETGE, JÖRG/ZÜLCH, HENNING, Fair Value-Accounting, in: BFuP 2001, S. 543-562 (Fair Value-Accounting).

BAETGE, JÖRG/ZÜLCH, HENNING/MATENA, SONJA, Fair Value-Accounting. Ein Paradigmenwechsel auch in der kontinentaleuropäischen Rechnungslegung? (Teil A), in: StuB 2002, S. 365-372 (Fair Value-Accounting (Teil A)).

BAETGE, JÖRG/ZÜLCH, HENNING/MATENA, SONJA, Fair Value-Accounting. Ein Paradigmenwechsel auch in der kontinentaleuropäischen Rechnungslegung? (Teil B), in: StuB 2002, S. 417-442 (Fair Value-Accounting (Teil B)).

BALLWIESER, WOLFGANG, Zur Begründbarkeit informationsorientierter Jahresabschlußverbesserungen, in: ZfbF 1982, S. 772-793 (Begründbarkeit).

BALLWIESER, WOLFGANG, Die Analyse von Jahresabschlüssen nach neuem Recht, in: WPg 1987, S. 57-68 (Analyse von Jahresabschlüssen).

BALLWIESER, WOLFGANG, Anforderungen des Kapitalmarkts an Bilanzansatz- und Bilanzbewertungsregeln, in: KoR 2001, S. 160-164 (Anforderungen des Kapitalmarkts).

BALLWIESER, WOLFGANG, Informations-GoB – auch im Lichte von IAS und US-GAAP, in: KoR 2002, S. 115-121 (Informations-GoB).

BALLWIESER, WOLFGANG, Rechnungslegung im Umbruch. Entwicklungen, Ziele, Missverständnisse, in: Der Schweizer Treuhänder 2002, S. 295-304 (Rechnungslegung im Umbruch).

BALLWIESER, WOLFGANG, Bewertung von Unternehmen und Kaufpreisgestaltung, in: Unternehmenskauf nach IFRS und US-GAAP. Purchase Price Allocation, Goodwill und Impairment-Test, hrsg. v. Ballwieser, Wolfgang/Beyer, Sven/Zelger, Hansjörg, Stuttgart 2008, S. 83-100 (Bewertung von Unternehmen und Kaufpreisgestaltung).

BALLWIESER, WOLFGANG, Geschäftswert, in: Lexikon des Rechnungswesens. Handbuch der Bilanzierung und Prüfung, der Erlös-, Finanz-, Investitions- und Kostenrechnung, hrsg. v. Busse von Colbe, Walther/Crasselt, Nils/Pellens, Bernhard, 5. Aufl., München 2011, S. 304-307 (Geschäftswert).

BALLWIESER, WOLFGANG, IFRS-Rechnungslegung. Konzept, Regeln und Wirkungen, 3. Aufl., München 2013 (IFRS-Rechnungslegung).

BALLWIESER, WOLFGANG, Ansätze und Ergebnisse einer ökonomischen Analyse des Rahmenkonzepts zur Rechnungslegung, in: ZfbF 2014, S. 451-476 (Analyse des Rahmenkonzepts).

BALLWIESER, WOLFGANG/HACHMEISTER, DIRK, Unternehmensbewertung. Prozess, Methoden und Probleme, 4. Aufl., Stuttgart 2013 (Unternehmensbewertung).

BALLWIESER, WOLFGANG/KÜTING, KARLHEINZ/SCHILDBACH, THOMAS, Fair Value – erstrebenswerter Wertansatz im Rahmen einer Reform der handelsrechtlichen Rechnungslegung?, in: BFuP 2004, S. 529-549 (Fair Value – erstrebenswerter Wertansatz?).

BARTELHEIMER, JÖRN/KÜCKELHAUS, MARKUS/WOHLTHAT, ANDREAS, Auswirkungen des Impairment of Assets auf die interne Steuerung, in: ZfCM, Sonderheft 2 2004, S. 22-31 (Impairment of Assets).

BEINSEN, BIRGIT/WAGENHOFER, ALFRED, Das ambivalente Verhältnis des IASB zum Vorsichtsprinzip, in: IRZ 2013, S. 413-419 (Vorsichtsprinzip).

BERENS, WOLFGANG/MERTES, MARTIN/STRAUCH, JOACHIM, Unternehmensakquisitionen, in: Due Diligence bei Unternehmensakquisitionen, hrsg. v. Berens, Wolfgang u. a., 7. Aufl., Stuttgart 2013, S. 21-62 (Unternehmensakquisitionen).

BERTL, ROMUALD, Periodengewinn und Totalgewinn aus betriebswirtschaftlicher Sicht, in: Rechnungslegung und Gewinnermittlung: Gedenkschrift für Karl Lechner, hrsg. v. Loitlsberger, Erich/Egger, Anton/Lechner, Eduard, Wien 1987, S. 39-60 (Periodengewinn und Totalgewinn).

BEYER, BETTINA, Die Bilanzierung des Goodwills nach IFRS. Eine konzeptionelle Betrachtung von Ansatz, Erst- und Folgebewertung, Stuttgart 2015 (Bilanzierung des Goodwills nach IFRS).

BEYHS, OLIVER, Impairment of assets nach International Accounting Standards. Anwendungshinweise und Zweckmäßigkeitsanalyse, Frankfurt am Main [u. a.] 2002 (Impairment of assets).

BEYHS, OLIVER/BUSCHHÜTER, MICHAEL/SCHURBOHM, ANNE, IFRS 10 und IFRS 12: Die neuen IFRS zum Konsolidierungskreis, in: WPg 2011, S. 662-671 (Die neuen IFRS zum Konsolidierungskreis).

BEYHS, OLIVER/WAGNER, BERNADETTE, Die neuen Vorschriften des IASB zur Abbildung von Unternehmenszusammenschlüssen. Darstellung der wichtigsten Änderungen in IFRS 3, in: DB 2008, S. 73-83 (Unternehmenszusammenschlüsse).

BIBERACHER, JOHANNES, Synergiemanagement und Synergiecontrolling, München 2003 (Synergiemanagement).

BLUM, ANDREAS, Unabhängigkeit des Unternehmenswerts von der Rechnungslegung des Unternehmens, in: BB 2008, S. 2170-2174 (Unabhängigkeit des Unternehmenswerts).

BLUMENTRITT, JÖRG, Unternehmensveräußerungen durch den Konzern, Bergisch Gladbach, Köln 1993 (Unternehmensveräußerungen).

BÖCKEM, HANNE/ISMAR, MICHAEL, Die Bilanzierung von Joint Arrangements nach IFRS 11, in: WPg 2011, S. 820-828 (Joint Arrangements).

BÖCKEM, HANNE/RÖHRICHT, VICTORIA, Joint Operation oder Joint Venture? Zur praktischen Umsetzung der Klassifizierungsvorgaben für Joint Arrangements nach IFRS 11, in: WPg 2014, S. 1032-1042 (Joint Operation oder Joint Venture).

BÖCKEM, HANNE/STIBI, BERND/ZOEGER, OLIVER, IFRS 10 „Consolidated Financial Statements“. Droht eine grundlegende Revision des Konsolidierungskreises?, in: KoR 2011, S. 399-409 (IFRS 10 „Consolidated Financial Statements“).

BORES, WILHELM, Konsolidierte Erfolgsbilanzen und andere Bilanzierungsmethoden für Konzerne und Kontrollgesellschaften, Leipzig 1935 (Konsolidierte Erfolgsbilanzen).

BRINKMANN, JÜRGEN, Zweckadäquanz der Rechnungslegung nach IFRS. Eine Untersuchung aus deutscher Sicht, Berlin 2006 (Zweckadäquanz).

BRÜCKS, MICHAEL/RICHTER, MICHAEL, Business Combinations (Phase II). Kritische Würdigung ausgewählter Vorschläge des IASB aus Sicht eines Anwenders, in: KoR 2005, S. 407-415 (Business Combinations (Phase II)).

BRÜCKS, MICHAEL/WIEDERHOLD, PHILIPP, IFRS 3 Business Combinations. Darstellung der neuen Regelungen des IASB und Vergleich mit SFAS 141 und SFAS 142, in: KoR 2004, S. 177-185 (IFRS 3 Business Combinations).

BRUNE, JENS WILFRIED, Einbeziehung von Bestandteilen des Other Comprehensive Income in den Erfolg aus einer Downstream-Übergangskonsolidierung, in: IRZ 2010, S. 159-162 (Einbeziehung des OCI).

BRUNE, JENS WILFRIED, Abschaffung und Fortbestand der quotalen Einbeziehung von Joint Arrangements in den IFRS-Konzernabschluss, in: IRZ 2011, S. 515-518 (Einbeziehung von Joint Arrangements).

BRYOIS, FABIEN, Business Combinations Phase II. Overview of forthcoming changes, in: Der Schweizer Treuhänder 2007, S. 933-936 (Business Combinations Phase II).

BUSSE VON COLBE, WALTHER, Die Equitymethode zur Bewertung von Beteiligungen im Konzernabschluß. Eine wichtige Neuerung für das deutsche Bilanzrecht, in: Zukunftsaspekte der anwendungsorientierten Betriebswirtschaftslehre. Erwin Grochla zum 65. Geburtstag gewidmet, hrsg. v. Gaugler, Eduard/Meissner, Hans G./Thom, Norbert, Stuttgart 1986, S. 249-266 (Equitymethode im Konzernabschluss).

BUSSE VON COLBE, WALTHER, Gefährdung des Kongruenzprinzips durch erfolgsneutrale Verrechnung von Aufwendungen im Konzernabschluß, in: Rechnungslegung. Entwicklungen bei der Bilanzierung und Prüfung von Kapitalgesellschaften, Festschrift zum 65. Geburtstag von Professor Dr. Dr. h. c. Karl-Heinz Forster, hrsg. v. Moxter, Adolf u. a. 1992, S. 125-138 (Gefährdung des Kongruenzprinzips).

BUSSE VON COLBE, WALTHER, Berücksichtigung von Synergien versus Stand-alone-Prinzip bei der Unternehmensbewertung, in: ZGR 1994, S. 595-609 (Berücksichtigung von Synergien).

BUSSE VON COLBE, WALTHER, Ausbau der Konzernrechnungslegung im Lichte internationaler Entwicklungen, in: ZGR 2000, S. 651-673 (Ausbau der Konzernrechnungslegung).

BUSSE VON COLBE, WALTHER, Ist die Bilanzierung des Firmenwerts nach dem Nonamortization-Impairment-Ansatz des SFAS-Entwurfs von 2001 mit § 292a HGB vereinbar?, in: DB 2001, S. 877-879 (Nonamortization-Impairment-Ansatz).

BUSSE VON COLBE, WALTHER, Geschäfts- oder Firmenwert, in: Handwörterbuch der Rechnungslegung und Prüfung, hrsg. v. Ballwieser, Wolfgang/Coenenberg, Adolf G./von Wysocki, Klaus, 3. Aufl., Stuttgart 2002, S. 884-899 (Geschäfts- oder Firmenwert).

BUSSE VON COLBE, WALTHER, Internationale Entwicklungstendenzen zur Einheitstheorie für den Konzernabschluss, in: Unternehmensrechnung – Konzeptionen und praktische Umsetzung, Festschrift zum 68. Geburtstag von Gerhard Scherrer, hrsg. v. Göbel, Stefan/Heni, Bernhard, München 2004, S. 41-63 (Entwicklungstendenzen).

BUSSE VON COLBE, WALTHER/CHMIELEWICZ, KLAUS, Das neue Bilanzrichtlinien-Gesetz, in: DBW 1986, S. 289-347 (Das neue Bilanzrichtlinien-Gesetz).

BUSSE VON COLBE, WALTHER/ORDELHEIDE, DIETER/GEBHARDT, GÜNTHER/PELLENS, BERNHARD, Konzernabschlüsse. Rechnungslegung nach betriebswirtschaftlichen Grundsätzen sowie nach Vorschriften des HGB und der IAS/IFRS, 9. Aufl., Wiesbaden 2010 (Konzernabschlüsse).

CASSEL, JOCHEN, Unternehmensbewertung im IFRS-Abschluss. Fair Value-Bewertung von Unternehmen und Sachgesamtheiten, Berlin 2012 (Unternehmensbewertung im IFRS-Abschluss).

CASTEDELLO, MARC/KLINGBEIL, CHRISTIAN, IFRS 13: Anwendungsfragen bei nichtfinanziellen Vermögenswerten in der Praxis, in: WPg 2012, S. 482-488 (IFRS 13: Anwendungsfragen).

CHARIFZADEH, MICHEL, Corporate Restructuring. Ein wertorientiertes Entscheidungsmodell, Lohmar [u. a.] 2002 (Corporate Restructuring).

CHERIDITO, YVES/HADEWICZ, TOMMY, Marktorientierte Unternehmensbewertung. Die wichtigsten Aspekte der immer stärker verbreiteten Bewertungsmethode mittels Market Multiples, in: Der Schweizer Treuhänder 2001, S. 321-330 (Marktorientierte Unternehmensbewertung).

CHERIDITO, YVES/SCHNELLER, THOMAS, Discounts und Premia in der Unternehmensbewertung. Sorgfältige Analyse und Anwendungshinweise unerlässlich, in: Der Schweizer Treuhänder 2008, S. 416-422 (Discounts und Premia in der Unternehmensbewertung).

COENENBERG, ADOLF G./BIBERACHER, JOHANNES, Synergiecontrolling – Instrument zur Wertsteigerung bei Akquisitionen, in: Organisation und Personal, Festschrift für Rolf Bühner, hrsg. v. Wildemann, Horst, München 2004, S. 753-795 (Synergiecontrolling).

COENENBERG, ADOLF G./SAUTTER, MICHAEL, Strategische und finanzielle Bewertung von Unternehmensakquisitionen, in: DBW 1988, S. 691-710 (Strategische und finanzielle Bewertung).

COENENBERG, ADOLF G./SCHULTZE, WOLFGANG, Das Multiplikator-Verfahren in der Unternehmensbewertung. Konzeption und Kritik, in: FB 2002, S. 697-703 (Multiplikator-Verfahren).

COENENBERG, ADOLF G./STRAUB, BARBARA, Rechenschaft versus Entscheidungsunterstützung: Harmonie oder Disharmonie der Rechnungszwecke?, in: KoR 2008, S. 17-26 (Rechenschaft versus Entscheidungsunterstützung).

COLLEY, RON J./VOLCAN, ARA G., Business Combinations: Goodwill and Push-Down Accounting, in: The CPA journal 1988, S. 74-76 (Goodwill and Push-Down Accounting).

CORNELL, BRADFORD, Guideline Public Company Valuation and Control Premiums. An Economic Analysis, verfügbar unter: http://people.hss.caltech.edu/~bcornell/PUBLICATIONS/2013%20Cornell%20-%20Control%20Premiums.pdf (Stand: 10.08.2016) (Company Valuation and Control Premiums).

DAMODARAN, ASWATH, Damodaran on valuation. Security analysis for investment and corporate finance, 2. Aufl., Hoboken 2006 (Damodaran on valuation).

DAMODARAN, ASWATH, The dark side of valuation. Valuing young, distressed, and complex businesses, 2. Aufl., Upper Saddle River 2010 (The dark side of valuation).

DETTENRIEDER, DOMINIK, Hedge Accounting in Industrieunternehmen nach IFRS 9, Lohmar [u. a.] 2014 (Hedge Accounting).

DIETRICH, ANITA/STOEK, CAROLIN, Wenn Schutzrechte zu Mitwirkungsrechten werden. Anwendung des IAS 28 auf reine Kreditbeziehungen bei Banken, in: IRZ 2013, S. 349-353 (Wenn Schutzrechte zu Mitwirkungsrechten werden).

DIRRIGL, HANS, Konzepte, Anwendungsbereiche und Grenzen einer strategischen Unternehmensbewertung, in: BFuP 1994, S. 409-432 (Strategische Unternehmensbewertung).

DOBLER, MICHAEL, Folgebewertung des Goodwill nach IFRS 3 und IAS 36, in: PiR 2005, S. 24-29 (Goodwill nach IFRS 3).

DOBLER, MICHAEL/DOBLER, SILVIA, Zweifelsfälle der Bewertung von zur Veräußerung gehaltenen Abgangsgruppen nach IFRS 5, in: KoR 2010, S. 353-356 (Zweifelsfälle).

DOMBRET, ANDREAS R., Übernahmeprämien im Rahmen von M&A-Transaktionen. Bestimmungsfaktoren und Entwicklungen in Deutschland, Frankreich, Großbritannien und den USA, Wiesbaden 2006 (Übernahmeprämien im Rahmen von M&A-Transaktionen).

DOMBRET, ANDREAS R./REINSCHMIDT, TIMO, Übernahmeprämien als Treiber des M&A-Geschäfts im internationalen Vergleich, in: Aktie und Kapitalmarkt. Anlegerschutz, Unternehmensfinanzierung und Finanzplatz, Festschrift für Professor Dr. Rüdiger von Rosen zum 65. Geburtstag, hrsg. v. Kley, Max D. u. a., Stuttgart 2008, S. 313-325 (Übernahmeprämien als Treiber des M&A-Geschäfts).

EBELING, RALF M., Die Einheitsfiktion als Grundlage der Konzernrechnungslegung. Aussagegehalt und Ansätze zur Weiterentwicklung des Konzernabschlusses nach deutschem HGB unter Berücksichtigung konsolidierungstechnischer Fragen, Stuttgart 1995 (Einheitsfiktion).

EBELING, RALF M./GAßMANN, JEANNETTE, Paradigmenwechsel in der Konzernrechnungslegung nach IFRS, in: Kapitalmarkt, Unternehmen und Information – Wertanalyse und Wertsteuerung von Unternehmen auf finanziellen Märkten, Festschrift für Reinhart Schmidt zum 65. Geburtstag, hrsg. v. Gramlich, Dieter/Hinz, Holger, Wiesbaden 2005, S. 107-126 (Paradigmenwechsel).

EBELING, RALF M./GAßMANN, JEANNETTE/ROTHENSTEIN, MARIO, Konsolidierungstechnik beim sukzessiven Unternehmenserwerb nach IFRS 3 und Business-Combinations-Projekt – Phase II, in: WPg 2005, S. 1027-1040 (Konsolidierungstechnik beim sukzessiven Unternehmenserwerb).

EBERT, MARK, Evaluation von Synergien bei Unternehmenszusammenschlüssen, Hamburg 1998 (Evaluation von Synergien).

EBERT, MICHAEL/SIMONS, DIRK, Bilanzpolitisches Potenzial im Rahmen der Goodwillbilanzierung. Transaktionsgestaltung beim Unternehmenserwerb, in: KoR 2009, S. 622-630 (Bilanzpolitisches Potenzial im Rahmen der Goodwillbilanzierung).

EISELE, WOLFGANG/RENTSCHLER, RALPH, Gemeinschaftsunternehmen im Konzernabschluß, in: BFuP 1989, S. 309-324 (Gemeinschaftsunternehmen im Konzernabschluß).

EISENSCHMIDT, KARSTEN/LABRENZ, HELFRIED, Abbildung gemeinschaftlicher Vereinbarungen nach IFRS 11. Konzeptionelle Ausrichtung und informationsökonomische Folgewirkungen, in: KoR 2014, S. 25-35 (Abbildung gemeinschaftlicher Vereinbarungen nach IFRS 11).

ELKART, WOLFGANG/HUNDT, KARL-HEINZ/MÜLLER, KLAUS, Probleme der Entkonsolidierung, in: Aktuelle Fachbeiträge aus Wirtschaftsprüfung und Beratung, Festschrift zum 65. Geburtstag von Professor Dr. Hans Luik, hrsg. v. Schitag Ernst & Young Gruppe, Stuttgart 1991, S. 53-89 (Probleme der Entkonsolidierung).

ERB, CARSTEN/PELGER, CHRISTOPH, Welche Vorstellungen hat der IASB vom neuen Rahmenkonzept?, in: WPg 2015, S. 1058-1064 (Vorstellungen vom neuen Rahmenkonzept).

ERCHINGER, HOLGER/MELCHER, WINFRIED, IFRS-Konzernrechnungslegung – Neuerungen nach IFRS 10, in: DB 2011, S. 1229-1238 (Neuerungen nach IFRS 10).

ESSER, MAIK, Goodwillbilanzierung nach SFAS 141/142. Eine ökonomische Analyse, Frankfurt am Main [u. a.] 2005 (Goodwillbilanzierung).

EWELT-KNAUER, CORINNA, Der Konzernabschluss als Berichtsinstrument der wirtschaftlichen Einheit. Zur Abgrenzung des Vollkonsolidierungskreises sowie zur bilanziellen Abbildung von Transaktionen mit Dritten, Lohmar [u. a.] 2010 (Der Konzernabschluss).

FALKENHAHN, GUNTHER, Änderungen der Beteiligungsstruktur an Tochterunternehmen im Konzernabschluss, Düsseldorf 2006 (Änderungen der Beteiligungsstruktur).

FIECHTER, PETER/MEYER, CONRAD, Full Goodwill Accounting. Umstrittene Behandlung des Goodwills, in: Der Schweizer Treuhänder 2008, S. 215-220 (Full Goodwill Accounting).

FINK, CHRISTIAN, Bilanzierung von Unternehmenszusammenschlüssen nach der Überarbeitung von IFRS 3, in: PiR 2008, S. 114-119 (Unternehmenszusammenschlüsse).

FISCHER, DANIEL T., Fair Value Measurement, in: PiR 2011, S. 235-238 (Fair Value Measurement).

FREIBERG, JENS, Gewinnrealisation bei Tauschgeschäften nach IFRS, in: PiR 2007, S. 171-173 (Gewinnrealisation bei Tauschgeschäften).

FREIBERG, JENS, Vom Minderheitenanteil zum nicht beherrschenden Anteil – mehr als eine Neuetikettierung?, in: PiR 2009, S. 210-212 (Vom Minderheitenanteil zum nicht beherrschenden Anteil).

FREIBERG, JENS, Ausstrahlung der (Voll-)Konsolidierungsmethoden auf assoziierte Unternehmen und joint arrangements, in: PiR 2011, S. 175-177 (Ausstrahlung der (Voll-)Konsolidierungsmethoden).

FREIBERG, JENS, Aktuelle Anwendungsfragen der Bilanzierung nach IFRS 5, in: PiR 2011, S. 142-145 (Anwendungsfragen der Bilanzierung nach IFRS 5).

FREIBERG, JENS, Fair value: mark-to-muppets statt mark-to-market? Pro & Contra, in: PiR 2012, S. 157 (Fair value: mark-to-muppets).

FREIBERG, JENS, Abbildung einer joint operation nach Beteiligungs- oder Abnahmequote?, in: PiR 2014, S. 59-62 (Abbildung einer joint operation).

FREIBERG, JENS, Die fair value-Bewertung im Spannungsverhältnis von relevance und reliability. Bewertung der Beteiligung als Ganzes oder über Preis x Anzahl, in: PiR 2015, S. 42-47 (Die fair value-Bewertung).

FREIBERG, JENS/TEUFEL, CRISPIN, Neue Herausforderungen in der Abgrenzung des Konsolidierungskreises. Anwendung des IFRS 10 und IFRS 11, in: Der Konzern 2013, S. 9-16 (Abgrenzung des Konsolidierungskreises).

FUCHS, MARKUS/STIBI, BERND, IFRS 11 „Joint Arrangements“. Lange erwartet und doch noch mit (kleinen) Überraschungen?, in: BB 2011, S. 1451-1455 (IFRS 11 Joint Arrangements).

FÜGL, EKKEHARD, Die Bilanzierung von Beteiligungen. Ausweis und Bewertung von Beteiligungen unter besonderer Berücksichtigung des Beteiligungsfondsgesetzes, Wien 1987 (Die Bilanzierung von Beteiligungen).

GABER, CHRISTIAN, Der Erfolgsausweis im Wettstreit zwischen Prognosefähigkeit und Kongruenz, in: BFuP 2005, S. 279-295 (Prognosefähigkeit und Kongruenz).

GALLASCH, FLORIAN, Die Bilanzierung von Versicherungsverträgen nach IFRS 4 Phase II. Das Bewertungsmodell für Erst- und passive Rückversicherungsverträge im Schaden- und Unfallbereich, Lohmar [u. a.] 2014 (Bilanzierung von Versicherungsverträgen).

GASSEN, JOACHIM/FISCHKIN, MICHAEL/HILL, VERENA, Das Rahmenkonzept-Projekt des IASB und des FASB. Eine normendeskriptive Analyse des aktuellen Stands, in: WPg 2008, S. 874-882 (Rahmenkonzept-Projekt).

GEBHARDT, GÜNTHER/MORA, ARACELI/WAGENHOFER, ALFRED, Revisiting the Fundamental Concepts of IFRS, in: Abacus 2014, S. 107-116 (Revisiting the Fundamental Concepts of IFRS).

GIMPEL-HENNING, NILS, Sukzessive Anteilserwerbe im IFRS-Abschluss. Bilanzielle Auswirkungen des Statuswechsels von Unternehmensbeteiligungen, Lohmar [u. a.] 2015 (Sukzessive Anteilserwerbe).

GLEIßNER, WERNER/KNIEST, WOLFGANG, Unternehmensbewertung oder Aktienbewertung?, in: BewertungsPraktiker 2011, S. 28-29 (Unternehmensbewertung oder Aktienbewertung).

GRIESAR, PATRICK, Verschmelzung und Konzernabschluß. Konsolidierungsanforderungen und Konsolidierungsmethoden – Am Beispiel der Aufnahme eines konzernfremden Unternehmens durch ein Konzernbeteiligungsunternehmen, Düsseldorf 1998 (Verschmelzung und Konzernabschluß).

GROSS, GERHARD/SCHRUFF, LOTHAR/VON WYSOCKI, KLAUS, Der Konzernabschluß nach neuem Recht. Aufstellung, Prüfung, Offenlegung, Düsseldorf 1987 (Der Konzernabschluß).

GRÜNBERGER, DAVID/GRÜNBERGER, HERBERT, Business Combinations (Phase II). Richtungsweisende Beschlüsse des IASB, in: StuB 2003, S. 218-220 (Business Combinations (Phase II)).

GRÜNE, MICHAEL/BURKARD, WOLFGANG, Konsolidierung aufgegebener Geschäftsbereiche. Konflikt zwischen IAS 27 und IFRS 5?, in: IRZ 2009, S. 475-481 (Konsolidierung aufgegebener Geschäftsbereiche).

GSCHREI, MICHAEL JEAN, Beteiligungen im Jahresabschluß und Konzernabschluß, Heidelberg 1990 (Beteiligungen).

HAAKER, ANDREAS, Die Zuordnung des Goodwill auf Cash Generating Units zum Zweck des Impairment-Tests nach IFRS. Zur Notwendigkeit der Berücksichtigung eines „negativen Goodwill" auf Ebene der Cash Generating Units, in: KoR 2005, S. 426-434 (Zuordnung des Goodwill auf CGU).

HAAKER, ANDREAS, Potential der Goodwill-Bilanzierung nach IFRS für eine Konvergenz im wertorientierten Rechnungswesen. Eine messtheoretische Analyse, Wiesbaden 2008 (Goodwill-Bilanzierung).

HAAKER, ANDREAS, Zur Ausübung des Full-Goodwill-Wahlrechts nach IFRS 3 (2008). Beteiligungsproportionale oder Full-Goodwill-Bilanzierung?, in: CFO aktuell 2008, S. 238-241 (Full-Goodwill-Wahlrecht nach IFRS 3).

HAAKER, ANDREAS/FREIBERG, JENS, OCI als Mülleimer?, in: PiR 2014, S. 213-214 (OCI als Mülleimer).

HACHMEISTER, DIRK, Bilanzielle Bewertung von Beteiligungen nach IFRS, in: Private Equity. Beurteilungs- und Bewertungsverfahren von Kapitalbeteiligungsgesellschaften, hrsg. v. Gleißner, Werner/Schaller, Armin, Weinheim 2008, S. 225-240 (Bewertung von Beteiligungen).

HACHMEISTER, DIRK, Neuregelung der Bilanzierung von Unternehmenszusammenschlüssen nach IFRS 3 (2008), in: IRZ 2008, S. 115-122 (Unternehmenszusammenschlüsse).

HACHMEISTER, DIRK/HERMENS, ANN-SOPHIE, Möglichkeiten und Grenzen der Bilanzpolitik durch veränderte Einflussnahme und Goodwillbilanzierung, in: BFuP 2011, S. 37-52 (Bilanzpolitik durch veränderte Einflussnahme).

HACHMEISTER, DIRK/KUNATH, OLIVER, Die Bilanzierung des Geschäfts- oder Firmenwerts im Übergang auf IFRS 3, in: KoR 2005, S. 62-75 (Bilanzierung des Geschäfts- oder Firmenwerts).

HACHMEISTER, DIRK/RUTHARDT, FREDERIK, Vom Unternehmenswert zum Anteilswert: Vorzugs- und Stammaktien im Ertragswertkalkül, in: BB 2014, S. 427-431 (Vom Unternehmenswert zum Anteilswert).

HALLER, AXEL/SCHLOßGANGL, MARIA, Notwendigkeit einer Neugestaltung des Performance Reporting nach International Accounting (Financial Reporting) Standards. Konzeptionelle und empirische Evidenzen, in: KoR 2003, S. 317-327 (Performance Reporting).

HALLER, AXEL/SCHLOßGANGL, MARIA, Shortcomings of performance reporting under IAS/IFRS: a conceptual and empirical study, in: International Journal of Accounting, Auditing and Performance Evaluation 2005, S. 281-299 (Shortcomings of performance reporting).

HANOUNA, PAUL/SARIN, ATULYA/SHAPIRO, ALAN C., Value of Corporate Control. Some International Evidence, verfügbar unter: http://papers.ssrn.com/sol3/papers.cfm?abstract_id=286787 (Stand: 10.08.2016) (Value of Corporate Control).

HAYN, BENITA, Konsolidierungstechnik bei Erwerb und Veräußerung von Anteilen. Ein Leitfaden zur praktischen Umsetzung der Erst-, Übergangs- und Endkonsolidierung, Herne 1999 (Konsolidierungstechnik).

HAYN, BENITA/HAYN, SVEN, Neuausrichtung der Konzernrechnungslegung nach IFRS – Current Status, in: IRZ 2006, S. 73-82 (Neuausrichtung).

HAYN, BENITA/KÜTING, KARLHEINZ, Beendigung der Vollkonsolidierung von Tochterunternehmen, in: BB 1999, S. 2072-2078 (Beendigung der Vollkonsolidierung).

HAYN, SVEN, Entwicklungstendenzen im Rahmen der Anwendung von IFRS in der Konzernrechnungslegung, in: BFuP 2005, S. 424-439 (Entwicklungstendenzen).

HELLING, NICO U., Strategieorientierte Unternehmensbewertung. Instrumente und Techniken, Wiesbaden 1994 (Strategieorientierte Unternehmensbewertung).

HENDLER, MATTHIAS/ZÜLCH, HENNING, Unternehmenszusammenschlüsse und Änderung von Beteiligungsverhältnissen bei Tochterunternehmen – die neuen Regelungen des IFRS 3 und IAS 27, in: WPg 2008, S. 484-493 (Änderung von Beteiligungsverhältnissen).

HENNING, STEVEN L./LEWIS, BARRY L./SHAW, WAYNE H., Valuation of the Components of Purchased Goodwill, in: Journal of Accounting Research 2000, S. 375-386 (Valuation of the Components of Purchased Goodwill).

HERRMANN, DAGMAR, Probleme der Übergangskonsolidierung im Konzernabschluß, in: WPg 1994, S. 821-832 (Probleme der Übergangskonsolidierung).

HERRMANN, DAGMAR, Die Änderung von Beteiligungsverhältnissen im Konzernabschluss. Eine Untersuchung der Übergangskonsolidierung unter Berücksichtigung der Endkonsolidierung, Düsseldorf 1994 (Änderung von Beteiligungsverhältnissen).

HETTICH, SILVIA, Zweckadäquate Gewinnermittlungsregeln, Frankfurt am Main [u. a.] 2006 (Zweckadäquate Gewinnermittlungsregeln).

HEYD, REINHARD, Internationale Rechnungslegung, Stuttgart 2003 (Internationale Rechnungslegung).

HINRICHS, STEPHAN, Der „maßgebliche Einfluss“ als Definitionskriterium assoziierter Unternehmen, in: DB 1989, S. 1733-1736 (Der „maßgebliche Einfluss“ als Definitionskriterium).

HINZ, MICHAEL, Der Konzernabschluss als Instrument zur Informationsvermittlung und Ausschüttungsbemessung, Wiesbaden 2002 (Konzernabschluss als Instrument zur Informationsvermittlung).

HITZ, JÖRG-MARKUS, Fair Value in der IFRS-Rechnungslegung. Konzeption, Inhalt und Zweckmäßigkeit, in: WPg 2005, S. 1013-1026 (Fair Value in der IFRS-Rechnungslegung).

HITZ, JÖRG-MARKUS/ZACHOW, JANNIS, Vereinheitlichung des Wertmaßstabs „beizulegender Zeitwert“ durch IFRS 13 „Fair Value Measurement“, in: WPg 2011, S. 964-972 (Vereinheitlichung durch IFRS 13).

HOEHNE, FELIX, Veräußerung von Anteilen an Tochterunternehmen im IFRS-Konzernabschluss. End- und Übergangskonsolidierung, Wiesbaden 2009 (Veräußerung von Anteilen).

HOFFMANN, WOLF-DIETER, Tauschgeschäfte, in: PiR 2013, S. 33-34 (Tauschgeschäfte).

HOFMANN, ERIK, Strategisches Synergie- und Dyssynergiemanagement, Lohmar [u. a.] 2004 (Synergie- und Dyssynergiemanagement).

HOFMANN, ERIK, Realisierung von Synergien und Vermeidung von Dyssynergien. Eine zentrale Herausforderung für das Pre und Post Merger Controlling, in: Controlling 2005, S. 483-489 (Realisierung von Synergien).

HÖFNER, SEBASTIAN, Die Klassifizierung und konsolidierungstechnische Behandlung von joint operations nach IFRS 11. Offene Fragen der Anwendung und mögliche Lösungen, in: Rechnungslegung im Spannungsfeld von Kosten-Nutzen-Überlegungen, hrsg. v. Küting, Peter/Pfitzer, Norbert/Weber, Claus-Peter, Stuttgart 2014, S. 55-77 (Joint Operations nach IFRS 11).

HOLLMANN, SEBASTIAN, Reporting Performance. Analyse des Ausweises der Erträge und Aufwendungen in einem Abschluss nach den Rechnungslegungsvorschriften des IASB, Düsseldorf 2003 (Reporting Performance).

HOMMEL, MICHAEL/BENKEL, MURIEL/WICH, STEFAN, IFRS 3 Business Combinations: Neue Unwägbarkeiten im Jahresabschluss, in: BB 2004, S. 1267-1273 (IFRS 3 Business Combinations).

HOMMEL, MICHAEL/FRANKE, FLORIAN/RÖẞLER, BETTINA, Die bilanzielle Behandlung des Minderheitengoodwill gemäß Bilanzrechtsmodernisierungsgesetz, IAS 27 und IFRS 3, in: Der Konzern 2008, S. 157-166 (Minderheitengoodwill).

HÜNING, MICHAEL, Kongruenzprinzip und Rechnungslegung von Sachanlagen nach IFRS, Lohmar [u. a.] 2007 (Kongruenzprinzip nach IFRS).

HUSMANN, RAINER/HETTICH, SILVIA, Aufkauf von Minderheitsanteilen im IFRS-Konzernabschluss, in: PiR 2008, S. 150-155 (Aufkauf von Minderheitsanteilen).

IDW (Hrsg.), IDW-Standard: Grundsätze zur Durchführung von Unternehmensbewertungen (IDW S 1 i.d.F. 2008), in: FN-IDW 2008, S. 271-292 (IDW S 1 (2008)).

IDW (Hrsg.), WP Handbuch 2012. Wirtschaftsprüfung, Rechnungslegung, Beratung (Band I), 14. Aufl., Düsseldorf 2012 (WP Handbuch Bd. I).

IDW (Hrsg.), WP Handbuch 2014. Wirtschaftsprüfung, Rechnungslegung, Beratung (Band II), 14. Aufl., Düsseldorf 2013 (WP Handbuch Bd. II).

IJRI, YUJI/JAEDICKE, ROBERT K., Reliability and Objectivity of Accounting Measurements, in: The Accounting Review 1966, S. 474-483 (Reliability and Objectivity).

JÄGER, RAINER/HIMMEL, HOLGER, Die Fair Value-Bewertung immaterieller Vermögenswerte vor dem Hintergrund der Umsetzung internationaler Rechnungslegungsstandards, in: BFuP 2003, S. 417-440 (Fair Value-Bewertung).

JENSEN, MICHAEL C./RUBACK, RICHARD S., The Market for Corporate Control. The Scientific Evidence, in: Journal of Financial Economics 1983, S. 5-50 (The Market for Corporate Control).

JOHNSON, L. TODD/PETRONE, KIMBERLEY R., Is Goodwill an Asset?, in: Accounting Horizons 1999, S. 293-303 (Is Goodwill an Asset?).

KAHLE, HOLGER, Die neue Goodwill-Bilanzierung nach US-GAAP – Bilanzierung nach Belieben? (Teil A), in: StuB 2002, S. 849-858 (Goodwill-Bilanzierung nach US-GAAP).

KIRSCH, HANNO, Conceptual Framework für Phase A. Zielsetzung der Finanzberichterstattung und qualitative Anforderungen an die Rechnungslegung, in: DStZ 2011, S. 26-35 (Conceptual Framework für Phase A).

KIRSCH, HANS-JÜRGEN/KOELEN, PETER, IFRS-Rechnungslegung und Unternehmensbewertung. Möglichkeiten und Grenzen für Ersteller und Analysten, in: IFRS-Management. Interessenschutz auf dem Prüfstand. Treffsichere Unternehmensbeurteilung. Konsequenzen für das Management, hrsg. v. Heyd, Reinhard/von Keitz, Isabel, München 2007, S. 279-301 (IFRS-Rechnungslegung und Unternehmensbewertung).

KIRSCH, HANS-JÜRGEN/KOELEN, PETER/KÖHLING, KATHRIN, Möglichkeiten und Grenzen des management approach. Eine Analyse unter besonderer Berücksichtigung des Nutzungswerts des IAS 36, in: KoR 2010, S. 200-207 (Möglichkeiten und Grenzen des management approach).

KIRSCH, HANS-JÜRGEN/KOELEN, PETER/OLBRICH, ALEXANDER/DETTENRIEDER, DOMINIK, Die Bedeutung der Verlässlichkeit der Berichterstattung im Conceptual Framework des IASB und des FASB, in: WPg 2012, S. 762-771 (Bedeutung der Verlässlichkeit).

KLÖNNE, HENNER, Objektivierte Bewertung und Verteilung von Synergieeffekten bei gesellschaftsrechtlich bedingten Unternehmensbewertungen, Düsseldorf 2013 (Bewertung und Verteilung von Synergieeffekten).

KLOSE, NILS-CHRISTIAN, Kapitalkonsolidierungs- und Bewertungsmethoden in der Konzernrechnungslegung nach IFRS. Bestandsaufnahme und ökonomische Analyse mit Reformvorschlag anhand der Darstellung der Übergangskonsolidierung mit speziellem Fokus auf der goodwill-Bilanzierung, Aachen 2014 (Konzernrechnungslegung nach IFRS).

KOELEN, PETER, Investitionstheoretische Bewertungskalküle in der IFRS-Rechnungslegung. Möglichkeiten und Grenzen einer unternehmenswertorientierten Berichterstattung, Lohmar [u. a.] 2009 (Investitionstheoretische Bewertungskalküle).

KÖNIGSMAIER, HEINZ, Wechsel der Konsolidierungsart. Übergang von der Vollkonsolidierung auf die Equitymethode, in: SWK 1999, S. 647-651 (Wechsel der Konsolidierungsart).

KÖNIGSMAIER, HEINZ, Zwischenergebniseliminierung und Endkonsolidierung, in: BB 2000, S. 191-196 (Zwischenergebniseliminierung und Endkonsolidierung).

KOSIOL, ERICH, Bilanzreform und Einheitsbilanz. Grundlegende Studien zu den Möglichkeiten einer Rationalisierung der periodischen Erfolgsrechnung, 2. Aufl., Berlin [u. a.] 1949 (Bilanzreform und Einheitsbilanz).

KPMG (Hrsg.), Cost of Capital Study 2015. Value encancement in the interplay of risks and returns, verfügbar unter: https://assets.kpmg.com/content/dam/kpmg/pdf/2016/01/kpmg-cost-of-capital-study-2015.pdf (Stand: 10.08.2016) (Cost of Capital Study 2015).

KRÄMLING, MARKUS, Der Goodwill aus der Kapitalkonsolidierung. Bestandsaufnahme der Bilanzierungspraxis und deren Relevanz für die Aktienbewertung, Frankfurt am Main [u. a.] 1998 (Der Goodwill).

KRAUS-GRÜNEWALD, MARION, Gibt es einen objektiven Unternehmenswert? Zur besonderen Problematik der Preisfindung bei Unternehmenstransaktionen, in: BB 1995, S. 1839-1844 (Gibt es einen objektiven Unternehmenswert?).

KRÜMMEL, HANS-JAKOB, Pagatorisches Prinzip und nominelle Kapitalerhaltung, in: Rechnungslegung. Entwicklungen bei der Bilanzierung und Prüfung von Kapitalgesellschaften, Festschrift zum 65. Geburtstag von Professor Dr. Dr. h. c. Karl-Heinz Forster, hrsg. v. Moxter, Adolf u. a., Düsseldorf 1992, S. 307-320 (Pagatorisches Prinzip).

KÜHNBERGER, MANFRED, Die Full Goodwill Methode: Ein zu Recht vernachlässigtes Thema?, in: Der Konzern 2012, S. 449-455 (Die Full Goodwill Methode).

KÜHNBERGER, MANFRED, Fair Value Accounting, Bilanzpolitik und die Qualität von IFRS-Abschlüssen. Ein Überblick über ausgewählte Aspekte der Fair Value-Bewertung, in: ZfbF 2014, S. 428-450 (Fair Value Accounting).

KUHNER, CHRISTOPH/BOTHEN, DARIO, Die Bedeutung der Other Comprehensive Income-Positionen vor dem Hintergrund der Neuformulierung des IASB-Framework, in: KoR 2016, S. 161-168 (Bedeutung der Other-Comprehensive Income-Positionen).

KÜMMEL, JENS, Grundsätze für die Fair Value-Ermittlung mit Barwertkalkülen. Eine Untersuchung auf der Grundlage des Statement of Financial Accounting Concepts No. 7, Düsseldorf 2002 (Grundsätze für die Fair Value-Ermittlung).

KUßMAUL, HEINZ/WEILER, DENNIS, Fair Value-Bewertung im Licht aktueller Entwicklungen (Teil 1), in: KoR 2009, S. 163-171 (Fair Value-Bewertung).

KUSTNER, CLEMENS, Beteiligungsbewertung im Konzernabschluss. Plädoyer für den Ersatz der Equity Methode durch die Fair Value-Bewertung, Bamberg 2002 (Beteiligungsbewertung im Konzernabschluss).

KÜTING, KARLHEINZ, Zur Bedeutung und Analyse von Verbundeffekten im Rahmen der Unternehmensbewertung, in: BFuP 1981, S. 175-189 (Bedeutung und Analyse von Verbundeffekten).

KÜTING, KARLHEINZ, Der Geschäfts- oder Firmenwert in der deutschen Konsolidierungspraxis 2005. Ein Beitrag zur empirischen Rechnungslegungsforschung, in: DStR 2006, S. 1665-1671 (GoF in der Konsolidierungspraxis 2005).

KÜTING, KARLHEINZ/CASSEL, JOCHEN, Zur Hierarchie der Unternehmensbewertungsverfahren bei der Fair Value-Bewertung, in: KoR 2012, S. 322-328 (Hierarchie der Unternehmensbewertungsverfahren).

KÜTING, KARLHEINZ/CASSEL, JOCHEN, Anteilige Marktkapitalisierung = fair value? Zu kurz oder zu Ende gedacht?, in: DB 2013, S. 2633-2640 (Anteilige Marktkapitalisierung).

KÜTING, KARLHEINZ/DAWO, SASCHA, Bilanzpolitische Gestaltungspotenziale im Rahmen der International Financial Reporting Standards (IFRS). Bewertungsfragen insbesondere bei immateriellen Werten, in: StuB, S. 1205-1213 (Gestaltungspotenziale im Rahmen der IFRS).

KÜTING, KARLHEINZ/ELPRANA, KAI/WIRTH, JOHANNES, Sukzessive Anteilserwerbe in der Konzernrechnungslegung nach IAS 22/ED 3 und dem Business Combinations Project (Phase II), in: KoR 2003, S. 477-490 (Sukzessive Anteilserwerbe).

KÜTING, KARLHEINZ/HAYN, BENITA, Erst- und Endkonsolidierung nach der Erwerbsmethode, in: DStR 1997, S. 1941-1948 (Erst- und Endkonsolidierung).

KÜTING, KARLHEINZ/HAYN, MARC, Anwendungsgrenzen des Gesamtbewertungskonzepts in der IFRS-Rechnungslegung, in: BB 2006, S. 1211-1217 (Gesamtbewertungskonzept IFRS).

KÜTING, KARLHEINZ/HÖFNER, SEBASTIAN, Die konsolidierungstechnische Behandlung des Statuswechsels eines Gemeinschaftsunternehmens zum assoziierten Unternehmen. Procedere de lege lata und Ausblick de lege ferenda, in: KoR 2013, S. 88-97 (Statuswechsel eines Gemeinschaftsunternehmens zum assoziierten Unternehmen).

KÜTING, KARLHEINZ/KAISER, THOMAS, Fair Value-Accounting – Zu komplex für den Kapitalmarkt?, in: Corporate Finance biz 2010, S. 375-386 (Fair Value-Accounting).

KÜTING, KARLHEINZ/KOCH, CHRISTIAN, Der Goodwill in der deutschen Bilanzierungspraxis, in: StuB 2003, S. 49-54 (Goodwill in der deutschen Bilanzierungspraxis).

KÜTING, KARLHEINZ/LAUER, PETER, Die Jahresabschlusszwecke nach HGB und IFRS – Polarität oder Konvergenz? Zugleich eine Würdigung von Wolfgang Stützel, in: DB 2011, S. 1985-1991 (Jahresabschlusszwecke nach HGB und IFRS).

KÜTING, KARLHEINZ/MOJADADR, MANA, Das neue Control-Konzept nach IFRS 10. IFRS 10 „Consolidated Financial Statements" stellt die Konzerne bereits jetzt vor enorme Herausforderungen, in: KoR 2011, S. 273-285 (Control-Konzept nach IFRS 10).

KÜTING, KARLHEINZ/MOJADADR, MANA, Komplexität des mehrstufigen Prüfungsansatzes der kapitalmarktorientierten Konzernrechnungslegungspflicht (Teil I). Zugleich ein Vergleich der Beherrschungskonzepte nach HGB und IFRS, in: DStR 2012, S. 199-204 (Konzernrechnungslegungspflicht).

KÜTING, KARLHEINZ/PFITZER, NORBERT/WEBER, CLAUS-PETER, IFRS oder HGB? Systemvergleich und Beurteilung, 2. Aufl., Stuttgart 2013 (IFRS oder HGB?).

KÜTING, KARLHEINZ/SEEL, CHRISTOPH, Die Abgrenzung und Bilanzierung von joint arrangements nach IFRS 11. Änderungen aus der grundlegenden Überarbeitung des IAS 31 und Auswirkungen auf die Bilanzierungspraxis, in: KoR 2011, S. 342-350 (Bilanzierung von joint arrangements).

KÜTING, KARLHEINZ/SEEL, CHRISTOPH, Konvergenz der Equity-Methode zwischen neuem HGB und IFRS? Unterschiede und Gemeinsamkeiten nach BilMoG und IFRS 3, in: DB 2011, S. 1005-1013 (Konvergenz der Equity-Methode).

KÜTING, KARLHEINZ/SEEL, CHRISTOPH, Die quotale Einbeziehung nach IFRS 11. Unterschiede zur Quotenkonsolidierung gem. IAS 31 und praktischer Anwendungsbereich, in: WPg 2012, S. 587-595 (Quotale Einbeziehung nach IFRS 11).

KÜTING, KARLHEINZ/SEEL, CHRISTOPH, Die gemeinschaftliche Beherrschung nach IFRS 11. Unterschiede und Gemeinsamkeiten zu IAS 31, in: KoR 2012, S. 452-460 (Die gemeinschaftliche Beherrschung nach IFRS 11).

KÜTING, KARLHEINZ/SEEL, CHRISTOPH/STRAUß, MARC, Die Änderung der Beteiligungshöhe als konsolidierungstechnisches Problem. Zum Wirrwarr der Konsolidierungsbegriffe nach HGB und IFRS, in: IRZ 2011, S. 175-183 (Änderung der Beteiligungshöhe).

KÜTING, KARLHEINZ/WEBER, CLAUS-PETER, Der Konzernabschluss. Praxis der Konzernrechnungslegung nach HGB und IFRS, 13. Aufl., Stuttgart 2012 (Der Konzernabschluss).

KÜTING, KARLHEINZ/WEBER, CLAUS-PETER/WIRTH, JOHANNES, Die neue Goodwill-Bilanzierung nach SFAS 142. Ist der Weg frei für eine neue Akquisitionswelle?, in: KoR 2001, S. 185-198 (Goodwill-Bilanzierung nach SFAS 142).

KÜTING, KARLHEINZ/WEBER, CLAUS-PETER/WIRTH, JOHANNES, Bilanzierung von Anteilsverkäufen an bislang vollkonsolidierten Tochterunternehmen nach IFRS, in: DStR 2004, S. 876-884 (Bilanzierung von Anteilsverkäufen).

KÜTING, KARLHEINZ/WEBER, CLAUS-PETER/WIRTH, JOHANNES, Die Goodwillbilanzierung im finalisierten Business Combinations Project Phase II. Erstkonsolidierung, Werthaltigkeitstest und Endkonsolidierung, in: KoR 2008, S. 139-152 (Goodwillbilanzierung).

KÜTING, KARLHEINZ/WIRTH, JOHANNES, Bilanzierung von Unternehmenszusammenschlüssen nach IFRS 3, in: KoR 2004, S. 167-177 (Unternehmenszusammenschlüsse nach IFRS 3).

KÜTING, KARLHEINZ/WIRTH, JOHANNES, Die Berücksichtigung von Geschäfts- oder Firmenwerten bei der Endkonsolidierung von Tochterunternehmen unter Geltung von IAS 36 (rev. 2004), in: WPg 2005, S. 704-713 (Geschäfts- oder Firmenwert bei der Endkonsolidierung).

KÜTING, KARLHEINZ/WIRTH, JOHANNES, Implikationen von IAS 36 (rev. 2004) auf die Firmenwertberücksichtigung bei einer teilweisen Endkonsolidierung ohne Wechsel der Konsolidierungsmethode, in: KoR 2005, S. 415-426 (Implikationen von IAS 36).

KÜTING, KARLHEINZ/WIRTH, JOHANNES, Goodwillbilanzierung im neuen Near Final Draft zu Business Combinations Phase II. Implikationen des geplanten Wahlrechts bei der Goodwillbilanzierung, in: KoR 2007, S. 460-469 (Goodwillbilanzierung im Near Final Draft).

KÜTING, KARLHEINZ/WIRTH, JOHANNES, Controlerlangung über Tochterunternehmen mittels sukzessiver Anteilserwerbe. Szenarien der Übergangskonsolidierung in der IFRS-Konzernrechnungslegung nach BC-II – Teil 1, in: KoR 2010, S. 362-371 (Sukzessiver Anteilserwerb).

KÜTING, PETER, Konzerninterne Umstrukturierungen. Beteiligungspolitische Grundlagen; Konsolidierungspraxis (HGB/IFRS); Firmenwertbilanzierung, Stuttgart 2012 (Konzerninterne Umstrukturierungen).

LE COUTRE, WALTER, Beteiligungen, in: Handwörterbuch der Betriebswirtschaft, hrsg. v. Seischab, Hans/Schwantag, Karl, 3. Aufl., Stuttgart 1956, S. 733-736 (Beteiligungen).

LECHNER, HUBERT, Negative Synergien bei Unternehmenszusammenschlüssen. Systematisierung und Operationalisierung, München 2007 (Negative Synergien).

LECHNER, KARL, Rechnungstheorie der Unternehmung, in: Handwörterbuch des Rechnungswesens, hrsg. v. Kosiol, Erich/Chmielewicz, Klaus/Schweitzer, Marcell, 2. Aufl., Stuttgart 1981, S. 1407-1415 (Rechnungstheorie der Unternehmung).

LEFFSON, ULRICH, Die Grundsätze ordnungsmäßiger Buchführung, 1. Aufl., Düsseldorf 1964 (Grundsätze ordnungsmäßiger Buchführung, 1. Aufl.).

LEFFSON, ULRICH, Die Grundsätze ordnungsmäßiger Buchführung, 7. Aufl., Düsseldorf 1987 (Grundsätze ordnungsmäßiger Buchführung, 7. Aufl.).

LEITNER-HANETSEDER, SUSANNE/REBHAN, ELISABETH, Praxis der Goodwill-Bilanzierung der DAX-30-Unternehmen, in: IRZ 2012, S. 157-162 (Praxis der Goodwill-Bilanzierung).

LENNARD, ANDREW, Stewardship and the Objectives of Financial Statements. A Comment on IASB's Preliminary Views on an Improved Conceptual Framework for Financial Reporting: The Objective of Financial Reporting and Qualitative Characteristics of Decision-Useful Financial Reporting Information, in: Accounting in Europe 2007, S. 51-66 (Stewardship).

LEUNIG, MANFRED, Die Bilanzierung von Beteiligungen. Eine bilanztheoretische Untersuchung, Düsseldorf 1970 (Die Bilanzierung von Beteiligungen).

LIECK, HANS, Bilanzierung von Umwandlungen nach IFRS, Wiesbaden 2011 (Bilanzierung von Umwandlungen).

LÖHNERT, PETER G./BÖCKMANN, ULRICH J., Multiplikatorverfahren in der Unternehmensbewertung, in: Praxishandbuch der Unternehmensbewertung. Grundlagen und Methoden, Bewertungsverfahren, Besonderheiten bei der Bewertung, hrsg. v. Peemöller, Volker H., 6. Aufl., Herne 2015, S. 785-806 (Multiplikatorverfahren).

LOPATTA, KERSTIN, Goodwillbilanzierung und Informationsvermittlung nach internationalen Rechnungslegungsstandards. Business Combinations (IFRS, US-GAAP), Kaufpreisallokation, Impairment Test, Konvergenzbestrebungen, Wiesbaden 2006 (Goodwillbilanzierung und Informationsvermittlung).

LORSON, PETER/GATTUNG, ANDREAS, Die Forderung nach einer „faithful representation“. Verhältnis zur Objektivität, Neutralität und Nachprüfbarkeit, in: KoR 2008, S. 556-565 (Forderung nach einer „faithful representation“).

LÜCK, WOLFGANG, Rechnungslegung im Konzern, Stuttgart 1994 (Rechnungslegung im Konzern).

LÜDENBACH, NORBERT, Other comprehensive income und eliminierte Zwischengewinne bei Abwärtskonsolidierung eines Tochterunternehmens, in: PiR 2010, S. 28-30 (OCI und Zwischengewinne).

LÜDENBACH, NORBERT/FREIBERG, JENS, Der Beherrschungsbegriff des IFRS 10. Anwendung auf normale vs. strukturierte Unternehmen, in: PiR 2012, S. 41-50 (Beherrschungsbegriff des IFRS 10).

LÜDENBACH, NORBERT/HOFFMANN, WOLF-DIETER, Übergangskonsolidierung und Auf- oder Abstockung von Mehrheitsbeteiligungen nach ED IAS 27 und ED IFRS 3, in: DB 2005, S. 1805-1811 (Übergangskonsolidierung nach ED IFRS 3).

LÜDENBACH, NORBERT/SCHUBERT, DANIEL, Gemeinschaftliche Vereinbarungen (joint arrangements) nach IFRS 11. Darstellung und kritische Würdigung des neuen Standards, in: PiR 2012, S. 1-7 (Gemeinschaftliche Vereinbarungen).

MA, RONALD/HOPKINS, ROGER, Goodwill – An Example of Puzzle-Solving in Accounting, in: Abacus 1988, S. 75-85 (Goodwill).

MACKENSTEDT, ANDREAS/FLADUNG, HANS-DIETER/HIMMEL, HOLGER, Ausgewählte Aspekte bei der Bestimmung beizulegender Zeitwerte nach IFRS 3. Anmerkungen zu IDW RS HFA 16, in: WPg 2006, S. 1037-1048 (Bestimmung beizulegender Zeitwerte nach IFRS 3).

MANDL, GERWALD/RABEL, KLAUS, Unternehmensbewertung. Eine praxisorientierte Einführung, Wien 1997 (Unternehmensbewertung).

MERCER, Z. CHRISTOPHER/HARMS, TRAVIS W., Business Valuation. An Integrated Theory, 2. Aufl., Hoboken 2008 (Business Valuation).

MEYER, MARCO, Abgrenzung von substanziellen Rechten und Schutzrechten auf der Grundlage von IFRS 10. Einzelfragen zu IFRS 10, in: PiR 2012, S. 269-275 (Substanzielle Rechte und Schutzrechte).

MEYER, MARCO, Business Combinations auf dem Prüfstand. Ergebnisse und Folgen des Post-implementation Reviews zu IFRS 3, in: WPg 2016, S. 388-393 (Business Combinations auf dem Prüfstand).

MILLA, ASLAN/BUTOLLO, BEATE, Übergangskonsolidierung nach IFRS bei Veränderung der Beteiligungshöhe mit Statuswechsel, in: IRZ 2007, S. 81-90 (Übergangskonsolidierung nach IFRS).

MILLA, ASLAN/BUTOLLO, BEATE, Sonderfälle der Übergangskonsolidierung nach IFRS und die Wechselwirkung zu IFRS 5, in: IRZ 2007, S. 173-181 (Sonderfälle der Übergangskonsolidierung).

MOXTER, ADOLF, Bilanzlehre, Wiesbaden 1974 (Bilanzlehre).

MOXTER, ADOLF, Fundamentalgrundsätze ordnungsmäßiger Rechenschaft, in: Bilanzfragen, Festschrift zum 65. Gebrutstag von Prof. Dr. Ulrich Leffson, hrsg. v. Baetge, Jörg/Moxter, Adolf/Schneider, Dieter, Düsseldorf 1976, S. 87-100 (Fundamentalgrundsätze).

MOXTER, ADOLF, Die Geschäftswertbilanzierung in der Rechtsprechung des Bundesfinanzhofs und nach EG-Bilanzrecht, in: BB 1979, S. 741-747 (Geschäftswertbilanzierung).

MOXTER, ADOLF, Betriebswirtschaftliche Gewinnermittlung, Tübingen 1982 (Betriebswirtschaftliche Gewinnermittlung).

MOXTER, ADOLF, Grundsätze ordnungsmäßiger Unternehmensbewertung, 2. Aufl., Wiesbaden 1983 (Grundsätze ordnungsmäßiger Unternehmensbewertung).

MOXTER, ADOLF, Grundsätze ordnungsmäßiger Rechnungslegung, Düsseldorf 2003 (Grundsätze ordnungsmäßiger Rechnungslegung).

MÜLLER, EBERHARD, Der Konzernabschluß im Konfliktfeld verschiedener Interessen, in: Der Jahresabschluß im Widerstreit der Interessen, hrsg. v. Baetge, Jörg, Düsseldorf 1983, S. 213-239 (Konfliktfeld verschiedener Interessen).

MÜNSTERMANN, HANS, Kongruenzprinzip und Vergleichbarkeitsgrundsatz im Rahmen der dynamischen Bilanzlehre. Bemerkungen zu Gedankengängen von Hasenack, in: BFuP 1964, S. 426-438 (Kongruenzprinzip und Vergleichbarkeitsgrundsatz).

MÜNSTERMANN, HANS, Bilanztheorien, dynamische, in: Handwörterbuch des Rechnungswesens, hrsg. v. Kosiol, Erich/Chmielewicz, Klaus/Schweitzer, Marcell, 2. Aufl., Stuttgart 1981, S. 270-285 (Bilanztheorien).

MUSCHEID, WERNER, Schmalenbachs Dynamische Bilanz: Darstellung, Kritik und Antikritik, Köln [u. a.] 1957 (Dynamische Bilanz).

NATH, ERIC W., Control Premiums and Minority Interest Discounts in Private Companies, in: Business Valuation Review 1990, S. 39-46 (Control Premiums and Minority Interest Discounts).

ORDELHEIDE, DIETER, Kapitalkonsolidierung nach der Erwerbsmethode (Teil 1). Zur Umsetzung der 7. EG-Richtlinie in deutsches Recht, in: WPg 1984, S. 237-245 (Erwerbsmethode).

ORDELHEIDE, DIETER, Der Konzern als Gegenstand betriebswirtschaftlicher Forschung, in: BFuP 1986, S. 293-312 (Konzern als Gegenstand betriebswirtschaftlicher Forschung).

ORDELHEIDE, DIETER, Konzern und Konzernerfolg, in: WiSt 1986, S. 495-502 (Konzern und Konzernerfolg).

ORDELHEIDE, DIETER, Anschaffungskostenprinzip im Rahmen der Erstkonsolidierung gem. § 301 HGB, in: DB 1986, S. 493-499 (Anschaffungskostenprinzip im Rahmen der Erstkonsolidierung).

ORDELHEIDE, DIETER, Endkonsolidierung bei Ausscheiden eines Unternehmens aus dem Konsolidierungskreis, in: BB 1986, S. 766-772 (Endkonsolidierung).

ORDELHEIDE, DIETER, Kapitalkonsolidierung und Konzernerfolg, in: ZfbF 1987, S. 292-301 (Konzernerfolg).

ORDELHEIDE, DIETER, Bedeutung und Wahrung des Kongruenzprinzips („clean surplus") im internationalen Rechnungswesen, in: Unternehmensberatung und Wirtschaftsprüfung, Festschrift für Professor Dr. Günter Sieben zum 65. Geburtstag, hrsg. v. Matschke, Manfred Jürgen/Schildbach, Thomas, Stuttgart 1998, S. 515-530 (Bedeutung und Wahrung des Kongruenzprinzips).

OSER, PETER, Auf- und Abstockung von Mehrheitsbeteiligungen im Konzernabschluss nach BilMoG, in: DB 2010, S. 65-68 (Auf- und Abstockung von Mehrheitsbeteiligungen).

OSSADNIK, WOLFGANG, Die Aufteilung von Synergieeffekten bei Fusionen, Stuttgart 1995 (Aufteilung von Synergieeffekten).

OSSADNIK, WOLFGANG, Synergie-Controlling als Instrument des Shareholder Value-Konzepts, in: DStR 1997, S. 1822-1824 (Synergie-Controlling).

OSTROWSKI, OLIVIA, Erfolg durch Desinvestitionen. Eine theoretische und empirische Analyse, Wiesbaden 2007 (Erfolg durch Desinvestitionen).

PAWELZIK, KAI U., Die Konsolidierung von Minderheiten nach IAS/IFRS der Phase II („business combinations"), in: WPg 2004, S. 677-694 (Konsolidierung von Minderheiten).

PEEMÖLLER, VOLKER H., Wert und Werttheorien, in: Praxishandbuch der Unternehmensbewertung. Grundlagen und Methoden, Bewertungsverfahren, Besonderheiten bei der Bewertung, hrsg. v. Peemöller, Volker H., 6. Aufl., Herne 2015, S. 1-15 (Wert und Werttheorien).

PEEMÖLLER, VOLKER H., Anlässe der Unternehmensbewertung, in: Praxishandbuch der Unternehmensbewertung. Grundlagen und Methoden, Bewertungsverfahren, Besonderheiten bei der Bewertung, hrsg. v. Peemöller, Volker H., 6. Aufl., Herne 2015, S. 17-29 (Anlässe der Unternehmensbewertung).

PEEMÖLLER, VOLKER H./KELLER, BERND/RÖDL, MICHAEL, Verfahren strategischer Unternehmensbewertung, in: DStR 1996, S. 74-79 (Verfahren strategischer Unternehmensbewertung).

PELGER, CHRISTOPH, Entscheidungsnützlichkeit im neuen Gewand. Der Exposure Draft zur Phase A des Conceptual Framework-Projekts, in: KoR 2009, S. 156-163 (Entscheidungsnützlichkeit im neuen Gewand).

PELGER, CHRISTOPH, Rechnungslegungszweck und qualitative Anforderungen im Conceptual Framework for Financial Reporting (2010). Der erste Stein im neuen Fundament der internationalen Rechnungslegung, in: WPg 2011, S. 908-916 (Rechnungslegungszweck und qualitative Anforderungen).

PELLENS, BERNHARD/BASCHE, KERSTIN/SELLHORN, THORSTEN, Full Goodwill Method. Renaissance der reinen Einheitstheorie in die Konzernbilanzierung?, in: KoR 2003, S. 1-4 (Full Goodwill Method).

PELLENS, BERNHARD/FÜLBIER, ROLF U./GASSEN, JOACHIM/SELLHORN, THORSTEN, Internationale Rechnungslegung. IFRS 1 bis 13, IAS 1 bis 41, IFRIC-Interpretationen, Standardentwürfe. Mit Beispielen, Aufgaben und Fallstudie, 9. Aufl., Stuttgart 2014 (Internationale Rechnungslegung).

PFAFF, DIETER/GANSKE, TORSTEN, Ent- und Übergangskonsolidierung, in: Handwörterbuch der Rechnungslegung und Prüfung, hrsg. v. Ballwieser, Wolfgang/Coenenberg, Adolf G./von Wysocki, Klaus, 3. Aufl., Stuttgart 2002, S. 654-668 (Ent- und Übergangskonsolidierung).

PFAUTH, ANDREAS, Goodwillbilanzierung nach US-GAAP. Kapitalmarktreaktionen auf die Abschaffung der planmäßigen Abschreibung, Wiesbaden 2008 (Goodwillbilanzierung nach US-GAAP).

PFLEGER, GÜNTER, Sachverhaltsgestaltungen zwischen inländischen verbundenen Unternehmen als Mittel der Bilanzpolitik (Teil II). Probleme und Möglichkeiten, in: BB 1982, S. 2198-2204 (Sachverhaltsgestaltungen).

POERSCHKE, KRISTIN, Die Bilanzierung von zur Veräußerung gehaltenem Vermögen nach IFRS, Düsseldorf 2006 (Bilanzierung von zur Veräußerung gehaltenem Vermögen).

POTTGIEßER, GABY/VELTE, PATRICK/WEBER, STEFAN C., Ermessensspielräume im Rahmen des Impairment-Only-Approach. Eine kritische Analyse zur Folgebewertung des derivativen Geschäfts- oder Firmenwertes (Goodwill) nach IFRS 3 und IAS 36 (rev. 2004), in: DStR 2005, S. 1748-1752 (Ermessensspielräume des Impairment-Only-Approach).

PRATT, SHANNON P., Business Valuation. Discounts and Premiums, New York 2001 (Business Valuation).

PREIßLER, GERALD, Prinzipienbasierung der Rechnungslegung nach IAS/IFRS?, Frankfurt am Main [u. a.] 2005 (Prinzipienbasierung).

PROTZEK, HERIBERT, Der Impairment Only-Ansatz – Wider der Vernunft, in: KoR 2003, S. 495-502 (Impairment Only-Ansatz).

PWC (Hrsg.), Business combinations and noncontrolling interests. Application of the U.S. GAAP and IFRS Standards, verfügbar unter: http://www.pwc.com/en_US/us/cfodirect/assets/pdf/accounting-guides/pwc-business-combinations-noncontrolling-interests.pdf (Stand: 10.08.2015) (Business combinations and noncontrolling interests).

RICHTER, MICHAEL, Die Bewertung des Goodwill nach SFAS No. 141 und SFAS No. 142, Düsseldorf 2004 (Die Bewertung des Goodwill).

RODERMANN, MARCUS, Strategisches Synergiemanagement, Wiesbaden 1999 (Strategisches Synergiemanagement).

ROGLER, SILVIA/TETTENBORN, MARTIN/STRAUB, SANDRO V., Bilanzierungsprobleme und -praxis von zur Veräußerung gehaltenen langfristigen Vermögenswerten und Veräußerungsgruppen, in: KoR 2012, S. 381-387 (Bilanzierungsprobleme).

RÜHL, JUDITH/ALTHOFF, FRANK, Faktische Beherrschung durch Präsenzmehrheit im Konzernabschluss nach HGB und IFRS, in: KoR 2012, S. 553-562 (Beherrschung durch Präsenzmehrheit).

RUHNKE, KLAUS, Unternehmensbewertung: Ermittlung der Preisobergrenze bei strategisch motivierten Akquisitionen, in: DB 1991, S. 1889-1894 (Strategisch motivierte Akquisitionen).

RUHNKE, KLAUS/NERLICH, CHRISTOPH, Behandlung von Regelungslücken innerhalb der IFRS, in: DB 2004, S. 389-395 (Regelungslücken innerhalb der IFRS).

RUHNKE, KLAUS/SIMONS, DIRK, Rechnungslegung nach IFRS und HGB. Lehrbuch zur Theorie und Praxis der Unternehmenspublizität mit Beispielen und Übungen, 3. Aufl., Stuttgart 2012 (Rechnungslegung nach IFRS und HGB).

SAELZLE, RAINER/KRONNER, MARKUS, Die Informationsfunktion des Jahresabschlusses. Dargestellt am sog. „impairment-only-Ansatz", in: WPg Sonderheft 2004, Prof. Dr. Dr. h.c. mult. Adolf Moxter zum 75. Geburtstag 2004, S. 154-165 (Impairment-only-Ansatz).

SCHÄFER, HARALD, Bilanzierung von Beteiligungen an assoziierten Unternehmen nach der Equity-Methode, Thun [u. a.] 1982 (Bilanzierung von Beteiligungen).

SCHEFFLER, EBERHARD, Konzernmanagement. Betriebswirtschaftliche und rechtliche Grundlagen der Konzernführungspraxis, 2. Aufl., München 2005 (Konzernmanagement).

SCHERRER, GERHARD, Konzernrechnungslegung, München 1994 (Konzernrechnungslegung).

SCHILDBACH, THOMAS, Überlegungen zu Grundlagen einer Konzernrechnungslegung (Teil 1), in: WPg 1989, S. 157-164 (Grundlagen einer Konzernrechnungslegung).

SCHILDBACH, THOMAS, Externe Rechnungslegung und Kongruenz – Ursache für die Unterlegenheit deutscher verglichen mit angelsächsischer Bilanzierung?, in: DB 1999, S. 1813-1821 (Externe Rechnungslegung und Kongruenz).

SCHILDBACH, THOMAS, Was leistet IFRS 5?, in: WPg 2005, S. 554-561 (Was leistet IFRS 5?).

SCHILDBACH, THOMAS, Fair Value – Wunsch und Wirklichkeit, in: Internationale Rechnungslegung: Standortbestimmung und Zukunftsperspektiven. Kapitalmarktorientierte Rechnungslegung und integrierte Unternehmenssteuerung, hrsg. v. Küting, Karlheinz/Pfitzer, Norbert/Weber, Claus-Peter, Stuttgart 2006, S. 7-32 (Fair Value).

SCHILDBACH, THOMAS, Der Konzernabschluss nach HGB, IAS und US-GAAP, 7. Aufl., München [u. a.] 2008 (Der Konzernabschluss).

SCHILDBACH, THOMAS, Fair Value Accounting. Konzeptionelle Inkonsistenzen und Schlussfolgerungen für die Rechnungslegung, München 2015 (Fair Value Accounting).

SCHINDLER, JOACHIM, Kapitalkonsolidierung nach dem Bilanzrichtlinien-Gesetz, Frankfurt am Main [u. a.] 1986 (Kapitalkonsolidierung).

SCHMALENBACH, EUGEN, Grundlagen dynamischer Bilanzlehre, in: ZfhF 1919, S. 1-101 (Grundlagen dynamischer Bilanzlehre).

SCHMALENBACH, EUGEN, Dynamische Bilanz, 13. Aufl., Köln [u. a.] 1962 (Dynamische Bilanz).

SCHMALENBACH, EUGEN, Die Beteiligungsfinanzierung, 9. Aufl., Köln [u. a.] 1966 (Beteiligungsfinanzierung).

SCHMID, MARCO FRANZ, Prognosefähiger Erfolg nach IAS/IFRS. Eine konzeptionelle und bilanztheoretische Analyse der Anforderungen an Ermittlung und Ausweis, Bamberg 2011 (Prognosefähiger Erfolg nach IAS/IFRS).

SCHMIDT, CARSTEN, Die equity-Methode – Interessentheoretische One-Line-Consolidation oder Bilanzierung eines Vermögenswerts?, in: PiR 2010, S. 61-66 (Die equity-Methode).

SCHMIDT, GERHARD, Die Rechnungslegung nach der Equity-Methode im konsolidierten Abschluß. Ein Beitrag zur Entstehung, Anwendung und Ausgestaltung des Verfahrens vor dem Hintergrund der Bestimmungen in der Europäischen Union und der Verlautbarungen internationaler Organisationen, Frankfurt am Main [u. a.] 1996 (Rechnungslegung nach der Equity-Methode).

SCHNEIDER, DIETER, Betriebswirtschaftslehre, Bd. 2 Rechnungswesen, 2. Aufl., München 1997 (Rechnungswesen).

SCHNEIDER, JÖRG, Die Ermittlung strategischer Unternehmenswerte, in: BFuP 1988, S. 522-531 (Ermittlung strategischer Unternehmenswerte).

SCHRUFF, WIENAND, Einflüsse der 7. EG-Richtlinie auf die Aussagefähigkeit des Konzernabschlusses, Berlin 1984 (Einflüsse der 7. EG-Richtlinie).

SCHRUFF, WIENAND, Die IFRS-Rechnungslegung im Spannungsfeld zwischen Cashflow-Prognose und Rechenschaft, in: WPg 2011, S. 855-860 (Spannungsfeld zwischen Cashflow-Prognose und Rechenschaft).

SCHWARZKOPF, ANN-SOPHIE, Anteile nicht beherrschender Gesellschafter: Bilanzierung nach betriebswirtschaftlichen Grundsätzen und Vorschriften der IFRS, Hamburg 2013 (Anteile nicht beherrschender Gesellschafter).

SCHWEDLER, KRISTINA, Business Combinations Phase II: Die neuen Vorschriften zur Bilanzierung von Unternehmenszusammenschlüssen. Darstellung und Würdigung (Teil 1), in: KoR 2008, S. 125-138 (Business Combinations Phase II).

SCHWETZLER, BERNHARD, Konsistente Unternehmensbewertung mit Multiples, in: Unternehmensbewertung. Theoretische Grundlagen – Praktische Anwendung, Festschrift für Gerwald Mandl zum 70. Geburtstag, hrsg. v. Königsmaier, Heinz/Rabel, Klaus, Wien 2010, S. 571-593 (Unternehmensbewertung mit Multiples).

SEEL, CHRISTOPH, Joint Ventures in der Konzernrechnungslegung nach IFRS und HGB. Organisation, bilanzrechtliche Abgrenzung und Abbildung, Berlin 2013 (Joint Ventures).

SEIFERT, MICHAEL, Die Erfassung von Unsicherheit bei den IFRS, Frankfurt am Main [u. a.] 2011 (Erfassung von Unsicherheit).

SELCHERT, FRIEDRICH W./BAUKMANN, DIRK, Die untergeordnete Bedeutung von Tochterunternehmen im Konsolidierungskreis. Zur Wahlrechtsausübung nach § 296 Abs. 2 HGB, in: BB 1993, S. 1325-1332 (Bedeutung von Tochterunternehmen).

SELLHORN, THORSTEN, Ansätze zur bilanziellen Behandlung des Goodwill im Rahmen einer kapitalmarktorientierten Rechnungslegung, in: DB 2000, S. 885-892 (Ansätze zur bilanziellen Behandlung des Goodwill).

SIEBEN, GÜNTER/DIEDRICH, RALF, Aspekte der Wertfindung bei strategisch motivierten Unternehmensakquisitionen, in: Unternehmensakquisition und Unternehmensbewertung. Grundlagen und Fallstudien, hrsg. v. Busse von Colbe, Walther/Coenenberg, Adolf G., Sternenfels 1992, S. 219-235 (Aspekte der Wertfindung).

SOMMERHOFF, DOMINIC, Die handelsrechtliche Berichterstattung über das selbst erstellte immaterielle Anlagevermögen im Vergleich zu internationalen Rechnungslegungsnormen. Eine theoretische und empirische Analyse, Düsseldorf 2010 (Selbst erstelltes immaterielles Anlagevermögen).

SPRENGER, REINHARD, Grundsätze gewissenhafter und getreuer Rechenschaft im Geschäftsbericht, Wiesbaden 1976 (Grundsätze).

STEIDL, BERNHARD, Synergiemanagement im Konzern. Organisatorische Grundlagen und Gestaltungsoptionen, Wiesbaden 1999 (Synergiemanagement).

STEINBACH, ADALBERT, Grundsätze ordnungsmäßiger Bilanzierung für die Konzernrechnungslegung, Köln 1976 (Konzernrechnungslegung).

STIBI, BERND/BÖCKEM, HANNE/KLAHOLZ, EVA, Mehr Anwendungssicherheit bei IFRS 10-12 durch zusätzliche Materialien von IASB und EFRAG?, in: BB 2012, S. 1527-1532 (Anwendungssicherheit bei IFRS 10-12).

STREIM, HANNES, Die Vermittlung von entscheidungsnützlichen Informationen durch Bilanz und GuV. Ein nicht einlösbares Versprechen der internationalen Standardsetter, in: BFuP 2000, S. 111-131 (Vermittlung von entscheidungsnützlichen Informationen).

STREIM, HANNES/BIEKER, MARCUS/ESSER, MAIK, Vermittlung entscheidungsnützlicher Informationen durch Fair Values – Sackgasse oder Licht am Horizont?, in: BFuP 2003, S. 457-479 (Entscheidungsnützliche Informationen durch Fair Values).

SUCKUT, STEFAN, Unternehmensbewertung für internationale Akquisitionen. Vefahren und Einsatz, Wiesbaden 1992 (Unternehmensbewertung).

THEILE, CARSTEN/PAWELZIK, KAI U., Fair Value-Beteiligungsbuchwerte als Grundlage der Erstkonsolidierung nach IAS/IFRS?, in: KoR 2004, S. 94-100 (Fair Value-Beteiligungsbuchwerte).

THEISEN, MANUEL R., Der Konzern. Betriebswirtschaftliche und rechtliche Grundlagen der Konzernunternehmung, 2. Aufl., Stuttgart 2000 (Der Konzern).

TOMASZEWSKI, CLAUDE, Bewertung strategischer Flexibilität beim Unternehmenserwerb. Der Wertbeitrag von Realoptionen, Frankfurt am Main [u. a.] 2000 (Bewertung strategischer Flexibilität).

TRÜTZSCHLER, KLAUS, Behandlung von Firmenwerten nach HGB und US-GAAP, in: Internationale Rechnungslegung, Festschrift für Professor Dr. Claus-Peter Weber zum 60. Geburtstag, hrsg. v. Küting, Karlheinz/Langenbucher, Günther, Stuttgart 1999, S. 391-414 (Behandlung von Firmenwerten).

TRÜTZSCHLER, KLAUS/DAVID, ULRICH/STRAUCH, JOACHIM/TOMASZEWSKI, CLAUDE, Unternehmensbewertung und Rechnungslegung von Akquisitionen. Die Vorschriften nach IFRS und HGB vs. betriebswirtschaftliche Rationalität, in: Zeitschrift für Planung & Unternehmenssteuerung 2005, S. 383-406 (Rechnungslegung von Akquisitionen).

ULLRICH, THOMAS M., Endkonsolidierung. Erfolgswirkungen des Ausscheidens aus dem Konzernverbund und konsolidierungstechnische Abbildung im Konzernabschluß, Frankfurt am Main [u. a.] 2002 (Endkonsolidierung).

VALCÁRCEL, SYLVIA, Ermittlung und Beurteilung des „strategischen Zuschlags“ als Brücke zwischen Unternehmenswert und Marktpreis, in: DB 1992, S. 589-595 (Strategischer Zuschlag).

VELTE, PATRICK, Intangible Assets und Goodwill im Spannungsfeld zwischen Entscheidungsrelevanz und Verlässlichkeit. Eine normative, entscheidungsorientierte und empirische Analyse vor dem Hintergrund internationaler und nationaler Rechnungslegungs- und Prüfungsstandards, Wiesbaden 2008 (Intangible Assets und Goodwill).

VON WYSOCKI, KLAUS/WOHLGEMUTH, MICHAEL/BRÖSEL, GERRIT, Konzernrechnungslegung, Konstanz [u. a.] 2014 (Konzernrechnungslegung).

WAGENHOFER, ALFRED, Fair Value-Bewertung: Führt sie zu einer nützlicheren Finanzberichterstattung?, in: BFuP 2008, S. 185-194 (Fair Value-Bewertung).

WAGENHOFER, ALFRED, Internationale Rechnungslegungsstandards – IAS/IFRS, 6. Aufl., München 2009 (Internationale Rechnungslegungsstandards).

WAGENHOFER, ALFRED/EWERT, RALF, Externe Unternehmensrechnung, 3. Aufl., Berlin [u. a.] 2015 (Externe Unternehmensrechnung).

WARMBOLD, SIEGFRIED, Die Endkonsolidierung vollkonsolidierter Tochterunternehmen in der handelsrechtlichen Konzernrechnungslegung unter Berücksichtigung der konzeptionellen Grundlagen und der Generalnorm, Frankfurt am Main [u. a.] 1995 (Endkonsolidierung).

WATRIN, CHRISTOPH/HOEHNE, FELIX, Endkonsolidierung von Tochterunternehmen nach IAS 27 (2008), in: WPg 2008, S. 695-704 (Endkonsolidierung von Tochterunternehmen).

WATRIN, CHRISTOPH/HOEHNE, FELIX/POTT, CHRISTIANE, Konzernspezifische Einflussfaktoren auf die Endkonsolidierung nach IAS 27, in: KoR 2008, S. 736-747 (Endkonsolidierung nach IAS 27).

WATRIN, CHRISTOPH/HOEHNE, FELIX/RIEGER, SONJA, Übergangskonsolidierung nach IAS 27 (2008) – Übergang von der Vollkonsolidierung auf die Bilanzierung nach der Equity-Methode. Teil 1: Grundlagen und teilweise Endkonsolidierung der abgehenden Anteile, in: IRZ 2009, S. 305-311 (Übergangskonsolidierung nach IAS 27).

WATRIN, CHRISTOPH/STROHM, CHRISTIANE/STRUFFERT, RALF, Aktuelle Entwicklungen der Bilanzierung von Unternehmenszusammenschlüssen nach IFRS, in: WPg 2004, S. 1450-1461 (Unternehmenszusammenschlüsse).

WEBER, CLAUS-PETER/KÜTING, PETER/SEEL, CHRISTOPH/HÖFNER, SEBASTIAN, Die bilanzielle Abbildung von gemeinschaftlichen Tätigkeiten bei divergierenden Quoten – ein lösbares Problem?, in: KoR 2014, S. 241-248 (Abbildung bei divergierenden Quoten).

WEBER, EBERHARD, Grundsätze ordnungsmäßiger Bilanzierung für Beteiligungen, Düsseldorf 1980 (GoB für Beteiligungen).

WEBER, EBERHARD, Berücksichtigung von Synergieeffekten bei der Unternehmensbewertung, in: Akquisition und Unternehmensbewertung, hrsg. v. Baetge, Jörg, Düsseldorf 1991, S. 97-115 (Synergieeffekte bei der Unternehmensbewertung).

WEBER, NICOLAS, Private-Equity-Investments in Buy Outs von Konzerneinheiten. Eine theoretische und empirische Analyse, Frankfurt am Main 2006 (Private-Equity-Investments).

WENK, MARC O./JAGOSCH, CHRISTIAN, Änderung zur Darstellung von IFRS-Abschlüssen – IAS 1 (revised 2007) „Presentation of Financial Statements", in: DStR 2008, S. 1251-1257 (IAS 1 (revised 2007)).

WENK, MARC OLIVER/JAGOSCH, CHRISTIAN, Reduzierung einer Mehrheitsbeteiligung durch IPO nach IAS 27 (rev. 2008), in: KoR 2009, S. 113-120 (Reduzierung einer Mehrheitsbeteiligung).

WENTLAND, NORBERT, Die Konzernbilanz als Bilanz der wirtschaftlichen Einheit Konzern. Grundlagen der Konzernrechnungslegung unter Berücksichtigung der Vorschriften des Aktiengesetzes und den Vorstellungen einer 7. EG-Richtlinie, Frankfurt am Main [u. a.] 1979 (Konzernbilanz).

WHITTINGTON, GEOFFREY, Fair Value and the IASB/FASB Conceptual Framework Project. An Alternative View, in: Abacus 2008, S. 139-168 (Conceptual Framework Project).

WIECHERS, KLAUS, Besonderheiten bei der Bewertung von Anteilen an Unternehmen, in: Praxishandbuch der Unternehmensbewertung. Grundlagen und Methoden, Bewertungsverfahren, Besonderheiten bei der Bewertung, hrsg. v. Peemöller, Volker H., 6. Aufl., Herne 2015, S. 911-920 (Bewertung von Anteilen an Unternehmen).

WIEDMANN, HARALD/ADERS, CHRISTIAN/WAGNER, MARC, Bewertung von Unternehmen und Unternehmensanteilen, in: Handbuch Finanzierung, hrsg. v. Breuer, Rolf-Ernst, 3. Aufl., Wiesbaden 2001, S. 707-743 (Bewertung von Unternehmen und Unternehmensanteilen).

WIRTH, JOHANNES, Firmenwertbilanzierung nach IFRS. Unternehmenszusammenschlüsse, Werthaltigkeitstest, Endkonsolidierung, Stuttgart 2005 (Firmenwertbilanzierung nach IFRS).

WÖHE, GÜNTER, Zur Bilanzierung und Bewertung des Firmenwertes, in: StuW 1980, S. 89-108 (Bilanzierung und Bewertung des Firmenwertes).

WOLLNY, CHRISTOPH, Der objektivierte Unternehmenswert. Unternehmensbewertung bei gesetzlichen und vertraglichen Anlässen, 2. Aufl., Herne 2010 (Der objektivierte Unternehmenswert).

WÜNSCHE, BENEDIKT, Verbindlichkeitsrückstellungen im IFRS-Abschluss. Eine Untersuchung der Entscheidungsnützlichkeit der Regelungen in ED IAS 37 und in IAS 37, Düsseldorf 2009 (Verbindlichkeitsrückstellungen im IFRS-Abschluss).

WÜSTEMANN, JENS/DUHR, ANDREAS, Geschäftswertbilanzierung nach dem Exposure Draft ED 3 des IASB – Entobjektivierung auf den Spuren des FASB?, in: BB 2003, S. 247-253 (Geschäftswertbilanzierung nach ED 3).

ZAUNER, JANINE, Übergangs- und Endkonsolidierung nach IFRS, Berlin 2006 (Übergangs- und Endkonsolidierung).

ZEYER, FEDOR/FRANK, TOBIAS, Klarstellung an IFRS 11. Wurden alle Unklarheiten restlos beseitigt?, in: PiR 2014, S. 266-270 (Klarstellung an IFRS 11).

ZIMMERMANN, JOCHEN, Widersprüchliche Signale des DSR zur Goodwillbilanzierung?, in: DB 2002, S. 385-390 (Widersprüchliche Signale).

ZORN, THOMAS, Die Ableitung der Endkonsolidierung vor dem Hintergrund von Regelungslücken innerhalb der IAS/IFRS, München 2004 (Endkonsolidierung).

ZÜLCH, HENNING, Die Gewinn- und Verlustrechnung nach IFRS, Herne [u. a.] 2005 (Gewinn- und Verlustrechnung nach IFRS).

ZÜLCH, HENNING/ERDMANN, MARK-KEN/POPP, MARCO/WÜNSCH, MARTIN, IFRS 11 – Die neuen Regelungen zur Bilanzierung von Joint Arrangements und ihre praktischen Implikationen, in: DB 2011, S. 1817-1822 (IFRS 11 – Die neuen Regelungen).

ZÜLCH, HENNING/POPP, MARCO, IFRS 10 – Consolidated Financial Statements. Ein erster Überblick über das neue Control-Konzept, in: DStR 2011, S. 1532-1538 (Überblick über das neue Control-Konzept).

ZÜLCH, HENNING/POPP, MARCO, Reformation der IFRS-Konzernrechnungslegung (Teil I). Das Control-Konzept nach IFRS 10, in: Der Konzern 2012, S. 245-255 (Reformation der IFRS-Konzernrechnungslegung (Teil I)).

ZÜLCH, HENNING/POPP, MARCO, Reformation der IFRS-Konzernrechnungslegung (Teil II). Joint Arrangements nach IFRS 11, in: Der Konzern 2012, S. 328-337 (Reformation der IFRS-Konzernrechnungslegung (Teil II)).

ZWIRNER, CHRISTIAN, Berücksichtigung von Synergieeffekten bei Unternehmensbewertungen. Theoretische Überlegungen und praktische Anwendungsbeispiele, in: DB 2013, S. 2874-2879 (Berücksichtigung von Synergieeffekten).

ZWIRNER, CHRISTIAN/KÜNKELE, KAI P., Full Goodwill nach IFRS 3. Ermittlung, Fortschreibung und Bilanzpolitik, in: IRZ 2010, S. 253-255 (Full Goodwill nach IFRS 3).

Verzeichnis der Materialien aus dem Standardsetzungsprozess

Rechnungslegungsstandards, Interpretationen und Rahmenkonzepte

IASB (Hrsg.), International Accounting Standard 1. Presentation of Financial Statements, London 2001 (Stand 2007) (zitiert: IAS 1 (rev. 2007)).

IASB (Hrsg.), International Accounting Standard 27. Consolidated and Separate Financial Statements, London 2003 (Stand 2003) (zitiert: IAS 27 (rev. 2003)).

IASB (Hrsg.), International Accounting Standard 27. Consolidated and Separate Financial Statements, London 2003 (Stand 2008) (zitiert: IAS 27 (amend. 2008)).

IASB (Hrsg.), International Accounting Standard 31. Interests in Joint Ventures, London 2003 (Stand 2010) (zitiert: IAS 31).

IASB (Hrsg.), International Financial Reporting Standard 3. Business Combinations, London 2004 (Stand 2004) (zitiert: IFRS 3 (2004)).

IASB (Hrsg.), International Financial Reporting Standard 3. Business Combinations, London 2004 (Stand 2008) (zitiert: IFRS 3 (rev. 2008)).

IASB (Hrsg.) 2015 International Financial Reporting Standards (Red Book). Official pronouncements issued at 1 January 2015, London 2015 (zitiert: IFRS/IAS).

IASB (Hrsg.), The Conceptual Framework for Financial Reporting, London 2010 (zitiert: CF).

IASC (Hrsg.), International Accounting Standard 22. Business Combinations, London 1983 (Stand 1999) (zitiert: IAS 22).

IASC (Hrsg.), Framework for the Preparation and Presentation of Financial Statements, London 1989 (zitiert: F).

SIC (Hrsg.), SIC Interpretation 12. Consolidation – Special Purpose Entities, London 1998 (Stand 2004) (zitiert: SIC-12).

SIC (Hrsg.), SIC Interpretation 13. Jointly Controlled Entities – Non-Monetary Contributions by Venturers, London 1998 (Stand 2007) (zitiert: SIC-13).

Sonstige Materialien aus dem Standardsetzungsprozess

EFRAG (Hrsg.), EFRAG Short Discussion Series. The Equity Method: A measurement basis or one-Line consolidiation?, verfügbar unter: http://www.efrag.org/files/EFRAG%20public%20letters/EFRAG%20SDS/SDS1_The_Equity_Method/EFRAG_SDS1_The_Equity_Method.pdf (Stand: 10.08.2016) (Equity Method).

EFRAG U. A. (Hrsg.), Getting a Better Framework. Accountability and the Objective of Financial Reporting Bulletin, verfügbar unter: http://www.efrag.org/files/Conceptual%20Framework%202013/130911_CF_Bulletin_Accountability_-_final.pdf (Stand: 10.08.2016) (Getting a Better Framework: Accountability).

EFRAG U. A. (Hrsg.), Getting a Better Framework. Prudence Bulletin, verfügbar unter: http://www.efrag.org/files/Conceptual%20Framework%202013/130409_CF_Bulletin_Prudence_-_final.pdf (Stand: 10.08.2016) (Getting a Better Framework: Prudence).

HOOGERVORST, HANS, The dangers of ignoring unrealised income. Speech by Hans Hoogervorst, IASB Chariman, IFRS Conference Tokyo, 3. September 2014, verfügbar unter: http://www.ifrs.org/Alerts/Conference/Documents/2014/Speech-Hans-Hoogervorst-Dangers-of-ignoring-unrealised-income-September-2014.pdf (Stand: 10.08.2016) (The dangers of ignoring unrealised income).

IASB (Hrsg.), Exposure Draft: Conceptual Framework for Financial Reporting (ED/2015/3), London 2015 (ED.CF).

IASB (Hrsg.), Exposure Draft: Joint Arrangements (ED 9), London 2007 (ED 9: Joint Arrangements).

IASB (Hrsg.), Discussion Paper: A Review of the Conceptual Framework for Financial Reporting (DP/2013/1), London 2013 (DP/2013/1: A Review of the Conceptual Framework).

IASB (Hrsg.), IFRS 11 Joint Arrangements. Remesasurement of previously held interests - loss of control, verfügbar unter: http://www.ifrs.org/Meetings/MeetingDocs/IASB/2015/October/AP12E-IFRS-11.pdf (Stand: 10.08.2016) (Staff Paper 12E (October 2015)).

IASB (Hrsg.), Business Combinations Phase II. Project Summary and Feedback Statement. January 2008, verfügbar unter: http://www.ifrs.org/Current-Projects/IASB-Projects/Business-Combinations/Documents/BusComb_Effects.pdf (Stand: 10.08.2016) (Project Summary).

IASB (Hrsg.), Joint Venture. Loss of Joint Control (Staff Paper 17B, IASB Meeting February 2010), verfügbar unter: http://www.ifrs.org/Meetings/Documents/IASBFeb10/JV0210b17Bobs.pdf (Stand: 10.08.2016) (Staff Paper 17B (February 2010)).

IASB (Hrsg.), IFRS 11 Joint Arrangements: Project Summary and Feedback Statement, verfügbar unter: http://www.ifrs.org/Current-Projects/IASB-Projects/Joint-Ventures/IFRS-11-Joint-Arrangements/Documents/Joint_Arrangements_Feedbackstatement May2011.pdf (Stand: 10.08.2016) (IFRS 11 Project Summary).

IASB (Hrsg.), Fair Value Measurement. Unit of account (Staff Paper 5, IASB Meeting February 2013), verfügbar unter: http://www.ifrs.org/Current-Projects/IASB-Projects/FVM-unit-of-account/Pages/papers-1.aspx (Stand: 10.08.2016) (Staff Paper 5 (February 2013)).

IASB (Hrsg.), Post-implementation review IFRS 3 Business Combinations. Summary of comments received (Staff Paper 12F, IASB Meeting September 2014), verfügbar unter: http://www.ifrs.org/Meetings/MeetingDocs/IASB/2014/September/AP12F-IFRS%20IC%20Issues-PIR%20IFRS%203.pdf (Stand: 10.08.2016) (Staff Paper 12F (September 2014)).

IFRS IC (Hrsg.), IFRIC Update. May 2015, verfügbar unter: http://media.ifrs.org/2015/IFRIC/May/IFRIC-Update-May.pdf (Stand: 10.08.2016) (IFRIC Update (May 2015)).

IFRS IC (Hrsg.), New items for initial consideration. IFRS 3 Business Combinations: Acquisition of Control over a Joint Operation (Staff Paper 13, IFRS Interpretations Committee Meeting September 2013), verfügbar unter: http://www.ifrs.org/Meetings/MeetingDocs/Interpretations%20Committee/2013/September/AP13%20IFRS%203%20Acquisition%20of%20Control%20over%20a%20Joint%20Operation.pdf (Stand: 10.08.2016) (Staff Paper 13 (September 2013)).

IFRS IC (Hrsg.), IFRS 11 Joint Arrangements. Remeasurement of previously held interests – Loss of control, verfügbar unter: http://www.ifrs.org/Meetings/MeetingDocs/Interpretations%20Committee/2016/March/AP03-IFRS_11_Remeasurement_of_previously_held_interests_loss_of_control_final.pdf (Stand: 10.08.2016) (Staff Paper 3 (March 2016)).

IFRS IC (Hrsg.), IFRIC Update. March 2016, verfügbar unter: https://s3.amazonaws.com/ifrswebcontent/2016/IFRIC/March/IFRIC-Update-March-2016.pdf (Stand: 10.08.2016) (IFRIC Update (March 2016)).

IFRS IC (Hrsg.), IFRIC Update. September 2015, verfügbar unter: http://media.ifrs.org/2015/IFRIC/September/IFRIC-Update-September-2015-updated.pdf (Stand: 10.08.2016) (IFRIC Update (September 2015)).

IFRS IC (Hrsg.), IFRS 11 Joint Arrangements. Remeasurement of previously held interests – Loss of control transaction, verfügbar unter: http://www.ifrs.org/Meetings/MeetingDocs/Interpretations%20Committee/2015/September/AP05B-Remeasurement-of-interests-Loss-of-control-final.pdf (Stand: 10.08.2016) (Staff Paper 5B (September 2015)).

IFRS IC (Hrsg.), IFRS 11 Joint Arrangements. Remeasurement of previously held interests, verfügbar unter: http://www.ifrs.org/Meetings/MeetingDocs/Interpretations%20Committee/2015/July/AP06%20-%20IFRS%2011%20previously%20held%20interests%20project%20scope%20final.pdf (Stand: 10.08.2016) (Staff Paper 6 (July 2015)).

IFRS IC (Hrsg.), IFRS 11 Joint Arrangements. Becoming a joint operator through acquisition of an additional interest in an existing joint operation, verfügbar unter: http://www.ifrs.org/Meetings/MeetingDocs/Interpretations%20Committee/2015/May/AP08%20-%20IFRS%2011%20Acquisition%20of%20interest%20in%20a%20JO.pdf (Stand: 10.08.2016) (Staff Paper 8 (May 2015)).

IFRS IC (Hrsg.), IFRS 11 Joint Arrangements. Remeasurement of previously held interests, verfügbar unter: http://www.ifrs.org/Meetings/MeetingDocs/Interpretations%20Committee/2015/September/AP05-Remeasurement-of-interests-Cover-memo-and-general-principles-final.pdf (Stand: 10.08.2016) (Staff Paper 5 (September 2015)).

Rechnungslegung und Wirtschaftsprüfung

Herausgegeben von Prof. (em.) Dr. Dr. h. c. Jörg Baetge, Münster, Prof. Dr. Hans-Jürgen Kirsch, Münster, und Prof. Dr. Stefan Thiele, Wuppertal

Band 54
Nils Gimpel-Henning
Sukzessive Anteilserwerbe im IFRS-Konzernabschluss – Bilanzielle Auswirkungen des Statuswechsels von Unternehmensbeteiligungen
Lohmar – Köln 2015 ◆ 320 S. ◆ € 62,- (D) ◆ ISBN 978-3-8441-0430-1

Band 55
Torsten Moser
Einflussfaktoren auf den Bilanzansatz selbst geschaffener immaterieller Güter nach dem BilMoG – Eine empirische Untersuchung zum Aktivierungsverhalten deutscher Unternehmen
Lohmar – Köln 2015 ◆ 324 S. ◆ € 62,- (D) ◆ ISBN 978-3-8441-0431-8

Band 56
Ilka Lappenküper
Anteile an anderen Unternehmen im IFRS-Konzernanhang – Eine empirische Analyse der Informationsbedürfnisse von Kapitalmarktexperten gemäß IFRS 12
Lohmar – Köln 2016 ◆ 308 S. ◆ € 59,- (D) ◆ ISBN 978-3-8441-0461-5

Band 57
David Sonius
Dynamik von Unternehmenskrisen – Eine empirische Untersuchung zur Reaktion von Kreditinstituten und Krisenunternehmen im Vorfeld des manifesten Krisenstadiums
Lohmar – Köln 2016 ◆ 328 S. ◆ € 68,- (D) ◆ ISBN 978-3-8441-0470-7

Band 58
Alois Panzer
Statusändernde Anteilsveräußerungen im IFRS-Konzernabschluss – Eine fallübergreifende Untersuchung der Regelungen zur Übergangskonsolidierung
Lohmar – Köln 2016 ◆ 308 S. ◆ € 66,- (D) ◆ ISBN 978-3-8441-0473-8